中国城市科学研究系列报告

中国低碳生态城市发展报告（2015）

中国城市科学研究会　主编

中国建筑工业出版社

图书在版编目（CIP）数据

中国低碳生态城市发展报告（2015）/中国城市科学研究会主编．—北京：中国建筑工业出版社，2015.7
（中国城市科学研究系列报告）
ISBN 978-7-112-18220-6

Ⅰ.①中… Ⅱ.①中… Ⅲ.①城市环境-生态环境-城市建设-研究报告-中国-2015 Ⅳ.①X321.2

中国版本图书馆CIP数据核字(2015)第141719号

中国低碳生态城市发展年度报告2015以新常态下的绿色生态城市发展为主题，与中国低碳生态城市发展年度报告2014相比，突出新常态下的新型城镇化新模式。创新和特色体现在以下几个方面：(1) 结合城镇化的历程以及一带一路的机遇与挑战，分析了城市转型发展的路径、城乡融合方法，梳理了生态文明语境下的低碳生态城市发展模式，客观展现了中国特色新型城镇化的深化。(2) 中国城市生态宜居发展指数（优地指数）完成了第一个五年的阶段性评估工作，揭示了中国城市生态宜居水平与建设力度的时空变化趋势，跟踪分析了不同类型城市的演化路径，初步呈现出中国城市近五年生态宜居发展规律，为中国城市的生态宜居建设提供了科学参考信息。(3) 增加了2014年度热词索引，两会政府工作报告以及其他重要的政策、事件中的热点汇总，直观呈现出中国低碳生态城市建设进展。

本书是从事低碳生态城市规划、设计及管理人员的必备参考书。

* * *

责任编辑：王 梅 李天虹
责任校对：姜小莲 党 蕾

中国城市科学研究系列报告
中国低碳生态城市发展报告(2015)
中国城市科学研究会 主编
*
中国建筑工业出版社出版、发行（北京西郊百万庄）
各地新华书店、建筑书店经销
北京红光制版公司制版
环球印刷（北京）有限公司印刷
*
开本：787×1092毫米 1/16 印张：29½ 字数：609千字
2015年7月第一版 2015年7月第一次印刷
定价：**80.00**元
ISBN 978-7-112-18220-6
（27466）

中国低碳生态城市发展报告组织框架

主编单位：中国城市科学研究会

参编单位：深圳市建筑科学研究院有限公司

北京市中城深科生态科技有限公司

支持单位：能源基金会（The Energy Foundation）

学术顾问：李文华　江　亿　方精云

编委会主任：仇保兴

副主任：唐　凯　陈宜明　陆克华　孙安军　赵　晖　韩爱兴　李　迅　沈清基　顾朝林　俞孔坚　吴志强　夏　青　叶　青

委员：（按姓氏笔画排序）

王天青　孔彦鸿　龙惟定　叶剑军　朱　俊　刘俊跃　刘海龙　何　永　张改景　孟　菲　林武生　徐文珍　董艳芳　潮洛濛

编写组组长：叶　青

副组长：鄢　涛　周兰兰

成员：李　芬　史敬华　陆元元　龙颖茜　彭　锐　林英志　赖玉珮　尹　航　李雨桐　李　冰　贺启滨　周青峰

代　序

中国城市发展模式转型趋势

仇保兴

Preface

Transformation Trends of China's Urban Development Mode

(by Qiu Baoxing)

一、我国发展低碳生态城的必然性

谈到中国城市发展模式转型的问题，首先要看看我国发展低碳生态城的必然性。

最早的城市出现在两河流域——距今有一万年历史的耶利哥城遗址（图 1），位于约旦河边，是一个村落型的城市，代表了人类最初聚居的形式。而现在，阿拉伯国家投资了 200 多亿美金建设 5 万人口的阿布扎比“零排放”生态城（图 2）。这期间，人类经历了一万年的文明发展史，一万年间，城市承载着人类所有的梦想，也是最大、最复杂的人和自然的复合体，有将近一半人口居住在城市

图 1　耶利哥城遗址

图 2　阿布扎比“零排放”生态城

中。城市既是人类光明的未来，也是给人们带来灾难和痛苦，以及黑暗前景最主要的载体。

1. 低碳生态城是推行生态文明的主要支撑者。为什么对城市的判断会出现两极分化呢？城市的形态与文明的发展是联系在一起的。商贸城、城堡与农耕文明结合在一起，经历了将近一万年的时间。而现行的工业城市，采用了讲求功能分区的规划模式。工业文明只有三百年的历史，但这三百年的时间就把能源消耗得差不多，把生态破坏得差不多，把资源索取得差不多，排放二氧化碳的浓度也达到了极限（图 3）。回过头来看，农耕文明本质上还是一种循环经济，虽然经历的时间长，但是对整个自然环境影响并不大，工业文明用短短的三百年做了农耕文明上万年都做不了的事。这就是为什么世界各国，包括中国主动提出，人类要走向生态文明。生态文明是靠什么支撑的？就要靠生态城来支撑。生态城的理念到现在还没有定论，有不同的版本，我认为它最基本的定义就是对大自然干扰或者索取最小的城市发展模式。

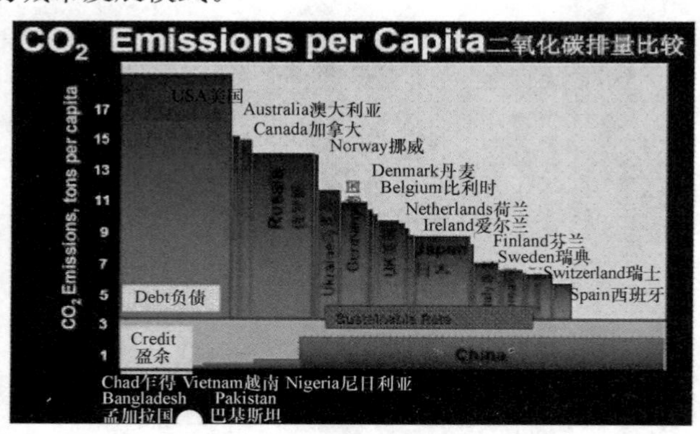

图 3　世界各国人均二氧化碳排放量比较

2. 低碳生态城是应对我国资源环境问题的系统工程。与其他大国不同，我国以全球 7%的耕地、7%的淡水资源、4%的石油、2%的天然气储量推动着全球 21%人口的城市化，资源、环境受制约的情况非常严重。城市消耗了世界 85%的能源和资源，排放了同等比例的废气和废物，我国 80%流经城市的河流受到了严重破坏。如果将能源消费分为三个主要门类，在全球能源消费结构中，工业平均消耗了 37.7%，交通消耗了 29.5%，建筑消耗了 32.9%（表 1）。由于中国处在城市化和工业化高速发展的时期，所以中国建筑消耗的能源约为 27%，交通消耗了 8%～9%，工业消耗了近 70%的能源。

世界与发达国家能源部门消费结构（%）　　**表 1**

	世界	OECD	美国	日本	英国	法国	德国
工业	37.7	34.6	27.7	42.3	29.7	30.3	33.1
交通	29.5	33.1	40.7	27.1	31.9	31.3	27.4
建筑	32.9	32.3	31.6	30.6	38.5	38.4	39.5

注：OECD，经济合作与发展组织，简称经合组织。

技术的革新、碳排放税的提出以及贸易绿色壁垒的出现等因素，会促使工业主动减排，同时，城市工业也会不断地提升转型。但建筑和交通模式一旦固定化以后，其排放会与时俱进，成为刚性需求。美国郊区化以后带来的能源高消费模式，因而产生的人车依赖模式，也就是说，美国人始终解决不了过去犯下的错误。我们现在的建筑模式、城市模式和交通模式一旦犯错就是刚性的错误。

这就是我们行业的责任，我们现在所做的，不仅会影响现在的生活，也会影响子孙，影响整个人类。美国因为人均排放量大，所以在全世界二氧化碳排放中独树一帜。而中国人口的基数大，现在我们的人均排放量只接近世界平均水平，如果中国走上美国的城镇化道路，达到他们的人均排放量，我们的碳排放总量就会占到全世界的2/3。这个局面，不仅中国，全世界都不愿意看到。

3. 低碳生态城是应对全球气候变化的主要手段。八国首脑会议提出，到2050年必须要把二氧化碳排放减少50%，中国也同时做出了承诺。85%的人工二氧化碳排放是由城市产生的。解铃还须系铃人，如果城市能减少排放，整个大气排放就可以抑制住。所以应对气候变化的主战场在城市。

4. 低碳生态城是“使生活更美好”的抓手。中国中后期的城镇化要求，必须从原来的数量增长型的城镇化转向生活质量提高型的城镇化，不仅要考虑当代人的幸福，还要考虑子孙后代的幸福，这才是世界城市的本质。上海世博会在这时候召开，就相当于美国芝加哥世博会在当年的美国召开，也就是城镇化的中后期必然会注重城镇化的质量。世博会提供的最佳实践区，提供了低碳建筑、低碳城市的优秀样板，值得我们推敲、学习和借鉴。

5. 低碳生态城已成为全国各地城市发展的新模式。目前有多个城市，如天津、上海、唐山、株洲、合肥、深圳、保定、日照，都主动提出要打造卫星城或者某几个城市的片区建立生态城模式，引领地区城市发展模型的转型（图4）。低碳生态城跟绿色建筑一样，需要具有本地气候适应性。

图4　唐山唐山湾生态城

二、我国发展低碳生态城的主要特点

1. 我国城市的发展转型伴随着工业化，而不是发达国家的后工业化产物。发达国家的一些措施在我国很难实现，因为发达国家的低碳生态城是后工业化时代的产物，我国还处于工业化进程中，所以我国推行生态城就必须结合城市产业转型和低碳工业模式或者低碳社会模式。

2. 我国低碳生态城发展正处于城镇化的高潮期。高潮期就意味着城市的可塑性非常大，引入一种新模式来建造城市的成本相对比较低。如在欧盟，经过测算，要降低1吨二氧化碳气体排放需要250～350欧元，而在中国只需要花费欧盟的1/10即可。发达国家的城市已经定型，要重新改造，成本非常高。我国，比如像北京这样的大城市，目前需要建大量新的卫星城满足城市化需求，这些卫星城都可以采用生态城的模式来建设。我们处于快速发展、快速变化的时代，每年规划设计的面积和新的建筑数量众多。这就要求建筑是绿色建筑，社区是生态社区，在这个基础上，走上生态城市顺理成章，而不应该采取二次开发的方式。既有的城市，我们也可以采取渐进式的生态改造模式。

3. 我国传统文化中的原始生态文明理念有益于低碳生态城的建设。东方民族独有的"背景观野"有利于推行生态城发展模式。我在斯德哥尔摩大会上说，游牧民族的特点是打一枪换一个地方，把一个地方的资源掠夺得差不多的时候，赶快骑上马到另外一个地方去，所以游牧民族对周围的生态环境天生不敏感，但中国人有上万年的农耕文明，一个姓氏居住在一个地方至少五六百年，甚至长达上千年，在这种情况下必须细心地呵护周边的生态，才能与自然共存（图5）。在中国传统文化中充满着敬天、顺天、法天、同天的原始生态意识，这是西方民族做不到的（图6）。哈佛大学的著名专家曾经针对西方人和东方人的思维做过实验，西方人的思维是两点成一线，拿一把枪瞄准一个地方打，东方的思维是扫描式的，首先分析背景环境，这是人种在长期自然进化过程中形成的思维差异。中医是辩证的疗法，头痛有时候可以医脚，完全是不同的生态观和世界观。这对城市的造就是有借鉴意义的。

图5　传统农耕文明造就的村落

图 6　师法自然的中国传统园林

4. 园林城市、山水城市、历史文化名城等现行城市发展形态为低碳生态城奠定了良好的基础。因为这些理念都贯穿在中国人东方与自然息息相存、天人合一的理念，这些理念都是我们可以超越西方纯技术的高投入、高消耗的产业发展（图 7、图 8）。

图 7　嘉峪关

图 8　丽江古城

5. 地形复杂、国土辽阔的特点决定了我国低碳生态城发展模式的多样性。在中国任何一个土地上，都可以看到不同的民族、不同的地方文化所造就的不同建筑和城市形态，这些形态都存在了几千年。

6. 我国低碳生态城必须走城乡互补协同发展的新路子。一百多年前现代城市规划学的奠基人霍华德曾经说过一句名言："城市和农村必须结为夫妇，这样一种令人欣喜的结合将会萌生新的希望，焕发新的生机，孕育新的文明。"现在南方一些省份把农村改造成城市，把农民改造成工人，把农业改造成工业，这种模式其实是片面用城市的观点来强制转型，把农业、农村搞成跟城市一样，如果按照霍华德的观点，这就不是夫妇般的结合，仿佛成了同性恋。我们通过城乡互补的发展使农民能够从农业这种第一产业迅速过渡到农家乐等第三产业（图 9），以及绿色食品的生产。这时候的途径就不会像早年乡镇企业发展的模式，给后代

图 9　农家乐

留下许多难以解决的问题。新农村建设，要纠正化学能源农业和农村城市化的倾向。

7. 创新城市发展模式能够深化国际合作。新一轮的国际合作在深度、广度上都跟以往不一样。在广度上，我们第一次有了一个共同目标：应对气候变化。这就是人类第一次能够结成一个超越历史形态、超越国界的同盟。不管气候变化到底在多大程度上影响了地球的温度，它已经成为发达国家和全世界主流道德意识的共识，中国不遵循这种道德意识肯定是不合理的，需要思考的是如何为我所用。从深度上来讲，正因为有了这样的前提条件和国际上共同的道德意识，所以许多发达国家能够超越对高科技技术的禁令，把技术拿到中国来，我已经接触过美国、德国等很多发达国家的技术人员，他们愿意这样做，即使为了子孙后代，也应该这么做。同时，所有的发达国家也都有意愿在我国建立生态产业中心。最近，习近平同志到瑞典访问，瑞典首相还劝我们在瑞典合作发展生态城。以城市为单元整体降低 CO_2 排放，完全可以按照《京都议定书》的构成协议，可利用 CDM 来获取额外的资金。

8. 中国特色的生态城市必然是社会和谐，充分体现社会公正的城市。中国是社会主义国家，新城市建设也要体现和谐社会。

三、国家促进低碳生态城发展的十项政策

1. 推行太阳能屋顶计划（图 10）。国家财政补助 20 元/瓦，而现在的成本是 12 元/瓦。随着政策出台，太阳能光电建筑一体化应用的新增装机容量和累计装机容量的增长几乎呈现垂直上升的态势，引发了巨大的市场需求。能源服务公司模式将跳跃性增长，年总产值可达 2000 亿以上。

图 10 太阳能屋顶

2. 评选可再生能源示范城市。各个区、县都可以按照地级市参加评选，如果当选，可以获得国家几千万的政策补助。评选的标准包括：已对本地区太阳能、浅层地能等可再生资源进行评估；已制定可再生能源建筑应用专项规划及近 2 年的应用实施方案；应用规模是地级市不低于 200 万平方米，或应用比例不低于30%；直辖市、副省级城市不低于300万平方米。当选后获得的资金补助为每个示范城市5000万元～8000万元，示范县1300万元～1800万元；补助资金使用方式可以综合采用财政补助、贷款贴息、以奖代补、资本金注入、设立种子基金等。

3. 推行既有建筑节能改造补贴和北方地区热改。在北方，城市获得可再生能源示范城市称号有个前提，必须先进行计量改革。北方地区城镇建筑总面积仅占全国城镇建筑总量的10%，但耗能占全国40%。现在国家对既有建筑节能改造进行补贴：严寒地区55元/m^2，其中室内计量与温度控制占30%，即16.5元/m^2，室外管网热平衡改造占10%，即5.5元/m^2，围护结构（包括外墙、窗户等）占60%，即33元/m^2；寒冷地区45元/m^2，比例与严寒地区相同。

现在某些节能改造是错误的。首先把外墙和门窗都改造了，但阀门不会控温，原来室温18℃，外墙包装后室内32℃，只好开窗，一开窗，改造的效果都浪费掉了，就不节能了。正确的方法是先进行计量改造，用多少热就交多少钱，这样的机制建立起来后，住户出去旅游的时候就可以关掉暖气。然后再进行外墙保温和门窗双层玻璃的改造。而现在，是“被保温”了。

对于供热计量改造，有的专家认为，一个房间热，别的房间不热，80%的热都会传递过去，等于白改造。我国民宅夏季能耗比美国低一半以上，我国多是分体空调，美国是中央空调，分体空调的特点是哪个房间需要降温就降温，不管其他房间。按照上述专家观点，热还会跑进来，那怎么可能减少那么多能耗？事实上，最差的墙体保温性能也远高于窗，窗的导热系数10倍于墙体，大部分的热与其说是从墙体漏走的，不如说是从窗子跑出去的。

4. 推行大型公共建筑节能改造与监测。我国大型公共建筑的能耗比日本高30%，大型公共建筑的能耗是民用建筑的5～10倍。因此，我国出台了大型公共建筑节能改造检测系统补贴示范城市，国家会提供几千万到一亿的补助，要求对所有大型建筑纳入在线检测范畴，每年对所有大型公共建筑每平方米建筑面积的能耗做出统计（图11）。能耗最低的给予鼓励，能耗最高的前十名，强制性进行改造。

5. 大力发展绿色建筑和超低能耗建筑。对高等级的绿色建筑和超低能耗的绿色建筑给予一定的奖励，这在全国引起了很好的反响，上海、广东等许多地方正在学习和借鉴，有些采取了配套费返还5%等简单措施。

建筑能效测评等级证书（图12）：由能效测评机构对建筑物能源消耗量及其用能系统效率等性能指标进行检测、计算，并给出其所处水平的报告，依据能效测评结果，对建筑物能耗等相关信息向社会明示。

绿色建筑设计标识证书（图13）：对新建筑开工前进行预评价，对已建成建筑进行“四节二环保”性能的评价；将“绿色建筑”从一个专业术语转变为建筑

图 11　城市公共建筑单元二氧化碳排放动态监测评价

建筑能效测评等级证书

Jian zhu neng xiao ce ping deng ji zheng shu

建筑名称：

测评机构：

测评等级：★★★★

测评时间：2008年12月(有效期伍年)

中华人民共和国住房和城乡建设部

建筑能效测评标识内容

图 12　建筑能效测评等级证书

项目管理的一般流程；取缔冒牌“绿色建筑”的生存空间。

6.“节水型城市”活动。北京的节水工作做得比较好，现在生活用水量在持续稳定地下降。在这种情况下，我们还需要在节水的深度上下功夫，比如对灰色水和黑色水分别进行控制和使用，雨水收集，雨水分级储藏（图 14）。采取这些

三星级绿色建筑设计标识证书

CERTIFICATE OF GREEN BUILDING DESIGN LABEL

公共建筑　　NO.PD31901

建筑名称：华侨城体育中心扩建工程

建筑面积：0.5万m^2

完成单位：深圳华侨城房地产有限公司

评 价 指 标	设 计 值
建筑节能率	63.7%
可再生能源利用率	50.0%的生活热水量
非传统水源利用率	——
住区绿地率	公共建筑不参评
可再循环建筑材料用量比	15.1%
室内空气污染物浓度	设计阶段不参评
物业管理	设计阶段不参评

说明：

1. 此证只证明建筑的规划和设计达到《绿色建筑评价标准》（GB/T50378-2006）三星级水平；

2. “评价指标”值为代表性绿色建筑评价指标值，整体评价查阅《绿色建筑评价标识报告》。

有效期限：2008年7月3日-2010年7月3日

签发日期：2008年7月3日

图 13　绿色建筑设计标识证书

措施后将达到再节水 30％的目标。可以说，北京市的节水容量非常大，几乎能节约出一个南水北调的水量。

7. 推行“无车日”和评选绿色交通城市。北京是中国所有城市中人均汽车拥有量最高的。这对北京改善空气质量和成为低碳城市、世界城市，都有巨大的威胁。将各种机动化交通工具能耗进行比较，以公共汽车为 1，自行车是 0，电

图 14　水循环利用——再生水

动自行车 0.73，摩托车 5.6，电动自行车的能耗不到摩托车的 1/7，比公交车能耗还低，而占据的空间只有小轿车的 1/20（表 2）。

各种机动化工具能耗比较　　　　**表 2**

机动化工具	每人公里能源消耗（以公共汽车单车为 1）
自行车	0
电动自行车	0.73
摩托车	5.6
小轿车	8.1
公共汽车（单车）	1
公共汽车（专用道）	0.8
地铁	0.5
轻轨	0.45
有轨电车	0.4

我国目前对购买电动汽车给予 600 元补贴，但购买比电动汽车还要节能 50% 以上的电动自行车却没有补贴，还处处打压，这显然是不合理的。电动自行车既节省空间，也节省能源，将来还可以跟家庭的屋顶太阳能充电板连接在一起，用太阳能充电。

8. 启动“绿色照明示范城市”，财政将给予补贴。

9. 发布“生态城市”规划建设导则。对全国各地各类生态城市进行评价、考核、指导。

10. 鼓励扩大与世界各国的合作。

总结

践行“生态文明”，必须从转变城市建筑模式着手。我国生态城市发展模式必须遵循渐进性、多样性、成本可控性、可推广复制性等原则。在低碳生态城创建过程中必须充分依靠“从下而上”的创新与参与和“从上而下”的激励与引导相结合。中国城市发展模式转变意味着国际合作的广泛深化，并将对全球的可持续发展带来深远影响。

导　言

低碳生态城市作为全球气候变化影响下未来城市可持续发展的战略选择，在破解中国城镇化发展过程中积累的环境恶化和空间限制问题、能源需求猛涨和资源短缺问题以及社会资源与公共资源紧张问题的等方面被寄予厚望。信息技术、新能源、智能化等领域新技术的应用已经成为低碳生态城市规划、建设、管理创新的突破口。即，低碳生态城市能够在多大程度上融入新科技革命的浪潮中，决定了中国新型城镇化未来发展的加速度。

2014 年 11 月，中美联合发布《中美气候变化联合声明》，世界上最大的两个温室气体排放国将应对气候变化列为重点任务。具体地，美国计划于 2025 年实现在 2005 年基础上减排 26％～28％的全经济范围减排目标并将努力减排 28％；中国计划 2030 年左右二氧化碳排放达到峰值且将努力早日达峰，并计划到 2030 年非化石能源占一次能源消费比重提高到 20％左右。中美的决定坚定了全球对今后有关气候变化会议的积极态度，同时也对中国的低碳生态城市建设提出了更高的要求。

我们已经深刻认识到了低碳发展的迫切性和生态城市发展的困境，“互联网＋”时代的到来为低碳生态城市发展提供了行之有效的综合解决方案。绿色建筑、生态城市、智慧城市与互联网的融合正在成为新趋势、新常态。基于此，中国低碳城市发展年度报告系列将不断总结、归纳低碳生态的新理论、新方法和新经验，不断加深对低碳生态城市的探索、认识和思考，以期为中国低碳生态城市建设提供理论依据。

报告第一篇最新进展，主要综述了 2014 年度国内外低碳生态城市发展情况，期望通过对国内外新的政策、技术、实践以及大事件的总结，分析该领域年度相关行业获得的经验与教训，探讨低碳生态城市未来的挑战与趋势，为新常态下的低碳生态城市发展提供全面且清晰的思路。第二篇认识与思考，主要从方法论的高度对低碳生态城市进行梳理，从三看城镇化的历程、生态城市路径的选择、一带一路的机遇与挑战、城市规划转型、城乡融合以及三思在生态文明语境下的低碳生态城市发展模式，展现中国特色新型城镇化的深化和传承，以及低碳生态模式践行——海绵城市的内涵、途径与展望等层面的思考。第三篇方法与技术，将方法和具体技术耦合集中呈现，通过技术集成与案例应用，提高方法技术的适用性，试图从生态导向的城乡规划、生态诊断、绿色交通、能源管理、水资源管理、既有建筑改造、环境质量提升、智慧管理、社会人文需求、公众参与、碳交易与碳核查等方面全方位地探讨低碳生态技术在新型城镇化建设中的应用，重点把握与信息化、绿色化建设相关的低碳技术。第四篇实践与探索，持续关注8个绿色生态示范城市（区）的低碳生态城市总体建设与技术政策的最新进展，以及目前27个新申请的绿色生态示范区规划案例，全面展现绿色生态城区是如何有序地推进低碳生态城市建设的。同时对2014年内各试点省市的碳交易情况、宜居小镇、宜居村庄和宜居小区等示范区进行典型案例分析，重点从新规划体制下的“多规合一”、“三生合一”、“功能复合”等规划实践以及可推广借鉴的技术案例和园区建设管控策略等层面入手，立体展示了在低碳生态城市建设实践中的探索和创新。最后，生态城市建设的进程探索，为低碳生态城市的健康发展提供给了参考信息。第五篇中国城市优地指数报告，对2015年全国287个地级市的生态宜居建设状况进行了综合评估，并基于2011年至2015年连续5年的评估结果进行了中国城市生态宜居建设水平与力度的时序变化解析和空间演化分析，从单个城市和宏观格局两个层面揭示了中国城市生态宜居建设的基本规律，提出了促进中国城市生态宜居水平提升的可行路径。

中国低碳生态城市发展年度报告2015以新常态下的绿色生态城市发展为主题，与中国低碳生态城市发展年度报告2014相比，突出新常态下的新型城镇化新模式。创新和特色体现在以下几个方面：（1）结合城镇化的历程以及一带一路的机遇与挑战，分析了城市转型发展的路径、城乡融合方法，梳理了生态文明语境下的低碳生态城市发展模式，客观展现了中国特色新型城镇化的深化。（2）中国城市生态宜居发展指数（优地指数）完成了第一个五年的阶段性评估工作，揭示了中国城市生态宜居水平与建设力度的时空变化趋势，跟踪分析了不同类型城市的演化路径，初步呈现出中国城市近五年生态宜居发展规律，为中国城市的生态宜居建设提供了科学参考信息。（3）增加了2014年度热词索引，两会政府工作报告以及其他重要的政策、事件中的热点汇总，直观呈现出中国低碳生态城市建设进展。

目前低碳生态城市正处于发展探索和加深认识的阶段，由于低碳生态城市内涵的复杂性与多样性以及编者的知识结构和水平限制，报告无法涵盖所有内容，难免有不当之处，望各位读者朋友不吝赐教。随着中国低碳生态城市的不断发展，将有更完善的理论体系、适用的技术方法和翔实的实践案例出现，本系列报告也将得到不断的充实完善。期待本书内容能够引起社会各界关注与共鸣，共同促进中国低碳生态城市的发展。

本报告是中国城市科学研究系列报告之一，吸纳了国内相关领域众多学者的最新研究成果，并由中国城市科学研究会生态城市研究专业委员会承担编写组织工作。在此向所有参与写作、编撰工作的专家学者致以诚挚的谢意！

Introduction

As the strategic choice for the sustainable development of future cities under the influence of the global climate change, low-carbon eco-city is placed with great expectation in solving the environmental deterioration, space limit, increasing energy demand, shortage of resources and restricted social and public resources in the urbanization process of China. The application of information technology, new energy and intelligent technology has become the breakthrough of the planning, construction and management innovation of low-carbon eco-city. To what extent can the low-carbon eco-city be integrated with the revolution of new technologies determines how fast the future development of new urbanization of China may achieve.

China and the United States issued China-US Joint Announcement on Climate Change in November of 2014, these two largest carbon emission countries have a critical role to play in combating global climate change. Specifically speaking, the United States intends to achieve an economy-wide target of reducing its emissions by 26%-28% below its 2005 level in 2025 and to make best efforts to reduce its emissions by 28%; China intends to achieve the peaking of CO_2 emissions around 2030 and to make best efforts to peak early and intends to increase the share of non-fossil fuels in primary energy consumption to around 20% by 2030. The decision made by China and US has confirmed the positive attitude of global conference on climate change in the future, and has put forward higher requirements on the construction of low-carbon eco-city in China.

We have recognized the dilemma and urgency of development of low-carbon eco-city. The era of "Internet +" has provided a practical comprehensive solution to the development of low-carbon eco-city. The integration of green building, eco-city, smart city and Internet is becoming a new trend and new normal. Therefore, the annual report of China low-carbon city development will continue to summarize new theories, new methods and new experience of low-carbon ecology and continue to deepen the exploration, recognition and thinking of the low-carbon eco-city for the purpose of providing the theoretical basis for the construction of China low-carbon eco-city.

Chapter Ⅰ: Latest Development, mainly introduces the development of domestic and foreign low-carbon eco-cities in 2014. By summarizing the new policies, technologies, practices and events, it analyzes the experience and lessons which obtained from various industries in this field and discusses future challenges and trends so as to provide the comprehensive and clear thinking for the further development of low-carbon eco-city under the new normal. Chapter Ⅱ: Understanding and Thinking, mainly sorts the low-carbon eco-city from the perspective of methodology. It illustrates the deepening and spreading of new urbanization from the aspects of urbanization process, eco-city route selection, opportunities and challenges of 'One Belt and One Road', urban planning transformation, integration of urban and rural areas, and the low-carbon eco-city development mode in the context of ecological civilization, and describe the practice of low-carbon ecological mode in the aspects of the connotation, way and prospect of sponge city. Chapter Ⅲ: Methodologies and Technologies, describes the integration of methods and specific technologies, improves the applicability of methods and technologies by the technical integration and case application. It intends to discuss the application of low-carbon ecological technologies of the new urbanization construction from the aspects of ecology-oriented urban and rural planning, ecological diagnosis, green traffic, energy management, water resource management, existing architecture retrofit, environmental quality improving, smart management, social and humanistic demand, public participation and carbon trading and carbon verification, focusing on those technologies related to information technology and green construction. Chapter Ⅳ: Practice and Explorations, pays attention to the latest development of the overall construction and technical policies of eight low-carbon and ecological demonstration cities (districts), and 27 new planning cases of green ecological demonstration area, so as to illustrate the way that how green ecological area promotes the construction of low-carbon eco-city in order. At the same time, it also analyzes the carbon trading of each pilot province and city and some cases of livable town, livable village and livable area in 2014, vividly illustrates the exploration and innovation of the construction of low-carbon eco-city from the aspects of some practice under the new planning system, the referential technical case and the control strategy of zone construction. At last, it provides reference information to the healthy development of low-carbon city by reflecting the construction process of ecological city. Chapter V: UELDI Report of Chinese cities, evaluates the ecological and livable construction of 287 cities of China in 2015. It carries out the time sequence analysis and spatial evolution analysis of the ecological and livable construction capability of these cities from 2011 to 2015 to expose the basic discipline of the ecological and livable construction of Chinese cities from the perspectives of single city and macro structure, and point out the feasible route to promoting the ecological and livable construction capability of Chinese cities.

China Low-carbon Eco-city Development Report 2015 uses 'development of green and ecological city under the new normal' as the theme, giving prominence to new urbanization mode compared with Report 2014. Innovations and features are reflected in the following aspects: (1) It combines the history of urbanization and opportunities and challenges of One Belt and One Road, analyzes the transformation route of urban development and the integration method of urban and rural areas, sorts the development mode of low-carbon eco-city in the context of ecological civilization, and describes the deepening of new urbanization with Chinese characteristics in an objective manner; (2) The first five-year evaluation of Urban Ecological & Livable Development Index (UELDI) has been completed. It reflects the trend of temporal and spatial variation of the ecological and livable level and the construction extent of Chinese cities, tracks and analyzes the evolution route of different city types, preliminarily presents the ecological and livable development law of Chinese cities in recent five years, and provides valuable scientific information to the ecological and livable construction of these cities; (3) It adds the "hot words" index of 2014. Those words from the Report on the Work of the Government, other important policies and events demonstrate the construction progress of low-carbon eco-city of China.

Recently, the low-carbon eco-city is in the stage of exploration and deepened recognition. Due to the complicity and diversity of the connotation of low-carbon eco-city, the restriction on the knowledge structure and the competence of editor, this report may not cover all the contents. Please feel free to make your comments. Along with the continuous development of the low-carbon eco-city of China, there will be more comprehensive theoretical system, applicable technologies and detailed cases, and this report will be constantly improved. We expect that it may attract the attention and resonance from the society to promote the development of the low-carbon eco-city of China.

This report is one of the series of reports about the urban science of China. It absorbs the latest research achievement of many scholars in the domestic relevant field and is edited by Eco-city Council of Chinese Society for Urban Studies. Sincere thanks are given to all experts and scholars who devoted themselves in this report.

目　录

Contents

第一篇　最新进展

本篇为2014年度报告的开篇，主要综述2014年度国内外低碳生态城市发展情况，期望通过对国内外新的政策、技术、实践以及大事件的总结，分析该领域年度相关行业获得的经验，探讨低碳生态城市未来的挑战与趋势，为新常态下的低碳生态城市发展提供全面且清晰的思路。

全球气候变暖一直是世界各国关心的重大问题。2014年12月联合国气候变化框架公约第20次缔约方大会暨《京都议定书》第10次缔约方大会召开，为加速落实2020年前“巴厘路线图”成果，提高执行力度而努力。一方面，国际组织和许多发达国家作出了积极的尝试以应对气候变化、积极制定减排目标。至2030年，瑞士减少50%温室气体排放、挪威减排40%、美国减少30%、欧盟也减排40%；另一方面，许多国家在绿色经济、碳市场和碳交易、能源转型利用等绿色发展方面制定相关的政策，优化城市策略，实现低碳生态的可持续发展目标。

我国新型城镇化发展正在进入关键时期，低碳生态城市已经成为各地城市转型发展的模式。2014年是我国十二五发展和十三五规划承上启下关键年，十二五期间，特别是2014年，国家发布了很多新概念，包括新型城镇化、一带一路、新的环境污染条例，如水十条、土壤十条、海绵城市、综合管廊试点城市等，实现低碳生态城市建设，逐渐朝着从概念、理念向具体的实践落地趋势进行。智慧城市的概念也朝着解决城市病的具体问题而努力。

从国内低碳生态城市实践来看，2014 年，更多的城市践行低碳生态城市，从规划、建设、运营等发展，从宜居小区、宜居村镇到生态文明试点城市等，从微观、中观、宏观尺度上积极的摸索探索和实践低碳绿色生态城市。此外，还引入一些可供借鉴的典型技术方案，能够结合自身特点体现了低碳生态城市建设的基本原则，丰富了新型城镇化发展的内涵，具有重要意义。

第一篇的最新进展既是对去年的总结，也开启了第二年的展望。在新型城镇化建设的进程中，机遇与挑战并存，期待为建设更多、更好的低碳生态城市不懈努力，创建绿色低碳和谐的社会。

Chapter Ⅰ Latest Development

This chapter is an overview of the 2014 annual report, which mainly elaborates the development situation of low-carbon eco-cities at home and abroad in 2014, expects to analyze the experience and lessons obtained from various industries in this fields through the summary of new policies, technologies, practices, academic theories and events, and discusses the future challenges and trends of the low-carbon eco-city so as to provide the comprehensive and clear thinking for the further development of low-carbon eco-city under the new normal.

Global warming has always been the important issue of the whole world. The 20th Conference of the Parties to the United Nations Framework Convention on Climate Change and the 10th Conference of the Parties of Kyoto Protocol was held in December 2014, which accelerated the implementation of 'Bali Roadmap' before 2020. On one hand, many international organizations and developed countries have made positive attempts to deal with the climate change and establish the target of emission reduction. By 2030, Switzerland would have reduced 50% of the carbon emission, while Norway would have reduced it by 40%, US would have reduced it by 30% and EU would have reduced it by 40%; on the other hand, many countries have established relevant green development polices on green economy, carbon market, carbon trading, transformation and utilization of energy, and to optimize the urban strategy and realize the sustainable development target of the low-carbon and ecology.

As the new urbanization development of China has entered the critical stage, low-carbon eco-city has become the mode of city transformation and development. 2014 is the crucial year as a connecting link between the 12th and the following 13th 5-year development. During the 12th 5 years, especially in 2014, the government has issued many new concepts, including the new urbanization, One Belt and One Road, new environmental pollution regulations such as 10 Water Regulations, Sponge City and comprehensive pilot city of pipeline gallery for the purpose of realizing the construction of low-carbon eco-city from concept and idea to the specific practice. The concept of smart city also makes effort to solve urban disease.

In view of the domestic practice of low-carbon eco-city, in 2014 more cities began to implement the low-carbon and ecological development of planning, construction and operation, and explore the low-carbon green city practice from the livable residential area, livable village to ecological civilization pilot city, from micro, meso and macro scales. Besides, it introduces some referential technical solutions which reflect the basic principles of low-carbon eco-city construction and enrich the connotation of the new urbanization development.

The latest development of Chapter I is the conclusion of the last year and also the vision of the next year. In the construction of new urbanization, challenges and opportunities coexist, efforts will be made in constructing more and better low-carbon eco-cities and creating the green, low-carbon and harmonious society.

1 《中国低碳生态城市发展报告 2014》概览

1 Overview of 2014 Report on China's Low-carbon Eco-city Development

1.1 编 制 背 景

在中国城市科学研究会的统筹和指导下，中国城市科学研究会生态城市研究专业委员会已经连续五年组织编写了《中国低碳生态城市发展报告 2010》、《中国低碳生态城市发展报告 2011》、《中国低碳生态城市发展报告 2012》、《中国低碳生态城市发展报告 2013》和《中国低碳生态城市发展报告 2014》（以下简称《报告 2014》），对我国低碳生态城市的理论、技术和实践现状进行年度总结与阐述。

1.2 框 架 结 构

主体框架延续了历年《中国低碳生态城市发展报告》的主体框架，即：最新进展、认识与思考、方法与技术、实践与探索以及中国城市生态宜居发展指数（优地指数）报告，共五大部分。

1.3 《报告 2014》主要观点

（1）最新进展

主要阐述 2013～2014 年度国内外低碳生态城市发展情况，期望通过新的政策、技术、实践以及事件的总结，分析该领域 2013～2014 年度各行业获得的经验与教训，为进一步发展提供全面且清晰的思路。

（2）认识与思考

回顾中国新型城镇化逐步深化、探索、发展的行动历程。研究其打破城乡隔阂、协调区别发展的空间布局；资源、产业、空间集约的发展模式；新型、智慧的机制与技术革新以及人文历史的沿袭脉络。全面剖析新型城镇化的发展理念，体现中国在实践新型城镇化“以人为本”所作出的不懈努力；梳理低碳生态城市建设的困境与创新点；以五位一体的城镇化建设、三个“一亿人”的建设方向以及生态智能宜居的规划体系指导改革出路，创建环境为体、经济为用的新型城镇。

（3）方法与技术

除了从理论上对纯技术领域进行探讨，更提供了大量的低碳技术应用案例，通过案例研究和分析低碳技术在低碳生态城市建设中的现实意义和可操作性，试图从新型城镇化、生态规划、绿色交通、能源管理、水资源管理、绿色建筑、智慧管理和气候变化等方面理解低碳技术，探讨低碳技术在低碳生态城市建设中的实际应用。

（4）实践与探索

首批获得财政部和住建部激励机制的八个绿色生态示范区都以其各自生态特征，继续在建设过程中履行着低碳生态的理念，介绍 2013 年住建部公布的首批 8 个美丽宜居小镇、12 个美丽宜居村庄示范，启动碳排放权交易 7 个省市等，为低碳生态城市相关专项建设提供了参考的依据。重点聚焦北京市和深圳市发展绿色生态示范区推动生态城市建设的实践与思考，为其他低碳城市建设提供生态标杆和借鉴。

（5）中国城市生态宜居发展指数（优地指数）报告

自 2011 年生态委在扬州规划大会上发布了城市生态宜居发展指数（UELDI，简称优地指数）后，其评估结果受到越来越多的媒体与公众关注。2014 年度的优地指数研究加入了 PM2.5 浓度等人们重点关注的空气质量相关指标，多领域地体现了城市的生态宜居发展动向。在动态发布城市尺度优地指数评估结果的同时，着重对指标体系中空气质量、碳排放等领域相关指标进行全面深入的分析与评估。

1.4　《报告 2015》总结改善

年度报告的主要意义在于总结经验与实践推广，通过年度事件为抓手，通过数据的收集与分析，把握低碳生态城市建设的最新动态，为读者提供前沿的信息与理念。同时，编制组及时关注各方对报告提出的中肯意见与建议，每年在既定内容的基础上，力图有新的视角和观点的创新。《中国低碳生态城市发展报告 2015》（以下简称《报告 2015》）主要内容框架如下：

（1）框架延续

《报告 2015》继续采用与去年相同的主体结构框架，主体结构通过最新进展、认识与思考、方法与技术、实践与探索、优地指数报告对 2014 年度的情况分别予以描述，持续关注我国城市在低碳生态建设与发展方面的路径与成效。在附录中，《报告 2015》增加了附录 2 的 2014 年度热词索引，两会政府工作报告中以及其他重要的政策、事件中的热词呈现出中国低碳生态发展。

（2）认识与技术落地思考

认识与思考篇主要从方法论的高度对低碳生态城市进行梳理，从三看城镇化的历程，生态城市路径的选择、一带一路的机遇与挑战、城市规划转型、城乡融合以及三思在生态文明语境下的低碳生态城市发展模式，展现中国特色新型城镇化的深化和传承，注重从具体的工程实践和落地的层面思考。方法与技术篇与往年不同，将方法和具体技术放在一起呈现，通过技术集成与案例应用，提高方法技术的适用性，全面把握低碳核心技术及应用。

（3）典型城市实践

实践与探索篇持续跟踪八个绿色生态示范城市（区）的低碳生态城市总体建设与技术政策的年度进展，以及十一个新申请的绿色生态示范区规划案例，全面的展现绿色生态城区的是如何有序地推进低碳生态城市建设。除对 2014 年内省市碳交易的情况、宜居小镇、宜居村庄和宜居小区等示范区的案例研究，重点从新规划体制下，“多规合一”、“三生合一”、“功能复合”等规划实践，可推广借鉴的技术案例以及园区建设管控策略实践等各个阶段的案例介绍，全面展示在低碳生态城市建设实践中的探索和创新。同时，分析生态城进程中对生态环境、经济、产业的思考，促进低碳生态城市的健康发展。

（4）优地指数新进展

中国城市生态宜居发展指数（优地指数）完成了第一个五年的阶段性评估工作，揭示了中国城市生态宜居水平与建设力度的时空变化趋势，跟踪分析了不同类型城市的演化路径，初步呈现出中国城市近五年生态宜居发展规律，为中国城市的生态宜居建设提供了科学参考信息。

2　2014～2015 低碳生态城市国际动态

2　International Progress of Low-carbon Eco-city during 2014～2015

全球气候变暖已成为全世界各界人士关心的问题。2014 年 12 月联合国气候变化框架公约第 20 次缔约方大会暨《京都议定书》第 10 次缔约方大会在秘鲁利马举办，本次会议为加速落实 2020 年前"巴厘路线图"成果，提高执行力度而努力，并将在 2015 年 11 月 1 日前对各国贡献方案作出综合性评估，以检验各国的承诺加起来是否能够达到将全球温升幅度控制在比 1750 年工业革命前气温水平高 2℃以内的目标。

2014 年中国的雾霾问题仍然严重[1]，为了减少空气污染，通过节能减排，经济结构转型等方式，以期能达到 2020 年二氧化碳排放下降 45%，2030 年左右或达到峰值，单位 GDP 二氧化碳排放强度持续下降，2020 年相比 2005 年可实现二氧化碳排放强度下降 40%～45%的目标。以 2005 年为基准年，2006～2013 年各年二氧化碳减排情况总体呈上升趋势（图 1-2-1）。中国 2014 年的碳排放量下降了 2%，是 2001 年以来首次同比下降。2014 年有 11%的能源来自包括可再生能源和核能在内的非化石燃料，比例高于之前一年的 9.8%，中国政府的目标是在 2020 年的时候将此类能源的占比提高到总消费量的 15%。2014 年煤炭在能

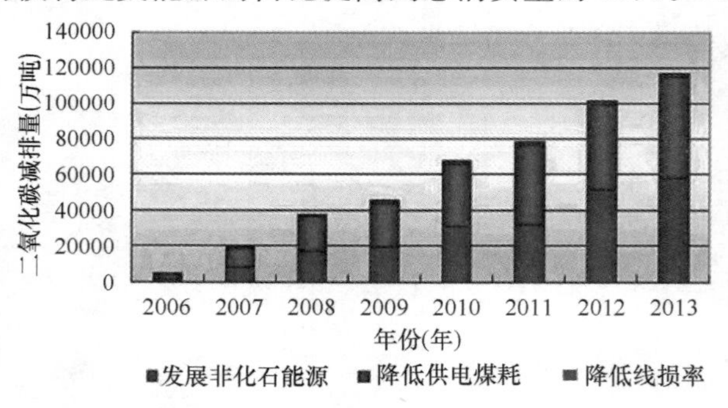

图 1-2-1　以 2005 年为基准年 2006～2013 年各年二氧化碳减排情况

[1] http://politics.caijing.com.cn/20150316/3840312.shtml

源消费中的占比从 2014 年的 66％降低到了 64.2％。[1]

国际社会已达成共识，人类活动与气候变化息息相关，气候变化关系人类的可持续发展。国际社会将加大投入人类和自然的可持续发展工作，建设更为低耗、生态的城市。

2.1　宏观态势：制定减排目标

2014 年 11 月 2 日，联合国政府间气候变化专门委员会（IPCC）在丹麦哥本哈根发布《综合报告》。这份有史以来最全面的气候变化评估报告，肯定地指出温室气体排放以及其他人为驱动因子是自 20 世纪中期以来气候变暖的主要原因。

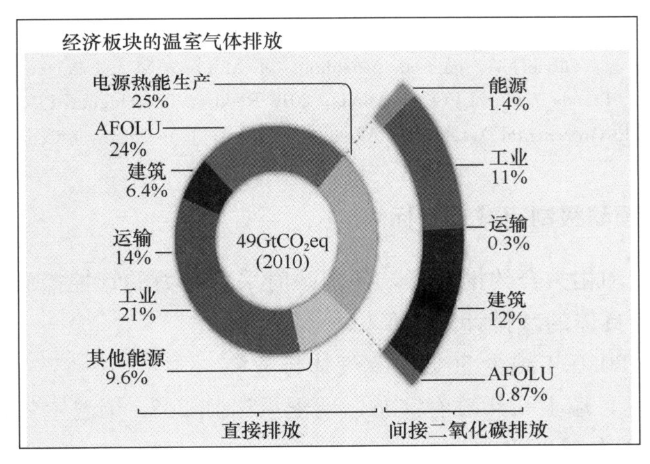

图 1-2-2　经济板块温室气体的排放

在全球温室气体的排放中，二氧化碳的排放占 77％。贡献较大的是交通、电力、工业等行业。其中直接排放二氧化碳量占 75％，电热能源生产导致的间接排放占 25％（图 1-2-2）。从国家和地区来看，工业国家二氧化碳排放贡献率为 41％，发展中国家占 59％，化石能源的消耗和水泥制造的前六大国家和区域：美国、俄罗斯、欧盟、日本二氧化碳排放呈稳定趋势，发展中国家中国、印度的二氧化碳排放量呈上升趋势（图 1-2-3）。

[1] http：//mp. weixin. qq. com/s? —biz＝MzAwNTE1MjgxNA＝＝&mid＝204476623&idx＝1&sn＝0147c36de563d0b83118e95cba625249&scene＝5&ptlang＝2052&ADUIN＝15651831&ADSESSION＝1427852353&ADTAG＝CLIENT. QQ. 5389 _ . 0&ADPUBNO＝26441＃rd

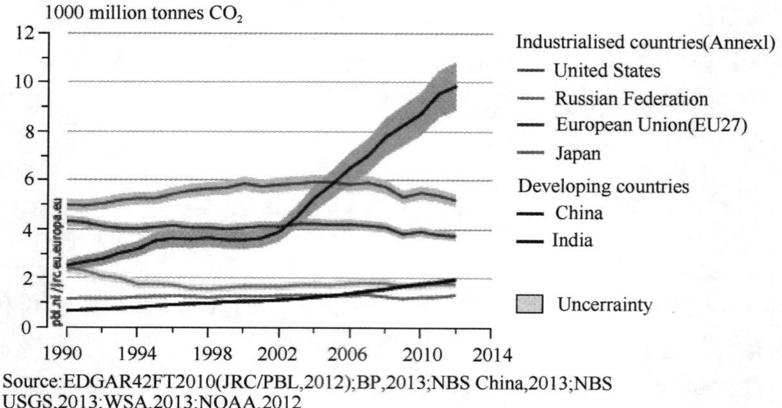

图 1-2-3　化石燃烧和水泥制造大国二氧化碳的排放

（图片来源：OlivierJGJ，janssens Maenhout G，Muntean M and Perter JAHW (2013)，Trends in global CO_2 emissions；2013 Report，The Hague：PBL Netherlands Environmental Assessment Agencey；brussel：Joint Research Centre.）

2.1.1　各国积极制定减排目标

在国际组织和相关合约推动下，各国政府采取有力的管控措施和有效的国际合作，制定更为具体的减排计划和目标。

（1）瑞士：2030 年减少 50％温室气体排放❶

2015 年 3 月，瑞士联邦政府宣布，瑞士承诺到 2030 年温室气体排放水平将在 1990 年的基础上减少 50％。

根据瑞士国家自主决定贡献方案，减排目标中至少 30％来自于国内，如新能源汽车的使用、减少化石燃料消耗等，其他将来自于瑞士对海外减排项目的投资。瑞士联邦政府环境办公室表示，目前瑞士排放的温室气体占全球排放量的 0.1％。瑞士提交的这份方案还考虑到了历史责任，能够满足温升幅度控制在 2 摄氏度以内的目标。此外，瑞士还考虑在 2050 年前将温室气体排放减少 70％到 85％。

（2）挪威：2030 年碳减排 40％❷

2015 年 2 月挪威政府宣布，将实施与欧盟一致的温室气体减排计划，即 2030 年前温室气体排放量较 1990 年水平减少 40％以上，这也缓解了石油行业对挪威单方面制定更严厉减排措施的忧虑。挪威的减排目标将进入 2015 年巴黎即

❶ http：//intl. ce. cn/specials/zxgjzh/201503/04/t20150304 _ 4721151. shtml

❷ http：//www. chinadaily. com. cn/hqpl/zggc/2015-02-10/content _ 13212869. html

将达成的联合国协议。

（3）美国：2030年减少碳排放30%❶

2014年6月1日美国公布了减排计划，预计到2030年将美国发电厂的二氧化碳排放量在2005年的基础上减少30%，这是有史以来美国在对抗全球变暖问题上做出的最大举动，也有望促使2015年底举办的巴黎气候大会取得国际减排协议。

根据计划，到2030年，美国全国发电厂将减少30%碳排放量，相当于该国每年超过一半家庭的碳排放量，这将低于2005年碳排放水平；将颗粒、氮氧化物和二氧化硫污染水平降低至少25%；提供相当于高达930亿美元的应对气候变化与公共卫生服务；同时，通过提高能源效率将电费缩减大约8%，以及减少电力系统的需求。

美国能源信息管理局日前表示，为了实现节能减排目标，满足最新排放标准，预计到2020年，全美约90%的燃煤发电厂将被关闭。2007年美国可再生能源发电量仅占总量的8%左右，到2014年，这一比例接近13%。其中，2014年风电和太阳能装机容量已经比2008年高出3倍多。

2.1.2　国际组织继续推动碳减排

（1）联合国气候会议：利马气候大会❷

2014年12月1日～12日，联合国气候变化框架公约第20次缔约方大会暨《京都议定书》第10次缔约方大会在秘鲁利马举行（图1-2-4）。该会推动2015年巴黎缔约方大会就2020年后国际应对气候变化强化行动达成协议重要步骤，

图1-2-4　2014年联合国气候变化大会于秘鲁利马举行
（图片来源 http：//news. china. com. cn/world/2014—12/03/content _ 34216396 _ 9. htm）

❶ http：//www. china-esi. com/News/52520. html
❷ http：//news. xinhuanet. com/2014-12/15/c _ 1113638598. htm

主要取得以下五项成果：一是进一步细化了预计 2015 年达成的应对气候变化新协议的各项要素，向国际社会发出了确保多边谈判于 2015 年达成协议的积极信号；二是继续推动“德班平台”谈判达成共识，进一步明确并强化 2015 年新协议在《联合国气候变化框架公约》下遵循共同但有区别的责任原则等基本政治共识；三是初步明确了 2020 年后各方应对气候变化的“国家自主贡献”所涉及的信息；四是加速落实 2020 年前“巴厘路线图”成果、提高执行力度；五是帮助发展中国家适应气候变化的绿色气候基金获得的捐资承诺已超过 100 亿美元。

（2）欧盟：达成气候协议 2030 年前温室气体减排 40%[1]

2014 年 10 月 23 日，欧盟各国元首达成指针性遏止气候变迁协议，同意在 2030 年以前将温室气体排放在 1990 年基础之上减少 40%。欧盟领导人也同意另外两项 2030 年目标，包含提高再生能源比例至总能源用量的 27%，以及至少将能源效率提升至 27%，跟进对企业施行的一贯规范。

欧洲环境署 2014 年 6 月的官方数据显示，2012 年欧盟温室气体排放量已比 1990 年降低了 19.2%（图 1-2-5）。从 2021 年起，最大允许排放量上限将每年减少 2.2%，而目前是每年 1.74%。欧洲自 2008 年经济危机以来经济部门恢复缓慢，这减缓了欧盟区域的温室气体排放，使欧盟得以提前达成 2020 年的减排目标。

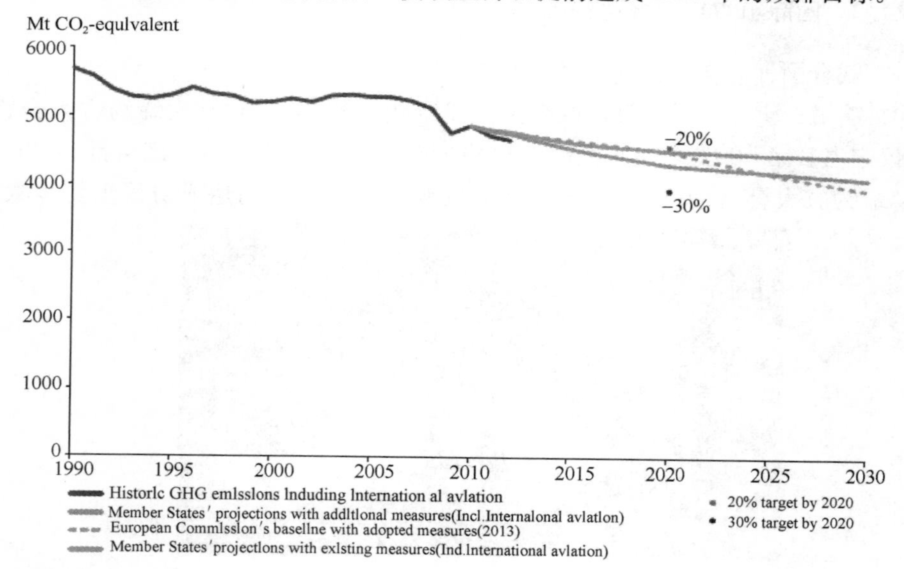

Note: The projections presented on this figure indude international aviation.The projected emissions do not indude LULUCF,and neither do the Primes/Gains soenarios.

Source: EEA,2013a;EEA,2013d;EEA,2013f;EC,2013b.

图 1-2-5　欧盟温室气体排放的趋势与目标

[1] http：//ideacarbon. org/archives/23552

2.2　政策进展：推动绿色发展

2014年为了配合国际减排目标，同时应对各种能源、环境、气候等问题，各个国家积极推出各项政策措施，以及综合行动计划，财政投入，以促进节能减排，经济转型，推进可持续发展。

2.2.1　欧洲：林业行动计划推动绿色经济发展❶

联合国欧洲经济委员会（UNECE）森林和林产工业委员会（COFFI）以及联合国粮农组织（FAO）欧洲林业委员会（EFC）联合会议通过罗瓦涅米行动计划，为各国林业部门的工作提出了3项原则和5个具体步骤。

行动计划要求欧洲各国最迟在2020年必须遵循3项原则：林业部门应当明智地利用资源，尽量减少废弃物，尽可能循环利用资源，只使用可持续管理下的森林产出的产品；林业部门应当通过将碳截留在森林和林产品中、用可再生的木质产品取代不可再生的产品和燃料等方式，来尽力降低气候变化的影响；林业部门应当明显改善从业者的健康状况、性别平等情况。

行动计划概述了帮助欧洲各国林业走向稳定、安全和可持续的5个方面的具体步骤：可持续生产和消费林产品；使林业部门成为低碳部门；推动林业部门岗位成为绿色就业岗位；长期提供森林生态系统服务；加强林业部门的政策制定和监管。

2.2.2　欧盟：启动碳市场稳定储备❷

2015年2月24日，欧盟议会环境委员会以压倒多数通过支持启动《市场稳定储备》，用于作为欧盟长期不振的碳市场的价格缓冲。欧盟立法机构说，这项储备将在2018年建立，并在2018年12月31日投入运行。

该决定呼吁将一些配额从一开始就放入储备中。作为一项支持碳价格的临时调节器，在2014年到2016年间的9亿排放信用额度可以放入这个储备中。议会还投票通过了决议，将从拍卖3亿配额中获得的利润投资于一个专项基金，用于帮助工业的低碳技术升级。

2015年2月25日，欧盟成为首个向巴黎气候协定递交国家贡献计划的联合国气候变化框架公约成员。国际社会将继续关注欧盟碳交易系统改革的进展。近

---

❶ http：//www.greentimes.com/green/news/hqxc/ywcz/content/2015—01/21/content_284062.htm

❷ http：//mp.weixin.qq.com/s?_biz=MzA4NTUwMDMwNA==&mid=203946267&idx=2&sn=0191230c26059d182521b81557958362&3rd=MzA3MDU4NTYzMw==&scene=6#rd

年来，越来越多的政府已经开始转向使用市场机制作为削减碳排放的工具。

2.2.3 法国：通过《能源转型法》[1]

2014年10月14日，法国众议院顺利通过《能源转型法》，目的是对法国能源消费进行结构性调整。并且此法案有利于推动法国环保产业的进一步发展。

《能源转型法》提出了多个重要的目标：第一，减少能源消耗。长期目标是到2050年能源总消耗减少到50%，温室气体减少排放75%。中期目标是到2030年，能源总消耗减少30%，温室气体排放降低40%，并且增加32%的可再生能源产品的利用。第二，调整能源供应结构。计划到2025年，核能发电量由现在的75%降低到50%，并将核能发电量限制在当前6320万千瓦的水平。第三，促进绿色增长。计划到2050年，全部建筑须符合“低耗能建筑”标准；增加电动汽车充电桩数量；2016年1月1日起全面禁止一次性塑料袋的使用；自2020年起，禁止使用一次性塑料餐具。第四，实施可再生能源产业补贴。法案涉及一项可再生能源行业的新补贴，此项补贴更符合欧盟在可再生能源方面的指令；取消固定的销售价格的影响，更多地引入市场因素，由市场最终决定价格。最后，鼓励可再生能源产业的发展。避免价格过高，并且同时避免产能过剩；简化可再生能源产业监管的框架结构，同时进一步加大市场竞争在行业中的作用。

2.2.4 韩国：温室气体排放权交易机制[2]

2015年1月1日，韩国正式实施温室气体排放权交易机制。韩国环境部发布公告称，经过国务会议审议通过之后，最终确定温室气体排放权交易机制实施的名称为“国家排放权分配计划”。该计划实施期从2015年开始，2017年截止，排放权交易机制的全体对象分配的排放权数量为16.87亿KAU。KAU是韩国固有的排放权单位，相当于1t二氧化碳当量。

韩国钢铁业温室气体排放展望值（BAU）比较（单位：百万t）　**表1-2-1**

	2010年	2011年	2012年	2015年	2016年	2017年	2020年
2009年制定	91.6	96.3	100.9	115	115.4	115.8	116.9
2013年制定	108	123.4	121.4	129.1	132.2	132.6	138.1
增减率%	17.9	28.1	20.3	12.3	14.6	14.5	18.1

[1] http://news.ifeng.com/a/20141021/42253183_0.shtml

[2] http://www.opsteel.cn/news/2014-09/03B3165A6A656CA2E050080A7DC95BCD.html

2.2.5　印度：发展可再生能源电力[1]

2015年1月，印度政府计划在未来5年内建立25个太阳能园区，总发电量达2万兆瓦，并为该项目提供100亿卢比（约1.7亿美元）的财政支持。目前，该项目已确立了12个太阳能园区选址，分别位于包括安得拉邦、特兰伽纳邦在内的9个邦省。

为了解决大量可再生能源的输出问题，印度政府计划在输配电系统方面投入3万亿卢比（约合473亿美元）以进一步消纳可再生能源电力，并完成2019年实现全国无间断供电的目标。印度政府会以不同的方式来支持可再生能源项目，如适应性补偿基金、利息补助、长期优惠债务、税收减免等措施来推动平价上网。2017年至2018年，太阳能有望实现0.09美元/度电的平价上网。

2.3　实践动态：优化城市策略

德国、美国、澳大利亚、加拿大等国家的部分城市正在积极地探索和实践低碳生态城市的建设，在与生态共融理念、城市增长边界方法、水计划、绿色基础设施建设、共享街道、社会公共服务和城市管理等方面的做法和策略值得中国的城市借鉴。

2.3.1　澳大利亚墨尔本：城市可持续发展[2]

墨尔本在20世纪所产生的城市蔓延（图1-2-6），以及随之而来的空气污染、农地减少等问题，说明城市规划对城市扩展的影响效力不大。墨尔本大都市工程局提出了墨尔本都市区发展战略，致力于建成区的建设，并鼓励在交通可达性较好的地段，进行较为集中的住宅及交通、就业和公共服务设施开发。

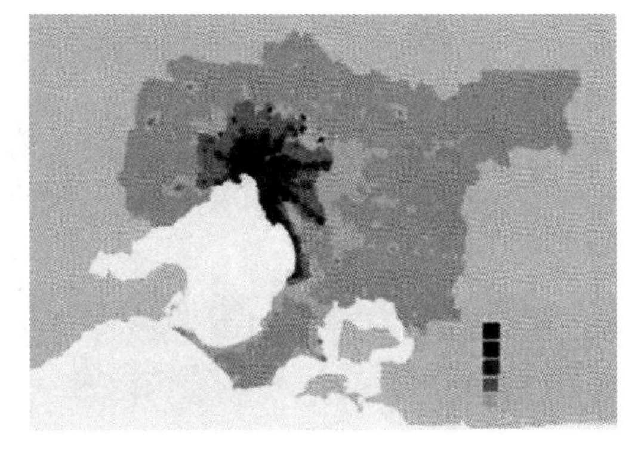

图1-2-6　墨尔本的城市蔓延

墨尔本在20世纪末的发展基础上，进一步增加了其用地范围（图1-2-6）。人们开始意识到紧凑城市发展模式具有更大的优越性，不仅可以促进创意城市的发展，同时也能够提供更为多样化的住宅及更便利的公共服务设施。

---

[1] http://www.howbuy.com/news/2015-01-12/2892194.html

[2] http://www.melbourne.vic.gov.au/Sustainability/Pages/Overview.aspx

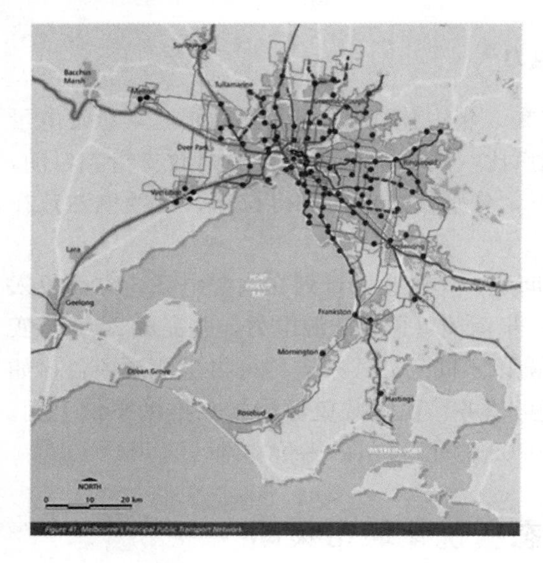

图 1-2-7 墨尔本主要的公共交通网络

《墨尔本 2030》战略规划首次设定了城市增长边界，并设定了大量区域性次中心，以及交通和用地的整合。城市增长边界的划定给边缘区土地利用施以法律约束，对城市建设用地与非建设用地进行了区分，体现了墨尔本在确保安置新增人口的同时，保护大都市边缘生态敏感区、农田生产区和开敞空间的意图（图 1-2-7）。

《墨尔本 2030 可持续发展规划》❶ 为墨尔本及周边的发展提供了一个长远的规划。规划的制定目标是持续保护既定区域的宜居特性；增强战略性发展区域城市建设的集约程度。规划提出在未来 30 年，墨尔本将建设成为一个供居民生活的宜居城市，供企业发展的繁荣城市和供游客旅游的魅力城市。

墨尔本近期新的目标是在 2020 年达到碳平衡。为了达到这个目标，墨尔本做了多方面的努力（图 1-2-8）。(1) 办公楼计划：2012 年实现碳平衡，办公楼 2 号是按照澳大利亚 6 星绿色办公设计的项目，为相似建筑提供借鉴模式。(2) 树

图 1-2-8 2020 年碳平衡目标

❶ 凯文·奥康纳，韩笋生. 澳大利亚大都市区发展与规划对策 [J]. 国际城市规划，2012，27 (2)

木计划：墨尔本的城市森林策略将应对气候变化，到2040年城市郁闭度将是现在的两倍，并且丰富树木种类以便创造更健康宜人的景观。(3) 技术发展：使用绿色屋顶、墙体、外立面等，并提供技术支持。(4) 绿色交通：墨尔本拓展自行车道，并鼓励步行以及公共交通。(5) 水管理：墨尔本建造了雨洪收集系统，是世界上首次运用道路雨洪收集技术，鼓励城市建筑循环用水技术的国家。(6) 可持续社区：鼓励居民减少水资源，能源的使用，以及减少废弃物。

2.3.2 美国波特兰：城市增长边界❶

波特兰2040年远景规划的编制过程中，采用了逐层细化法划定城市增长边界（图1-2-9）。城市增长边界（Urban Growth Boundary，以下简称UGB）作为城市增长管理的重要手段，在美国及其他许多西方国家都得到了很好的运用。波特兰首先对未来城市增长边界提出了四种可能模式，通过综合比较，初步形成了城市增长边界，并结合土地利用现状、服务中心和主要街道的位置、环境敏感区和不适宜开发用地的位置等要素对城市增长边界进行细化。

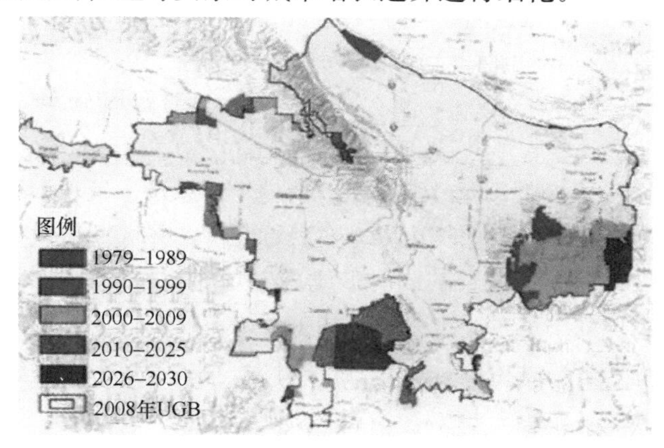

图1-2-9　波特兰历史分阶段及未来预测UGB

波特兰城市增长模式被称为“增长概念”，各对应四种城市发展情景。各个情景的比选原则为：1) 新增用地尽量沿交通线路，并分布在商业中心周边，以提高土地利用效率；2) 尽量少占用边界外水源保护区、森林、优质农田等生态开敞空间；3) 城市形态适用于轨道交通、公交车、私家车、自行车、步行等复合的交通系统；4) 城市发展方向在保持社区相互分割的基础上与周边城市相协调，避免连绵发展；5) 为区域内居民提供多样的居住环境。据不同的情景比选确定最终发展模式，并划定城市增长边界（图1-2-10）。情景一：城市扩展迅速，

---

❶ 王颖，顾朝林，李晓江. 发展中国家城市发展与规划的几个主要问题［J］. 国际城市规划，2014 Vol. 29，No. 4

新增城市用地主要用于居住，向生态压力较小地区扩展。情景二：城市发展以填充方式为主，城市增长边界保持与建成区一致。情景三：城市发展填充和扩展并存。情景四：城市增长边界沿交通走廊和组团模式向外扩展。

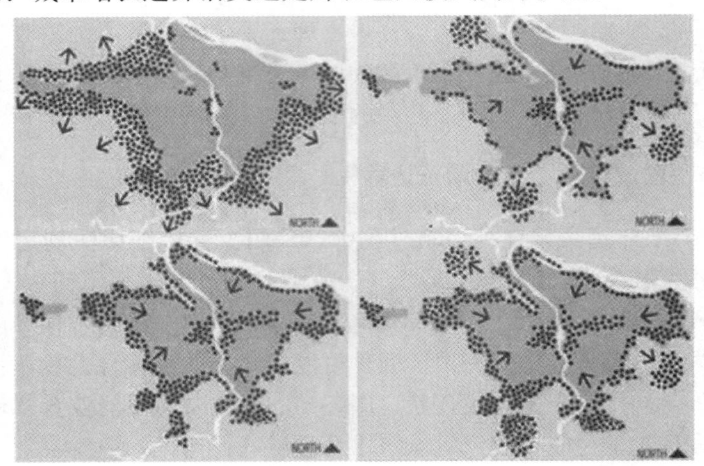

图 1-2-10 波特兰城市增长情景

（图片来源：The Nature of 2040. The Region's 50-year Plan for Managing Growth. Metro (Portland), 2000）

在确定最终增长情景时，通过综合比较消耗土地总量、景观多样化程度、开敞空间布局、平均通勤距离对各增长边界方案进行评价，并选择最优方案——城市沿交通走廊进行拓展，在边缘增长的同时鼓励内部填充式发展（图 1-2-10）。确定增长情景后，结合土地利用现状、服务中心和主要街道的位置、环境敏感区和不适宜开发用地的位置等要素对城市增长边界进行细化，划定增长边界形态（图 1-2-11）。

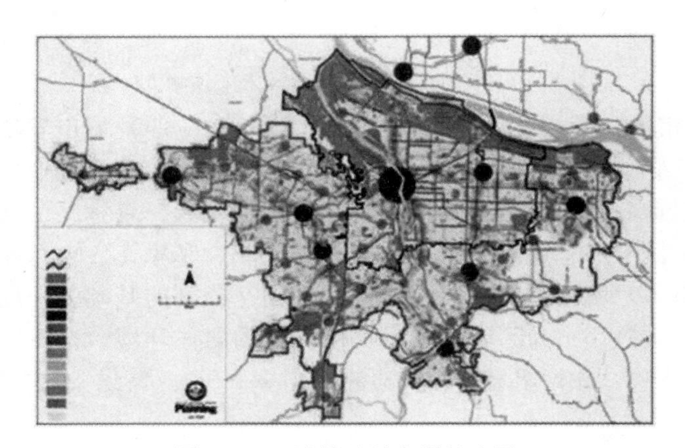

图 1-2-11 波特兰城市增长边界

（图片来源：The Nature of 2040. The Region' s 50—year Plan for Managing Growth. Metro (Portland), 2000）

波特兰城市增长边界在划定后得到了严格实施。1975 年以来，该市以 2%的新增用地容纳了 50%的新增人口，成功将以住宅开发为主的城市建设限制在了边界以内，鼓励城市内涵式发展。

2.3.3　德国鲁尔工业区：工业转型到城市转型

德国鲁尔区工业改造利用（图 1-2-12），如北杜伊斯堡景观公园、埃森的矿业同盟工业文化园区、奥伯豪森的巨大储气罐是鲁尔区成功转型的标志，但不足以代表鲁尔区转型本身。

图 1-2-12　鲁尔区工业改造

鲁尔区的转型发展大致可以分为四个阶段，第一阶段，再工业化——改善传统工业，完善基础设施；第二阶段，新工业化——吸引资本技术，培育新兴经济；第三阶段：区域改造一体化——开启区域合作，积聚转型能量；第四阶段：产业结构多元化——强化优势产业，区域一体发展。

第四阶段的核心目标是发挥各个地方优势，优化区域产业结构。期间，共出台了四个重要计划：《鲁尔项目计划》（Project Ruhr GmbH program）、《鲁尔城市区域 2030》(Urban Region Ruhr 2030)、《鲁尔总体规划》(Master Plan Ruhr)、《欧洲文化首都》（European Cultural Capital）。其中《鲁尔项目计划》明确了 12 个优先发展产业（图 1-2-13），并在城市和空间上做出战略部署（图 1-2-14）。

鲁尔区由单纯改造传统工业到侧重发展新兴产业，并发展以知识和创意为载体的城市新产业，大力发展现代服务业产业。其具有资源型城市典型特征的产业转型方式，一是注重产业继承；二是新兴产业培育；三是中小企业扶持；四是产业结构多元化；五是积极创造就业。通过结构政策和经济发展方案，鲁尔都市区在欧洲都市区中已经成为全球导向的区域，鲁尔区的竞争力正随着持续创新而得到增强。

	多特蒙德	埃森	杜伊斯堡	波鸿	盖尔森基兴	奥伯豪森	哈根	哈姆	黑尔纳	米尔海姆	波特洛普
人口(万人)	58.5	58.1	48.8	37.5	25.8	21	19.7	18.4	17	16.9	11.9
能源与新能源技术											
IT											
医疗技术与健康经济											
微结构技术和微电子											
水与污水处理技术											
采矿技术											
新化工											
新材料与钢工业											
机械工程											
物流											
设计											
旅游与休闲											

图 1-2-13 《鲁尔项目计划》12 个优势产业的发展

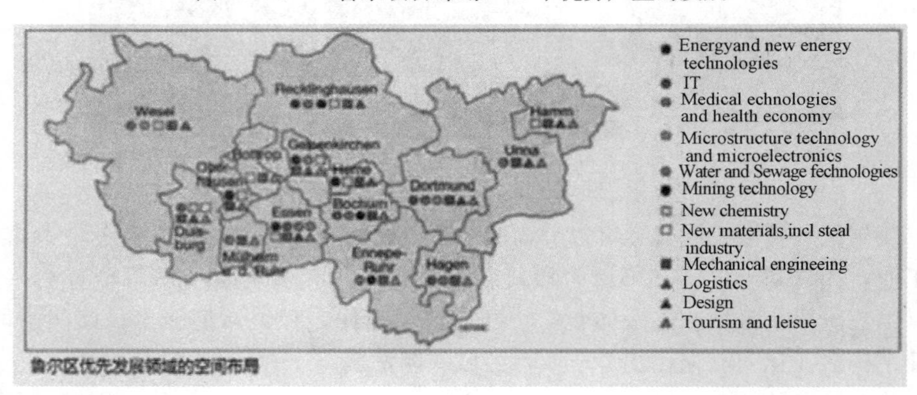

图 1-2-14 《鲁尔项目计划》产业空间部署

2.3.4 德国内卡苏尔姆：河道生态修复

德国内卡苏尔姆市坐落于内卡河与苏尔姆河交汇处，在汽车工业高速发展的背景下，苏尔姆河线性渠道化，成为功能单一的 V 形排洪渠。随着时代的发展，需要重塑苏尔姆河环境、场地身份。改造的四个目标：苏尔姆河变得可接近；一处公园；连接城市与自然；整合场地的防洪保护功能。创建公园和苏尔姆河之间的联系，将公园改造和河流修复治理作为提升内卡苏尔姆城市定位的重要部分。

苏尔姆计划于 2015～2017 年施工修复改造河段全长 2 公里，上游苏尔姆湖面积 6 公顷。2 公里河段分成城市公园段与河道公园段。近市中心的城市公园结合河道景观设置近水餐饮区、植栽花园、滨水步道与平台和自行车道，提升整体城市公共空间价值。河道公园段结合蜿蜒河体的滞洪设计，在非洪涝时间提供儿童亲水游乐区、沙滩区、餐饮区、健身区与极限运动区等；而在洪涝期间提供完善的滞洪空间，提升城市滨河空间的自然属性（图 1-2-15）。上游苏尔姆湖公园区域结合其生态自然特性，提供眺望台与观景平台，以及相应的步道与自行车道，提升湖区周边的自然性，既强调生态保护，又考虑加强其可达性。

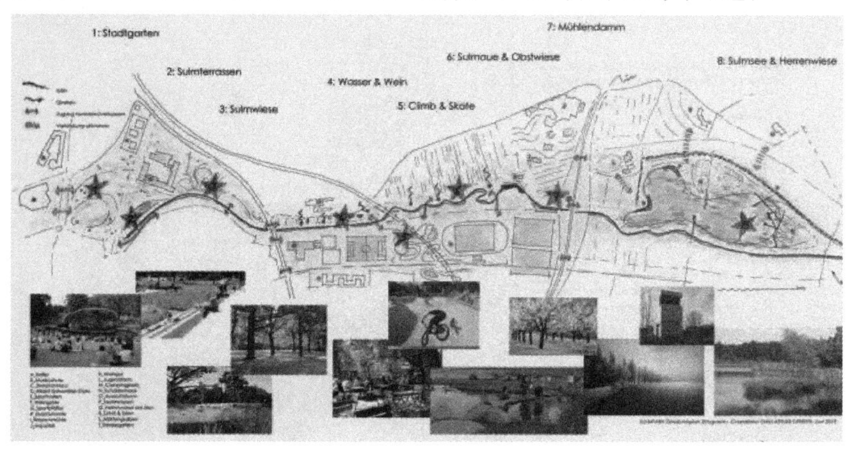

图 1-2-15　两公里河段：城市公园段和河道公园段

苏尔姆公园延展范围超过 2 公里，从市中心直至郊野农业景观和葡萄种植园。它可被分为三部分结构：在公园的中心，经修复的河流具有独特的吸引力；综合游乐、体育的活动项目以及感受自然和演替的体验对于公园的质量发挥着作用；苏尔姆湖拥有宝贵的生境和自然演替、自然探索空间的优美自然景致（图 1-2-16）。

图 1-2-16　苏尔姆公园三部分结构

从城市公园到苏尔姆湖公园完成了从城市到自然的人文与生态的联系与功能的渐变，最大化的体现不同区域城市与自然的关系，加强在生态城市发展的背景下对城市河道的多语义处理，通过对水文、生态、人文的综合设计赋予城市河流更加宽泛的属性，将城市河道的工业化隔离属性再次回归到与生态城市发展共融属性。

2.3.5 日本东京：十年水计划[1]

东京十年水计划（图 1-2-17），执行时间从 2014～2023 十年，但也会根据社会环境以及政府能源相关的政策而灵活执行。

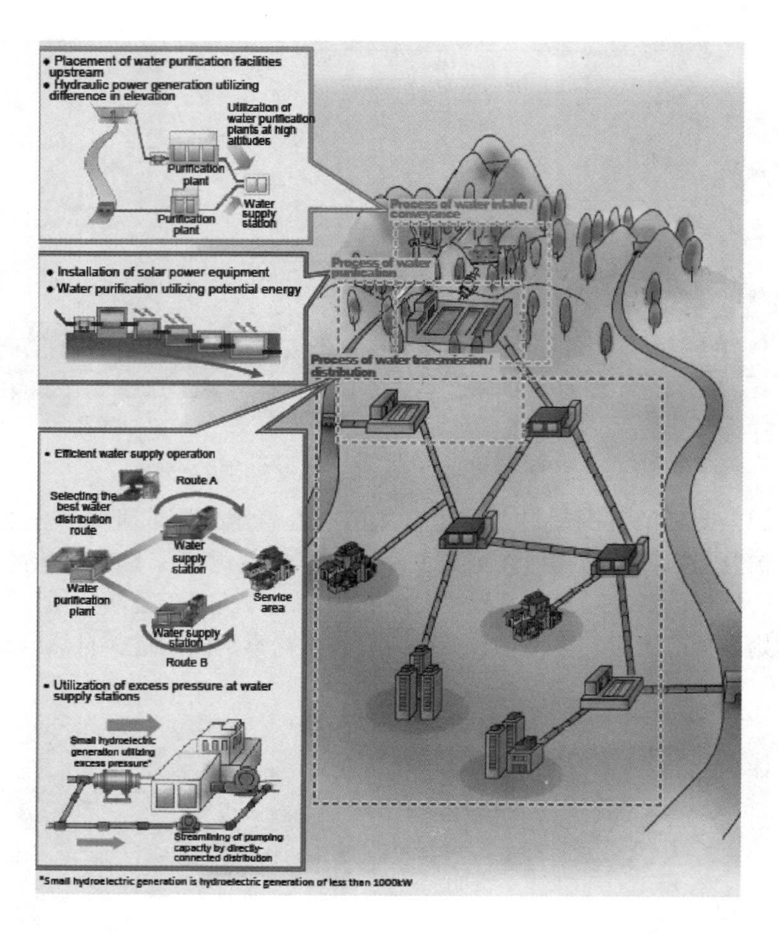

图 1-2-17 未来水计划系统

东京将以最少的能源消耗来供应安全，质量高的水源。一是通过水设施的发展改进减少能源使用，比如大规模的净水设施，水供应站以及输送管道；二是利用再生能源，比如太阳能、小型水压能、工业余热能等；三是使用一些水处理技术，比如重力等（图 1-2-18）。

[1] http://www.waterprofessionals.metro.tokyo.jp/pdf/energy-1_01.pdf

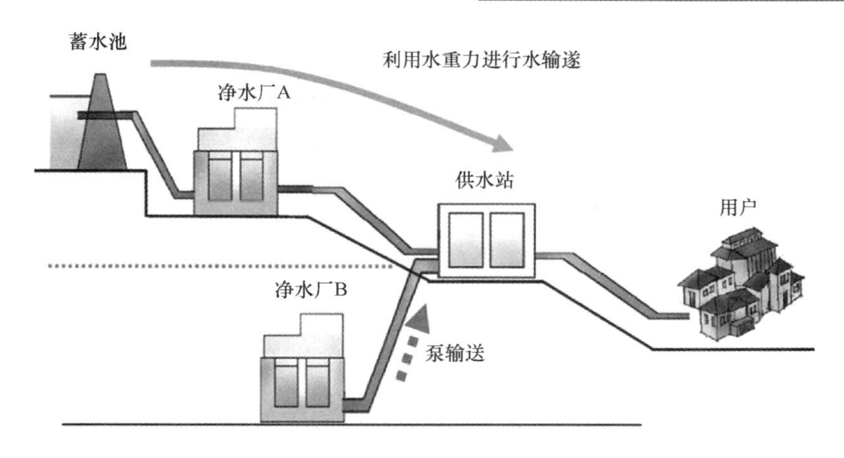

图 1-2-18　利用重力进行水处理，减少能源消耗

2.3.6　奥地利维也纳：绿色基础设施建设❶

维也纳作为奥地利的首都城市，在智慧城市建设中侧重于交通、住房、通信、能源、资源等领域的节能减排，为此相继制定“智慧能源愿景 2050”、“2020 年道路计划”、“2012～2015 行动计划”等一系列规划文件，进一步明确智慧城市建设低碳减排目标。

“城市交通总体规划”和“电动交通计划”，目的在于以改善城市建设管理中交通拥堵、尾气污染等问题，扩大铺设市区自行车线路和步行区范围，用户可通过公共自行车停驻站终端机实现注册、租赁、查询车辆信息和报修损坏车辆等操作。服务中心根据终端机发回的信息及时采取相关智能化措施，相关部门配合建立相应的智慧资讯和指挥系统，保障交通资讯和票务的网络优化。

地下水管网排水系统中充分应用信息化技术。在地下管网不同枢纽区安装 230 个监测设备，在暴雨天气时对管网内污水的流速、流量、水位等运行情况进行分层监测和实时监控，实时掌握管道淤积情况，保障水情及时疏通和其他可控操作。同时，维也纳管网公司设立 24 个气象监测站，通过与国家气象局紧密合作，及时向控制中心预报暴雨走向、降水量等，以随时跟进对排水管网的智能化管控。

“城市供暖和制冷计划”。充分体现维也纳在能源利用方面的成就。首先，供暖系统主要采用燃烧和气化技术将回收的固态垃圾和废水转化为新能源，满足地区暖气和热水需求，从而减少高能耗供暖设备的使用和二氧化碳排放量。城市制冷方面，接入节能技术城市制冷系统，该系统的基本能源需求只有传统制冷系统

❶ http：//www.d1net.com/scity/industry/286368.html

的10%，保障在提供制冷需求的同时兼顾能源的节约利用。

“市民太阳能发电厂计划”。提出到2030年可再生能源占据能耗总量的50%。建造房屋过程中通过把先进的保温、密封和通风技术有机地结合起来，充分利用屋顶太阳能装置保障室内温度达到符合人们正常生活需要的水平。

为引导和鼓励地区企业经营引入低碳环保管理理念，维也纳市政府加大对绿色产品和服务采购，相继颁布并全面实施63项生态采购标准，并由此成为世界上第一个正式实行政府采购绿色标准的城市。

2.3.7 加拿大多伦多：社会公共服务和城市管理的智慧打造[1]

多伦多在全球十大智慧城市排名中位居第二，在智慧城市社会公共服务、城市管理以及节能环保等各方面取得良好的成绩。

多伦多政府倾力打造名为“发现之旅”的生态网络和步行系统，推出城市短途自行车自助租赁服务，最大限度减少对高能耗车辆的使用，以此达到节能环保的效果。加强与私营机构的相互合作，制定多伦多智能通勤倡议，最早采用高速公路不停车电子收费和道路交通信息采集等先进技术，改善高速公路运营情况，提高交通运输效率，进一步提升城市运行交通管理智能化水平。

为更好地有效回收垃圾，市政府为居民提供十多种语言的垃圾分类指示和垃圾回收日历，帮助居民正确处理垃圾分类。采用新型科技天然气引擎环保节能垃圾车，代替之前的柴油引擎，极大降低城市环境污染和噪音污染。在建筑方面，融入绿色有机外墙和绿色屋顶的技术，降低建筑本身的能耗。城市基础设施安装LED照明装置，大力推行“LED节能照明城市”行动，推动市政当局之间合作开展节能照明活动。

2.3.8 美国西雅图：共享街道改造[2]

街道改造项目其目的都是为了构建人、场所和交通的和谐关系，体现公共资源分配的社会公平性。而共享街道概念是其中最为大胆的措施，其对交通控制概念是颠覆性的实践。它认可的是通过所有人的自律性替代信号灯、箭头、路缘石、标志标线、执法摄像头等外部约束性要素。这个概念在欧洲首先实施，逐渐开始在美国这个典型的小汽车导向国家实行。

2014年4月，西雅图开放了贝尔街公园（图1-2-19），这是一个由4个街区改造成的56000平方英尺（约5200平方米）的生活性街道，将鼓励行人、自行车和机动车共享街道空间。通过移除路缘石，平整铺装，去除车道线，“使人们

---

[1] http://www.d1net.com/scity/industry/286368.html

[2] http://www.svrdesign.com/bellstreetpark/

能够聚集在食品车、花园和游乐设施附近”。并非所有人都喜欢共享街道。有批评者认为：“共享空间太拥挤了，小汽车驾驶者感觉这种新的交通规则制度其实质不过是逼迫他们离开贝尔街的手段。”然而据报道，这个地区的房地产价格却因此有所上涨，而随后西雅图也计划至少再建两条共享街道。

图 1-2-19 西雅图贝尔街公园（SVR Design）

3　2014～2015 中国低碳生态城市发展

3　China's Low-carbon Eco-city Development 2014～2015

2014 年，中国的气候变化，既有全球的普遍现象，如气温升高，海平面上升，又具有一定的特殊性。《第三次气候变化国家评估报告》显示，中国的全国平均气温升温速度高于全球平均，中国在特殊的地理经济环境下，更容易受到气候变化的影响。多数研究表明中国化石燃料燃烧的二氧化碳排放可能在 2030 年左右达到峰值，但经济、社会发展方式、政策导向和科技创新等都将对峰值时间和水平带来不确定性。

应对气候变化，技术进步、产业和能源结构调整，加强适应很关键，同时挑战与机遇并存。挑战方面："十一五"期间中国平均每形成 1 吨二氧化碳减排能力，财政需投入 167 亿元人民币；2010～2030 年全国抗旱适应成本达 5000 亿元人民币；机遇方面：减缓和适应气候变化将有助于推动经济结构战略性调整和发展方式的转变。

当前我国的城镇化发展迅速，城市数量明显增长，以常住人口为统计口径，调整了城市规模划分标准，需继续走低碳城市发展道路，以示范宜居城镇，宜居村庄、小区带动新型、低碳的城市发展。

中国参与应对气候变化国际治理角色的重要性不断增强，需统筹国内、国际两个大局，走出一条符合中国国情、适应全球挑战的可持续发展道路。

3.1　政策指引：新常态下的新型城镇化

在"新常态"条件下新型城镇化战略设计、顶层设计需要靠国家、相关部委、地方政府等大家共同努力，才能走出一条有中国特色的低碳、绿色、生态的新型城镇化之路。

3.1.1　国家层面：新常态下的绿色生态发展

(1) 两会：生态文明建设硬任务

2015 年两会政府工作报告中指出生态文明建设关系人民生活，关乎民族未来。雾霾天气范围扩大，环境污染矛盾突出，必须加强生态环境保护，下决心用硬措施完成硬任务。从三个方面推行：一是污染防治。以雾霾频发的特大城市和区域为重点，以细颗粒物（PM2.5）和可吸入颗粒物（PM10）治理为突破口，深入实施大气污染防治行动计划。二是推动能源生产和消费方式变革。加大节能减排力度，控制能源消费总量，能源消耗强度要降低3.9%以上，二氧化硫、化学需氧量排放量都要减少2%。三是推进生态保护与建设。

（2）国务院城市规模划分新标准[1]

2014年11月20日，国务院印发《关于调整城市规模划分标准的通知》。新标准对原有城市规模划分标准进行了调整，明确了新的城市规模划分标准。新标准是在我国城镇化迅速发展，城市数量明显增长，原有城市规模划分标准难以适应新形势需要的背景下出台的。

新的城市规模划分标准以城区常住人口为统计口径，将城市划分为五类七档（表1-3-1）：

城市规模划分标准　　　　**表1-3-1**

城市类型	常住人口/万人	
小城市	50万以下	20万＜Ⅰ型小城市＜50万
		Ⅱ型小城市＜20万
中等城市	50万以上100万以下	
大城市	100万以上500万以下	300万＜Ⅰ型大城市＜500万
		100万＜Ⅱ型大城市＜300万
特大城市	500万以上1000万以下	
超大城市	1000万以上	

与原有城市规模划分标准相比，新标准有四点重要调整：城市类型由四类变为五类，增设超大城市；将小城市和大城市分别划为两档；人口规模的上下限普遍提高；将统计口径界定为城区常住人口。

（3）能源发展战略行动计划[2]

2014年11月19日，国务院办公厅印发《能源发展战略行动计划（2014～2020年）》，明确了我国能源发展的五大战略任务：增强能源自主保障能力；推进能源消费革命；优化能源结构；拓展能源国际合作；推进能源科技创新。到2020年，基本形成统一开放、竞争有序的现代能源市场体系。该行动计划是今后一段时期我国能源发展的行动纲领。

[1] http：//www.gov.cn/xinwen/2014-11/20/content_2781156.htm

[2] http：//www.gov.cn/xinwen/2014-11/19/content_2780748.htm

3.1.2 相关部委：绿色生态试点示范

（1）国家新型城镇化政策规划的出台

2014年7月，国家发改委、财政部、国土部、住建部等11个部委联合下发《国家新型城镇化综合试点通知》[1]。试点的主要任务是：以建立农业转移人口市民化成本分担机制、多元化可持续的城镇化投融资机制、创新行政管理和降低行政成本的设市模式、改革完善农村宅基地制度为重点，结合创业创新、公共服务、社会治理、绿色低碳等方面发展的要求，开展综合与分类相结合的试点探索，为全国提供可复制、可推广的经验和模式。

2015年2月12日，发改委发布了《低碳社区试点建设指南》[2]，明确将在城市新建社区、城市既有社区、农村社区开展试点，探索形成符合实际、各具特色的低碳社区建设模式。城市既有社区试点建设要以控制和削减碳排放总量为目标，以低碳理念为指导，对社区建筑、基础设施进行低碳化改造，完善社区低碳管理和运营模式，推广低碳生活方式。农村社区试点建设则将紧扣改善农村人居环境的目标，根据本地资源、气候特点，科学规划村域建设，加强绿色农房和低碳基础设施建设，推进低碳农业发展和产业优化升级，推广符合农村特点的低碳生活方式。

（2）低碳减排与碳交易市场的制度培育与支持

2014年8月6日，国家发改委印发《单位国内生产总值二氧化碳排放降低目标责任考核评估办法》的通知[3]，首次将二氧化碳排放量的降低纳入地方人民政府及工作人员的政绩考核。此次《办法》列出了详细的考核评估指标及评分细则，除年度二氧化碳排放指标外，还考核“十二五”单位地区生产总值二氧化碳排放量。同时，明确要求地方给出年度不同能源品种的碳排放至及来源单位，产品涉及煤、油、气及电力等多个品种。

2014年11月4日，国家发改委公布了《国家应对气候变化规划（2014～2020年）》[4]，提出在2020年时，进一步优化产业和能源结构，实现风电、太阳能、生物质能发电等可再生能源的快速增长，降低煤炭等化石能源的产量和消费量。

2015年1月27～28日，财政部、发改委在湖南长沙召开全国节能减排财政政策综合示范工作会议[5]。围绕示范工作量、节能减排效果、长效机制建设等因

---

[1] http：//www. zjdpc. gov. cn/art/2014/7/5/art _ 8 _ 660880. html

[2] http：//www. sdpc. gov. cn/zcfb/zcfbtz/201502/t20150225 _ 665164. html

[3] http：//www. sdpc. gov. cn/gzdt/201408/t20140815 _ 622318. html

[4] http：//www. ndrc. gov. cn/zcfb/zcfbtz/201411/t20141104 _ 642612. html

[5] http：//jjs. mof. gov. cn/zhengwuxinxi/gongzuodongtai/201501/t20150128 _ 1185600. html

素设置了具体、明确的考核指标。同时，建立示范城市退出机制，节能减排指标完不成的，取消示范资格。2015 年示范城市开始尝试将补贴政策和价格、税费等其他政策配合使用。

（3）海绵城市建设一城市适应环境变化具有弹性功能

2014 年，习近平总书记在关于保障水安全重要讲话中指出：要根据资源环境承载能力构建科学合理的城镇化布局；尽可能减少对自然的干扰和损害，节约集约利用土地、水、能源资源；解决城市缺水问题，必须顺应自然，建设自然积存、自然渗透、自然净化的“海绵城市”。海绵城市构建着生态城市的理念，顺应自然。从国务院到各大部委，从法律法规、技术指南、中央财政到试点等方面（表 1-3-2），各方都在积极推动海绵城市规划和建设。

海绵城市建设相关的政策文件 **表 1-3-2**

发文单位	政策名称及文号	发文日期	主要内容
住建部	关于印发城市排水（雨水）防涝综合规划编制大纲的通知（建城［2013］98 号）	2013 年 6 月 18 日	《城市排水（雨水）防涝综合规划编制大纲》，各城市结合当地实际、参照《大纲》要求抓紧编制城市排水（雨水）防涝综合规划
国务院	城镇排水与污水处理条例（国务院令第 641 号）	2013 年 10 月 16 日	城镇排水主管部门应当按照城镇内涝防治专项规划的要求，确定雨水收集利用设施建设标准，明确雨水的排水分区和排水出路，合理控制雨水径流
住建部	海绵城市建设技术指南—低影响开发雨水系统构建（试行）（城函［2014］275 号）	2014 年 11 月 3 日	明确了海绵城市的概念和建设路径，提出了低影响开发的理念、低影响开发雨水系统构建的规划控制目标分解、落实及其构建技术框架
财政部 住建部 水利部	关于开展中央财政支持海绵城市建设试点工作的通知（财建［2014］838 号）	2014 年 12 月 31 日	中央财政对海绵城市建设试点给予专项资金补助，一定 3 年，直辖市每年 6 亿元，省会城市每年 5 亿元，其他城市每年 4 亿元。 试点城市应将城市建设成具有吸水、蓄水、净水和释水功能的海绵体，提高城市防洪排涝减灾能力
财政部 住建部 水利部	关于组织申报 2015 年海绵城市建设试点城市的通知（财办建［2015］4 号）	2015 年 1 月 20 日	印发《2015 年海绵城市建设试点城市申报指南》，对试点选择流程、评审内容、实施方案编制等内容进行指南性指导

续表

发文单位	政策名称及文号	发文日期	主要内容
国务院	水污染防治行动计划（水十条）（国发〔2015〕17号）	2015年4月2日	提高用水效率。加强城镇节水，积极推行低影响开发建设模式，建设滞、渗、蓄、用、排相结合的雨水收集利用设施。新建城区硬化地面的可渗透面积要达到40%以上

在以上政策的推动下，很多城市提出了海绵城市建设的规划目标，同时财政部、住建部、水利部在2015年4月公示2015年16个海绵城市建设试点城市，包括迁安、白城、镇江、嘉兴、池州、厦门、萍乡、济南、鹤壁、武汉、常德、南宁、重庆、遂宁、贵安新区和西咸新区等。

（4）生态文明建设与环境污染控制

2014年7月22日，国家发改委、财政部、国土资源部、水利部、农业部、国家林业局六部门联合印发了《关于开展生态文明先行示范区建设（第一批）的通知》[1]，明确江西省等57个地区纳入第一批生态文明先行示范区，并指出江西、云南、贵州、青海等四省的《实施方案》由国家发展改革委等六部委联合印发实施。《通知》明确了57个地区的制度创新重点，使自然资源资产产权管理、体现生态文明要求的领导干部评价考核体系、资源环境承载能力监测预警、资源高效节约利用、生态补偿机制、污染第三方治理、国家公园体系30多项创新性制度在地方得以实践。

2014年12月30日，环保部在京召开新闻通气会，通报我国空气质量新标准监测实施工作提前完成，所有监测点位与中国环境监测总站空气质量信息发布平台联网[2]。2015年1月1日起，全国338个地级及以上城市共1436个监测点位，将全部开展空气质量新标准监测，相关空气监测数据将正式发布，公众可通过环保部网站、中国环境监测总站网站及移动客户端查询空气质量新标准第三阶段所有点位的实时监测数据。

2015年全国共有367座城市实施《环境空气质量标准》（GB 3095—2012），监测包括PM2.5在内的6项监测指标，这是2012年空气质量新标颁布后，中国首次大规模地披露城市空气质量监测数据。2015年第一季度31省PM2.5浓度排名见图1-3-1。

（5）绿色建筑政策发展提速建设[3]

[1] http：//www.sdpc.gov.cn/gzdt/201408/t20140804_621195.html

[2] http：//env.people.com.cn/n/2014/1231/c1010-26304724.html

[3] http：//www.chinagb.net/news/waynews/20150325/111903.shtml

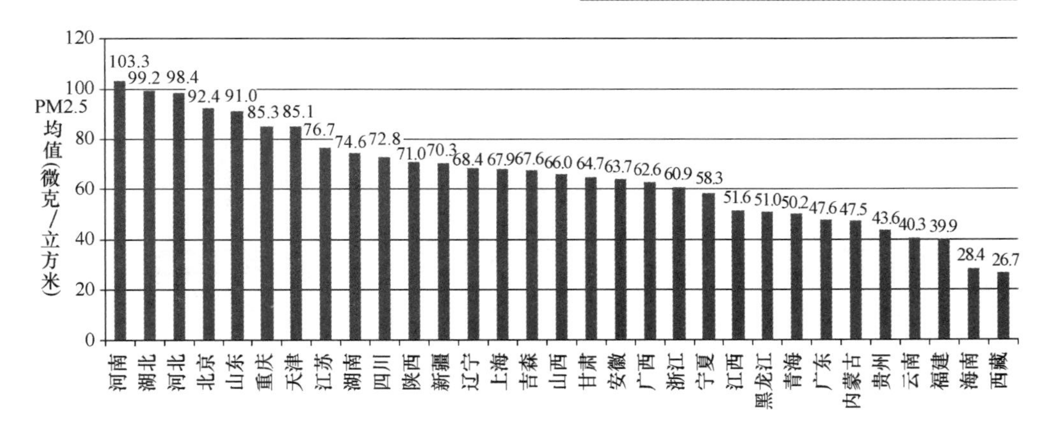

图 1-3-1　2015 年第一季度 31 省 PM2.5 浓度及排名

从 2014 年 3 月开始，国务院、住建部及其他部委更加注重中国绿色建筑的发展，出台一系列的政策，加速绿色建筑的建设发展。

2014 年 3 月 16 日，国务院发布《国家新型城镇化规划（2014～2020）》，规定 2020 年 50%新建建筑达到绿建标准。同年 5 月 15 日，印发《2014～2015 年节能减排低碳发展行动方案》（国办发〔2014〕23 号），要求深入开展绿色建筑行动。同年 6 月 7 日，印发《能源发展战略行动计划（2014～2020）》（国发办［2014］31 号），也强调建设领域实施绿色建筑行动计划的要求。

除国务院印发相关文件中提到绿色建筑要求外，住建部作为主管部门之一，继续完善绿色建筑标准，2014 年 4 月 15 日，发布修编后的《绿色建筑评价标准》（GB/T 50378—2014）。2015 年 2 月 12 日，发布《绿色工业建筑评价标准》（GB/T 50878—2013）和《绿色工业建筑评价技术细则》。住建部还联合其他部委发布相关政策，如与工信部联合印发《关于绿色建材评价标识管理办法》的通知（建科［2014］75 号），与教育部联合印发《节约型校园节能监管体系建设示范项目验收管理办法（试行）的通知》（建科［2014］85 号），以及与发改委办公厅和国家机关事务管理局办公室联合印发《关于在政府公益性建筑及大型公共建筑建设中全面推进绿色建筑行动的通知》（建办科［2014］39 号）等，还有 2014 年 6 月，中国绿色建筑与节能委员会发布学会标准《绿色建筑检测技术标准》（CSUS/GBC 05—2014），并于 2014 年 7 月 1 日起实施，全面推进各种建筑类型的绿色建筑发展。

（6）智慧城市健康发展，加强信息资源共享和社会化利用

2014 年 8 月 27 日，发改委、工信部、科技部、公安部、财政部、国土部、住建部、交通部八部委印发《关于促进智慧城市健康发展的指导意见》[1]，明确

[1] http://www.sdpc.gov.cn/gzdt/201408/t20140829_624003.html

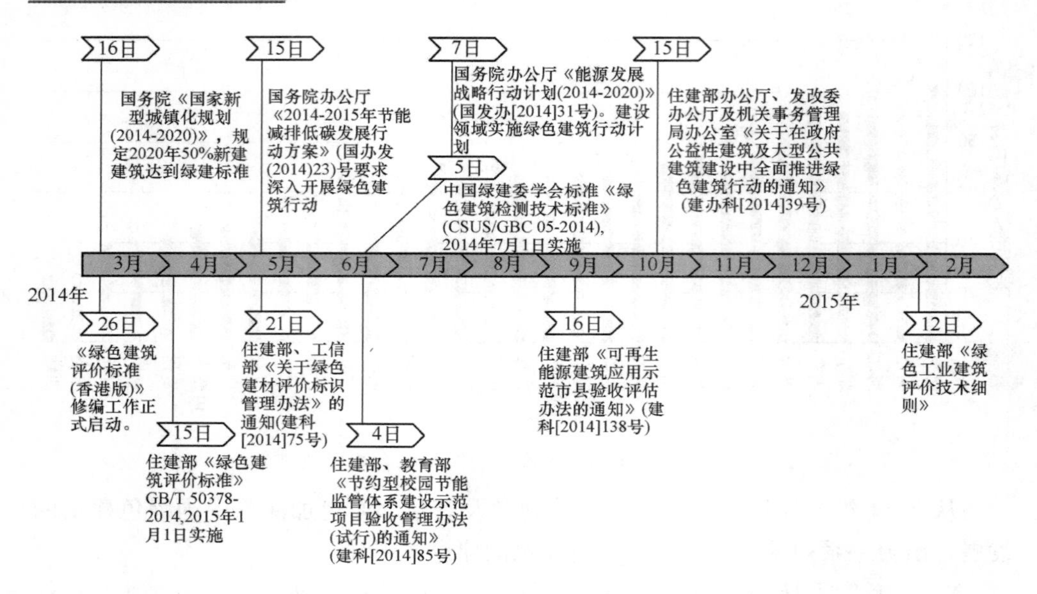

图 1-3-2 2014 年 3 月～2015 年 2 月中国绿色建筑政策行动

（图片来源：深圳市建筑科学院股份有限公司）

提出将加强智慧城市建设顶层设计：即城市人民政府要从城市发展的战略全局出发研究制定智慧城市建设方案；要明确推进信息资源共享和社会化开发利用、强化信息安全、保障信息准确可靠以及同步加强信用环境建设、完善法规标准等的具体措施；要加强与国民经济和社会发展总体规划、主体功能区规划、相关行业发展规划、区域规划、城乡规划以及有关专项规划的衔接，做好统筹城乡发展布局。

3.1.3 地方层面：规划目标指引低碳生态发展

在新型城镇化的背景下，地方政府积极出台各项制度和行动方案，包括“生态文明制度建设总体方案”、“节能减排发展行动方案”、“生态文明建设示范市规范”等，明确了城市的建设发展方向和今后的重点领域和任务。

（1）生态文明提升新型城镇化新高度

各地方政策积极响应国家生态文明建设和新型城镇化战略要求，出台适应本地区的规划和行动方案，如青海省、四川省、河南省、广东省以及厦门市和青岛市等。

青海省委、省政府于 2014 年 6 月印发了《青海省生态文明制度建设总体方案》[1]，明确指出今后建设的重点领域和主要任务。其主要任务是全面落实主体

[1] http：//www. qh. gov. cn/zwgk/system/2014/06/28/010122214. shtml

功能区制度，优化国土空间开发格局；健全自然资源资产产权制度，实现管理和监管体制创新；强化生态补偿制度，激发生态保护的内生动力；完善资源有偿使用制度，依靠市场主体保护生态环境；探索国家公园制度，统筹生态保护和人的全面发展；建立生态文明评价和考核制度，实行最严格的生态保护和责任追究。

四川省政府于2014年8月发布《2014～2015年四川省节能减排低碳发展行动方案》[1]，提出2014～2015年，单位GDP能耗、二氧化碳排放量年均分别下降2%、2%以上。并提出节能重点工程、减排和污染防治重点工程、资源综合循环利用重点工程、机动车污染治理工程、水污染防治等五大重点工程；工业节能减排降碳、推进建筑节能降碳、交通运输节能减排降碳、公共机构节能降碳、商业及民用节能减排降碳等五大重点领域；以及推行合同能源管理和综合环境服务，探索推进节能量、排污权和碳排放权交易试点，推行能效领跑者制度，实施节能发电调度和电力需求侧管理等四大市场机制。

2014年8月，河南省发布了《河南省新型城镇化规划（2014年～2020年）》[2]，提出要加快转变城镇化发展方式，深入推进“三大体系、五大基础”（现代产业体系、自主创新体系、现代城镇体系，交通、信息、水利、能源、生态环境五大基础设施）建设；坚持以人的城镇化为核心，推进农业转移人口进得来、落得住、转得出；以中原城市群为主体形态，促进大中小城市和小城镇协调发展，提高城市综合承载能力。

广东省住建厅于2014年11月印发了《广东省绿色生态城区规划建设指引（试行）》[3]。确立了以土地利用规划、城市形态与环境设计、交通系统规划、市政基础设施规划以及环境保护规划五大系统为核心的技术体系。同时还对规划实施保障、评估与校核、规划编制的深度、成果构成与要求等做出明确要求。

环保部在2014年12月评审通过了《美丽厦门生态文明建设示范生态市规划（2014～2020年）》[4]。其中2014～2018年为全面建设阶段，全面完成国家生态文明建设试点工作，基本达到国家级生态文明建设示范区要求；2019～2020年为优化提升阶段，将厦门全面建设成为国家生态文明建设示范市。统筹安排生态空间与生态经济工程、生态环境与生态生活工程、生态制度与生态文化工程等3大类47项重点工程项目，全面构筑厦门生态文明建设五大制度创新体系，规划了生态环境体系、生态产业体系和生态文化体系三大实践体系。

---

[1] http：//www.sc.gov.cn/10462/10883/11066/2014/8/13/10309738.shtml

[2] http：//www.hbzfhcxjst.gov.cn/

[3] http：//www.upr.cn/news/news_32208.html

[4] http：//news.ifeng.com/a/20141226/42803761_0.shtml

青岛市发改委于2014年9月印发《青岛市低碳发展规划》[1]（2014年～2020年）。提出青岛市将把握低碳产业革命的重大机遇，努力实现绿色低碳发展转型，建设低碳型宜居幸福城市。该规划提出的发展目标是：到2015年力争达到二氧化碳排放峰值。规划提出青岛市低碳产业规模要不断发展壮大，到2020年，形成低碳产业聚集区，构筑低碳产业体系，提升低碳技术创新能力；低碳发展体制机制和政策体系进一步完善，还要形成低碳发展的良好社会氛围。

（2）绿色建筑规模化发展助推生态城市建设

为了推动绿色建筑的规模化发展，各地发布了行动计划，促进和保障绿色建筑的全面开展。

上海市政府于2014年6月发布了《上海市绿色建筑发展三年行动计划（2014～2016）》[2]，提出三项目标：从2014年下半年起，新建民用建筑原则上全部按照绿色建筑一星级及以上标准建设。其中，单体建筑面积2万平方米以上的大型公共建筑和国家机关办公建筑，按照绿色建筑二星级及以上标准建设；其次，推广新建装配式建筑，要求各区县在工地面积总量中落实装配式建筑的建筑面积比例，2014年不低于25%，到2016年外环以内新建民用建筑原则上全部采用装配式建筑；最后，进一步推广既有建筑的节能改造，力争三年累计完成700万平方米既有公共建筑节能改造，改造后单位建筑面积能耗下降20%及以上的达400万平方米。

山东省政府办公厅于2014年7月印发《关于进一步提升建筑质量的意见》[3]，提出要注重节能环保，减少落地外窗，慎用玻璃幕墙。从2015年开始，全面执行居住建筑节能75%、公共建筑节能65%的设计标准。实施绿色建筑行动，机关办公建筑、公益性建筑、保障性住房以及单体面积两万平方米以上的公共建筑，全面执行绿色建筑标准；鼓励房地产开发企业建设三星级绿色建筑。鼓励使用绿色建材产品，实施建筑材料质量追溯制度，建立伪劣建材曝光退市机制。

福建省发改委于2014年8月出台《福建省应对气候变化规划（2014～2020）》[4]，要求全省建设的大型公共建筑、10万平方米以上的住宅小区，以及福州、厦门、泉州等市财政性投资的保障性住房全面执行绿色建筑标准，充分利用太阳能、浅层地热能等可再生能源。《规划》支持武夷新区开展绿色建筑示范，推进厦门灌口镇等国家绿色低碳重点小城镇和省级村镇住宅小区试点建设，合理引导建设绿色农房。“十二五”完成新建绿色建筑1000万平方米，争取到2015年全省20%的城镇新建建筑基本达到绿色建筑标准要求。同时，推进三明、南

---

[1] http://qd.people.com.cn/n/2014/1013/c184066-22587160.html

[2] http://www.gbmap.org/1015new_info.php?id=1708

[3] http://www.shandong.gov.cn/art/2014/8/6/art_3883_4886.html

[4] http://www.hbzfhcxjst.gov.cn/

平、宁德等夏热冬冷地区居住建筑节能改造试点，重点改造不符合节能要求的屋顶和外窗。

北京市于2014年8月出台《关于在本市保障性住房中实施绿色建筑行动的若干指导意见》[1]，提出，2014年起，凡纳入北京发展规划和年度保障性住房建设计划的公租房、棚户区改造项目应率先实施绿色建筑行动，至少达到绿色建筑一星级标准。经济适用房、限价商品房通过分类实施产业化方式循序推进实施绿色建筑行动。这也意味着北京新建保障性住房将实现“实施绿色建筑行动和产业化建设”100%全覆盖。2014年9月发布《关于组织申报绿色建筑标识项目财政奖励资金的通知》[2]，提出2012年以后取得二星级和三星级绿色建筑运行标识的公共建筑项目和住宅建筑项目均可申报。市级财政奖励标准为二星级标识项目22.5元/平方米，三星级标识项目40元/平方米，在中央奖励资金下达前，先行拨付50%。奖励资金主要用于补贴绿色建筑咨询、建设增量成本及能效测评等方面。此外，要求公共建筑项目在获得奖励资金后三年内，每年须按期如实向市住建委“北京市绿色建筑标识项目财政奖励资金和运行数据申报系统”平台填报能耗运营数据，接受能耗管理监督。

郑州市政府办公厅于2014年12月印发《关于执行绿色建筑标准的通知》[3]，大型公共建筑、政府投资的公益性建筑、保障性住房将全面执行绿色建筑标准。提出自2014年12月30日起，全市（包括郑州航空港经济综合实验区、郑东新区、郑州高新区、郑州经济开发区和各县市区）范围内单体建筑面积超过2万平方米的机场、车站、宾馆、饭店、商场、写字楼等大型公共建筑，新立项政府投资的学校、医院、博物馆、科技馆、体育馆等建筑，保障性住房应按绿色建筑标准进行规划、设计、建设和运营管理，其中政府投资的公益性建筑必须达到二星级以上标准（含二星级）。

3.2 学术支持：多方参与广泛合作

3.2.1 国际论坛——相关国际大会在国内如火如荼开展

2014年6月份至2015年2月份，国际上关于低碳生态交流的议题逐渐增多，而且目前更多的国际大会选择在中国举行。其主题有“生态文明”、“绿色合作伙伴”、“绿色建筑”、“智慧城市转型升级”、“新型城镇化下的生态基础设施建设”、

[1] http://www.bjjs.gov.cn/publish/portal0/tab662/info91179.htm
[2] http://www.bjjs.gov.cn/publish/portal0/tab662/info91525.htm
[3] http://www.zhengzhou.gov.cn/

“立体绿化、生态修复”等二十多次国际会议。在国际大会中，美国、加拿大、法国、英国、欧盟等政府和机构组织都纷纷与中国的低碳生态城市相关机构，签订合作备忘录，就碳排放、能源、资源、生态环境、绿色建筑等多项领域展开合作，预示着中国在未来的五年内，将在低碳、生态城市领域有巨大的国际推动力，在新型城镇化的背景下，低碳生态城市的转型发展势在必行。

3.2.2 城镇化相关会议——由原来的“四化”逐渐增加“绿色化”

随着国务院关于新型城镇化的定位和政府工作报告的出台，城镇化的会议主题逐步探索与社会主义市场经济发展需求相适应，将“新四化”的概念提升为——在“新型工业化、城镇化、信息化、农业现代化”之外，又加入“绿色化”。其内涵就是要在经济社会发展中实现发展方式的绿色化。其阶段性目标，就是要“推动国土空间开发格局优化、加快技术创新和结构调整、促进资源节约循环高效利用、加大自然生态系统和环境保护力度”。

同时“一带一路”的愿景与行动发布，将促进经济要素有序自由流动、资源高效配置和市场深度融合，推动沿线各国实现经济政策协调，开展更大范围、更高水平、更深层次的区域合作，共同打造开放、包容、均衡、普惠的区域经济合作方向。将推动沿线各国发展战略的对接与耦合；发掘区域内市场的潜力，促进投资和消费，创造需求和就业；增进沿线各国人民的人文交流与文明借鉴。

3.2.3 低碳生态城市相关会议——更注重于绿色建筑等实践内容

在这一年间，低碳生态城市相关会议在国内的地级以上城市召开。这些城市都迫切的需要通过与业内领域的专家互相交流、思维碰撞，对低碳生态城市的前沿理念、技术与方法开展深入讨论。以北京市、上海、重庆、天津、成都、武汉为例，共举办了将近三十场的大型高端研讨会。主要围绕着各个城市的规划、绿色建筑、能源、水资源、空气污染等具体的城市中出现的问题，寻求解决的方法和路径。同时各大部委对于职能领域内的具体问题召开了会议，如：成立碳排放管理标准化技术委员会；建立低碳生态区示范项目；城市发展与生态建设；推广绿色建筑与建筑节能；生态文明与制度创新；智慧城市建设运营等方面的议题。

3.3 技术发展：集成发展注重应用

在生态文明和新型城镇化的背景下，中国低碳生态城市的建设发展要求掌握核心低碳技术，形成保护、接近、有序和健康关系的良好生态循环。但生态城市本身就具有综合性、复杂性和特殊性，应从生态规划、绿色交通、能源管理、资源管理、绿色建筑、生态系统、碳排放、社会人文、智慧管理、公众参与等各方面全面把握低碳核心技术及应用，提升自然化和人性化的协同发展，促进低碳生态城市的可持续发展。

3.3.1　生态规划

城市规划是建设和管理城市的基本依据。以城乡规划作为生态规划的切入点，来实现城市建设和发展的蓝图。

以生态为导向的城乡规划变革需要做到以下四步：一是要更新规划理念，将生态的理念融入城乡规划的各个方面；二是拓展规划视野，围绕资源节约、环境友好、生态和谐等各个方面做出系统考量和综合安排；三是变革规划方法，科学、合理的城乡规划方法是实现生态导向的城乡变革的重要手段，首先对现有地质资源、水资源、生物资源等自然资源进行详细调查和分析，绘制生态资源现状地图，确定需要保护和修复的生态空间，为生态城市建设用地的布局提供参考。其次是将资源、生态、环境等相关指标纳入法定的规划核心指标体系中，实现低碳、绿色、生态理念在规划设计中的落地。四是完善规划内容，在传统城乡规划的核心内容中加入环境要素的约束和指引。

3.3.2　绿色交通

绿色交通是宜居、生态城市的重要组成部分，特大城市想要“宜居”，先要“宜行”。评价城市的绿色交通标准有多种，包括出行距离的合理阈值、方式分担率的合理阈值、轨道客流强度、道路高峰车速等。根据上述绿色交通评价标准，来建立维持城市可持续发展的绿色交通体系。

同时中国持续快速的机动化，早已引起范围越来越广的空气污染。因此实行低碳交通模式势在必行，其主要方法有低碳交通转型，即：坚持优先发展公共交通原则，鼓励发展大容量公交交通模式；控制私人汽车的使用，用低排放新能源汽车替代燃油汽车；培养市民低碳出行控制和减少机动交通需求，以及设立“低排放区”。有条件的城市可安装交通碳排放监测系统，市民可通过互联网或移动终端实时查询交通排放信息，以决定合适的出行路线和信息。

3.3.3　能源管理

对于绿色生态城区，能源管理是需求式管理。对能源的总量进行控制，而能源总量控制的关键在于规划，做好从供应到需求精心规划，就将产生很好的投资节能效益。因此掌握绿色生态城区能效管理流程和城区能源系统的关键技术对于能源的利用管理至关重要。

城区能效管理流程是一个循环管理的流程，是从策划（制定能耗基准线，制定初步能源规划）—实施（制定实际可操作能源规划，提出能源系统方案）—检查与纠正（建立能源监测系统）—持续改进（实行能耗对标，改善运行和维护）的管理过程。城区能源系统是基于智能能源微网之上的，智能能源微网系统分为三层：核心层，框架层，管理层，每层关键技术分为可再生能源发电，集成可再生能源总线及基于控制网络协议的能源管理系统。

3.3.4 资源管理

低碳城市建设以节能减排为主要目标。水资源是城市发展建设中重要的自然资源和战略性经济资源，可应用海绵城市建设技术以及“低碳型”水景观规划设计来对城市水资源进行管理。

海绵城市是指城市能够像海绵一样，在适应环境变化和应对自然灾害等方面具有良好的“弹性”，下雨时吸水、蓄水、渗水、净水，需要时将储存的水“释放”加以利用。海绵城市建设途径主要有三个方面：一是对城市原有生态系统的保护；二是生态恢复和修复；三是低影响开发，包括低影响开发雨水系统、城市雨水管渠系统及超标雨水径流排放系统。

结合海绵城市的建设，可通过生态安全引导下的“低碳型”水景观规划设计方法来实现。首先通过对现状和规划“水”要素中的某一项或几项进行生态安全评估，并结合水文学，水力学等相关学科的技术手段，搭建起水生态与水景观的连接桥梁，科学合理地提出水系统布局以及相应的景观调节措施，以提高水景观的自维持的能力、循环再利用效率，避免工程化、机械化的干扰，从而实现低碳和可持续的目标。

3.3.5 绿色建筑

绿色建筑是低碳生态城市规划建设中一个重要的组成细胞。目前绿色建筑发展已到了瓶颈期，大众化、普及化是关键，让绿色建筑走出设计室，从而让民众可感知、可监督。除了新建绿色建筑，我国还存在有更大体量建筑进行绿色化改造，其绿色化改造技术集成显得更为重要。

绿色建筑改造技术体系主要包括6大板块，分别为能源综合利用（太阳能利用）、高效围护结构（屋顶外墙绿化等）、高效设备（节能设备使用）、室内环境（室内环境监测等）、节水器具以及运维管理（屋宇信息系统等）。对于一次完整的绿色建筑改造，不光要进行单体建筑的改造，还要充分考虑社区尺度的可持续技术，在绿色交通、绿化景观、物理环境、公共设施以及水资源等方面进行社区技术集成改造。

3.3.6　生态系统

生态系统的保护和修复是应对快速城镇化发展下的生态系统破坏严重问题的解决方法之一。

为了加强城市生态系统的管理和规划，可采用如下三种方法：一是基于生态安全格局的城市增长边界的划定。其主要步骤为单一生态安全格局构建——综合生态安全格局构建——城市扩张情景模拟——空间管制分区———城市增长边界的划定；二是基于生态网络的非建设用地评价，其主要技术路线为确定研究空间范围——收集研究地区的动植物信息资料——划定栖息地——布局生态廊道——生态网络评价——非建设用地边界建议；三是对环境污染总量进行控制。

3.3.7　碳排放

2014 年 11 月 12 日，中美双方共同发表了《中美气候变化联合声明》，美国首次提出到 2025 年温室气体排放较 2005 年整体下降 26％～28％；中国首次正式提出 2030 年碳排放有望达到峰值。

建立全国统一的碳交易市场是大势所趋。因此碳排放权交易市场已经成为我国削减碳排放、减缓气候变化的主阵地。目前全国有 7 个碳交易试点省市，截止到 2015 年 4 月，共完成交易 1943 万吨二氧化碳，累计成交金额近 5.9 亿元人民币，国内碳交易试点稳步推进。国内可以借鉴美国国家及州级温室气体清单编制、企业设施层面温室气体排放核算与报告方法及数据管理等方面的经验。

3.3.8　社会人文

在新的城市建设思路与方法指导下，中国的城市建设必将着力解决城市空间、资源、服务配置的公平性问题，提高城市居民的生活质量和均等发展机会。不同属性的居民往往有着不同的居住建筑需求，不同的绿色居住空间喜好等。

社区是人类居住的基本形式之一，也是建筑向城市进行规模和功能扩张的关键节点，因此从“社区尺度”来开展绿色建筑建设的社会人文需求研究，将社区作为社会人文需求研究单位。建立社会人文需求表征指标体系，包括人口属性、年龄属性、教育因素、工作因素等方面，可直接评估社区对绿色生态城区建设的需求，从而作为绿色生态城区建筑规划建设的依据。

3.3.9　智慧管理

建立智慧城市已成为解决城市化快速发展带来的交通拥堵、雨洪安全、空气污染等城市病的重要手段。智慧城市是将信息技术与基础设施、建筑、日常生活用品等结合来解决社会、经济和环境问题的城市。随着大数据等现代技术的出现与发展，越来越多的新兴技术应用于城市问题解决与发展中。一是利用大数据进行城市应急，及时感知、预警自然灾害，能极大地改善城市管理，提高政府对突发事件的应对能力，保障城市安全；二是利用大数据进行环境监测，空气质量信息可以控制污染和确保室内环境健康；三是利用大数据进行交通治理，减缓交通拥堵，解决城市交通宜行问题，智慧停车解决城市汽车乱停乱放现象。

3.3.10 公众参与

低碳城的建设离不开各利益相关者地参与，结构性渐进更新模式是需要政府推动和主导，而公众参与和实践是低碳城建设成败的关键因素，是保障城市规划建设与公众需求相协调的一种对策，也是新时期城市规划建设的新常态。

通过培育公众参与意愿与参与能力，征集城市居民、入驻企业、社会组织等意见，建立及时反馈和共同决策机制及多方权益协调和平衡机制的办法来将公众参与融入低碳城市建设的各个环节中。

3.4 实践探索：稳步推进渐呈成效

在国家和地方政府的大力推动下，低碳生态城市建设工作已稳步推进，成效显著，大批国家绿色生态示范区脱颖而出，具有良好的示范效果。同时，不断探索创新低碳生态示范城市规划，积极开展低碳试点、生态小城镇、复合型生态城市专项实践案例，为其他生态城市建设积累经验。

3.4.1 低碳生态城市认知进展

为持续了解公众对中国低碳生态城市进展的认识，中国城市科学研究会生态城市专业委员会进行了2014年度问卷调查，在国际、国内一流的大会上进行调查，收集问卷1000余份，如第九届城市发展与规划大会、中法低碳城市发展研讨会、第十一届国际绿建大会等。问卷受访者主要来自于北京、大连、天津、成都、南京等城市，包括政府部门人员、科研院所工作人员、企业和咨询单位人员以及高校的老师和学生等。

本次调查关注受访者对于低碳生态城发展中存在的问题认识。根据调查，对于推动生态城市发展最迫切需要解决的问题，受访者主要有以下几个观点（见图1-3-3）：政府决策者的思想引导（57%）、规划与建设技术的研究与开发（35%）、生态城市建设实践案例探索（30%），生活理念引导和生态城市理论框架研究也占了一部分比例。

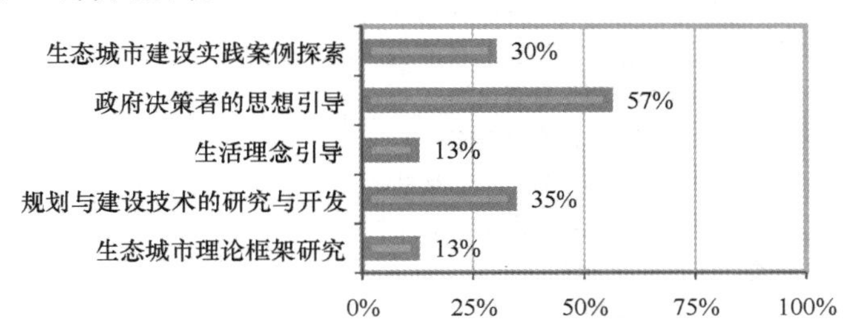

图 1-3-3　受访者认为现阶段推动生态城市发展最迫切需要解决的问题

此外，公众认为目前生态城市建设最大的困难或障碍主要有以下四个方面：

（1）政府管理

由于政府的多头管理，且政府各部门的协调，资金及商业模式运行还未成熟，政府的体制在一定程度上阻碍了生态城市的发展。同时，生态规划未引入法定规划程序，导致推动困难。既有管理体系与生态城市建设之间的衔接不畅也是生态实践中存在的主要困难。

（2）理念转变

大多数人对生态城市存在一定误解，简单认为生态城市建设就是种树，因此需要在理念上进行改变。公众转变很大程度上取决于决策者的思想引导、使用者的生活理念引导。利益捆绑、生活习惯等对理念的理解也有较大影响。既有体制和观念的改变是我国生态城市建设中长期需要解决的问题。

（3）技术瓶颈

目前国内生态城市规划技术交流的落实不够，规划与技术难以落实，存在概念先进、技术落后的问题，缺乏定量的指导规则，规划成果的说服力不强，缺少相关指标和方法论，在生态价值的经济实现上有所欠缺，生态技术的经济性和实用性关注度不够，急需与城市规划的结合及建立评价体系。

（4）实践落实

生态城市建设在实践层面的推广存在较大困难，生态城市理解和评价体现在不同地区中的实践中。如何切实把技术投入应用是目前建设生态城市需要关注的问题。

调查还体现了公众对关注的研究方向的认知，57％的受访者关注低碳生态城市实践案例，而关注低碳生态技术适用条件研究以及低碳生态技术的成本效益研究的占比均占到了 52％。有 84％的专家表示具有生态城市相关的研究计划（2014～2015 年），主要包括技术研究、标准导则、理论研究、案例分析这四个方面的内容，如表 1-3-3。

相关研究计划 表 1-3-3

研究内容：	
技术研究	• 城市雨洪管理型生态绿地景观设计与实施 • 乡村或村镇的低碳技术研究（适应性） • 污染土地及土地修复场地如何考虑及规划 • 城市规划环境影响评价在生态城市实践中的应用 • 城市综合能源的规划方法 • 低碳城市建筑用能规划 • 生态社区技术 • 控制编制、管理与实施的低碳生态规范与技术指引 • 生态小城镇实用生态技术及规划方法研究
标准导则	• 以绿色生态的理念编制控制性规划技术导则
理论研究	• 城市生态网络结构研究 • 理论框架 • 研究城市规划、建设强度和生态绿色空间的比例
案例分析	• 温带草原地区低碳生态城市（生态城市本土化） • 老工业区实行改造进程中的生态城市技术的成本效益研究 • 水资源保护，污泥处理与生态农庄

3.4.2 低碳生态试点城市建设实践落地

在当前中国，生态文明建设已上升到国家层面，建设低碳生态城市已经成了各地城市发展建设的主要目标之一。财政部与住建部优先推出的一批绿色生态示范区继续稳步发展，坚定不移地走可持续发展的城镇化道路，坚持绿色、低碳、生态理念。比如中新天津生态城完成了污水库治理工作，建立垃圾智能分类回收系统；唐山市唐山湾生态城建设教育科研产业区，开发高端商住项目；深圳市光明新区加快河道治理，建设海绵城市，完善公共服务；无锡太湖新城注重水系保护，发展绿色交通，建设宜居之城。长沙市梅溪湖新城完善基础设施建设，重点打造智慧城市；重庆悦来生态城规划可再生能源项目，探索山地海绵城市建设；贵阳市中天未来方舟生态新区发展绿色建筑，建设幸福社区；昆明市呈贡新区推进园林绿化、生态修复，打造高原特色生态城。这些生态城市经过多年的探索和实践，利用其地理优势，依托先进技术，积累了较好的生态城市建设经验，在其他城市的建设中起到了良好的示范作用。

3.4.3 低碳生态示范城市规划提升

自从中新天津生态城等 8 个绿色生态示范区取得一定的显著成效后，其他城市纷纷效仿，期间，多个城市提出了绿色生态城区示范申报。比如湖北孝感临空经济区依托空港，依托武汉，以高技术制造业、文化创意产业、商务服务业、生态农业为主，建设“两型”产业聚集区；湖北钟祥市莫愁湖新区以世界文化遗产明显陵为依托，以旅游带动地区发展，建设低碳旅游示范区；浙江台州市仙居新区生态城将“生态立县”理念融入产业发展之中，大力发展高效生态农业，坚持把旅游业作为主导产业；江苏昆山市花桥经济开发区，利用特有资源优势，重点发展现代服务业，打造现代低碳商务城；广东珠海市横琴新区主要发展商务服务、金融服务、休闲旅游、文化创意、中医保健、科技研发和高新技术七大产业，建设“资源节约、环境友好的生态岛”；荆门市漳河新区坚持“生态立区、文化兴区、产业强区”，建设成为以现代服务业、生态文化旅游业、现代农业为主导的“零工业”生态新城。

上述生态城在规划设计之初，注意结合城市自身的地理、区位、历史、产业优势，高度注重宜居城市、宜居社区理念的渗透，坚持自然生态保护与经济发展并重，积极借鉴优秀生态城市的示范案例，不断总结优化，也为其他城市的生态建设提供了经验。

3.4.4 低碳生态专项案例

在全球应对气候变化的背景下，我国碳排放权交易制度逐渐完善，低碳试点省市的交易所逐渐开市，并创新的出台一系统的政策办法，管理计划等，使碳排放权交易市场持续稳定发展。除低碳发展外，住建部评选和公布了 45 个美丽宜居小镇、61 个美丽宜居村庄和 8 个宜居小区示范名单，宜居的不仅是城市，还要城乡统筹，落到小镇、村庄以及小区。结合 2014 年生态城市的发展，主要介绍一些专项的案例和经验，如广州国际金融城的“多规合一”实践，深圳国际低碳城的“三生合一”实践，深圳海上世界的“功能复合”实践，以及一些园区建设管控策略实践，从规划、建设、管控等方面为其他低碳生态城市建设提供借鉴。

4 挑 战 与 趋 势

4 Challenges and Trends

4.1 实施挑战[1]

4.1.1 城市结构失调的挑战

中国的大、中、小城市结构失调既是中国新型城镇化，也是低碳生态城市发展的一大挑战。大城市的过度膨胀和小城市的增长疲软使得中国城市发展中的资源分配两极分化严重。中国每年将近 2 亿人外出打工，其中有 8600 万人是跨省城镇化而非本地城镇化。跨省城镇化最集中的城市主要有北京、上海、深圳等 10 个。这些城市的规模很多已经濒临失控，极易引发超大规模城市恶性膨胀问题。这种大城市的恶性膨胀可能使得中国在城镇化过程中“未老先衰”。控制大城市人口是治理大城市病的根本措施，中小城镇的人口聚集作用是破解大城市恶性膨胀难题的一剂良方。然而，目前中国小城镇存在着与大城市截然相反却同样严峻的深刻危机。中国小城镇普遍存在工作岗位创造与居住条件建设不平衡的问题，配套设施不完善问题突出，无法形成人口聚集吸引力。

大中小城市协调发展将有助于资源在城市间的合理分配，促进中国低碳生态城市的全面发展。大中小城市协调发展的金字塔结构表征了城市均衡发展的健康纬度，可促进经济、社会、生态目标的总体平衡。如，长三角地区的城市结构目前处于较为协调的状态，既有上海、杭州、南京等龙头城市，又有苏州、无锡、常州和成百上千个各具特色与充满活力的中小城镇，形成了金字塔结构。每一层次不同规模的城市，都能够有效地服务不同层次的产业，具备不同层次的人口吸引力，各具特色的低碳生态城市发展目标。虽然不乏大中小城市协调发展的城市群案例，但就全国范围而言，中国大中小城市结构失调的现状不容忽视，并呈现出逐渐加剧的态势。目前，小城镇人口占城市总人口的比重逐步减少，近 10 年来共减少了约 10%，共计流失人口约 1.2 亿人。

---

[1] http：//news.163.com/15/0412/09/AN06O3C000014SEH.html
http：//eco.cri.cn/492/2015/04/14/321s27521.htm

未来，如果能够通过协调大中小城市之间的资源配置，将优质的教育、医疗等设施和服务引入中小城镇，则将有效稳定和扩大中小城镇人口，缓解大城市和特大城市的人口压力，从而促进中国不同规模城市协调地低碳生态发展。

4.1.2 城镇化率高估的挑战

过高的城镇化预期是中国新型城镇化和低碳生态城市发展的最大挑战之一。盲目攀比的城镇化已经使中国的城市发展进入一种畸形发展状态。全国范围的快速城镇化是大势所趋，也是我国新时期社会经济发展的主要特征。但无差别地提升城市化目标，如一刀切地将城镇化率定位何时达到75%、何时达到80%，无疑有揠苗助长之嫌。城镇化是城市建设和人口聚集相互协调、相互促进的过程，是社会资源优化配置的结果。过高的城镇化预期将会对这种自然形成的城镇化趋势造成干扰，不利于新型城镇化和低碳生态城市建设。

实际上，即使中国达到城市化的平稳阶段，某些地区的城镇化率因其低于和社会经济特点仍然将处于相对较低的水平，例如江浙一带，未来的城镇化率最高将达到65%～70%的水平，仍有30%～35%的人口将居住在农村。而且，城市化过程中的返乡趋势也不可忽视。很多50～59岁的打工人员虽然现在仍居住在城市当中，但其中绝大多数人将乡村作为养老基地的首选，因为乡村的生活成本较低，城市低收入者尤其是打工人员的返乡潮将成为“逆城镇化”的一部分。另外，城市人口回归田园也将成为新时期的一个特点。由于乡村日益改善的交通条件和相对优良的生态环境，催生了城市老年人返乡养老的热情，这一现象将逐渐成为常态。

总之，中国不同地区的城镇化仍存在诸多不确定因素，城镇化预期必须基于地区和城市发展的实际情况进行科学预测、谨慎对待。

4.1.3 能源结构限制的挑战

能源结构是决定城市低碳和生态水平的直接因素。中国是世界上第一大能源消耗国，占全球能源耗费总量的20%，节能减排一直是低碳生态城市建设的重点领域。截至2014年，中国非化石燃料能源比1990年已经增长一倍有余，但是化石燃料仍占全国能源消耗总量的90%，其中三分之二的能源来自煤炭。虽然煤炭是中国能源的主要来源，但中国并不是一个“富煤”的国家。根据中国工程院的数据，中国人均探明可采储量仅为世界均值的67%，只是相对于中国自身的石油和天然气储量，中国的储煤量多一些。即便如此，煤炭在很长一段时间内仍将是中国经济发展的基石，因为中国的工业结构是建立在煤炭的基础之上。根据2014年11月达成的中美达成温室气体减排协议，中国将在2030年将非化石能源的比例提高到20%，基本达到与北美、欧洲和亚洲发达经济体相当的水平。

但以煤炭为主的能源结构刚性限制仍是未来中国低碳生态城市发展的重要制约因素。

中国城市走生态低碳发展转型道路，既是必然选择，也是内在要求。但中国城市经济发展方式总体粗放、化石能源消费总量大、能源需求增长快、资源环境压力大、城市生态环境矛盾突出等问题已经成为不争的事实，未来，中国如何建立一个动态协同机制，天然气、可再生能源、核能，有机地结合起来，既保证能源结构调整目标的实现，又保证中国经济转型发展过程中的能源需要，对于城市的绿色低碳化道路形成了严峻的挑战。

4.1.4　绿色建筑升级的挑战

随着全球气候变化的关注度越来越强，绿色建筑作为低碳生态城市的重要组成部分，其需求也越来越强烈。而针对目前的发展现状，未来中国绿色建筑的发展将面临如下四个方面的挑战和压力：

（1）重视节能减排，强调应对和适应气候变化。如果我们的建筑设计不能适应气候变化，我们为此浪费的资源能源消耗代价，将抹杀我们应对气候变化所做的努力。

（2）保障建筑的舒适性。人们82%的时间都是待在建筑里的，随着生活水平的提高，人们不仅要求建筑宽敞，同时要求居住环境舒适、空气流通，要有相当的绿建科技含量。如果我们设计的建筑能让人们生活得更健康，那就实现了最好的节能减排。

（3）提高建筑的可达性和连接建筑的慢行空间。我国的城镇化与机动化、生态化相伴随。机动化过程中要求建筑要有良好的可达性，生态化过程中要求建筑与建筑之间要有良好的步行空间。如何在紧凑型的空间里实现可达性与步行空间是中国绿色建筑技术的新挑战。

(4) 保证建筑的经济性。低碳生态城市是城市居民共享的城市，绿色建筑也一定不是部分人特享的建筑。未来的绿色建筑必须脱离不计成本的技术示范发展模式，而要转向平民化、大众化，使每个人都能在城市里享有绿色建筑和房间，这是公平合理的、必要的。因此，如何在保证绿色建筑的高质量、高技术内涵前提下保证其经济性，是未来绿色生态城市发展必须要解决的难题之一。

4.2　发　展　趋　势

我国新型城镇化发展正在进入关键时期，低碳生态城市已经成为各地城市转型发展的模式。2014年的“一带一路”作为国家三大战略之首，是中央经济工作的核心，其落实利好五大行业，城市建设的配套产业作为“互联互通”项目及

“一带一路”国家产能的重要执行者将首先受益。

2015年将迎来中国改革开放以来的第二次最高规格的“全国城市工作会议”，将就城市规划、住房政策、城市人口规模、城市基础设施建设、城市公共事务管理等内容确定基本的政策方向和价值取向，对未来中国城市的发展产生重大影响。未来中国的低碳生态城市建设将呈现出渐进性、系统性、多样性特点，“互联网+”时代的到来为低碳生态城市发展提供了行之有效的综合解决方案。绿色建筑、生态城市、智慧城市与互联网的融合正在成为新趋势、新常态。

第二篇　认识与思考

城镇化是经济社会发展的必然趋势，也是社会转型、实现现代化的重要标志。在新型城镇化转型深化的背景下，城市发展面临选择，如何找到新时代下城市发展与新思维的结合方式，寻找破译之道，是目前城市在生态建设发展过程中需要认识与思考的问题。

本篇通过对新型城镇化深化到传承阶段的认识与思考，系统梳理中国低碳生态城市的发展路径。在城市的生态建设发展过程中，城镇化是现代化过程的主要内容和重要表现形式。借助“一带一路”等区域发展战略，明确中国未来城市在区域上的发展目标，建立一定的发展对策与机制；在生态文明理念的宏观指导下，总结以低碳生态城市为出发点，从理念、目标、技术等方面转变传统规划方式，实现低碳生态理念从理论到实践的过程，提升城市规划水平；以中国城市发展中的“多规合一”探索为基础，完善现有城市规划的规范与立法，使城市规划在执行中得到有效的协调统一，提升规划效果，在城镇化发展过程中坚持以人为本，兼顾城市与乡村两者和谐转变与发展；基于城市反思，思考中国新型城镇化转型之路，探寻适合于中国城镇化发展的道路与模式，将“海绵城市”等理念转化为实践，摸索适合中国城市的模板与示范。

理念的转变、技术的提升、内容的扩展、规范的统一，中国的新型城镇化经历了从理论到行动，从行动到深化的进程。在未来的城镇化发展过程中，对于城市发展的总结与思考同样重要，城镇化对一个民族、一个国家而言，实际上只有一次机会，要想完全改变随着城镇化进程结束而确定下来的城镇和重大基础设施的空间布局，那是不管付出多大的努力都不可能的。目前对中国特色城镇化理论指导和方法体系的发展尚有差距，对低碳生态城市的研究和认识，需要考虑区域发展、规划多元融合、城乡规划调控等方面着力推进，才能真正探明低碳生态城市健康发展的独特规律。

Chapter Ⅱ Understanding and Thinking

Urbanization is an inevitable trend of economic and social development, and also the important mark of the social transformation and modernization. Under the transformation deepening of new urbanization, urban development faces with choices. How to combine the urban development with new thought in the new era and find a way out is an important issue that worthy of understanding and thinking in the ecological construction and development process.

This chapter sorts the development route of low-carbon eco-cities in China by understanding and thinking the deepening and inheritance of new urbanization. Urbanization is the main content and important expression of the modernization in the process of ecological construction and development. Relying on regional development strategies like 'One Belt and One Road', it clarifies the future development target of Chinese cities and establishes certain development countermeasures and mechanism; under the macro guidance of ecological civilization, it summarizes the transform mode of traditional planning from the aspects of concept, target and technology, to realize the process of low-carbon idea from theory to practice, and promote the urban planning capability; based on the exploration of 'multi-planning in one' of cities development, it improves the regulation and legislation of the existing urban planning, to achieve the harmony and unification of the implementation of urban planning and to promote the planning effects, insisting people-oriented in the process of urbanization development, taking into account on both urban and rural harmonious change and development; through city's introspection, considering the transformation route of the new urbanization, exploring the road and mode suitable for Chinese urbanization development, converting the concept of "sponge city" and others into practice, to search the suitable template and demonstration for Chinese cities.

In view of concept change, technology improvement, content enlargement and regulation unification, the new urbanization of China has experienced the process from theory to action and from action to deepening. In the future urbanization development, summarizing and thinking on urban development are both important. For any nation or country, this is actually the only chance for urbanization. No matter how much the effort paid, it is impossible to change the spatial layout of a city and the infrastructure accompanied with the end of urbanization process. Gaps between theoretical guidance and methodology of urbanization still exist, and the research and recognition of low-carbon eco-city should take regional development, multi-planning integration and regulation on the urban and rural planning into considerations, so that it's able to explore the unique discipline ensuring the healthy development of the low-carbon eco-city.

1　新型城镇化从深化到传承

1　New Urbanization from Deepening to Spreading

中国的城镇化道路面临诸多挑战，《国家新型城镇化规划（2014～2020）》提出到2020年，除了常住人口城镇化率需要达到60%、户籍人口城镇化率达到45%等重要指标，还需要达到基本养老保险覆盖率达到90%、基本医疗保险覆盖率达到98%、保障性住房覆盖率达到23%、生活垃圾无害化处理率达到95%、百万人口以上城市公共交通站机动化出行比例达到60%以及城市社区综合服务设施覆盖率100%等一系列新型城镇化指标，同时，在空间格局上，以第六次人口普查中各城市市辖区常住人口为基本数据进行计算，到2020年我国将形成由20个城市群、10个超大城市、20个特大城市、150个大城市、240个中等城市、350个小城市组成的6级国家城市空间布局新格局，城市总数量由现在的657个增加到770个左右。其中20个城市群包括长江三角洲城市群、珠江三角洲城市群、京津冀城市群、长江中游城市群、成渝城市群等；10个超大城市包括上海、北京、天津、广州、重庆、深圳、武汉、南京、西安、成都；20个特大城市包括杭州、沈阳、哈尔滨、汕头、济南、郑州、大连、苏州、长春、青岛、昆明、厦门、宁波、南宁、太原、合肥、常州、长沙、东莞和佛山。在未来几年时间内，不仅需要完成发展指标与空间格局，还需要改变以往粗放无节制开发的开发模式，从而避免因此而带来的城市拥挤（如图2-1-1）、环境污染等诸多城市问题。

新型城镇化的进程已经起步，从概念到实践，从实践到深化，中国新型城镇化正行走在具有特色的中国模式道路之上，不仅自顶层设计逐步开始对城市规划与管理制度进行转型与创新，在大区域上借助"一带一路"战略发展构建全新的空间格局，基于生态文明实行城乡规划低碳生态转型发展，积极促进规划协调、融合、整合有效利用规划资源等一系列举措为新型城镇化的前进提供动力。新的发展需要概念的革新，需要行动实践与深化，更需要不断地总结与传承，对成功的经验进行复制、推广，将新型城镇化点的建设扩散，从而带动城镇化带与面的发展。

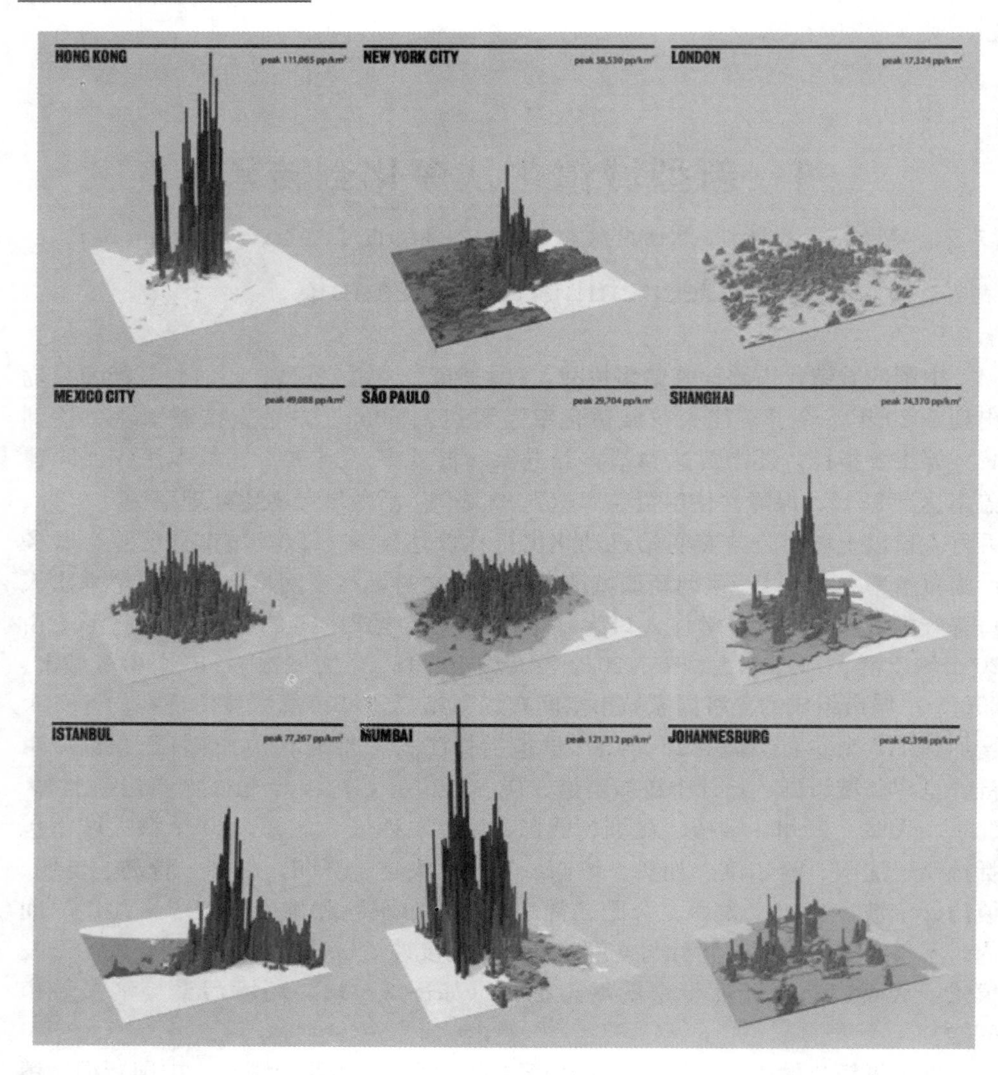

图 2-1-1 世界城市人口密度分布图

（图片来源：网易财经，作者：伦敦政治经济学院）

1.1 尊重历史："三看"城镇化历程[❶]

事物的发展需要借助历史，发现问题，总结经验，进步创新，对于处在快速化发展阶段的中国的城镇化，更加需要从城市发展历程中找寻正确的方向，基于

---

❶ 根据叶青"三看三思"相关资料整理。深圳市建筑科学研究院股份有限公司。

此，总结了对于城市发展“三看”，“三看”分别从城市的起源、世界城市化发展历史和中国的城镇化背景三个角度对今天的城市、中国的城镇化和未来城镇化发展趋势与挑战进行细致的剖析。

一看，从城市的起源来看，城市发展的本源是活动和人的聚集体。城市起源于如此特殊的构造，以至于与现在的城市相比，我们发现今天的人们实际上夸大了城市容器功能。这种功能扩大给城市带来了一系列的环境污染、交通拥挤、食品安全等问题。“人们为了活着，聚集于城市；为了活得更好，而居留于城市”。未来的城市一定是基于市民个人和全体意志的自我实现。在这样一个过程中，人们将从“为了活着”转向“为了生活得更好”而选择城市生活（图 2-1-2）。今天的城市环境污染、食品安全问题凸显，这样的城市是否能满足人们更好生活的要求，值得我们深刻反思。

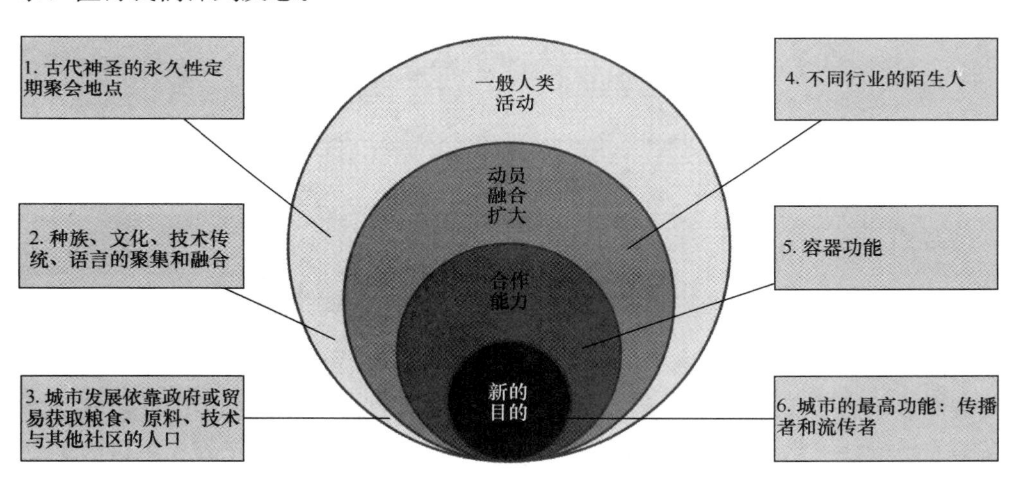

图 2-1-2 城市功能及其功能层次

二看，纵观影响人类发展历史的三次城镇化进程，可以更好地正视中国城镇化的历史地位。人类发展历史上的第一次大规模城镇化发生在英国，实际上是蒸汽机的发明带来的第一次工业革命支撑；第二次的大规模城镇化发生在美国，是以电力工业革命即第二次工业革命为支撑，实现了 100 年时间内的城镇化率由 20%提升至 71%；目前和未来，第三次大规模的城镇化正发生在中国，伴随的是第三次工业革命的浪潮（图 2-1-3）。前两次影响人类历史的城镇化都伴随着殖民战争，大规模的战争造就了强大的国家机器和人口聚集需求，促使城镇化顺利实现。而中国要安全和平地走完城镇化路程，如果不能充分利用好第三次工业革命这一革命性创新和目前知识经济时代所有的机遇，中国的城镇化之路将注定坎坷。

三看，中国城镇化的最大挑战在于其发生于工业化尚未完成的时期。目前的

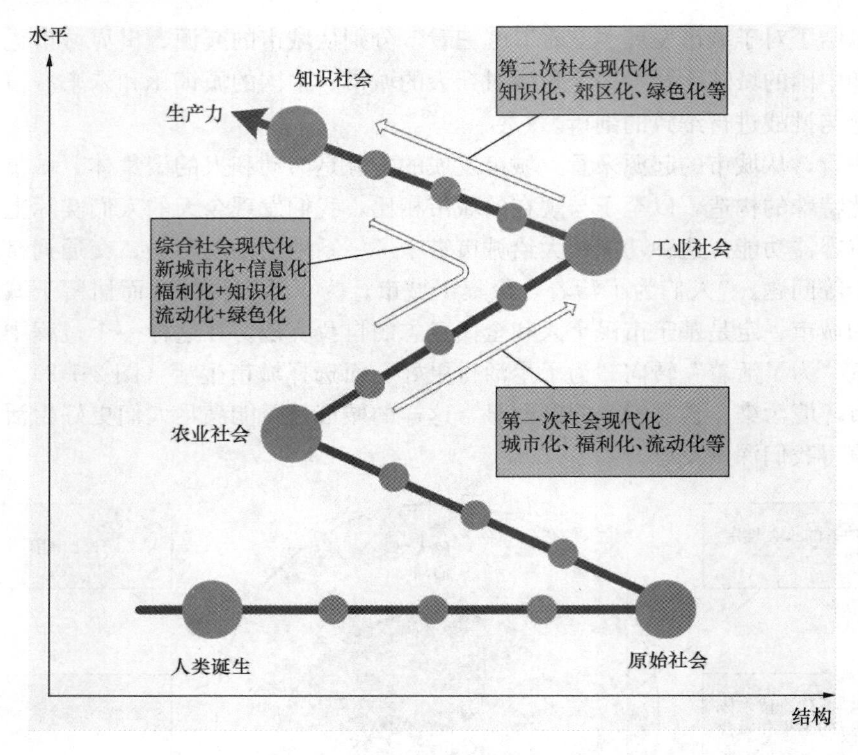

图 2-1-3 人类社会发展历程及其对城市化的影响

中国仍处于工业化中期，部分地区还停留在落后的农耕为主的时代。而目前要直接实现到知识经济时代的跨域，必将预示着一场深刻的社会革命。因此，较前两次的大规模城镇化，中国的城镇化难度更强、挑战更大，必须充分利用目前工业文明的科技成果，借鉴前两次城镇化的经验教训，实现跨越式发展。

1.2 区域发展："一带一路"下的机遇

"一带一路"即"丝绸之路经济带"和"21 世纪海上丝绸之路"，分别由习近平总书记于 2013 年 9 月和 10 月提出，丝绸之路经济带重点疏通了中国经中亚、俄罗斯至欧洲（波罗的海）；中国经中亚、西亚至波斯湾、地中海；中国至东南亚、南亚、印度洋通道。21 世纪海上丝绸之路重点方向是从中国沿海港口过南海到印度洋，延伸至欧洲；从中国沿海港口过南海到南太平洋。

作为一项系统工程，"一带一路"建设顺应了世界多极化、经济全球化、文化多样化、社会信息化的潮流，是融合对外经济、跨境合作、空间布局、实施举措等多方面的综合战略。根据"一带一路"走向，陆上依托国际大通道，以沿线中心城市为支撑，以重点经贸产业园区为合作平台，共同打造新亚欧大陆桥、中蒙俄、中国—中亚—西亚、中国—中南半岛等国际经济合作走廊；以重点港口为海上节点，共建通畅安全高效的运输大通道。中巴、孟中印缅两个经济走廊与推进“一带一路”建设关联紧密。“一带一路”以政策沟通、设施联通、贸易畅通、资金融通、民心相通等作为合作重点，基础设施建设规划、技术标准体系的对接，交通基础设施、能源基础设施、信息网络设施等基础建设是整体的核心。

1.2.1 区域格局变化

对于中国现代城市发展来说，“一带一路”的意义在于完善与强化新型城镇化的空间战略。空间上，一带一路的城镇化发展与新型城镇化“两横三纵”相辅相成，“一带一路”将使中国未来30年发展的空间格局空间形态由T字形向鱼骨形转变。经济上，“一带一路”战略助推沿海内陆双向开放，既提升东部开放水平，又要加快西部开放步伐，加强互联互通，构建内陆、沿边和沿海地区全面开放格局。“一带一路”战略是我国参与经济全球化发展与区域经济一体化发展的必然选择，在全球视野下，对外促进优势资源资本输出，加快我国港口走出去参与全球重点港口建设运营步伐；在国家视野下，促进沿海内陆双向开放，优化城镇化总体格局，加快产业转型升级，促进东中西部优势互补、协调发展，通过发展海洋经济，港口发展向服务型、知识型港口模式转变，进一步提升东部开放水平。

1.2.2 区域发展机遇

“一带一路”是全新的区域化战略，也是新型的区域关系，目的是要将国内的经济利益与周边国家和地区建立互动互惠的关系，实现共同的繁荣。“一带一路”战略的实施带来众多的发展机遇，其沿线多新兴经济体与发展中国家，总人口约44亿，经济总量约21万亿美元，分别约占全球的63%和29%[1]。这些国家普遍处于经济发展的上升期，开展互利合作的前景广阔，同时对我国现有的新型城镇化战略空间发展格局也将产生深远的影响：南海地区，2013年广东、香港分别以1022亿、963亿美元位列中国与东盟交易额前两位，未来更是作为中国与新兴市场国家的全球经济枢纽，是展示中国和平崛起的窗口，但是在现代以核心技术为主导的世界经济，对于历来以低端制造业为主的南海地区缺乏强有力的竞争力，需要改变以低端制造业为主的对外输出结构，转向以高技术和现代服务为主的产业输出结构，通过传递世界市场的势能推动南海地区率先转型发展，同时，在新的国家开放格局推动下，空间格局上，南海地区未来将形成“多极支撑、双心辐射”的网络结构，以期更好地与周边区域增进互联互通；西南地区，

---

[1] 中国新闻网，http：//www.chinanews.com/

是全国海陆联动开放的连接枢纽，"一带一路"海陆开放界面均存在一定的政治不确定性，而由于内陆南北铁路通道的贯通和长江经济带的发展，使西南地区成为衔接一带一路的核心枢纽，将是"一带一路"面临地缘环境风险的重要缓冲区，西南地区在对外开放中的前沿地位不断增强，改变梯度转移发展模式，高端切入，多向联系，形成"带""路"转化的内陆战略高地，将是未来西南地区应对战略发展带来挑战的重要举措，其中，重点调整城镇体系格局，建设成渝贵核心城镇群，促进滇中城镇群门户功能提升，应对新兴贸易区域的开放需求。西北地区，是我国与欧洲、西亚地区开展经贸交流的重要通道，其价值不仅在洲际铁路货物运输，也有石油、天然气等的物资运输，同时也体现了中华文化与欧洲、西亚、中亚文化的交流与民族互动。亚欧大陆桥是国家新型城镇化规划提出的"两横三纵"的重要组成部分，是我国北方地区城镇化核心地区之一，在向西开放战略下，中心城市将在对外开放门户、综合产业基地、区域性服务功能发展方面发挥更加重要的作用，引导人口不断聚集（以通道、节点为特征的城镇化走廊），未来构建"口岸城市一边境中心城市一区域中心城市"的联动发展格局，以西咸国家新区建设为核心，加快推进西北通道枢纽"关中一天水"城镇群的建设；东部沿海，基于首都以及长三角的核心位置，东部以及环渤海区域将在原有格局基础上进一步开放提升。

"一带一路"战略发展重在文明共建，坚持合作共赢，承载重塑丝路辉煌的美丽理想，在发展过程中合理的选择机遇，坚决的迎接挑战，给未来中国的城市发展带来宝贵的财富与经验。

1.3 创建转型：生态文明下的城市规划

1.3.1 规划理念的转变

低碳生态视角下的城乡规划是进行新型城镇化建设的纲领性文件，是引导城市发展的基本依据和手段。低碳生态视角下的城乡规划要以其高度的综合性、战略性和政策性，在实现优化城市资源要素配置、调整城市空间布局、协调各项事业建设、完善城市功能、建设优质人居环境、维护全体市民公共利益等方面发挥关键作用，改变以往片面重视城市规模和增长速度的定式思维模式，转向对城市增长容量和生态承载力的重视，同时关注提升居民生活质量，不断改善人居环境，提高城市可持续发展水平。

1.3.2 规划内容的优化

在规划内容方面，多将生态安全格局作为规划本底，以生态环境承载力作为规划前提，以自然与城市环境的融合作为规划准则，内容涵盖生态环境、城市空间、综合交通、绿色建筑、能源利用、智慧信息、资源管理等多个领域。

基于规划理念的转变和规划目标的提升，各层次的城乡规划应该在优化和完善以下几方面的内容：（1）区域城镇体系规划层面，应当重视研究区域内的城市化战略和政策，人口、产业、城镇的集聚发展，综合交通体系以及区域生态格局等；（2）城市总体规划层面，应当重视研究城市的性质与功能、规模与容量、空间与形态以及城市建设用地、基础设施和中远期发展预测与控制，尤其是通过生态运行模拟技术综合调配生态基础设施的配置；（3）控制性详细规划层面，应当重视研究城区土地利用、建设容量控制、环境容量控制，建筑空间形态、市政基础设施控制以及城市规划指标落实（表 2-1-1）。

传统控规指标与常用生态指标的对比 **表 2-1-1**

类型	传统控规指标	常用生态指标
土地利用	·用地性质 ·用地面积 ·容积率	·混合地块开发比例 ·地下容积率
建筑	·建筑密度 ·建筑控制高度 ·建筑红线后退距离 ·建筑形式、体量、色彩、风格要求	·建筑贴现率 ·单位面积的建筑能耗 ·新建建筑中绿色建筑比例
绿地	·绿地率	·植林地比例 ·下凹式绿地率 ·绿色屋顶比例
交通	·交通出入口方位 ·停车泊位及其他需要配置的公共设施	·公交站点 500 米半径覆盖率
其他	·人口容量	·微风通道 ·雨水利用占总用水量比例 ·建成区道路广场透水性地面面积比例 ·可再生能源/清洁能源需求比重 ·生活垃圾资源化利用率

1.3.3 规划技术的创新

低碳生态城市作为多元要素耦合的复杂巨系统，基于生态学理论和低碳方法的低碳生态规划技术是保障低碳生态城市全面进入实践阶段的有力支撑。目前，各种低碳生态规划技术正呈现出由单一技术向集成综合发展的过渡趋势，一般包括但不限于：紧凑混合的土地利用、绿色低碳的产业系统、安全便捷的交通系统、低耗清洁的能源系统、循环节能的水系统、减量再生的固废系统、和谐宜人的生态系统、综合集成的绿色建筑系统、智慧高效的信息系统等。各项低碳生态规划技术通过城乡规划特有的空间资源配置技术，可以使城市空间的开发利用更加符合城市生态系统可持续发展的一般原理和规律（表 2-1-2）。

低碳生态理念下城乡规划技术体系的完善和提升　　表 2-1-2

规划阶段	生态技术	解决问题
前期	生态诊断	利用实测和模拟等科学手段对城市的发展定位、生态本底、建设需求进行初步策划
	生态安全格局	通过构建城市宏观生态安全格局，判断城市斑块、廊道、基质等生态元素的景观结构和功能关系，指导其所构成的空间格局设计，建立生态基础设施
	生态承载力分析	生态承载力分析城市生态系统中的资源与环境的最大供容能力，为人口规模、城市开发强度提供生态本底依据
	土地生态敏感性分析	通过 GIS 空间统计分析方法综合分析土地建设的适宜程度，指导用地功能空间布局的合理性，为规划设计和决策提供了科学支持和依据
	生态功能分区	依据城市生态环境特点、城市开发程度的强弱和生产力布局，划分生态功能区，保护生态脆弱性区域和发挥城市生态服务功能价值
总体规划	通风分析	通过宏观通风模拟，指导城市开放空间设计，预留区域通风廊道，缓解城市热岛效应
	绿地碳汇分析	指导城市绿地空间的具体设计和实施，提升城市的整体生态功能
	能源利用	基于当地气候、产业特点，提出能源方式、结构及比例，能源管理的方式、可再生能源利用率等指标，指导总规以此为依据做好燃气、供热、电力的规划及布局
	低冲击开发模式	指导规划设计的整体布局和开发建设模式，采取减少对自然生态环境产生的冲击和破坏措施，达到人与自然的和谐
详细规划	通风分析	模拟区域通风，引导街区布局和建筑形态设计，更利于自然通风，创造宜居环境
	绿地碳汇分析	指导绿地植物的生态配置，建造自然的生态游憩空间和稳定的绿地基础
	噪声分析	合理引导城市的建筑形态和空间布局，降低噪声影响
	能耗定额	通过能源各项指标定义，指导详规中地块的燃气、电力等能源路网布置及容量确定，指引确定地块的开发强度和开发方式，做到资源与环境的和谐共存
	综合地表径流系数分析	指导生态雨水渗透系统在区域的布局及不同用地功能地块的配比，以达到不影响原有自然环境的地表径流量

1.4 多元融合：多规合一下的城市规划

1.4.1 探索多规合一

2013年底召开的中央城镇化工作会议明确城市规划要由扩张性规划逐步转向限定城市边界、优化空间结构的规划，此即为空间规划改革的内涵。习近平总书记在该会议讲话中指出，积极推进市、县规划体制改革，探索能够实现“多规合一”的方式方法，实现一个市县一本规划、一张蓝图，并以这个为基础，把一张蓝图干到底。城市发展中共存的多种规划往往存在分立与冲突，减弱规划实施效果，破坏城市整体形态与空间结构，为城市发展战略的落实和管理带来极大困难，为此，国内多省市地区尝试了“三规合一”、“四规叠合”、“五规叠合”等，通过管理部门合并，在规划中采取统一图纸，精确划定边界，优化布局空间，确定生态底线等方式对城市规划充分发挥统一协调的引导作用，尽力实现统一目标与价值，取得了一定的成果与经验，但是，在城市发展越来越多元化的现在，充分融合土地、城市空间、环保、文化、教育、卫生、绿化、交通、水利、市政、体育、环卫等多种规划“多规合一”才能适应现代城镇化发展要求。其核心是解决建设用地的供给来源，和农村同步发展及农民顺利进城就业之间的矛盾，推动经济社会发展规划、土地利用规划、城乡发展规划、生态环境保护规划等，以此实现在同一空间、同一平台下对城市平衡发展的更好把握。

1.4.2 加强规范与立法

为“多规合一”实施建立法律保障，完善配套机制，协调部门运行，深化行政审批。现行的城市“多规合一”多建立在智慧化的信息平台之上，通过统一的空间规划体系，实现城市统筹发展，其工作实际上不是传统意义的规划，而是一个统筹与协调的过程，其目的是在于解决城镇发展中空间规划的冲突、资源利用与保护等之间的现实矛盾，在运行过程中，除了技术方法的应用与创新，完善的制度规范与严格的法律法规是保证规划能够顺利通畅在城市建设与发展中实施与运行的必不可少的前提，为此，需要建立法律保障机制，积极推进规划控制线立法，将“多规合一”划定的生态红线、城市开发边界等控制线纳入地方立法，形成条例，以政府规章形式明确“多规合一”控制线管理主体、管控规则、修改条件和程序，规范和强化规划的严肃性和权威性；完善相关配套机制。积极推进规划编制审批办法创新，完善一张图运行机制，建立部门业务联动制度、优化建设项目审批制度、监控考核制度和动态更新维护制度；保障各部门协调运行的体制机制，建立牵头负责制度，实施项目共建机制，依据牵头与共建机制，由负责部门保证项目顺利实施；深化行政审批制度改革，实现全方位、全过程的体制机制改革，真正做到规划的多元融合与统一。

1.5　包容协调：以人为本的城市与乡村

尊重农民意愿、保护农民利益、保障粮食安全。在中国的城镇化各阶段，土地问题关乎发展大业、民生大计，始终是其焦点和难点。我国快速城镇化进程中暴露出的诸多土地问题，成为新型城镇化亟待破解的首要难题。转变土地依赖型城镇化模式，需要推进节约集约用地战略，强化我国土地立法与执法，扭转土地快速非农化和土地闲置低效利用的局面，加快转变发展方式，变革传统城镇化模式，适时把控城镇化的合理进程与空间格局，将城镇化进程中土地征用与引导企业、发展产业、扩大就业有机结合，健全节约集约用地的长效机制和督察制度。同时，促进城镇建设用地合理流转，着力提高土地利用效率，需要破解城镇建设用地需求刚性增长与其供给刚性不足的矛盾，亟须在控制建设用地增量、盘活存量、把握流量上狠下功夫，将新增建设用地与存量用地的开发利用水平相挂钩，积极探索闲置低效用地开发与再配置的新途径，实现在存量土地挖潜中求增量，在提升土地效率中优化结构的战略目标。创新农村土地“功能性替代”机制，将完全失地或部分隐性失地的农民全部纳入城镇最低生活保障体系，确保农民失去土地，而不失去其生存与发展能力，建立多区域、多用途征地价值补偿评估体系，健全被征地农民土地发展权益转换保障机制、土地征用增值收益分配机制。此外，统筹城乡土地利用，还要搭建新型城镇化发展新平台。健全城乡统一的建设用地市场，推进城乡同地同权、增减挂钩、市场配置。以整治“空心村”、根治“乡村病”，倒逼土地制度改革，破解农村人地分离、村庄空废与污染难题，为推进新型城镇化搭建新平台，营造新环境。

1.6　三思后行：“三思”城镇化发展

基于世界城市与中国城镇化发展历程，以及当前中国新型城镇化正经历的转型之路，同时面对各种机遇与挑战，促使我们不得不对中国新型城镇化进行三个方面的思考。

首先，新型城镇化的本质是互联网思维下的自我救赎。城市是城市居民生产、生活的载体，互联网作为一场全新的技术革命，带来了全新的社会关系和社会运行模式重构，这无疑将深刻改变城市这一载体。人类发展历史上的农业社会靠天吃饭，耕地是当时人们生产、生活的载体；工业社会依赖规模化生产与专业化分工，城市是人们生产、生活的载体。在这种社会中，城市是城市精英主导下的城市，精英管理、精英规划设计，城市的居民是被管理、被规划、被设置，也理所当然地被生活。而互联网的出现和普及使得城市的社会组织形式发生了改变，互联网所拥有的平等、公开、利益共享的本质使得城市由精英主导转变为大众参与，为我们带来了从过程控制到结果管理的所有可能性。人们过去规划中推崇的道路宽度、道路密度、绿色出行比例等，在互联网时代可以用一个更为直观和概括的指标来涵盖和准确描述——通行时间。判断一个城市规划、建设、运营、管理的效果，首先要看我们市民花在路上的时间，这是生命时间。依托这种更为直观的结果去倒逼城市规划建设考核，才能把城市系统问题解决好。

其次，要构建新型城镇化发展模式的核心要素及策略。实现新型城镇化发展的核心是准确把握城市定位，并围绕城市定位去布局四个层次的发展策略。其中，第一个策略是要从顶层设计开始建立基于公民生态权利与责任的法制体系。人类社会没有绝对的公平，但基于公民生态权利和责任的法制体系可以在最大程度上保证公平的公开机制，使得一切公共决策行为在公正的模式和程序下实现利益平衡。第二个策略是再造城镇化发展的利益分配机制，让更大范围的居民享受到城镇化发展带来的经济效益和文明进步。第三个策略是重构结果导向、可公正衡量、可公众评价的城市管理考核模式，充分创造开放环境，实现对城市规划建设的倒逼。第四个策略是推行基于生态承载力平衡的动态城镇建设，实现城市规划建设决策的精细化。

最后一个思考是关于绿色生态城区实施突破口的选择问题。生态城市的产业发展将呈现出更多的混血特征，传统城市中具有清晰边界的二三产业不再存在，取而代之的是更为中性化的、绿色低碳的“2.5 产业”。总之，在生态文明语境下新型城镇化建设就是要使城市回归“与幸福共生、与自然共生、与效率共生、与文化共生”的和谐状态。

2 低碳生态模式践行——海绵城市的内涵、途径与展望

2 Practice of Low-carbon Ecological Model——The Connotation，Way and Prospect of Sponge City

在城镇化的大背景下，我国每年有一千多万人进城，新建成的建筑相当于世界建筑总量的一半。在这种情况下，如果不引进海绵城市的建设模式，我国的城市地表径流量就会大幅度增加，从而引发洪涝积水、河流水系生态恶化、水污染加剧等问题。海绵城市就像一块海绵那样，能把雨水留住，让水循环利用起来，把初期雨水径流的污染削减掉。作为低碳生态模式的重要践行，本节介绍海绵城市的基本内涵、实现海绵城市途径、并对深化海绵城市建设的新技术作了展望。

2.1 海绵城市的四项基本内涵

2.1.1 海绵城市的本质——解决城镇化与资源环境的协调和谐

海绵城市的本质是改变传统城市建设理念，实现与资源环境的协调发展。在“成功的”工业文明达到顶峰时，人们习惯于战胜自然、超越自然、改造自然的城市建设模式，结果造成严重的城市病和生态危机；而海绵城市遵循的是顺应自然、与自然和谐共处的低影响发展模式。传统城市利用土地进行高强度开发，海绵城市实现人与自然、土地利用、水环境、水循环的和谐共处；传统城市开发方式改变了原有的水生态，海绵城市则保护原有的水生态；传统城市的建设模式是粗放式的，海绵城市对周边水生态环境则是低影响的；传统城市建成后，地表径流量大幅增加，海绵城市建成后地表径流量能保持不变。因此，海绵城市建设又被称为低影响设计和低影响开发（Low impact design or development，LID）。

2.1.2 海绵城市的目标——让城市“弹性适应”环境变化与自然灾害

一是保护原有水生态系统。通过科学合理划定城市的蓝线、绿线等开发边界和保护区域，最大限度地保护原有河流、湖泊、湿地、坑塘、沟渠、树林、公园草地等生态体系，维持城市开发前的自然水文特征。

二是恢复被破坏的水生态系统。对传统粗放城市建设模式下已经受到破坏的城市绿地、水体、湿地等，综合运用物理、生物和生态等技术手段，使其水文循环和生态功能逐步得以恢复和修复，并维持一定比例的城市生态空间，促进城市生态多样性提升。我国很多地方结合点源污水治理的同时推行“河长制”，治理水污染，改善水生态，起到了很好的效果。

三是推行低影响开发。在城市开发建设过程中，合理控制开发强度，减少对城市原有水生态环境的破坏。留足生态用地，适当开挖河湖沟渠，增加水域面积。此外，从建筑设计开始，全面采用屋顶绿化、可渗透路面、人工湿地等促进雨水积存净化。据美国波特兰大学“无限绿色屋顶小组”（Green roofs unlimited）对占地 723 acre（1 acre＝0.004047km^2）的波特兰商业区进行分析，将 219acre 的屋顶空间——即 1/3 商业区修建成绿色屋顶，就可截留 60％的降雨，每年将保持约 6700 万 gal（1 gal≈3.79 L）的雨水，可以减少溢流量的 11％～15％。

四是通过种种低影响措施及其系统组合有效减少地表水径流量，减轻暴雨对城市运行的影响。

2.1.3　转变排水防涝思路

传统的市政模式认为，雨水排得越多、越快、越通畅越好，这种“快排式”（见图 2-2-1）的传统模式没有考虑水的循环利用。海绵城市遵循“渗、滞、蓄、净、用、排”的六字方针，把雨水的渗透、滞留、集蓄、净化、循环使用和排水密切结合，统筹考虑内涝防治、径流污染控制、雨水资源化利用和水生态修复等

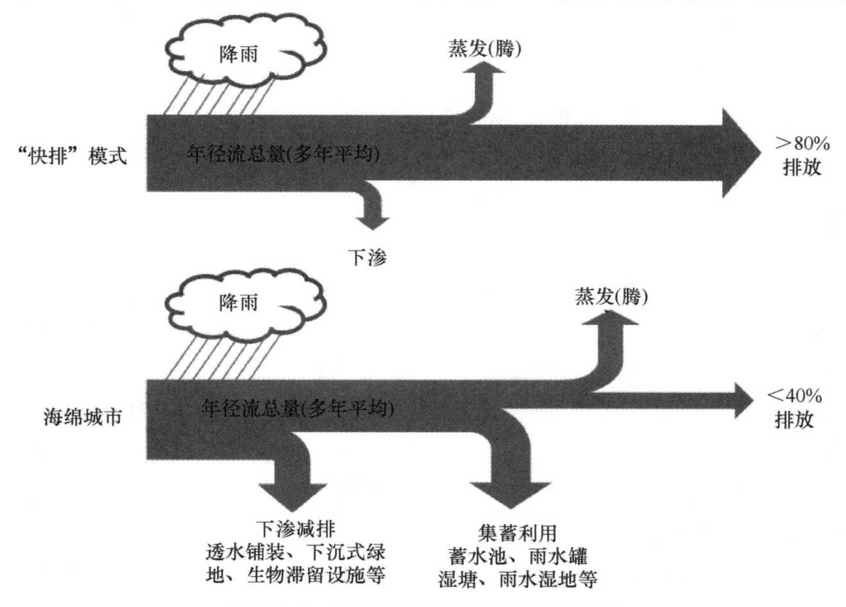

图 2-2-1　海绵城市转变排水防涝思路

多个目标。具体技术方面，有很多成熟的工艺手段，可通过城市基础设施规划、设计及其空间布局来实现。总之，只要能够把上述六字方针落到实处，城市地表水的年径流量就会大幅下降。经验表明：在正常的气候条件下，典型海绵城市可以截流 80%以上的雨水。

2.1.4 开发前后的水文特征基本不变

通过海绵城市的建设，可以实现开发前后径流量总量和峰值流量保持不变（见图 2-2-2），在渗透、调节、储存等诸方面的作用下，径流峰值的出现时间也可以基本保持不变。水文特征的稳定可以通过对源头削减、过程控制和末端处理来实现。习总书记在 2013 年的中央城镇化工作会议上明确指出：解决城市缺水问题，必须顺应自然，要优先考虑把有限的雨水留下来，优先考虑更多利用自然力量排水，建设自然积存、自然渗透、自然净化的海绵城市。由此可见，海绵城市建设已经上升到国家战略层面了。

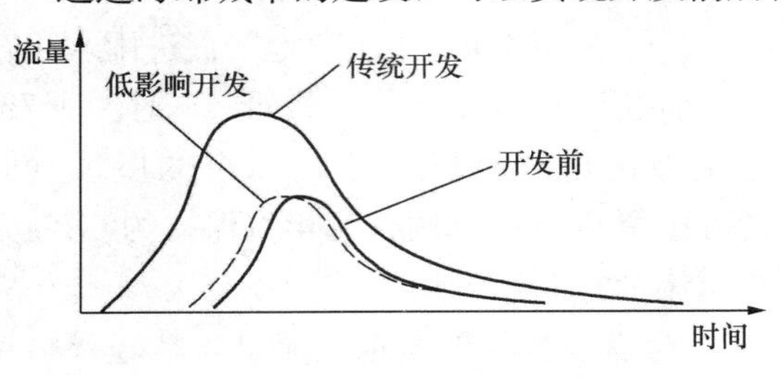

图 2-2-2 低影响开发水文原理

总之，通过建立尊重自然、顺应自然的低影响开发模式，是系统地解决城市水安全、水资源、水环境问题的有效措施。通过“自然积存”，来实现削峰调蓄，控制径流量；通过“自然渗透”，来恢复水生态，修复水的自然循环；通过“自然净化”，来减少污染，实现水质的改善，为水的循环利用奠定坚实的基础。

2.2 建设海绵城市的三种途径

2.2.1 区域水生态系统的保护和修复

首先，识别生态斑块。一般来说，城市周边的生态斑块按地貌特征可分为三类：第一类是森林草甸，第二类是河流湖泊和湿地或者水源的涵养区，第三类是农田和原野。各斑块内的结构特征并非一定具有单一类型，大多呈混合交融的状态。按功能来划分可将其分为重要生物栖息地、珍稀动植物保护区、自然遗产及景观资源分布区、地质灾害风险识别区和水资源保护区等。凡是对地表径流量产生重大影响的自然斑块和自然水系，均可纳入水资源生态斑块，对水文影响最大的斑块需要严加识别和保护。

第二，构建生态廊道。生态廊道起到对各生态斑块进行联系或区别的功能。通过分别对各斑块与廊道进行综合评价与优化，使分散的、破碎的斑块有机地联系在一起，成为更具规模和多样性的生物栖息地和水生态水资源涵养区，为生物迁移、水资源调节提供必要的通道与网络。这涉及水文条件的保持和水的循环利用，尤其是调峰技术和污染控制技术。

第三，划定全规划区的蓝线与绿线。以深圳光明新区为例，作为国家级的生态城示范区，光明新区规划区范围之内严格实施蓝线和绿线控制，保护重要的坑塘、湿地、园林等水生态敏感地区，维持其水的涵养性能。同时，在城乡规划建设过程中，实现宽广的农村原野和紧凑的城市和谐并存，人与自然和谐共处，这是实现可持续发展重要的、甚至是唯一的手段。

第四，水生态环境的修复。这种修复立足于净化原有的水体，通过截污、底泥疏浚构建人工湿地、生态砌岸和培育水生物种等技术手段，将劣Ⅴ类水提升到具有一定自净能力的Ⅳ类水水平，或将Ⅳ类水提升到Ⅲ类水水平。

第五，建设人工湿地。湿地是城市之肾，保护自然湿地，因地制宜建设人工湿地，对于维护城市生态环境具有重要意义。以杭州的西溪湿地（见图 2-2-3）为例，原来当地农民养了 3 万多头猪，并把猪粪作为肥料直接排到湿地里去，以增加湿地水藻培养的营养度来增加鱼的产量，造成了水体严重污染。后来重新规划设计为湿地景区，养猪场变成了充满自然野趣的休闲胜地，更重要的是，出水口水体的 COD 浓度只有进水浓度的一半，起到了非常好的调节削污作用。整个湿地，把水里的营养素留下来，滋养当地的水生植物和鱼类，虽然鱼的产量可能会下降，但品质得到了提升，生态鱼比市场上的普通鱼价格提高了一倍。

图 2-2-3　杭州西溪湿地

2.2.2　城市规划区海绵城市设计与改造

海绵城市建设必须要借助良好的城市规划顶层设计来明确要求(见图 2-2-4)。

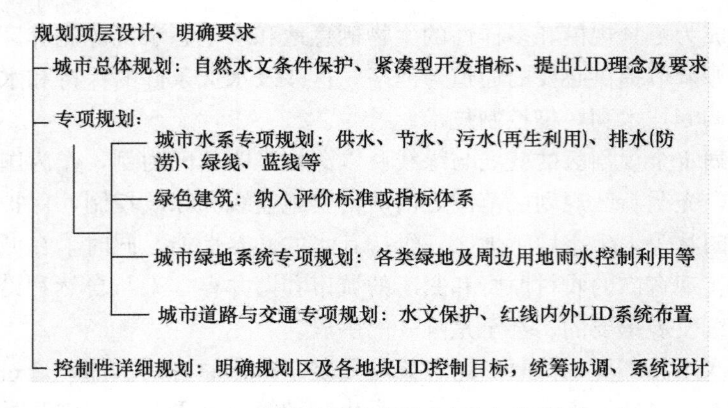

图 2-2-4　海绵城市建设城市规划顶层设计

第一层次是城市总体规划。要强调自然水文条件的保护、自然斑块的利用、紧凑式的开发等方略。还必须因地制宜确定城市年径流总量控制率等控制目标，明确城市低影响开发的实施策略、原则和重点实施区域，并将有关要求和内容纳入城市水系、排水防涝、绿地系统、道路交通等相关专项或专业规划。

第二层次是专项规划。包括城市水系统、绿地系统、道路交通等基础设施专项规划。其中，城市水系统规划涉及供水、节水、污水（再生利用）、排水（防涝）、蓝线等要素；绿色建筑方面，由于节水占了较大比重，绿色建筑也被称之为海绵建筑，并把绿色建筑的实施纳入到海绵城市发展战略之中。城市绿地系统规划应在满足绿地生态、景观、游憩等基本功能的前提下，合理地预留空间，并为丰富生物种类创造条件，对绿地自身及周边硬化区域的雨水径流进行渗透、调蓄、净化，并与城市雨水管渠系统、超标雨水径流排放系统相衔接。道路交通专项规划，要协调道路红线内外用地空间布局与竖向，利用不同等级道路的绿化带、车行道、人行道和停车场建设雨水滞留渗设施，实现道路低影响开发控制目标。

第三层次是控制性详细规划。分解和细化城市总体规划及相关专项规划提出的低影响开发控制目标及要求，提出各地块的低影响开发控制指标，并纳入地块规划设计要点，并作为土地开发建设的规划设计条件，统筹协调、系统设计和建设各类低影响开发设施。通过详细规划可以实现指标控制、布局控制、实施要求、时间控制这几个环节的紧密协同，同时还可以把顶层设计和具体项目的建设运行管理结合在一起。

低影响开发的雨水系统构建涉及整个城市系统，通过当地政府把规划、排水、道路、园林、交通、项目业主和其他一些单位协调起来，明确目标，落实政策和具体措施，见图 2-2-5。

具体来讲，要结合城市水系、道路、广场、居住区和商业区、园林绿地等空

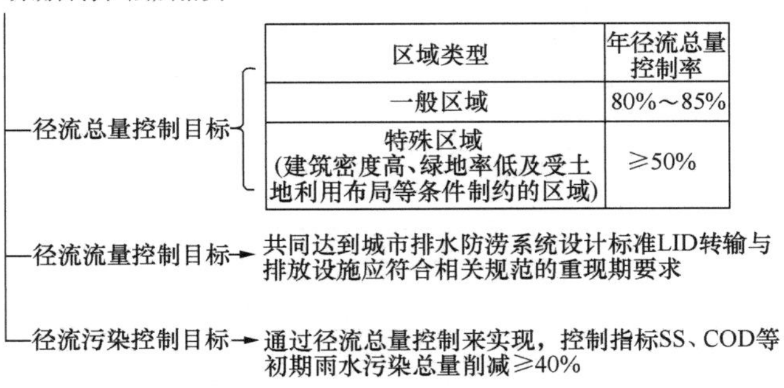

图 2-2-5　层层落实控制目标

间载体，建设低影响开发的雨水控制与利用系统。LID 设施及其相应的功能、控制目标等见表 2-2-1。

LID 设施及相应指标　　　　**表 2-2-1**

单项设施	功能					控制目标			处置方式		经济性		污染物去除率（%）（以 SS 计）	景观效果
	集蓄利用雨水	补充地下水	削减峰值流量	净化雨水	转输	径流总量	径流峰值	径流污染	分散	相对集中	建造费用	维护费用		
透水砖铺装	○	●	◎	◎	○	●	◎	◎	√	—	低	低	80～90	—
透水水泥混凝土	○	○	◎	◎	○	◎	◎	◎	√	—	高	中	80～90	—
透水沥青混凝土	○	○	◎	◎	○	◎	◎	◎	√	—	高	中	80～90	—
绿色屋顶	○	○	◎	◎	○	●	◎	◎	√	—	高	中	80～90	—
下沉式绿地	○	●	◎	◎	○	●	◎	◎	√	—	高	中	70～80	好
简易型生物滞留设施	○	●	◎	◎	○	●	◎	◎	√	—	低	低	—	一般
复杂型生物滞留设施	○	●	◎	●	○	●	◎	●	√	—	中	低	70～95	好
渗透塘	○	●	◎	◎	○	●	◎	◎	—	√	中	中	70～80	一般
渗井	○	●	◎	◎	○	●	◎	◎	√	√	低	低	—	—
湿塘	●	○	●	◎	○	●	●	◎	—	√	高	中	50～80	好
雨水湿地	●	○	●	●	○	●	●	●	√	√	高	中	50～80	好
蓄水池	●	○	◎	◎	○	●	◎	◎	—	√	高	中	80～90	—
雨水罐	●	○	◎	◎	○	●	◎	◎	√	—	低	低	80～90	—
调节塘	○	○	●	◎	○	○	●	◎	—	√	高	中	—	一般
调节池	○	○	●	○	○	○	●	○	—	√	高	中	—	—
转输型植草沟	◎	○	○	◎	●	◎	○	◎	√	—	低	低	35～90	一般
干式植草沟	○	●	○	◎	●	●	○	◎	√	—	低	低	35～90	好
湿式植草沟	○	○	○	●	●	○	○	●	√	—	中	低	—	好

续表

单项设施	功能					控制目标			处置方式		经济性		污染物去除率（%）（以SS计）	景观效果
	集蓄利用雨水	补充地下水	削减峰值流量	净化雨水	转输	径流总量	径流峰值	径流污染	分散	相对集中	建造费用	维护费用		
渗管/渠	○	◎	○	○	●	◎	○	◎	√	—	中	中	35～70	—
植被缓冲带	○	○	○	●	—	○	○	●	√	—	低	低	50～75	一般
初期雨水弃流设施	◎	○	○	●	—	○	○	●	√	—	低	中	40～60	—
人工土壤渗滤	●	○	○	●	—	○	○	◎	—	√	高	中	75～95	好

注：●—强；◎—较强；○—弱或很小。

一是在扩建和新建城市水系的过程中，采取一些技术措施，如加深蓄水池深度、降低水温来增加蓄水量并合理控制蒸发量，充分发挥自然水体的调节作用。在我国新疆一些地区年降雨量仅为50mm，蒸发量却高达4500mm，当地民众自古以来就使用坎儿井来输送水，由于水温低、又能避免阳光照射，从而达到降低水蒸发损失的目的。

二是改造城市的广场、道路，通过建设模块式的雨水调蓄系统、地下水的调蓄池或者下沉式雨水调蓄广场等设施，最大限度地把雨水保留下来。在一些实践中，实现了道路广场的透水地面比例≥70%，下凹式绿地比例≥25%，综合径流系数≤0.5。

三是在居住区、工商业区LID设计中，改变传统的集中绿地建设模式，将小规模的下凹式绿地渗透到每个街区中，见图2-2-6，在不减少建筑面积的前提下增加绿地比例，可实现透水性地面≥75%，绿地率≥30%（其中下凹式绿地≥70%），径流系数≤0.45。

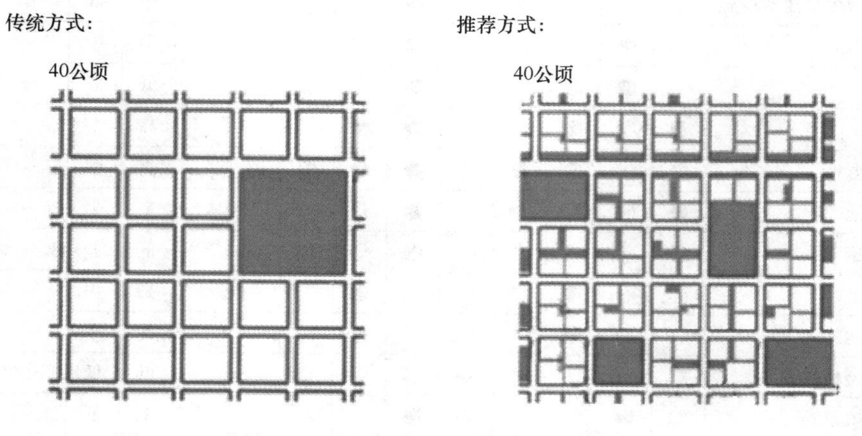

图2-2-6 传统绿色系统与海绵城市绿色系统建设模式对比

四是园林绿地采用LID设计，绿地的生态效益更加明显。在海绵城市建设实践中，通过建设滞留塘、下凹式绿地等低影响开发设施，并将雨水调蓄设施与景观设计紧密结合，可以实现人均绿地面积≥20m^2、绿地率≥40%、绿化覆盖率≥50%、透水性地面≥75%（其中下凹式绿地≥70%）的目标，径流系数可以控制在0.15左右。同时，收集的雨水可以循环利用，公园可以作为应急水源地。根据日本的抗震经验，每一个城市公园都建有雨水调蓄池，可以供应周边居民3天的用水量。中国城市科学研究会水技术中心也推出了一些先进技术，例如，通过在池底铺设表面经过处理的砂层，沙地雨水处理池的含氧量比普通池提高3倍，从而能长久保持水的新鲜度。

2.2.3 建筑雨水利用与中水回用

在海绵城市建设中，建筑设计与改造的主要途径是推广普及绿色屋顶、透水停车场、雨水收集利用设施，以及建筑中水的回用（建筑中水回用率一般不低于30%）。首先，将建筑中灰色水和黑色水分离，将雨水、洗衣洗浴水和生活杂用水等污染程度较轻的“灰水”经简单处理后回用于冲厕，可实现节水30%，而成本只需要0.8～1元/m^3。其次，通过绿色屋顶、透水地面和雨水储罐收集到的雨水，经过净化既可以作为生活杂用水，也可以作为消防用水和应急用水，可大幅提高建筑用水节约和循环利用，体现低影响开发的内涵。综上，对于整体海绵建筑设计而言，为同步实现屋顶雨水收集利用和灰色水循环的综合利用，可将整个建筑水系统设计成双管线，抽水马桶供水采用雨水和灰水双水源。

既然可以做到建筑中水回用，那么在城市中市政污水再生水更有利用价值。通过铺设再生水专用管道，就能够实现再生水的有效利用，从而能大幅降低对水资源的需求。以北京市政部门测算，如果80%的建筑推广这种中水回用体系，市政污水的1/3能作为再生水利用，该市每年约可节木12亿m^3，相当于南水北调工程供给首都的总水量。

2.3 深化海绵城市五项展望

2.3.1 引入弹性城市和垂直园林建筑的精细化设计

建筑是城市最基础的细胞，如果建筑对雨水能呈现海绵特性，那么城市离“海绵”也就不远了。这里需要引进弹性城市和园林建筑的设计理念。

一是引入弹性城市的设计理念。弹性城市（Resilient City）是目前国际上非常流行的概念。所谓弹性城市，是指城市能够准备、响应特定的多重威胁并从中恢复，并将其对公共安全健康和经济的影响降至最低的能力（Wilbanks T,

Sathaye J，2007)。联合国建议打造弹性城市应对自然灾害，城市必须在制定低碳可持续发展路线的同时，采取措施提高其弹性应对的能力。弹性城市涉及方方面面，从城市应对气候变化引起的水资源短缺的弹性来看，一旦把水循环利用起来，每利用一次就等于水资源增加了一倍，利用两次就增加了两倍，以此类推。如果通过反渗透等技术，实现水资源的N次利用，就可以做到城市建设与水资源和谐发展，这就是一种“水资源弹性”。新加坡目前就已经达到了此类“弹性城市”的标准。该国从马来西亚调水，基本上作为一种水保障，并把调来的水加工成纯净水返销到马来西亚去；在本国内，则通过中水回用、海水淡化、雨水利用，基本能满足民众生活和产业用水问题，这就是N次用水的一种体现。总之，弹性城市在水方面的要求，就是尽管外界的水环境发生了变化，都可以保持城市供水系统的良好运转，这也是现代科学技术对解决城市水资源短缺的一种创新。

二是结合园林设计的理念。如果把中水和雨水在建筑中充分综合利用，就可以把整个园林搬到建筑上去，即垂直园林建筑。这种建筑整体上呈现出海绵状态，能将雨水充分收集利用，实现中水回用，排到自然界中的水体污染物几乎等于零，所有的营养素都能在建筑内循环利用，并且绿色植物还能够固定二氧化碳。如果城市广泛推广垂直园林建筑，不仅可显著减少地表水径流量，而且会营造出一个非常美妙而且可以四季变化的城市景观。

2.3.2 海绵城市（社区）结合水景观再造

海绵建筑推而广之就是海绵社区。快速城镇化到来之前，我国许多地方曾经有过良好的城市水景观被称之为“山水城市”，当代城市规划师在设计中应该传承历史文化，回归社区魅力，增加社区的凝聚力。通过由下而上的再设计，将社区水的循环利用与景观化、人性化设计相融合，并结合特定的历史文化，开展海绵社区建设，见图 2-2-7。

图 2-2-7 海绵城市（社区）结合水景观再造

与此同时，海绵社区建设可以激发起居民爱护水环境、呵护水环境、敬重水环境的心态，实现人类与自然水生态和谐相处的目标。以杭州为例，杭州曾经有一条浣纱河，传说是当年西施浣纱的河流，这条河穿过许多社区，如果把文化融入浣纱河水景观复建，不仅可以再现当年人水和谐美景，留住这段美妙的记忆，而且能够控制水污染，最大限度地减少了对水环境的影响。

2.3.3 引入碳排放测算

我国是世界上最大的碳排放国，国务院已决定建立中国特色的碳交易市场，在我国内部首先实现公平的碳排放权交易。海绵城市建设能够在很大程度上减少碳排放，因为我们传统的外地调水特别是长距离供水需消耗大量的能源资源，属高碳排放的工程。美国南加州和旧金山湾地区的城市化区域通过实施低影响开发技术，碳减排效果十分显著，见表 2-2-2（NRDC，A ClearBlue Future，2009），按照碳减排的程度分成低中高三个级别，可以看到，高影响条件下，每年的碳减排量非常巨大。如果把海绵城市建设模式引发碳减排拿到碳交易市场上进行交易，变成现金，则可以有效减少项目的投资，形成稳定持久的投资回报。

南加州和旧金山湾地区的城市化区域施行低扰动技术预期效果　　表 2-2-2

分级	节　水（acre-ft/a）	节　能（百万 kW·h/a）	CO_2减排（百万 tCO_2—等价）
低	229000	573000	250500
中	314500	867000	379000
高	405000	1225500	535500

2.3.4 分区测评、以奖代补、奖优罚劣

我国地域辽阔，气候特征、土壤地质等天然条件和经济条件差异较大，城市径流总量控制目标也不同。住房和城乡建设部出台的《海绵城市建设技术指南——低影响开发雨水系统构建（试行）》对我国近 200 个城市 1983～2012 年日降雨量统计分析，将我国大陆地区大致分为五个区，并给出了各区年径流总量控制率 α 的最低和最高限值，即Ⅰ区（85%≤α≤90%）、Ⅱ区（80%≤α≤85%）、Ⅲ区（75%≤α≤85%）、Ⅳ区（70%≤α≤85%）、Ⅴ区（60%≤α≤85%）。我国大陆地区年径流总量控制率分区图详见住房和城乡建设部出台的《海绵城市建设技术指南——低影响开发雨水系统构造（试行）》。

根据我国的年径流总量控制率分区，建立评测体系，研究充分利用中央财政资金以奖代补、奖优罚劣的方式，加快引导和推动各地海绵城市建设。

2.3.5 海绵城市建设智慧化

海绵城市建设可以与国家正在开展的智慧城市建设试点工作相结合，实现海绵城市的智慧化，重点放在社会效益和生态效益显著的领域，以及灾害应对领域。智慧化的海绵城市建设，能够结合物联网、云计算、大数据等信息技术手段，使原来非常困难的监控参量，变得容易实现。未来，我们将实现智慧排水和雨水收集，对管网堵塞采用在线监测并实时反应；通过智慧水循环利用，可以达到减少碳排放、节约水资源的目的；通过遥感技术对城市地表水污染总体情况进行实时监测；通过暴雨预警与水系统智慧反应，及时了解分路段积水情况，实现对地表径流量的实时监测，并快速做出反应；通过集中和分散相结合的智慧水污染控制与治理，实现雨水及再生水的循环利用等。

此外，建筑智慧化方面，可以通过公共建筑水耗在线监测，显示公共建筑水耗、能耗的排名情况。根据试点城市调查，建筑单位面积水耗最高和最低相差十倍之多，有的建筑由于设计和运维问题，水管出现了严重的漏损，这些缺陷都可以通过公共建筑水耗在线监测系统诊断出来。将水耗情况在媒体进行公开排名，有助于建筑管理和产权单位清楚的认识水耗情况，主管部门可以要求对水耗最高的建筑进行强制性改造，明确控制性、指标性和针对性措施，从而推动整个城市的水循环利用和用水效率得到提升。在这方面，新西兰和澳大利亚做得非常好，低影响雨水设计系统通过数字模型和信息化技术的精细化管理，能够把 GIS、云计算这些技术落实到位，并将其作为一种手段，使海绵城市智慧起来，见图 2-2-8。

智慧的海绵城市是逐步推进的（见图 2-2-9）。比如，通过网格化、精细化设

新西兰低影响开发雨水系统设计

- 较为完善的立法与行政法规
- 低设计影响理念的雨洪管理规划
- 基于数字模型、信息化技术的精细化管理

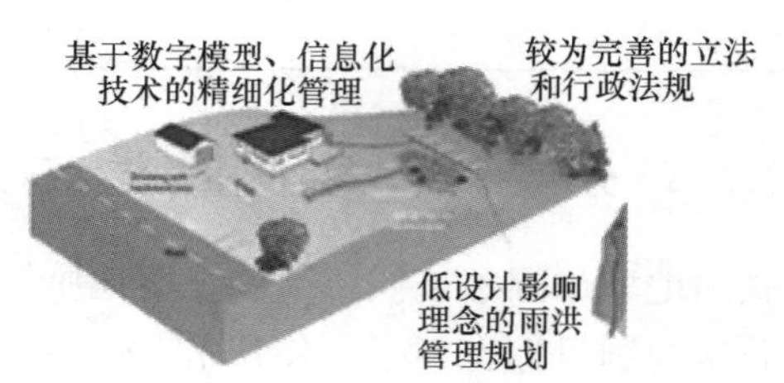

居民院落的细致要求

计算机模型情景分析

GIS系统的广泛应用

图 2-2-8 新西兰低影响开发雨水系统设计

计将城市管理涉及的事、部件归类，系统标准化等使现场管理反应快、准、好。在此基础上，再推行城市公共信息平台建设，通过智慧管控平台，主动发现问题，并有预见性地应对。最后，通过物联网智能传感系统，实现实时监测。通过以上这些优化设计，可以使我国城市迅速地、智慧地、弹性地来应对水问题。智慧的海绵城市离不开这样一个循环：信息的监测收集→信息的传输→准确地指挥→迅速地执行→对结果进行反馈修正。这样一种信息的循环利用模式，可以使海绵城市能够非常高效和智慧地运行。

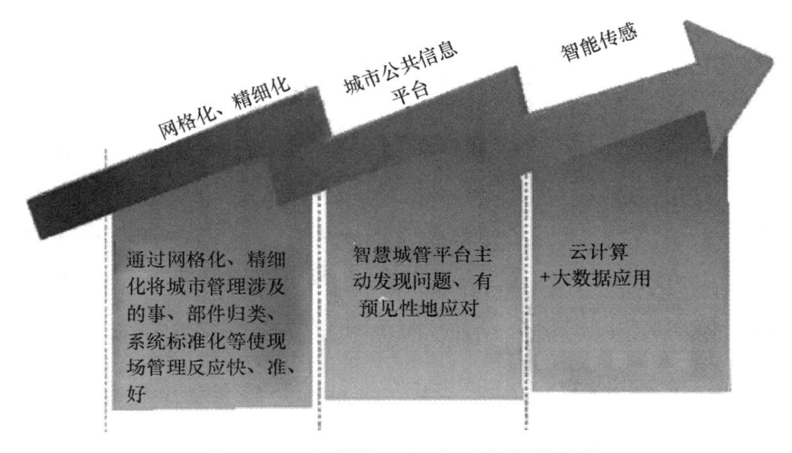

图 2-2-9 智慧海绵城市逐步推进示意

2.4 结　论

（1）城镇是水体污染最重要的源头，通过海绵城市（LID）建设使城市成为应对水污染的主战场，是解决水资源短缺的希望之地。

（2）海绵城市（LID）概念内涵仍在发展之中，创建具有中国特色的海绵城市理论、规范、标准任重道远。住房和城乡建设部已经颁布了海绵城市建设技术指南，但这还远远不够，需要大家在实践中不断探索并适时修订。

（3）海绵城市（低影响开发）规划与智慧水务是协调海绵城市各单元有效运行的两大系统工程。如果说海绵城市规划是“推”，海绵智慧则是“拉”，“一推一拉”能够将整个海绵系统有效地协调起来，既不产生浪费，也不至于出现信息孤岛。因此，“一推一拉”两大系统是非常重要的系统设计。

（4）要把海绵城市系统从大到小划成四个子系统，即区域、城市、社区、建筑，这四个层次系统低影响开发的侧重点不同，需要上下结合推进系统创新。

（5）根据年径流总量控制率分区，建立科学合理的城市“海绵度”测评体系并给予奖励引导尤为重要。加快引导和推动整个海绵城市蓬勃发展，走出一条中国特色的海绵城市建设健康发展之路。

3 展 望
3 Prospect

3.1 生态文明下生态城市导向

城镇发展的道路从生态文明视角来看，是人与城镇的关系，城镇与农村的关系以及城乡与自然的关系的实现与发展：(1) 改善空间规划体系连贯性与协同性，弥补现有规划体系对于资源环境的管控缺失；(2) 尊重有限的资源，减少土地的粗放型扩张与闲置，减少建筑能耗，提升城镇节能减排效率，充分应用新的海绵城市、滨水城市等发展模式；(3) 尊重人与自然的和谐，减少对生态和环境的冲击，建立生态红线，增加城镇边界，立足生态本底建设生态设施，进行适度可恢复的自然改造；(4) 城市发展要主动应对日益显著的气候变化，特大城市、城镇密集地区统筹各方力量建立应对全球气候变化的应急预案，技术应对导则，从水资源、能源、生态系统、海岸资源、农业旅游业方面考虑气候变化对于城市发展的影响评估；(5) 克服城市发展的盲目冲动，以存量资源的充分利用来促进功能和品质的提升；(6) 以满足人的移动需求为导向的交通发展，必须构建集约高效、绿色低碳、多式协同的运输体；(7) 尊重文化遗产保护与市民心理关切，使其成为城市个性与品质的灵魂；(8) 建立区域共识，加强各层级政府管理和多途径的引导；(9) 加强公众参与，构建良好的治理体系，构建“人口—经济社会—生态环境”的城镇化协同政策体系。

3.2 保证低碳生态城市发展质量

低碳生态城市发展需要首先以质量为前提。城市增长是有限的，而发展是无止境的，未来我国城市化水平需要作出科学准确的预测，不再追求城市数量的盲目增长，保证城市化过程中城市发展的内在质量，是城市化得到持续发展的前提；转变以往激进式的城镇化开发方式，防止因为过度开发带来的对城市不可逆转的破坏。同时，对于城市高增长指标逐步淡化，在城市发展评价中突出城市化发展质量的量化指标和城市化进程的资源环境约束指标，保持合理适度的城市化增长率，是未来城市健康发展的重要前提。

3.3 促进城市发展与生态环境协调

以生态环境保护作为城市发展底线。健康的城市化不仅体现在城市经济水平发展与城市化水平发展上，同时也体现在人居环境的改善与居民生活质量的提高上，经济社会的发展使人越来越重视生态环境的保护，人们逐渐意识到生态环境保护与生存、生活息息相关，密不可分。

因此，必须坚持城市发展与生态环境相协调，以低资源消耗、低环境代价换取高城市化质量，减少对生态和环境的冲击，建立生态红线，增加城镇边界，立足生态本底，建设生态设施，进行适度的可恢复的自然改造，努力协调好城市化与生态环境并行发展，推行可持续城市化发展模式。

3.4 重视城市发展大众参与

城市的发展是一个自然演化的过程，同时也是城市决策者对其的规划与改造的过程，生活在城市中的人在过去往往无法对城市变化产生影响，而在互联网思维高度发展的今天，网络带来了平等、公开、利益共享的新的时代精神，在此前提下，城市的发展与生活在城市的每一个人关系越来越紧密，而人们对于城市的变化与发展，其关注度也随着移动互联的普及与日俱增，城市居民希望亲身参与到城市发展中去，在城市建设中加入自己独有的喜好，而城市的建设与发展也越来越需要大众的参与，借助大众的智慧才能迅速提升城市水平，同时，城市大众对于城市发展监督的作用也逐步得到体现。未来只有城市居民更好地参与到城市建设与监督中，城市发展成果才能实现更好共享。

参考文献

[1] 中华人民共和国国务院．国家新型城镇化规划 2014～2020，2014.

[2] 伦敦经济学院．http：//money. 163. com/.

[3] 国家发展改革委，外交部，商务部．推动共建丝绸之路经济带和 21 世纪海上丝绸之路的愿景与行动 2015 年 3 月．

[4] http：//www. chinanews. com/.

[5] 中国城市规划设计研究院．"一带一路"空间战略研究．2015 年 1 月．

[6] 刘彦随．新型城镇化待解土地难题[N]．光明日报，2013[14].

[7] 李晓江．生态文明下的城镇化发展模式研究．小城镇建设，2014，12.

第三篇 方法与技术

当前，我国正处于城镇化加速发展的时期，城镇化率每年以1个百分点的速度递增，国家统计局最新公布的数据显示，截至2014年末，中国城镇的常住人口接近7.5亿，城镇化率已达到54.77%。快速城镇化进程始终伴随着资源短缺、环境污染、交通拥堵、安全隐患等“城市病”问题的日益严峻。低质量高代价的传统城镇化发展模式已经问题频现、难以为继，不仅使经济发展质量难以提高，资源环境也不堪重负。

我国的社会经济发展已经出现了“新常态”的态势，低碳生态城市规划建设也在“新常态”下迎来了升级的挑战和变革的机遇。新常态下的新型城镇化已由过去片面追求城市规模扩大、空间扩张，改变为以提升城市文化、公共服务，加强城市基础设施建设，治理污染、拥堵等内涵为中心的、以人为本的城镇化。

2014年，《海绵城市建设技术指南》的发布、中美达成减排协议、政治局会议首提“绿色化”等大事件的发生，将生态文明建设再次摆到了非常高的位置，“推动国土空间开发格局优化、加快技术创新和结构调整、促进资源节约循环高效利用、加大自然生态系统和环境保护力度”，是生态文明建设的总体目标，而推进低碳生态城市发展是城乡规划建设领域落实国家生态文明战略的重要抓手。实现以人为本的新型城镇化，需要与信息化深度融合，而智慧城市是信息化与城镇化的最佳契合点。2015年政府工作报告提出，提升城镇规划建设水平，发展智慧城市，可见，建设智慧城市已成为我国解决城市发展难题，推进城镇化发展、实现城市可持续发展的不可逆转的潮流。

基于以上背景的低碳、生态城市建设具有长期性、系统性和全局性的特点，需要统筹规划，与城市总体规划合一，设定长远目标和阶段任务，才能以低碳生态理念引领新型城镇化的发展。本篇分析2014年低碳生态技术国内外研究热点，试图从生态导向的城乡规划、生态诊断、绿色交通、能源管理、水资源管理、既有建筑改造、环境质量提升、智慧管理、社会人文需求、公众参与、碳交易与碳核查等方面全面探讨低碳生态技术在新型城镇化建设中的应用，重点把握与信息化、绿色化建设相关的低碳技术。低碳生态城市建设有其复杂性和特殊性，再加上信息化技术的融入，低碳方法与技术更难以理解和把握。因而，本篇不仅仅针对纯技术、软理论进行阐述，还通过相关案例的介绍和分析，使技术方法应用于实践并落地实施，更加具有可操作性和借鉴性，便于指导信息化、绿色化背景下的低碳生态友好型城市的营造。

Chapter Ⅲ Methodologies and Technologies

China is currently experiencing the accelerated development of urbanization. The urbanization rate is increasing by 1% annually. According to the latest statistics from National Bureau of Statistics, the permanent population in urban areas of China has reached 750,000,000 and the urbanization has reached 54.77% by the end of 2014. Rapid urbanization always goes along with problems like resource shortage, environment pollution, traffic congestion and potential safety concerns of 'city disease' which are becoming more and moresevere. Low-quality and high-cost traditional development mode of urbanization has exposed many problems that it not only restricts the quality of economic but also increases the burden of resource and environment.

China's social and economic development has been the "new normal" trend, low-carbon ecological urban planning construction is also under the "new normal" ushered in the upgrade of challenges and opportunities of revolution. The new urbanization in the new normal has been transformed from the past unilateral pursuit of urban scale and space expansion into enhancing the city culture and public service, strengthening the construction of urban infrastructure, controlling pollution and traffic congestion, and being a people-oriented urbanization.

The ecological civilization construction has been placed in a very high position, since some big events including the publication of *Guidance on Construction Technologies of Sponge City*, China-US Joint Announcement on Climate Change, and greenization adopted in China's politburo meeting in 2014. Its overall goal is to 'promoting national spatial development pattern optimization, accelerating technical innovation and structural adjustment, promoting resource saving circulation utilization, and strengthening protection of natural ecological system and environment'. And it is an important grasp on implementing the national strategy of ecological civilization in urban planning of low-carbon eco-city. For the sake of implementing people-oriented new urbanization, we should deeply integrate informatization and urbanization where smart city is the right lind. As the 2015, government work report addressed we should enhance the level of urban planning and construction, and develop smart city. It shows that the construction of smart city has become an unavoidable trend for China to solve the urban problems, and realize the sustainable development for city.

Low-carbon eco-city construction has the characteristics of long-term, systematic and comprehensive that it needs to integrate with urban master planning and set long-term target and interim tasks to guide the new urbanization development. This chapter analyzes domestic and foreign hot topics about low-carbon and ecological technologies. IT tries to discuss their application in new urbanization construction from perspectives of urban and rural planning, ecology diagnosis, green traffic, energy management, water resource management, existing building retrofit, environmental quality control, smart management, social culture demand, public participation, carbon trade and carbon verification, etc. Low-carbon eco-city construction has its particularity and complexity. Low carbon method and technology becomes more difficult to understand and grasp, when integrated with information technology. Thus, this chapter not only describes the pure technology and soft theory, but also introduces and analyzes application cases and methods which make low-carbon eco-city construction more feasible and referential, and is easy to guide the low-carbon eco-friendly city construction under the informatization and greenization background.

1 低碳生态技术的研究热点

1 Research Hotspot of Low-carbon Ecological Technology

2014 年，关于低碳生态技术、生态城市、生态社区的研究也日益丰富。本节将探讨国内外对生态城市/生态社区的技术进展情况和我国相关研究目前在世界上同领域研究中所处的位置，把握该领域的研究动态和趋势。

对于 2014 年国际生态城市研究热点，以 Web of Science 为信息源，检索到的有效文献 392 篇，发表的刊物较为分散，其中《Landscape and Urban Planning》、《Ecological Indicators》、《AMBIO》最多，见图 3-1- 1。对 2014 年 SCI 收录的 392 篇研究文献进行分析，全面客观评价生态城市领域的发展态势。检索所有题名字段包括"生态/低碳"，且包括"城市/社区"。通过检索可以看出，其研究方向主要集中于环境生态科学、城市研究、公共环境健康、地理学、生物多样性保护、水资源、工程、自然地理、地质学、毒理学等，见图 3-1- 2。研究国家中，中国的文献为 105 篇，占搜索到所有文献的 26.8%，美国的文献为 90 篇，占 23.0%，后面的研究国家依次为巴西、德国、加拿大、澳大利亚、法国和土耳其等，见图 3-1-3。

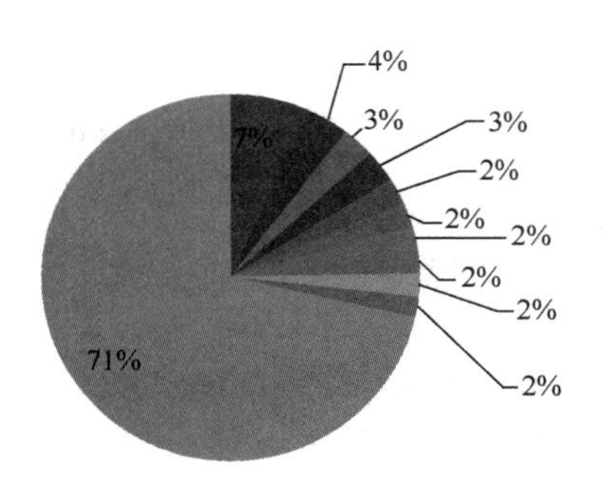

图 3-1-1　文献来源统计分析

国际生态城市研究集中在中国和美国，美国主要侧重于环境评估与公共卫生相关领域、环境领域的社区参与等方面，注重生态城市建设对社区、对公众健康的影响，关注环境公平问题。通过研究城市的能源利用技术创新，城市的

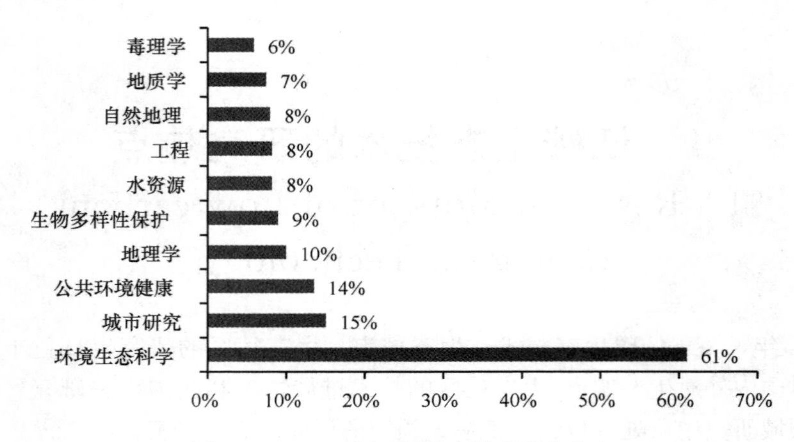

图 3-1-2　2014 年国际生态城市研究热点

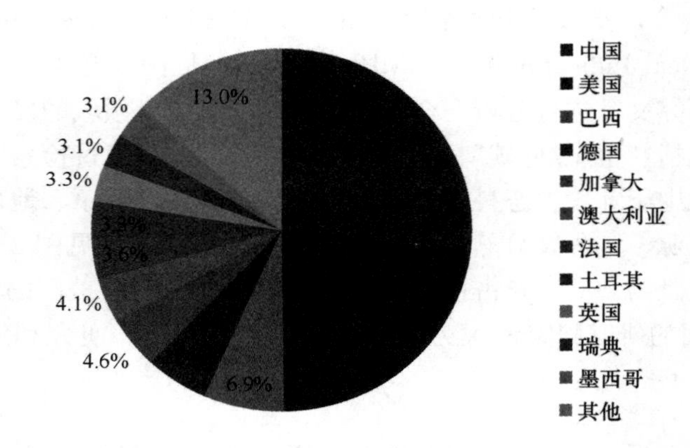

图 3-1-3　研究国家和地区统计分析

生态承载力及建立社会生态系统等进行生态城市的建设，在此过程中更加注重考虑居民对社会和文化的感知。中国的研究近年也逐渐往城市生态和可持续性、城市绿地景观、环境污染、基于能源的可持续性、社区管理等方面的内容侧重。

国内低碳生态城市研究热点，搜索“生态城市/低碳城市/绿色城市”关键词，2014 年共搜索到近 800 篇文献，主要期刊包括城市发展研究、建设科技、城市规划通讯、北京规划建设、科技创新与应用、城乡建设、环境科学与管理等。文献包含的关键词有生态城市、低碳城市、城市规划、生态文明、城市建设等（图 3-1-4）。国内研究重点主要在生态城市指标体系构建、生态城市规划与发展研究、生态城市建设探索等方面。

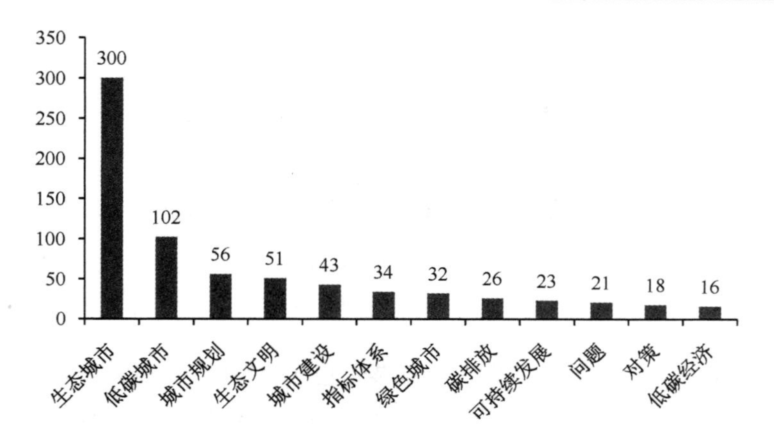

图 3-1-4　2014 年国内生态城市研究热点关键词

2　生态导向的城乡规划[1]

2　Eco-oriented Urban and Rural Planning

京津冀地区生态环境形势严峻而复杂，已经成为制约区域社会经济发展的重要因素，引起全社会的广泛关注。城乡规划是引导和调控城乡发展的重要手段。面对当前区域城乡发展面临的生态环境危机及转型发展的新要求，如何充分发挥规划的关键作用，利用科学、合理、前瞻性的城乡规划积极促进区域可持续发展成为学界研究的热点。本章从城乡规划的角度，提出整治和改善京津冀生态环境状况的可能切入点和着力点，以期为提升区域生态环境质量、推动区域协同发展提供建议和参考，对新形势新要求下生态导向的城乡规划变革进行了思考。

2.1　全域需求管理

以2030年区域环境空气质量达标为控制指标，最大限度实现资源高效利用、能源结构调整、产业结构调整、倒逼合理发展规模、进而实现全域的需求管理。

（1）资源高效利用：从节水、节地、节能、节材等方面入手，全面提高水资源利用率、废弃物无害化处理率、再生资源回收利用率。

节水方面，积极开发非传统水资源，如雨洪利用、海水淡化、人工增雨等，增加城市可用水资源量；完善水价形成机制；提高污水处理和中水循环利用；改善农业灌溉系统，加强农业节水（徐建等，2009）。节地方面，实行严格的土地保护制度，推行集约用地，加快土地的复垦和开发利用。节材方面，加强各行业的原材料消耗管理，提倡再生材料的使用，大力节约包装材料。节能方面，推广清洁、可再生能源的开发和利用。

（2）能源结构调整：区域大量压减燃煤，2017年实现区域煤炭总量负增长，煤炭占能源消费总量比重降低到65%以下；到2020年，北京市、天津市、河北省煤炭消费总量分别比2012年削减1400万吨、1600万吨、6400万吨。同时，

[1] 何永，赵丹，贺健，北京市城市规划设计研究院。本文中图表，除标明来源的外，其余均由约稿作者提供。

进一步优化能源结构，开发利用新能源，提高清洁能源消费比例，重点推进太阳能、地温能、垃圾发电和风电的开发利用，加快区域风力发电、光伏电站项目建设，联合推进清洁电力联络通道建设，在安全条件下适当发展低温核供热等技术。

（3）产业结构调整：加强区域协作，淘汰落后产能、搬迁污染企业，发展低能耗、高附加值产业，从源头上解决污染问题。提高环保、能耗、安全、质量等标准，倒逼区域产业转型升级。三地联合加强对布局分散、装备水平低、环保设施差的小型工业企业的综合整治，并促进企业技术改造。

（4）其他需求管理措施：减少建筑、餐饮、交通等行业能源消费。具体措施包括：控制建筑总量，实行老旧建筑实施节能改造和新建建筑执行绿建标准；压减餐饮企业规模和能耗；提高区域绿色交通出行比例，全方位控制机动车污染等。

（5）引导合理的发展规模：以资源环境约束城市经济和人口规模，以环境质量制约区域产业与能源结构，减轻由于城市用地扩张和人口膨胀所带来的资源环境问题，探索实现区域人口资源环境、经济社会生态协调发展的有效路径。经测算，大气环境容量、能源承载力和水资源承载力约束下北京市未来人口规模应控制在 2300 万人左右。

2.2 资源合理调配

资源合理调配是确立区域发展方向、合理布置生产要素的关键，也是解决经济社会发展与资源供给有限性矛盾的重要措施。在京津冀区域一体化的大背景下，实现水资源、能源的合理配置是区域协同发展的重要突破点。

2.2.1 水资源合理配置

（1）量水发展，用水需求与水资源承载力相适应

严格控制京津冀地区用水总量，以水资源的合理开发利用与保护为前提，合理确定发展的规模、方向和时序，避免盲目发展对地区总体水资源供需平衡产生冲击。转变用水、治水、管水的思路，以水资源的承载力为约束，合理确定城市发展规模、用地规模、人口规模及产业发展方向。

（2）涵养水源，共同设立水源涵养区

区域统筹规划，共同建设水资源涵养区，联合建立大的水源涵养区，如密云水库、官厅水库，构建养水片区（滦河上游、海河北系上游、海河南系上游）、清水屏障、输水走廊的水源涵养体系。

（3）综合开源，增加可供水资源总量

京津冀地区除了继续促进南水北调，扩大再生水利用外，还需要增加黄河引水，增加雨洪利用，实施海水淡化工程等，多管齐下，进而实现提高水安全、修复水环境、增加水资源的目标。最终构成长江水、黄河水、本地水、再生水以及其他非常规水资源等多水源多方向供水格局，形成资源充足、布局合理的区域水安全体系。

（4）科学配置，合理调整用水结构和格局

目前，京津冀地区的区内引水工程和区外调水工程多达 20 余项，形成掠夺式调水的混乱局面（图 3-2-1），未能根本解决或改善该地区缺水的实际问题。因此，今后需综合考虑区域内各地区的水资源需求，避免多头管水、多头调水、多头用水。统筹水资源调配，对地表水、地下水、外调水及再生水资源实行科学的联合调度，确实保障京津冀地区的水源供应。

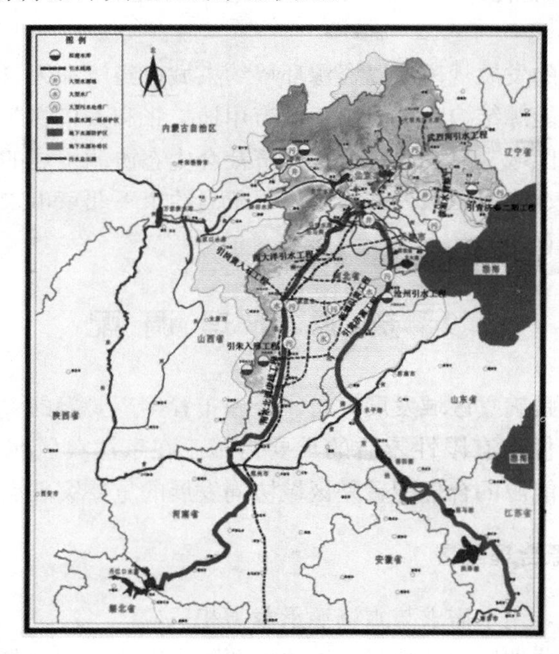

图 3-2-1　京津冀区域引调水工程图

2.2.2　能源调配策略

（1）积极引入清洁能源

天然气。规划建设陕京三线、陕京四线干线、西气东输五线、俄气线、大唐煤制气以及巴克什营—西沙屯支干线、密云—香河—宝坻支干线、香河—西集支干线等。

电力。规划京津冀地区范围内建设北京南、北京东的两座特高压变电站，规划两个南北纵向特高压送电通道，即张北—北京西—石家庄特高压走廊和锡盟—北京东—天津南特高压走廊。打造特高压网络支撑下“三横三纵”500千伏主网结构。

油品。规划建设天津南疆港—华北石化原油管道，以供给华北地区进口海上原油。规划六条油品输送管道，包括锦郑成品油管道干线、锦郑—石楼分输支线、天津—首都新机场航煤管道等，保证地区油品供应。

（2）大力开发本地可再生能源

风能。充分利用承德地区风能资源，加快建设百万千瓦级风电基地。进一步开展延庆县、门头沟、房山等地区的风能资源详查工作。

太阳能。大力推广太阳能光热与建筑结合的开发利用，推动太阳能热水器在新建建筑和原有建筑改造中的规模化应用，加快太阳能热水器在新农村建设中普及应用。

地热能。有序推进深层地热的开发利用，不断加大浅层地热能的开发利用力度，鼓励地热能与其他能源互补的综合利用，积极稳妥开发利用土壤源热泵，推动发展污水源、再生水源、工业余热热泵，因地制宜、合理开发地下水源热泵。

2.3 环境联防联控

京津冀区域污染一体化倒逼区域环保一体化。环境联防联控应以区域环境容量为依据，以削减污染物排放总量为主线，建立区域污染防治协作机制。

2.3.1 区域大气污染联防联控

由于PM2.5污染存在典型的区域性特征，各区域、城市之间均存在显著的跨界输送规律。北京市、天津市和河北省PM2.5年均浓度受外来源的贡献分别为37%、42%和35%（薛文博，2013）。因此，当前“各自为战”的大气污染防治管理模式已难以有效解决区域性大气污染问题。而应以京津冀地区为统一体，打破行政区界限，研究建立区域环境合作支撑体系，协同健全完善大气污染防治法规体系和标准体系、环境准入制度、机动车大气污染防治机制和统一协调管理的工作机制。

（1）优化调整能源结构，推动产业结构优化

京津冀地区应加快发展分布式能源、新能源、可再生能源，逐步降低煤炭消费比重。加强散煤治理，推进煤炭清洁高效利用。同时，以区域大气环境容量、大气污染传输规律为依据，合理确定重点产业发展的规模、结构和布局。淘汰高污染、高耗能产业，积极推动产业结构调整和升级。

（2）严格控制能耗总量，全面减排各项污染

统筹考虑产业、交通、建筑、扬尘等各方面对大气环境质量的影响，全面控制第三产业比例、房屋施工年度总面积、机动车保有量、农业施用化肥量等，推动各领域节能降碳减排。

（3）实施统一排放限值，强化重点污染整治

京津冀地区内13个地级及以上城市建设重污染行业以及燃煤锅炉新建项目，统一严格执行大气污染物特别排放限值。河北和天津与北京实行同样严格的排放标准。同时，强化末端治理，加快电力、钢铁、水泥、平板玻璃、有色等企业以及燃煤锅炉脱硫、脱硝、除尘改造工程建设，确保按期达标排放，减少一次污染。

2.3.2　区域水污染综合防治

区域水污染防治也应改变传统的水污染治理观念，建立点源、面源、流域、近海一体化的水污染综合防治体系，提出分类、分级、分步管控要求，从水质改善需求出发，确定工业、生活、农业源、面源污染等重点防治方向。

（1）系统治理，全面提升水环境质量

加强点源和面源综合控制，以污染减排为抓手，全流域统一管理，层层分解落实水污染防治任务，推进水污染防治精细化管理。建立健全地下水污染防治体系和水源地保护体系，在地下水漏斗区和海水入侵区划定地下水源禁采区和限采区，并实施严格保护。加强入海河流小流域综合整治和近岸海域污染防治。将流域管理与行政区域管理相结合，建立有效的统一综合治理机制。

（2）上下联动，加强跨界断面污染治理

以拒马河、潮河、白河、潮白河、北运河、永定河、子牙新河等重要的跨界河流为重点，强化水质达标管理，鼓励流域上下游实施联防联控、联动治污，统一规划、统一标准、统一监测。

2.4　生态保护修复

坚持区域生态保护、生态修复和生态建设并重的原则，统筹京津冀地区水源保护和风沙治理，加强生态敏感区和脆弱区的保护与建设，全面改善区域生态环境质量。

2.4.1　实施生态分区与分级管理

共同推进点、线、面相结合的京津冀一体化生态保护体系建设。根据生态重要性分区确立分区保护重点，实施生态分区与分级管理。西北部的浅山及山区等

生态服务功能较高的地区以生态保育为主，保护原有的生态资源不受破坏。中部平原区为城镇建设密集区，生态服务功能较低，人地矛盾突出，应加强生态建设、控制开发强度，提高人居生态品质。沿海地区由于城市建设侵占了大量生态价值良好的空间，应加强生态修复，恢复原有的生态服务功能。

2.4.2 共同推进跨国家公园建设工作

整合现有森林公园、湿地和湿地公园以及自然保护区，开展环首都国家公园环的选址和规划工作，编制建设方案，推动区域生态安全格局的完善。

2.5 空间合理布局

依据生态服务功能重要性评价结果（图 3-2-2），京津冀地区生态服务功能极重要和重要地区主要分布在山前地区及沿海地区，平原的生态要素十分贫瘠，生态服务功能较低。因此，本文分别对区域和城镇密集区两个尺度下生态安全格局构建的重点进行分析，并提出区域生态保护红线划定的初步方案。

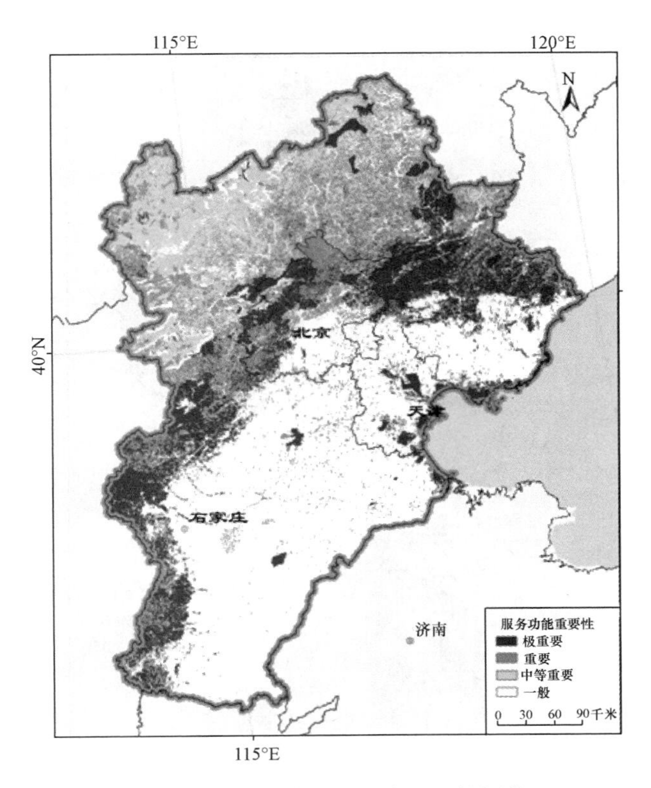

图 3-2-2 京津冀地区生态重要性评价

2.5.1　区域生态安全格局

推进区域生态保护源地、生态廊道和生态节点的生态安全体系建设，构建由太行山、燕山、滨海湿地、大清河、永定河、潮白河等组成的网状生态格局。区域生态安全格局分以下三个层次，如图 3-2-3 所示。

区域内一级结构性控制区目前植被覆盖良好，森林覆盖率高，主要土地利用类型为林业用地，多数地区已建立自然保护区、森林公园等进行保护，作为地区生态体系中重要的物种栖息地、自然生态系统保留地和水源涵养地。

区域内二级结构性控制区相对于一级结构性生态控制区而言面积和生物多样性较小，对于局部地区的生态环境状况具有一定的影响，是一级结构性生态控制区的重要补充。

区域内生态廊道控制区应尽量减少水坝、水闸之类的截流设施建设，防止沿河湿地环境遭到重大破坏。加强沿岸防护林和水源涵养林建设，减少入河泥沙，尽量保留河流河岸的自然形态。在敏感和脆弱地带要沿交通线路建立完善的防护林带。在动物迁移、觅食活动区建立涵洞等生物通道。同时，控制城镇居民点沿路带状蔓延，引导沿线城镇呈组团式发展。

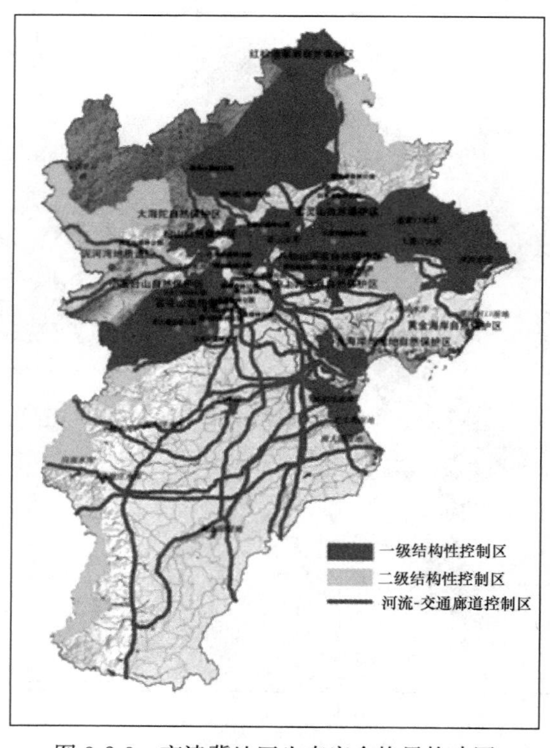

图 3-2-3　京津冀地区生态安全格局构建图

2.5.2 城镇密集区生态安全格局

京津城镇密集区是指北京市域及河北省、天津市环绕北京市的18个市县，总面积5.5万平方公里。北京市和天津市是京津冀地区城镇发展最快的城市，城市建设迅猛扩张，人口快速增长等问题使生态环境问题突出，亟需构建京津城镇密集区生态空间格局（图3-2-4）。

在京津城镇密集区，以山区作为平原城镇的生态安全屏障，平原区应当以绿环、绿楔、城镇战略隔离、村庄缓冲地带为主构成平原城镇密集区的生态控制区，进而避免城镇建设的连片蔓延，提高人居生态品质。

其中，绿环是规划对中心城镇起保护作用的环形绿化隔离地区，未来拟规划环首都国家公园环和环北京中心城郊野公园环两大绿环，加强城市之间和城市内部的绿化隔离。绿楔是嵌入大面积城市建设用地中的楔形绿地，形成通风及污染物扩散通道。在持续雾霾的形势下，区域绿楔的规划和建设显得尤为重要。城镇战略隔离是城镇之间为防止连片发展建设的生态隔离地区，应加强北京“山到山”、天津“海到海”的城镇隔离，特别是北京与河北东南地区生态廊道的共建。村庄缓冲地带是为保护北方农村聚落的原生态及多样性，以村庄四旁树和农田构成缓冲地带。

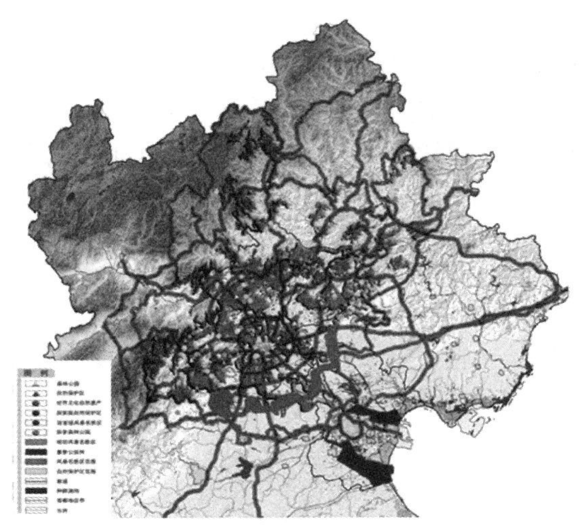

图3-2-4 京津城镇密集区生态安全格局构建图

2.5.3 区域生态保护红线划定

2010年，京津冀地区山、水、林、田、湖等生态资源总面积为约19万平方公里，占全区域总面积的86.5%，其中，农田占生态资源的一半比例（图3-2-

5)。以山、水、林、田、湖等生态资源为基础，划定区域生态保护红线，不仅可以维护地区基本生态构架，约束城镇空间的过度开发和无序扩张，还有利于优化区域发展格局，科学合理地引导开发建设行为。

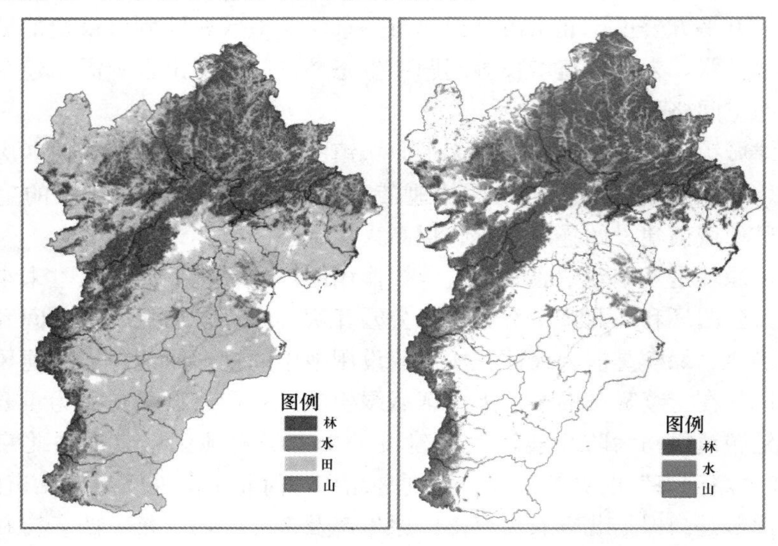

图 3-2-5 京津冀区域以生态资源为基础的生态保护红线图

打破行政区域限制，以生态环境共建共治为核心，加强顶层设计，形成三地互惠互利、协同共生的生态环境管理新模式；坚持高标准、严要求，用最有效的机制、最管用的政策、最严格的制度、最可行的手段加强生态环境治理，实现区域层次上的健康、和谐、可持续发展。

3 生 态 诊 断

3 Ecological Diagnosis

2015 年《政府工作报告》再次大力推进生态文明建设，系统阐述了政府新一年在大气治污、水污染防治、能源消费和生态建设四大领域中的目标与任务。我国正处在快速城镇化过程中，日益突出的城市问题迫使我们反思城市的建设理念和发展模式，急需探索符合中国国情和生态文明建设要求的城市发展道路。本章介绍了两种基于空间信息系统的城市规划诊断和评估方法，GIS 空间模拟和信息化等技术在城市生态建设的应用，能对城市规划的合理性进行评价，为定量研究城市生态过程提供有力的工具。

3.1 基于生态安全格局的城市增长边界构建[1]

城市增长边界是在城市周边形成的一道独立、连续的界限来限制城市蔓延，是一种为城乡规划建设提供管理、用于控制和引导城市增长的区域规划工具。从本质上来说，城市增长边界并不是为了限制城市增长，而是为城市未来的潜在发展提供合理的疏导，将城市增长空间引向最合适的地区（刘海龙，2005）。城市增长边界不是一条永续不变的界线，而是具有一定的动态性和时效性，其中“刚性”边界是针对城市非建设用地的“生态安全底线”，“弹性”边界则随城市增长进行适当调整（黄明华 & 田晓晴，2008）。

目前我国城市规划行业对于城市增长边界划定方法的探讨较多，但尚未形成统一的方法，主要为首先选择高程、坡向、坡度、基本农田、地质灾害、水系等自然环境要素进行规划区域用地适宜性评价，在此基础上划分“四区——禁建区、限建区、适建区、已建区”，并结合交通、区位、基础设施等城市增长驱动因子，采用 GIS、CA 等模型模拟城市发展潜力空间，从而划定城市增长边界。此方法在一定程度上考虑了自然环境的保护需求，限制了城市的无序蔓延，但未充分考虑区域关键生态过程和生态系统的完整性。

---

[1] 朱俊，复旦大学规划建筑设计研究院生态所。本文中图表，除标明来源的外，其余均由约稿作者提供。

3.1.1 生态安全格局的研究

我国生态安全格局研究早期集中在自然保护区和风景名胜区。近年来生态、地理、城市规划等领域的学者们对北京（俞孔坚等，2009）、威海（俞孔坚等，2008）、菏泽（俞孔坚等，2007）、台州（俞孔坚等，2005）、兰州（方淑波等，2005）、沈阳（李月辉等，2007）、武汉（滕明君 2011）、佛山（苏泳娴等，2013）、宁波（钟宏伟等，2014）等快速城市化地区的生态安全格局构建及其对于城市扩张的响应等进行了卓有成效的探讨。

在此基础上，研究者们对杭州市（李咏华，2011）、平顶山新区（周锐等，2014）、郴州安仁县（徐静，2013）、宁波市奉化—鄞南地区（曹建丰等，2014）、安阳市洹北区域（黄飞飞等，2014）等城市开展了基于生态安全格局的城市增长边界划定的探索。

研究证明基于生态安全格局城市增长边界的划定是实现精明保护的重要途径，不仅可以通过科学合理的空间格局的设计，平衡城市经济发展与生态保护，还可以用尽可能少的土地，来获得尽量好的生态效益（俞孔坚等，2009；周锐等，2014）。

3.1.2 研究方法

采用研究区地形、土地利用现状、地质灾害、水系、植被、农田、文物保护单位等专题图件，利用 ArcGIS 9.3 建立基础数据库，并对广安市核心城市群进行生态安全格局及中心城区城市扩张等的模拟分析。

根据划定的中心城区城市增长边界与城市总规方案中的中心城区城市开发边界、土地利用规划图进行叠图分析，并提出优化调整建议。

基于生态安全格局的城市增长边界划分的技术路线见图 3-3-1。

（1）单一生态安全格局构建

根据广安市生态环境资源特征，选择水源涵养、洪水调蓄、水土保持、地质灾害、生物多样性保护、农业生产、乡土文化遗产七个对维持区域生态系统整体结构功能具有重要作用的关键生态过程，采用具体的影响因子，分别建立低、中、高三个等级的安全格局。

（2）综合生态安全格局建构

综合以上七个单一生态安全格局叠加建立综合生态安全格局。由于这七个单一生态安全格局对研究区保护同等重要，因此本文采取等权叠加、“综合取低”的算法确立广安市核心城市群综合生态安全格局。

（3）城市扩张情景模拟

基于生态安全格局的研究成果，平衡区域生态保护和经济发展关系的角度出

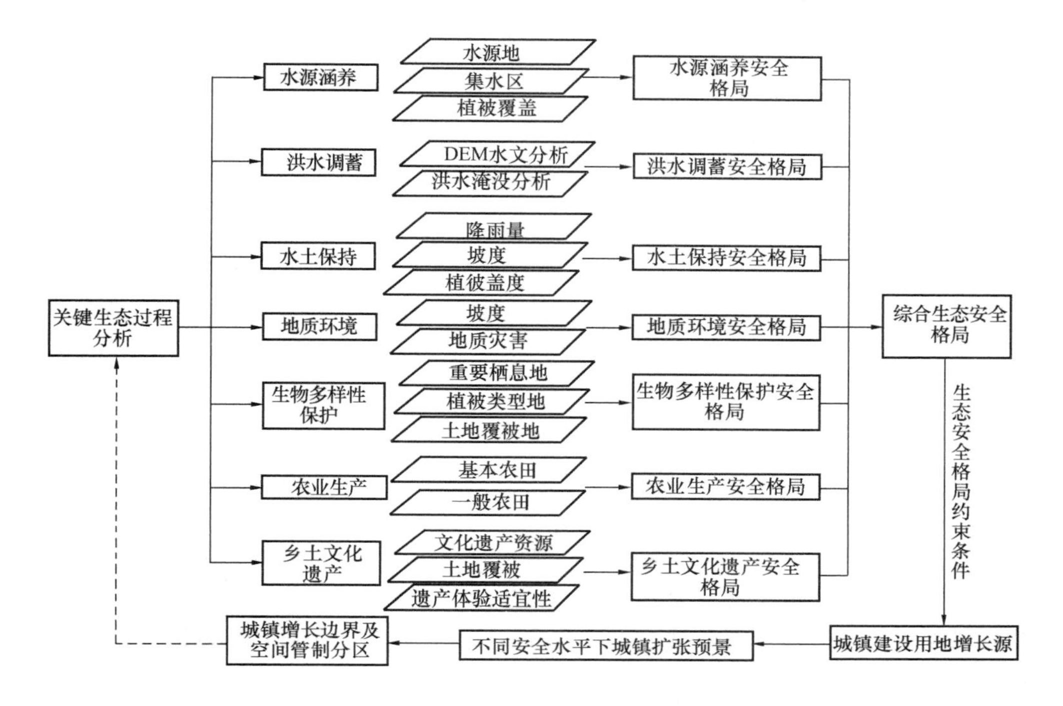

图 3-3-1 基于生态安全格局的城市增长边界技术路线图

发，以“无生态安全格局”和“低、中生态安全格局”三种不同情景作为城市空间发展的前提，运用累积耗费距离模型预测广安市中心城区未来空间发展格局。

1）“源”的确定

“源”是在景观格局中具有发展趋势的方面，例如生物核心栖息地作为物种扩散和动物活动过程的源，文化遗产点作为乡土文化景观保护和体验的源，公园和风景名胜区作为游憩活动的源（王思易 & 欧名豪，2013）等。本文选择广安市中心城区现状城镇建设用地作为城市发展的“源”。

2）建立阻力面

“无生态安全格局”下城市扩张模拟体现了城市空间在单纯的经济活动驱动下可能的发展情景，此情景下仅考虑土地利用类型以及地质环境的阻力影响。根据专家打分法确定各因子阻力值（表 3-3-1）。运用累积耗费距离模型建立“无生态安全格局”下的城市增长阻力面。模拟结果采用似然法进行分类，取最大值作为城市扩张的最终范围。

不同“生态安全格局”下城市扩张模拟体现了生态安全格局得以执行情况下，城市空间可能的发展情景。

城市各类用地对城市扩张产生的阻力取决于生态安全格局所赋予的用地属性阻力值，代表城市发展需要跨越该用地的难度。

"无生态安全格局"下阻力值的设定　　表 3-3-1

土地利用类型	阻力值	地质环境敏感性（坡度）	阻力值
基本农田	400	＞25	400
水域	400	15～25	200
针、阔、混、竹	200	8～15	50
灌、疏、其他林地	100	5～8	30
耕地	50	＜5	10
自然保留地	50		
城市	10		
农村	10		
权重	0.4	权重	0.6

根据专家打分法确定"中、低生态安全格局"下各因子阻力值（表 3-3-2），运用累积耗费距离模型建立分别"中、低生态安全格局"下的城市增长阻力面。模拟结果采用似然法进行分类，取最大值作为城市扩张的最终范围。

"中、低生态安全格局"下阻力值的设定　　表 3-3-2

土地利用类型	阻力值	地质环境敏感性（坡度）	阻力值	水源涵养	阻力值	水土流失	阻力值	生物多样性保育	阻力值	洪水调蓄	阻力值	乡土文化遗产	阻力值
水域	400	＞25	400	极重要	400	剧烈	400	极重要	400	低	200	低	400
针、阔、混、竹	200	15～25	200	高度重要	200	极强烈	300	高度重要	200	中	50	中	100
灌、疏、其他林地	100	8～15	50	中等重要	100	强烈	200	中等重要	100	高	10	高	50
耕地	50	5～8	30	一般重要	30	中度	100	一般重要	30				
自然保留地	50	＜5	10			轻度	50						
城市	10					微度	10						
农村	10												
权重	0.2	权重	0.2	权重	0.1	权重	0.1	权重	0.2	权重	0.1	权重	0.1

3）空间管制分区

根据广安市中心城区城市扩张模拟结果，结合区域生态安全格局，以以下原则划分空间管制类别（表 3-3-3）。

空间管制区划分原则　　**表 3-3-3**

类型	划　分　方　法
已建区	实际已开发建设的区域
优先建设区	综合生态安全格局高安全水平区域，与基于生态安全格局的城市增长预景叠加区域
有条件建设区	综合生态安全格局高安全水平区域中，扣除生态安全格局的城市增长用地之外的区域
限建区	除已建区、优先建设区、有条件建设区、禁建区以外的区域
禁建区	综合生态安全格局中、低安全水平区域中，扣除已建区

4）城市增长边界的划定

在 ArcGIS9.3 中将广安市中心城区空间管制分区结果中已建区、优先建设区、有条件建设区范围矢量化后，通过区域统计功能计算此范围内斑块面积，剔除过于破碎化的斑块，并对小面积斑块内部空隙进行填充。最后在栅格图层对边界线进行平滑处理，得到城市增长边界。

3.1.3　结论和讨论

基于生态安全格局的城市增长边界的划定可以保障区域自然生命支持系统的关键性格局，维持区域生态系统结构和过程的完整性。因此，单一安全格局要素的选择就尤为重要，这不仅要考虑关键性生态过程，还需要从系统整体的结构功能角度选择具有重要生态意义的受胁迫的生态过程。

基于生态安全格局的城市增长边界的研究成果不仅可以用于规划环评阶段对城市规划的合理性进行评价，以及在城市生态环境保护规划及建设中的运用，亦可以在充分考虑区位、交通、宏观政策等经济社会驱动因子的基础上对城市规划方法进行补充完善。

3.2　基于生态网络的非建设用地评价方法[1]

非建设用地与建设用地二者共同构成城市的市域土地空间，建设用地是承载

[1] 王天青，青岛市城市规划设计研究院。本研究成果为本文作者和清华大学博士生傅强联合完成。本文中图表，除标明来源的外，其余均由约稿作者提供。

人类社会经济发展的土地空间，而非建设用地是提供生态服务的土地空间。受研究手段的局限，目前与非建设用地相关的规划（城市增长边界划定、生态控制线规划等）多是对既有用地空间的叠加，不是基于生态过程的科学研究，非建设用地的规模和位置比较随意，缺少科学研究作为理论支撑。

由于城镇建设不断侵蚀非建设用地，使非建设用地空间破碎化、岛屿化，从而使动植物的生境破碎化。许多科学家认为生境的破碎化，是对生物多样性的最大威胁。生境破碎化可能造成物种数量的减少和死亡率的增加，可能减少物种在其他生境中繁殖的可能性（MacArthur&Wilson，1967；Opdam，1991）。

生态网络理论为缓解和补救人为因素造成的栖息地质量降低、面积缩小等问题提供了一个积极的途径。生态网络又称为生态系统网络或绿蓝网络，是源于岛屿生物地理学和复合种群理论的生态保护空间格局概念。生态网络理论是通过生态廊道建立起生态岛屿（斑块）之间的生态联系，减少不同岛屿之间生物迁移扩散的阻力，强加区域不同生态岛屿之间的物种交流，从而提高地区生态稳定性（图 3-3-2）。

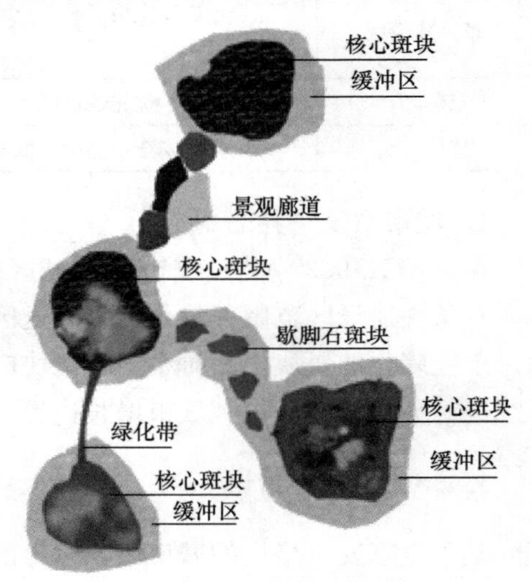

图 3-3-2 生态网络模式

本节提供一种基于 GIS 技术的空间模拟技术，定型分析布局生态网络转型，基于生态过程的定量研究生态网络。该工具基于 Visual Studio .Net 开发平台和 ArcGIS Engine 开发包中相关接口，开发的最小成本法（Least Cost Path Method，LCPM）的路径模拟工具，模拟某地区物种迁移扩散的路径，评价相关生态廊道在生态过程中的重要程度，从而对非建设用地进行评价，为城市建设用地的选择和非建设用地的划定奠定基础底图。

3.2.1 技术路线和过程

（1）确定研究的空间范围。需保证生态过程的完整性，同时将研究的工作量限定在可控范围；

（2）收集研究地区的动植物信息资料；

（3）划定栖息地；

（4）布局生态廊道；

（5）生态网络评价；

（6）非建设用地边界建议。

3.2.2 生态网络评价方法

生态网络的安全性高低主要体现在生态网络的紧密性和生态斑块的保全两个方面。通过数学模型对地区的生态网络的整体结构和斑块重要程度进行评价，模拟地区物种迁移扩散的路径，评价相关生态廊道、生态斑块在生态过程中的重要程度，构建基本、较理想、理想三种生态安全级别的生态网络。

（1）网络整体结构评价

采用关联长度指数评价研究区域生态网络整体结构。将给定的路径成本阈值定义为 d，将成本值小于 d 的路径所构成的网络定义为 Nd。在这一阈值条件下相互连通的斑块便构成了一个斑块集合。关联长度指数表示了物种在 Nd 中碰到斑块集边界之前所迁移的平均距离。因此，关联长度 C 的值越大，则表示研究区域生态网络连接越紧密，网络的生态功能越强。关联长度由公式（1）定义：

$$C = \frac{\sum_{i=1}^{m} n_i \cdot R_i}{\sum_{i=1}^{m} n_i} \tag{1}$$

其中，m 是斑块集合中核心斑块的个数，n_i 是斑块集合 i 中斑块所覆盖的像素个数，R_i 是斑块集 i 的回转半径（radius of gyration），其定义如公式（2）所示

$$R_i = \frac{\sum_{j=1}^{n_i} \sqrt{(x_j - \overline{x_i})^2 + (y_j - \overline{y_i})^2}}{n_i} \tag{2}$$

其中，$\overline{x_i}$ 和 $\overline{y_i}$ 是斑块集合 i 中核心斑块所有像素坐标 x 和 y 的平均值，x_j 和 y_j 是斑块集合 i 中第 j 个斑块像素的横坐标和纵坐标。

（2）斑块重要程度评价

按照生态斑块的服务功能，将生态斑块按照面积大小分为核心斑块和歇脚石斑块。依据 Jogmägi 和 Sepp（1999）的研究成果，基于某地区生物和生境类型，能够为通用物种提供栖息地的生态板块面积应在 $10km^2$ 以上，将这类斑块定义为核心斑块。面积在 20 公顷到 $10km^2$ 的生态斑块虽然不能作为通用物种的栖息地，但可以减少物种扩散阻力，是生态网络中不可缺少的构成部分，将该类型的斑块定义为歇脚石斑块。

核心斑块的评价思路是分别移去其中一个核心斑块及与其连接的路径，对比前后网络的连接指数变动情况，变动越大，说明该斑块在网络中的作用越明显。用 C_k 表示去掉核心斑块 k 后的网络的关联长度指数。则基于关联长度指数的核

心斑块 k 的重要程度 I_{Ck} 可表示为公式（3）：

$$I_{Ck} = \frac{C - C_k}{C} \tag{3}$$

介数指数能量化评价歇脚石斑块在核心板块连接中所起的作用，进而确定歇脚石斑块的重要程度。介数指数（Betweenness Centrality Index，BCI）来测定核心斑块之间歇脚石斑块的重要程度。其计算方法为公式（4）：

$$C_{\mathrm{B}}(v) = \sum_{s,t \in CV, s \neq t} \frac{\sigma_{st}(v)}{\sigma_{st}} \tag{4}$$

其中，v 为进行评测的歇脚石节点，C（v）是核心节点集，$\sigma_{st}(v)$ 是指有核心节点 s 到核心节点 t 之间所有路径中通过歇脚石节点 v 的路径。σ_{st} 是指核心节点 s 到核心节点 t 之间所有路径。

3.2.3 生态网络构建

基于上述评价方法，对某地区的湿地通用物种和林地通用物种的生态网络进行评价，将湿地生态网络与林地生态网络叠加，构成该地区的生态网络。不同的廊道阈值构成了不同等级的生态网络：基本生态网络、较理想生态网络、理想生态网络。三种等级的生态网络及土地利用构成示例见图 3-3-3a、b、c，及表 3-3-4。

某市生态网络构成、构建依据及保护物种类型　　　表 3-3-4

	用地构成（单位：ha）	构建依据	保护物种类型
基本生态网络	林地：123212；草地：36901；农田：196680；城乡：24721；湿地：109344；荒地：762	河湖水系本体以及重要河湖水系的缓冲区；核心林地以及距离较近林地的连接廊道；大型交通基础设施的缓冲林带	具有较强的扩散能力，对栖息地面积要求不高的物种
较理想生态网络	林地：127949；草地：57316；农田：344040；城乡：42870；湿地：110365；荒地：1042	在基本生态网络的基础上，增加了交通设施型廊道、水系廊道及湿地密集处的缓冲区节点；通过廊道将距离较近的林地连接成片	扩散能力一般，对栖息地面积要求较高的物种
理想生态网络	林地：144343；草地：105422；农田：629615；城乡：72914；湿地：113015；荒地：1642	在较理想生态网络基础上，形成以大面积核心斑块为节点，由线状廊道连接的联系紧密的生态网络	扩散能力弱，对栖息地面积要求极高的物种

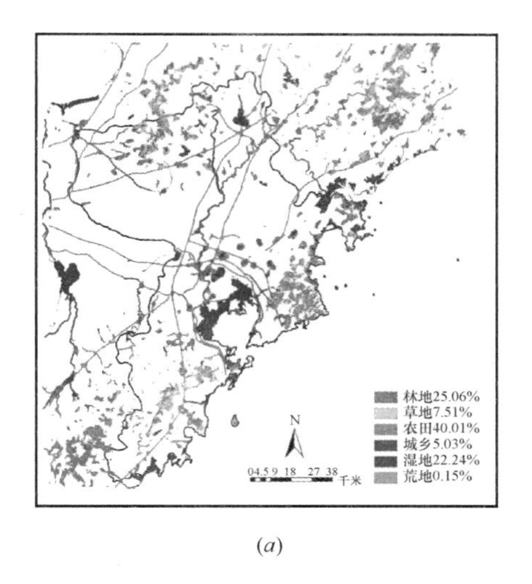

(*a*)

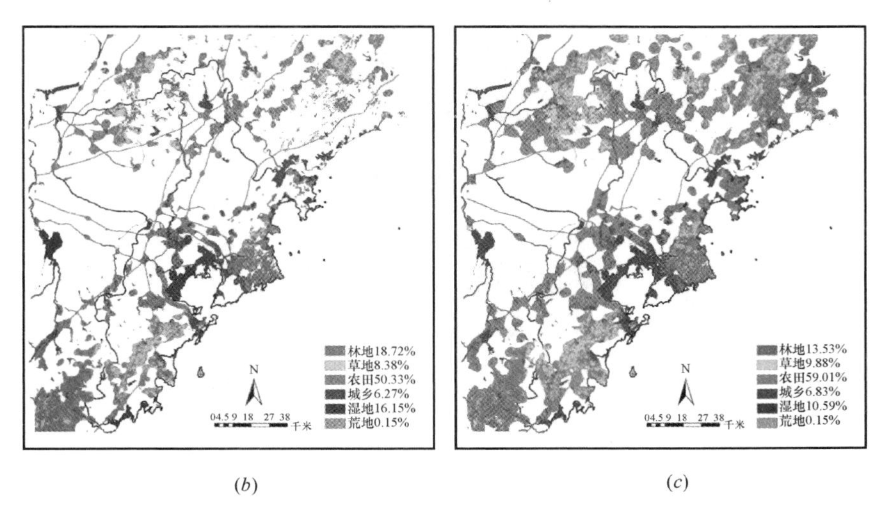

(*b*) (*c*)

图 3-3-3 某地区生态网络图

(*a*) 基本；(*b*) 较理想；(*c*) 理想

3.2.4 对非建设用地划定的建议

基于 GIS 技术，分别对生态网络框架中核心斑块、基本生态网络、较理想生态网络、理想生态网络与现状建设用地、土地利用规划进行叠加分析，分析建设用地与非建设用地的关系，结合生态网络的灵活性，提出了非建设用地重点补偿区域的位置（图 3-3-4）。综合考虑该市城乡规划和土地利用总体规划，对主城区非建设用地边界提出建议（图 3-3-5）。

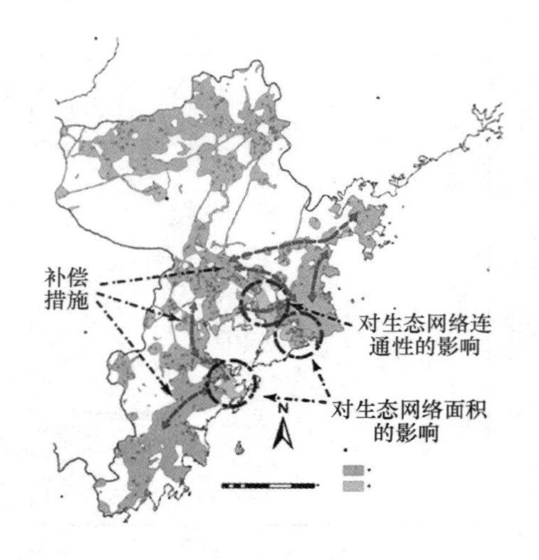

图 3-3-4　生态网络应对建设用地影响的调整

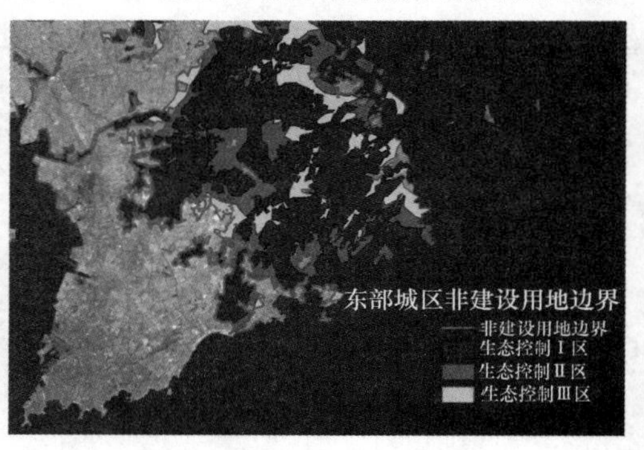

图 3-3-5　非建设用地边界规划示例——东部城区
非建设用地边界（建议）

4 绿 色 交 通

4 Green Transportation

随着城市规模不断扩张、汽车保有量持续增长、人口持续增加，交通拥堵、交通安全、车辆超载、违法停车、占用公交车道等交通问题日益凸显，道路交通面临的形势十分严峻。如何利用先进的信息化手段，来提升交通系统的管理水平和运营服务水平成为业界关注的焦点。本章介绍建设低碳生态城市的绿色交通要求，提出基于机动车交通政策的环境影响评价方法，构建城市交通低碳转型发展路径及监测系统。

4.1 绿色交通评价指标[1]

绿色交通理念则将“宜行”与“宜居”真正关联起来，强调城市交通的“绿色性”，即减轻交通拥挤，减少环境污染，促进社会公平，合理利用资源。其本质是建立维持城市可持续发展的交通体系，以满足人们的交通需求，以最少的社会成本实现最大的交通效率。以下主要介绍四种绿色交通的评价指标。

4.1.1 出行距离的合理阈值

出行距离能够反映城市功能空间布局状态。一般来说，出行距离越长，表明城市功能空间布局约分散，土地利用开发强度越低，人口密度越低，人们出行需要花费较长距离才能到达工作、购物、休憩等社会活动场所。反之，出行距离越短，表明城市功能空间布局越集中，土地利用开发强度越高，人口密度越高，人们出行在较短距离内就可到达各类社会活动场所。特大城市的空间范围较大，交通出行距离相对较长。但是，如果交通出行距离过长，一次出行就会占用交通设施过多的时间和空间，从而降低交通系统运输效率，并引发交通拥堵问题。因此，平均出行距离不宜过长，一般来说，特大城市的中心城区平均出行距离宜控制在城区半径的 1/3 以内。例如，上海中心城（外环以内范围，约 660 平方公里）内部交通平均出行距离为 5.4 公里，约是城区半径的 1/3；大伦敦（大伦敦 33 个行政区，约 1580 平方公里）的交通平均出行距离为 6.0 公里，仅是城市半

---

[1] 陆锡明，特大城市的宜居都市绿色交通战略思考。

径的 1/4。

4.1.2 方式分担率的合理阈值

交通方式分担率是指不同交通方式在交通出行总量中的分担率。对于特大城市来讲，慢行交通方式（自行车、步行等）的分担率相对比较稳定，其中，步行方式与其他交通方式之间的独立性较强，该方式分担率主要和用地混合程度相关，混合程度越高，职住平衡度越高，人们通过步行就可到达的社会活动场所就越多，相应的步行方式分担率就越高；反之，步行方式分担率就越低。自行车方式与机动化方式在中短出行距离内存在一定竞争关系，当机动化交通设施十分发达情况下，自行车方式分担率主要取决于交通政策、自行车出行环境等因素。从国际经验来看，由于特大城市中心城区的平均出行距离都比较长，慢行交通出行受到一定限制，慢行交通方式分担率多在 30％～40％之间。在慢行交通方式分担率一定情况下，公共交通方式（轨道交通、公共汽电车、出租车等）和个体机动方式（小汽车、摩托车等）分担率的高低决定了城市交通发展模式。国际上绝大多数特大城市均采用公共交通主导模式，这是特大城市交通资源高度紧张实际状况决定的。但是，公共交通方式分担率是有上限值的，无论公共交通设施如何发达，服务水平如何高，均无法替代所有的小汽车出行需求，从东京区部、首尔市区、香港等比较有代表性的公共交通主导模式特大城市的交通统计数值来看，50％左右是公共交通分担率的上限。一般来说，特大城市中心城区的公共交通方式分担率在 40％～50％，个体机动方式分担率在 10％～20％，慢行交通方式分担率多在 30％～40％。目前上海中心城公共交通方式分担率仅为 35％，与国际公共交通发达水平相比还有较大差距（图 3-4-1）。

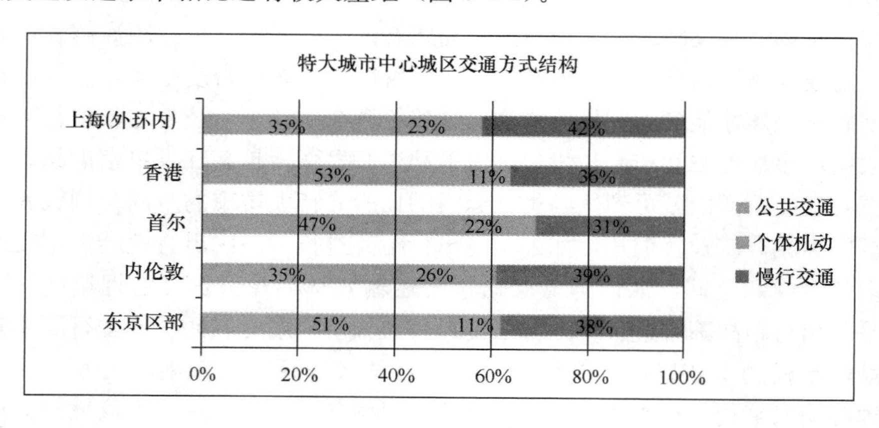

图 3-4-1 部分特大城市中心城交通方式分担率

此外，各种交通方式都有最适宜的出行距离范围。比如，步行方式出行距离范围一般都在 1 公里以内，如果步行超过 1 公里，绝大部分出行者会感到比较疲急。因此，需根据交通需求空间分布实际特点编制各类交通系统网络布局。一般来说，出行距离1公里以内范围宜以步行为主，1～3公里范围宜以自行车为主，3～5公里范围宜以公共汽电车为主，5公里以上范围以快速机动化交通方式为主。

4.1.3 轨道客流强度

根据国家发改委运输所完成的《2012～2013年中国城市轨道交通发展报告》统计，2012年度全国有35个城市在建设轨道交通线路。但是，由于轨道交通设施投资规模巨大，发展轨道交通不仅要重视社会效益，还要重视一定的经济效益，要能够保障运营阶段的收支基本平衡。因此，建议在轨道交通规划阶段，要对客流规模进行充分科学地论证；在轨道运营阶段，要通过多种措施提高轨道吸引力，同时，也要避免高峰时段客流过于拥挤，确保一定的车厢舒适度。一般来说，轨道客流强度宜控制在1.5～2.5万乘次/公里。

4.1.4 道路高峰车速

特大城市道路交通拥堵问题是世界性难题。从东京、首尔、伦敦等国际几个特大城市比较来看，无论是路网密度高低，中心城区高峰时段的干道平均车速都不超过20公里/小时。国内北京、上海、广州等中心城区高峰时段干道平均车速均在18～20公里/小时左右。因此，建议特大城市道路交通保障有序运行，中心城区高峰时段干道平均车速控制在20公里/小时左右即可，避免发生大面积交通拥堵。

4.2 机动车交通环境评价[1]

目前，我国的环境影响评价制度多年来以项目作为环评对象，对于交通系统，主要是交通设施建设项目的环境影响评价，包括规划阶段和建设两个阶段。而欧美等发达国家，环境影响评价制度（EIA，Environment Impact Assessment）只是将项目作为评价内容的一小部分，更重要的对象是政府出台的各类法律、规划和政策。随着管理部门和社会对环境关注程度的加深，近年来，越来越多城市的交通政策，特别是机动车交通政策，如道路限行、黄标车限行、机动车排放标准提升、小客车管控等，更多地从环境的角度，而不仅仅是解决交通问题的角度来考虑。环境改善效果已经成为机动车交通政策的重要评价方面。

[1] 朱洪，机动车交通政策的环境影响评价技术研究。

4.2.1　机动车交通政策类型和环境评价要求

机动车交通政策，按照政策实施着力点来分，可以分为交通总量控制类、道路运行调控类和车辆技术管理类，不同类型的政策对于评价的功能要求有所差异化，具体如表 3-4-1 所示。

机动车交通政策类型和环境评价要求　　表 3-4-1

政策类型	政策着力点	政策示例	评估功能要求
交通总量控制类	控制道路交通的车辆总量规模	拥挤收费 客车购买限制 尾号限行	可评价的影响因素至少应包括交通流总量、时空分布变化、运行状态
道路运行调控类	通过道路交通管理措施，调节道路上的车辆构成和运行状态	高污染车限行 货车夜运政策 匝道调控、单向交通等交通组织优化	可评价的影响因素至少应包括机动车流的车辆结构、时空分布和运行状态
车辆技术管理类	通过对车辆的技术要求，改变车辆的污染排放技术性能，降低单车能耗	黄标车淘汰 车辆环保标准提升 鼓励新能源车发展	可评价的影响因素至少应包括道路交通流的车队组成、车辆的技术状况等

4.2.2　评价技术流程

对机动车交通政策的环境影响评价，需要大量的交通数据和技术支撑。按照技术路线来看，可以分为三个阶段（图 3-4-2）：一是机动车交通流量的计算，需要依靠交通模型，在该阶段，可以设置方式结构调整类政策、机动车总量管理类、机动车运行调控类等不同政策的方案；二是污染物排放量的计算，需要依靠排放模型，在该阶段，可以通过相关参数，设置车辆管理类方案（如新车排放标准提升）等；三是污染物浓度的测算，需要依靠扩散模型，该阶段可以设置不同气象方案，如极端天气下的污染物浓度情况。如果计算的指标深度要求仅仅到污染物排放量，则只需前两个阶段。

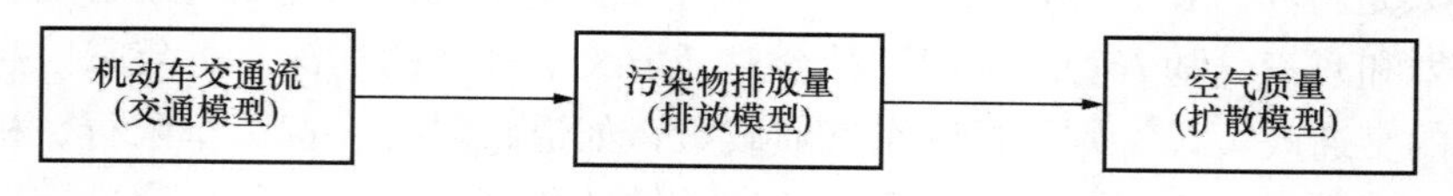

图 3-4-2　评价的技术流程

由于对于空间的尺度和数据的精细化水平的要求不同，交通模型、排放模型和扩散模型可以在不同的层面进行计算。表 3-4-2 分为宏观、中观和微观等三个层面描述三类模型的情况。

不同层面模型的作用　　表 3-4-2

	交通模型	排放模型	扩散模型
宏观	通过测算或集计，得到基于区域的机动车运行交通参数（如分车种的车公里等）	基于区域的宏观排放因子，可增加部分调整系数	—
中观	运用交通需求模型，得到全路网的路段交通流量和运行特征参数	基于车队运行工况的排放模型	城市污染物扩散模型
微观	运用道路交通仿真模型，模拟并得到单车的运行状况	基于单车行驶状态的物理模型	街道污染物扩散模型

宏观层面，交通模型和排放模型的计算结果是整个城市的交通量和污染排放量；中观层面，可以得到具体分路段的机动车流量和污染排放量，运用扩散模型，模拟城市不同区域的污染物浓度情况；微观层面，交通模型可以模拟单车的运行状况，排放模型可以计算每辆车的排放情况，通过集计，也可以得到路段的污染排放情况，扩散模型可以模拟机动车污染物在街道的扩散模式。交通模型、排放模型和扩散模型均有相关软件作为技术平台，前项模型软件的输出可作为后项模型软件的输入。如交通模型的软件平台有 TransCAD、EMME、Cube、TransModeler、Vissum等软件平台，排放模型有 Mobile、IVE、EMFAC、CMEM、MOVES 等软件平台，扩散模型有 ADMS、MM5 \ CMAQ 等软件平台。

上海市构建从交通模型到排放模型，再到扩散模型的技术流程（图 3-4-3）。上海城市综合交通规划研究所通过长期和环境研究机构合作，对排放模型的 IVE 算法进行了本地化，本地化的参数包括排放因子、运行工况（VSP）、环境参数

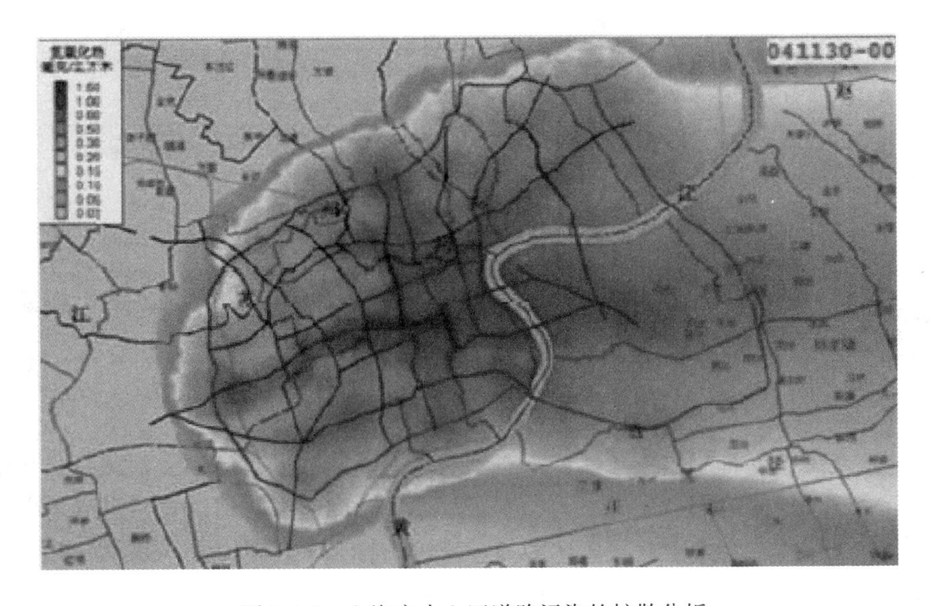

图 3-4-3　上海市中心区道路污染的扩散分析

（温度、湿度）、油品情况。并通过车辆管理所获得的数据，对道路机动车的车辆构成进行了细化，并应用 GISDK 语言对交通软件 TransCAD 进行了二次开发，将排放模型整合到了交通模型中。

4.3 交通碳排放监测系统

传统的交通排放核算方法以宏观的燃料消耗为参数，深圳市交通碳排放监测系统采取“自下而上”的建模思路，可对某时段某条道路某一路段上特定车型所产生的二氧化碳或氮氧化物进行详细计算，并建立了深圳首个本地的交通排放因子库。通过 2000 余小时各类车辆 GPS 数据的分析处理，得到 60 种典型工况、1600 个排放因子。项目还开发建设了具有动态的图形化排放监测平台，核算深圳市路网中各类交通排放物的数量，包含实时排放、累计排放及分车型排放 3 类指标及热力图动态、片区动态、网格动态、路网动态 4 种可视化图形（图3-4-4）。未来深圳市民可以通过互联网或移动终端及时查询实时或历史的交通排放信息，了解交通排放的强度及其时空分布。届时，市民出行将不仅取决于拥堵程度，还可根据交通污染物排放情况制定合适的路线及时间。

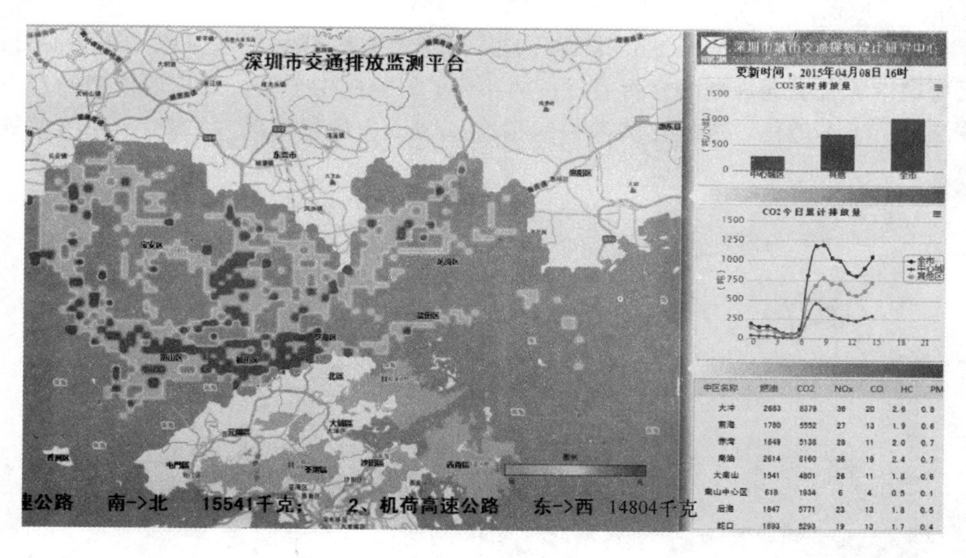

图 3-4-4 深圳市交通碳排放监测系统

定量化的交通排放监测与核算是科学制定交通和环境政策、评估减排效果的技术工具。交通排放模型还可以为商家店铺选址等商业经营活动提供参考，曾参与欧洲排放模型的瑞士 Infras 公司交通环境部主任马丁（Martin）表示，深圳交通排放模型及监测平台的研究与建设水平在国际上处于领先。

4.4 低碳交通管理[1]

中国城市快速机动化对全球气候变化和给当地居民带来严重交通不便和空气质量恶化，意味着这种交通增长不可持续，必须尽快向低碳模式转变。

4.4.1 低碳交通措施

中国未来的城市交通发展，需要坚持推动以下三个方面的措施：

一是坚持优先发展城市公共交通，有条件的城市发展大容量公共交通方式。公共交通由于其运量大、单位能耗和空间占有率小，是最节能、最低碳的机动化交通模式。优先发展公共交通有利于缓解城市交通拥堵、提高空气质量、促进节能减排。近年来，中国政府陆续出台了一系列政策，鼓励城市在资金安排和规划建设上都确保公共交通的主体地位。2012年，中国城市公共交通车辆运营数较2000年翻了一番，万人公共交通车辆拥有量增长了128%。各大城市的公共交通承担率得到了大幅提升。

二是长期注意控制私人小汽车的使用，同时鼓励用低排放的新能源汽车替代燃油汽车。中国每辆小汽车的使用频率是美国的6倍，是东京的3倍。较高的汽车使用率使得中国城市虽然车辆总数小于国外城市，但实际路上行驶的车辆数量很大。针对这个问题，中国不少城市开始多方面的交通需求管理尝试，限制小汽车的使用。北京、成都、杭州、广州等城市先后出台小汽车限行措施，以车牌尾号方式控制机动车使用率。北京、上海等城市还利用拍卖、摇号的方式限制小汽车牌照的购买，对私人车辆拥有量的增长带来极大的抑制作用。在停车供给方面，一些城市陆续开展了停车设施规划，推行差别化停车收费政策。同时，中国城市在公共交通和慢行交通上的快速发展，也进一步削减了市民对机动车的依赖。此外，中国政府还在国家层面推动汽车动力燃料技术转型，鼓励小排量车辆和清洁车辆的使用。2014年7月，新能源车辆消费税被减免。2014年总产量预计达到2013年的3倍，2015年的目标累计产销量为50万辆。

三是通过发展城市慢行交通系统及培养市民低碳出行，控制和减少机动交通需求。慢行交通不消耗化石能源，无尾气排放，空间占有率小，属于最绿色的交通模式。2013年，住建部发布的《城市步行和自行车交通系统规划设计导则》为慢行交通规划设计提供了具体指导。截至2014年，中国已经有106个城市步行和自行车交通系统示范项目，许多城市也已完成并开始实施相关规划。另外，广州、宁波等城市也出台了人行道管理条例，遏制了人行道占用现象，改善了步

---

[1] 美国环保协会等发布的《气候变化与中国城镇化——挑战与进展》报告。

行环境。杭州、上海、北京、株洲等城市还积极开展公共自行车系统的建设，在供给端鼓励市民采取“公交+自行车”的低碳出行方式。

4.4.2 低排放区研究

能源基金会中国发布《拥堵费和低排放区国际最佳经验》研究报告，报告认为中国快速增长的机动车保有量除了导致中国石油消费的快速增加，也对地方城市带来了交通拥堵和空气质量恶化的挑战。一方面，城市和国家各级行政主管部门在不断探索调整城市功能和空间规划以从根本上降低出行需求，大力推进城市公共交通的发展以从结构上扭转快速增长的小汽车出行，发展电动汽车以从技术上实现尾气零排放；另一方面，通过牌照拍卖、抽签以及两者相结合的新车销售总量控制在北京、上海、广州等城市得以实施。但是总体而言，从上至下的行政手段偏多，而通过经济政策调节汽车使用行为，降低使用强度还有较大空间。2012 年和 2013 年中国连续两年冬季大范围、高强度、长时间的空气污染事件极大促进了各级政府出台了一系列应对措施。北京发布的《北京市 2013～2017 年清洁空气行动计划》明确提出“研究城市低排放区交通拥堵费征收方案，推广使用智能化车辆电子收费识别系统，引导降低中心城区车辆使用强度”[1]。

“低排放区”（Low Emission Zone）指为促进区域空气质量改善，针对机动车等交通工具专门设定污染物排放限值的燃料限制区。数据显示，北京机动车排放的 PM2.5 约占全市 PM2.5 排放总量的 22.2%，低排放区的建立将有效改善北京空气质量，事实上，城市低排放区已成为世界许多国家和地区用于解决交通空气污染问题的重要措施。由于二氧化碳等温室气体和大气污染物是化石燃料在燃烧过程中同时排放的，因此，现阶段气候变化与大气污染在形成原因上同根、同源、同步，减少温室气体排放对大气污染控制具有显著的正协同效应。“低排放区”就是一种实现碳排放和主要污染物排放“双减”目标的协同控制策略。依据各国城市的实践经验，“低排放区”将能够使得城市的二氧化碳浓度下降约 10%，氮氧化物的排放将能够有效降低约 15%，PM10 浓度也将会有明显下降。除去空气污染方面的有效改善，其在交通方面也有不错的实际效果：交通量将有效下降 19.2%，而通行速度也能有明显改善，根据米兰的实践结果，通行速度约上升 11.3%。针对城市居民健康方面的影响而言，“低排放区”的设立将能够使得道路安全性大幅上升，交通噪声减小，环境污染得到有效改善，从而促进城市的宜居性建设。至于该区划政策的经济结果，则是会促进高污染、高排放的汽车逐步退出汽车市场，促进交通行业的清洁化、节能化。

---

[1] 能源基金会《拥堵费和低排放区国际最佳经验》，2014.

5 能 源 管 理
5 Energy Management

在新型城镇化背景下，低碳生态城市（区）的能源管理仍需面临很多挑战：中国在《中美气候变化联合声明》承诺到2030年碳排放达峰值，这实际上是我国要实行能耗和碳排放总量的控制；经济结构、城区规模、产业分工的变化，以建筑为生产基地的建筑环境依赖型产业发展，传统工艺过程能耗转向室内环境能耗；城区空间的高密度与可再生能源资源分布及低能量密度间的矛盾；服务业将成为第一大主导工业，中国经济进入后工业化初期阶段，工业化时代高温高压高品位能源需求逐渐向后工业时代低温低压低品位能源需求转化；人口老龄化，保障衣食住行的城市生活消费性能源需求将持续增长；快速轨道交通带来同城效应，城市需要CBD的去空心化再造和工商业建筑的改造。

与过去电力、燃气和城市热网等能源供应侧规划不同，低碳生态城市（区）的能效管理是需求式管理，把需求节能实现一种资源化；能源管理的要点就是把节能作为第六能源看待，产生很好的投资节能效益；能源的总量控制需要有一个很好的顶层设计，从供应规划到需求规划，能源对应利用；优化城市形态具有很大的节能潜力，节能可以从城市规划做起；运用互联网思维，发挥能源系统的“枢纽（Hub)”和“网络（Network)”的作用。本章归纳城区能效管理的技术和流程，总结基于智能能源微网的城区能源系统关键技术，并对开展低碳社区建设的能源系统建设提出要求。

5.1 能 效 管 理

5.1.1 降低能源需求技术[1]

降低生态社区能源需求的主要策略，包括了开展需求侧能源规划、提升能源转换效率、提升能源使用效率等。

（1）开展需求侧能源规划

需求侧能源规划，即从需求角度出发，开展低碳生态城区能源资源的有效整

[1] 张改景，同济大学。本文中图表，除标明来源的外，其余均由约稿作者提供。

合与合理应用，通过改变过去单纯以增加能源资源供给来满足日益增长的思维定式，将提高用户端的节能率和能源利用率、降低电力负荷和电力消耗量作为目标，从而实现节约投资和节能减排（见图 3-5-1）。针对低碳生态城区的能源规划，一是要制定节能减排目标及关键性能指标（KPI），二是要分析生态社区内部可利用的能源资源潜力，三是预测社区建筑负荷和需求，四是分析社区建筑负荷影响因素，五是制定和优化能源系统的配置方案，六是开展经济能源环境影响分析。

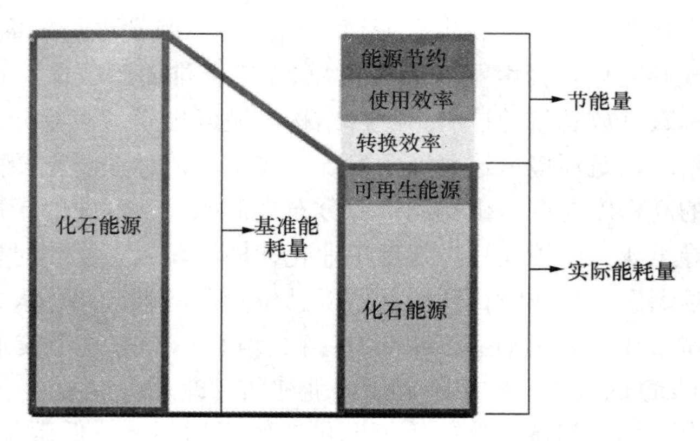

图 3-5-1 需求侧能源规划节能资源量示意分析

（2）提升能源转换效率

提高能源从生产到消耗中间过程的转换效率是实现节能减排的必由之路。将发电移到接近终端用户，采用分布式能源热电联产系统，可以通过回收发电过程中的排热为生产工艺过程供热或为建筑物供暖，使得综合能源转换效率得到大幅度提升，理想情况下可达到 80%左右。

分布式能源的核心思路是能源的就地消纳与梯级利用。以冷热电三联供系统（CCHP）为例，本系统一般以天然气为燃料，利用原动机（燃气轮机、燃气内燃机或微燃机等）设备发电，同时回收原动机产生的余热，余热以烟气、蒸汽或热水形式被利用冬季用于供暖，夏季则通过吸收式制冷机制冷，同时还可以提供生活用水。冷热电三联供系统通过能源的梯级利用，提高一次能源的综合利用率，发展冷热电三联供，技术层面已经成熟，但需要政策配套如燃气价格保障机制、发电上网配套机制、用水优惠机制等。同时，在业态差异性大的生态社区，建筑的同时使用系数远低于 1 的情况，因此可以采用规模化的区域供冷、供热系统，降低空调系统的装机容量，减少能源消耗和碳排放。

（3）提升能源使用效率

对于低碳生态城区的主要同能系统，通过技术手段提高能源的示意效率，带来的节能效益是显而易见的。这些技术主要包括：1）采用自然通风、自然采光等被动设计所减少和节约的能源；2）提高照明、空调、电动机及系统、电热、冷藏、电化学等设备用电效率所节约的能源；3）通过能源替代、余能回收提高系统效率所减少和节约的能源；4）通过蓄能技术如水蓄冷技术、冰蓄冷技术所节约的能源。

5.1.2 能效管理流程❶

城市能源管理的PDCA流程，即为了兑现管理承诺和实现能源方针所应进行的策划一实施一检查与纠正一持续改进（PDCA，即Plan/Do/Check/Action）的管理过程。城市的能要管理是需求侧管理，将需求侧的节能资源化。

城区能源管理PDCA的流程是一个循环管理的流程。从技术层面来讲（表3-5-1），P环节制订能耗基准线，包括产业基准线，交通和建筑的能源消耗基准线，实现对标过程；制定能耗和碳排放总量，在城市或者区域范围有所控制；确立能源绩效指标；制订能源规划。到了D实施环节，制订实际可操作能源规划，确定现场产能和外购能源的占比，现场产能包括分布式能源和可再生能源现场发电比例等；同时提出能源系统方案。C环节需建立能耗监测系统，对节能效果进行检测和验证，并进行能耗统计以及大数据分析。最后，A环节实行能耗对标，检查生产、建筑和交通环节的能耗基准是不是超标，对超标的进行改进；还有改善运行和维护过程。

城区能源管理的技术层面 **表3-5-1**

P	制订能耗基准线（产业/交通/建筑）
	确定能耗和碳排放总量
	制订能源绩效指标（Energy Performance Indicators）
	制订能源规划
D	制订能源规划
	确定现场产能和外购能源的占比
	提出能源系统方案
C	建立能耗监测系统
	节能绩效的检测与验证（M&V）
	能耗统计和大数据分析
A	能耗对标（Benchmarking）
	运维改善

从管理层面来讲（表3-5-2），在P环节制订可测量、可核查可报告的能源目

❶ 龙惟定，同济大学。绿色生态城区能源管理。第11届国际绿色建筑与建筑节能大会暨新技术与产品博览会。北京，2015年3月。

标；制订能源管理政策以及能源实施的市场化模式，比如基础设施的公私合营模式（PPP），EMC是合同能源管理模式，BOO是建设运行转让模式；P环节还进行能源资源分析，考虑能源供应量、可再生能源以及节能资源化；第四，P环节通过资源分析和目标，制订产业和人口导入的政策和能耗门槛。D实施环节包括能源规划听政，进行能源管理组织结构和制度培训，还有过程控制。C环节主要进行能源审计。A环节考核能源绩效管理，并对管理政策进行改进。

城区能源管理的管理层面 表3-5-2

P	制订可测量、可核查、可报告的能源目标（P/U/C三个方面）
	制订能源管理的政策、标准和市场化模式（PPP，EMC，BOO）
	能源资源分析（能源供应/可再生资源/节能资源化）
	制订产业和人口导入政策和能耗门槛
D	能源规划的听证（Charrette）
	建立能源管理组织和责任制
	培训和沟通（包括能源价格的议价）
	过程控制
C	能源审计
	能耗公示
	修正及预防措施
A	能源管理的绩效考核
	能源管理政策的改进

5.2 智能能源微网[1]

城区智能能源微网（3G DER Smart Micro Energy Net（MEN））包括三个层次（图3-5-2）：最中间为核心层，以光伏、小型风电、饶辽电池、利用天然气或生物质气的小微型热电联产系统等现场发电系统为核心；最下面是框架层，以分布式热泵、集成各种低品位热源/热汇的能源总线，以及蓄冷蓄热设施为框架。核心层、框架层和用户之间，热泵作为重要的联系纽带；最上面是管理层，以网络技术、物联网技术、云技术等信息通信技术为支撑，对城区能源系统进行双向

[1] 龙惟定．绿色生态城区的智能能源微网．暖通空调．2013（10）．

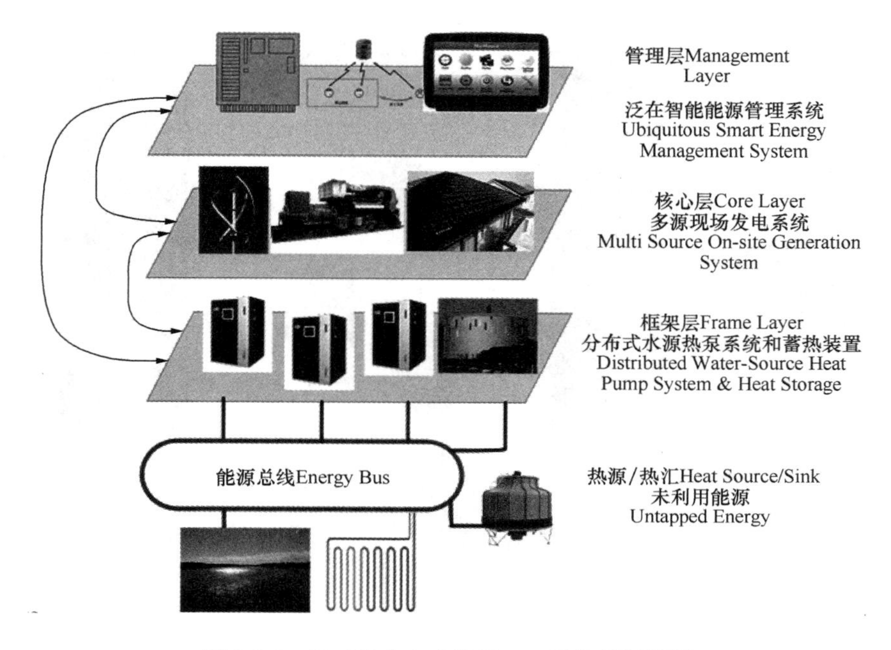

图 3-5-2 第三代分布式能源——智能能源微网

管理，这种管理本质上是提供能源服务。

可再生能源和清洁能源现场发电的最大特点是不稳定性，特别是供应（发电）与需求（负荷）的不匹配，表现在时间上的不匹配与功率上的不匹配。对于热电联产系统，还有一个热与电的不匹配问题：在城区范围内，不可能将电力和供热同步用掉。按照目前的技术水平，大规模蓄电还无法实现商业化运行。而所有发电设备都有一定的热电比范围，如果发出电力用不掉，就会影响产热，致使系统无法运行。

因此，如何通过蓄能使负荷平准化、协调供应和需求，是智能电网技术中重点研究的课题，称为“智能电网备份（Smart Grid Ready）”技术。研究中的“备份”办法有很多，例如用燃料电池、用电动汽车蓄电池等，但可以立即实现的是利用热泵蓄热从而间接蓄电，称为“智能电网备份热泵（Smart Grid-Ready Heat Pump）”技术（图 3-5-3）。而能源微网完全颠覆了传统大集中、大一统、大规模的供能用能模式和单向管理架构。能源微网是一种分布式供能和分散式用能的模式，而且是分层次和交互式的管理架构（图 3-5-4）。

以下介绍智能微网系统各层的关键技术。

5.2.1 能源微网核心层：分布式能源热电联产和可再生能源发电

利用可再生能源和清洁能源的现场发电，是绿色生态城区能源系统的核心。要体现可再生能源和分布式能源现场发电的价值，就必须通过智能电网，整合所

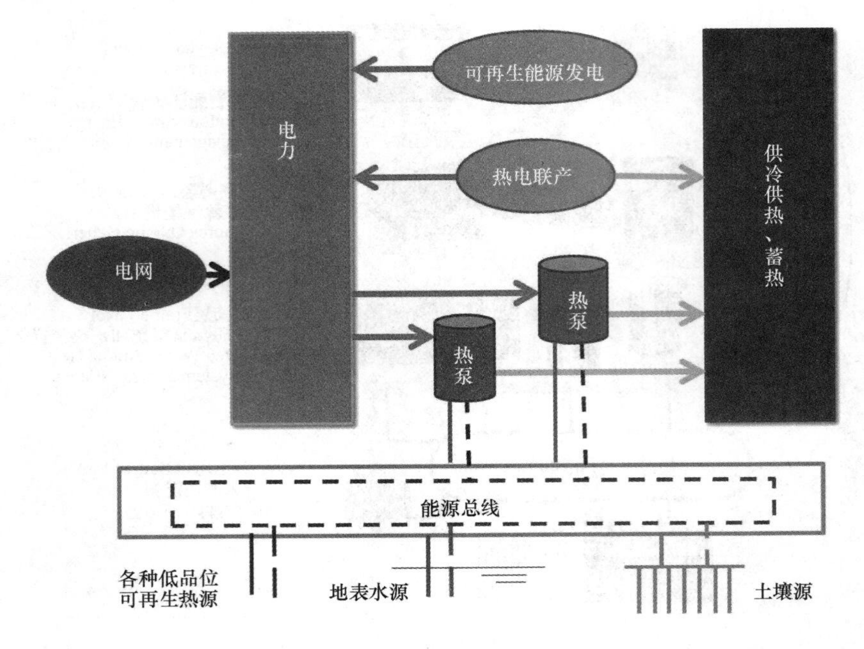

图 3-5-3 能源微网和智能电网备份热泵

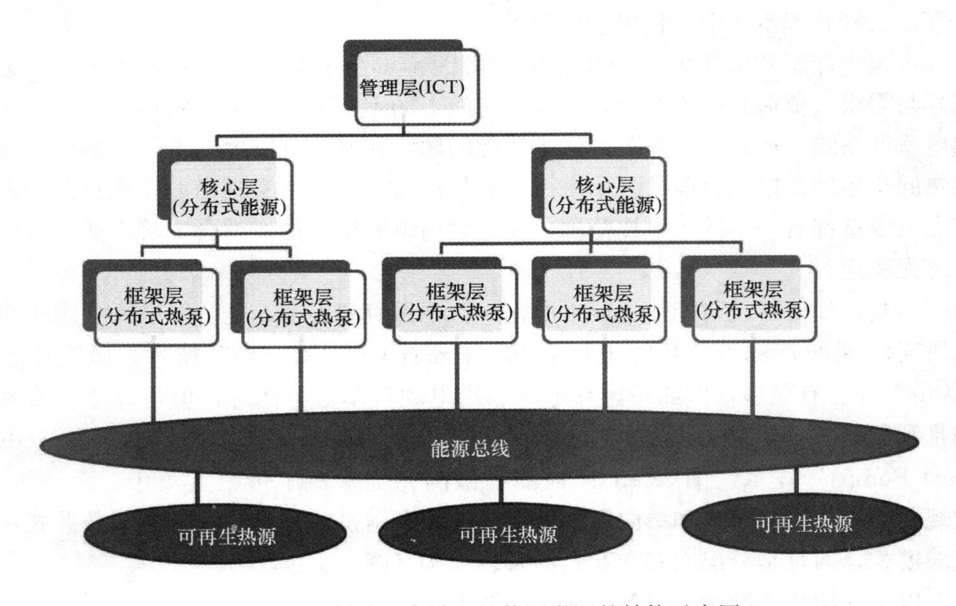

图 3-5-4 低碳生态城区的能源微网的结构示意图

有的能源资源，包括在输电层面的大规模并网、配电层面的中等规模并网和商业或住宅建筑的小规模并网的电力，并对这些资源实现可调度性和可控性。

为解决可再生能源和分布式能源发电的波动性以及产电、供电、用电之间的不平衡，蓄能系统（包括蓄电和蓄热系统），就成为智能电网的重要组成部分。热泵蓄热系统，将能源的生产和供应脱钩，通过对发电和需求自动控制确保供应和需求的平衡。它可以是集中在能源中心的大型热泵和蓄热水池，也可以是分散到各个用户的小型热泵或热泵热水器。热泵技术提升了低品位的天然免费能源，成为主要的低碳技术之一。在区域级能源系统中可配置以磁浮离心机为主机的电动热泵系统，以及以第一类吸收式热泵为主机的热利用系统。

磁浮离心机是一种两级压缩机，与常规离心机不同的是它利用磁悬浮轴承使转子悬浮，从而没有任何机械磨损，不需要润滑油，也免去复杂的润滑油路系统。有很高的满负荷效率和部分负荷效率，并适合作热泵用。由于其机型比较小，可以组合成单元式模块化能源站，适合构建城区分布式热泵系统。

吸收式热泵是以热能为动力，利用溶液的吸收特性来实现将热量从低温热源向高温热源的泵送。根据供热的目的，又可以将吸收式热泵分为第一类吸收式热泵和第二类吸收式热泵。其中第一类吸收式热泵是通过向系统输入高温热能，进而从低温热源中回收一部分热能提高其温位，以中温位的热能供给用户。第一类吸收式热泵的性能系数（COP）一般为1.6～2.4，采用溴化锂溶液为吸收剂，水为制冷剂。吸收式热泵的机组容量大，适合在靠近热电联产原动机的能源中心就近回收热量。

采用离心式热泵和吸收式热泵结合热电联产，可以得到很高的能效。如图3-5-5中的供热系统能效可以达到196％。在夏热冬冷和夏热冬暖地区以供冷负荷为主，应按冬季供暖负荷配置系统，夏季不足负荷，可用市电供应电力驱动的离心式制冷机满足（见图3-5-6）。可使热电联供系统能效达到240％（包括供热为260％），系统总能效达到225％（包括供热为235％）。这里所有的系统能耗都是

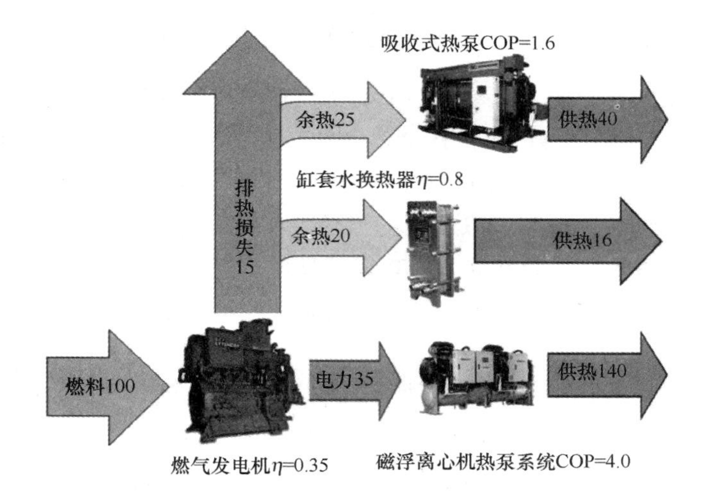

图3-5-5 热电联产＋热泵的供热模式

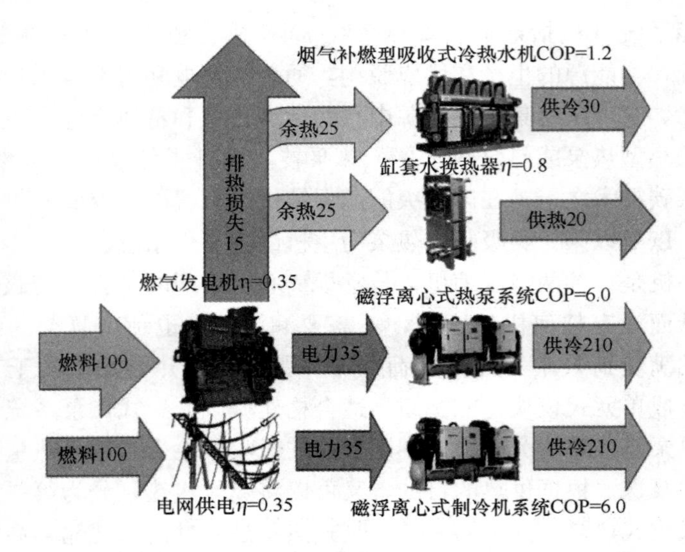

图 3-5-6 热电联产+热泵的供冷模式

按低值计算。

在夏热冬冷和夏热冬暖地区，民用建筑的供冷负荷大于供暖负荷，此时应根据以热定电的原则确定负荷和机组配置：

(1) 确定原动机类型和热泵的类型，绘出系统能流图，得出系统综合热效率（图 3-5-5 中为 196%）；

(2) 根据建筑供暖负荷（热需求）和综合效率，确定天然气所需提供的热量；

(3) 根据原动机的热效率，确定系统的发电功率。

5.2.2 能源微网框架层：集成低品位可再生热源的能源总线

从能量平衡的观点看，热泵所产生的热量是由两部分能量组成：热泵产热＝驱动能量（电力）＋ 环境能量。环境能量来源于空气、地表水、土壤、地下水、污水等。这些环境能量由于品位（温位）低，必须消耗一定的高品位能源（电力）来提升它的温位，达到可以利用的目的。而环境能量又由两部分组成，即：环境能量＝火力发电厂排热热回收＋环境低品位可再生热源。为热泵找到合适的和稳定供应的可再生热源，并能持续维持热泵在较高效率下运行，是发挥热泵效益的技术关键。

在城区范围内，有条件集成多种热源/热汇。能源总线（Energy Bus）系统（图 3-5-7）是一个管网系统，将来自多个可再生热源的热源或热汇水，通过作为基础设施的管网输送到分布式的水源热泵。在用户端，能源总线系统来的水作为水源热泵的热源或热汇，或者作为水冷制冷机组的冷却水，经换热后再通过回水

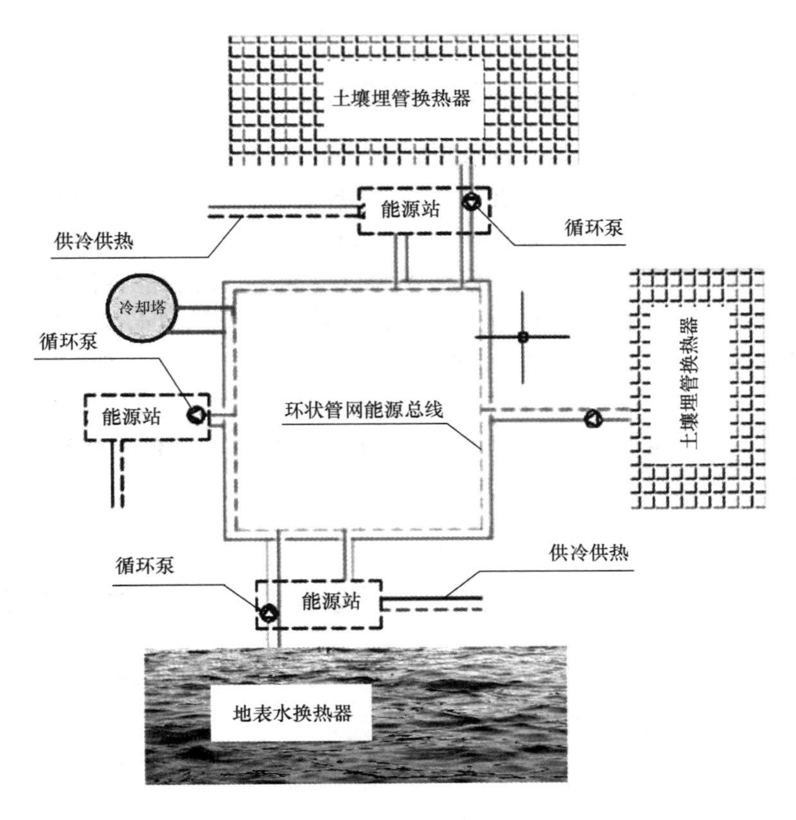

图 3-5-7　环状能源总线示意

管路回到源头。

由于利用了多源多汇，便可以根据各种源汇的特点，扬长避短。例如在我国东部地区，地表水冬季温度低，可以尽量利用土壤换热器，当水温低于 10℃时，也可串接空气源热泵提升热源水温度，形成双级耦合热泵系统。而在夏季，可以用地表水甚至冷却塔作为地源热泵的补充。根据负荷分布，可以考虑用冷却塔承担基本负荷、用地表水承担腰荷、用土壤承担高峰负荷，从而降低向土壤的排热强度和热堆积，并给土壤以“喘息”的时间。环状能源总线还可以构建成水环热泵，需要在夏季供热的建筑供能点（例如酒店），可以切换供回水方向，使热泵在供热模式下运行。

如果末端配合以双级压缩的磁浮离心机为基础的模块式能源站，能源总线热泵系统将会有很高的一次能源效率。而且，共享冷却塔的能源总线系统和利用天然水源的能源总线系统的单位冷量㶲失也要低于常规的单体建筑供冷。

能源总线系统一个很大的优点是可以根据城区开发进度逐步投入。总线的主干管网作为基础设施投入，用户的热泵机组、源/汇的取水点，都可以分期接入。

而且在热电联供系统投运之前便可以用市电驱动，为先导建筑提前供冷供热。

5.2.3 能源微网管理层：基于“泛在”控制网络协议的能源管理系统

在城区层面只是监测系统，很难建立统一的控制系统。这主要是因为，各种品牌设备、各种类型系统都有各自的控制协议。由我国企业主导制定的IEEE1888标准（Ubiquitous Green Community Control Network Protocol，泛在绿色城区控制网络协议），是一款以实现绿色节能为目的功能性网络体系架构，基于互联网技术（TCP/IPv6），通过远程网络和传感器物联网，实现对城区范围内的耗能设施进行统一管理和智能控制，达到节能和合理用能的目的。IEEE1888支持对可再生能源和分布式能源的远程分布式管理，支持WiFi等无线网络技术，采用广域IPv4/IPv6网络进行传输，在统一的平台上对各种用能设备进行控制（图3-5-8）。

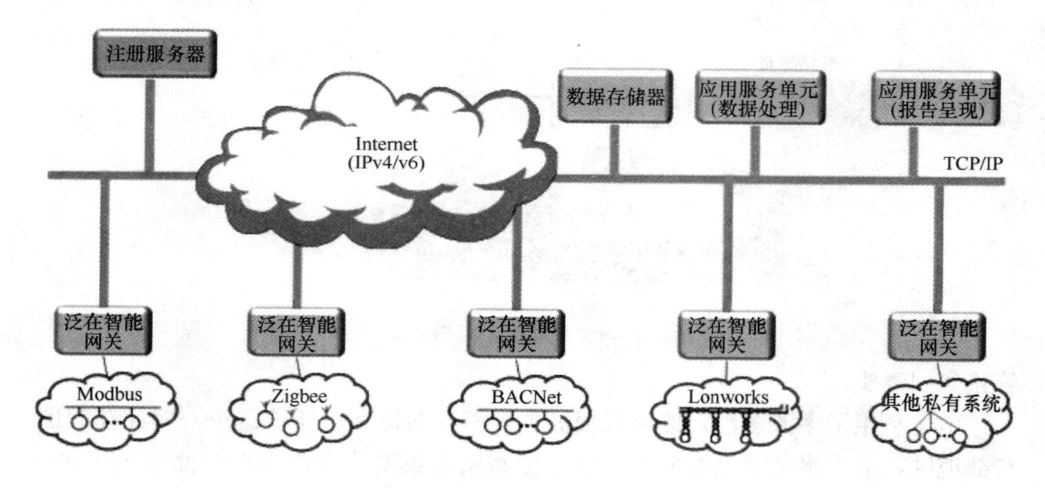

图3-5-8 IEEE1888协议体系构建

泛在控制网络协议，成为构建城区能源管理系统的基础。城区能源微网的能源管理系统要在统一平台上实现以下控制功能：

（1）核心层可再生能源和分布式能源的电力调度；

（2）热泵蓄能控制；

（3）用户端电力能源产销控制、计量与计费；

（4）能源总线源/汇的协调控制；

（5）能源总线管网控制；

（6）能源中心和能源站的运行管理；

（7）用户端热（冷）能计量与计费；

（8）城区能耗监测、统计与分析；

(9) 系统诊断；

(10) 能源系统运行状态和能效的实时演示。

5.3 能源系统建设

5.3.1 低碳能源系统建设要求[1]

发改委在2014年发布《低碳社区试点建设指南》(征求意见稿)，提出按照城市新建社区、城市既有社区和农村社区三种类别开展试点，并对三类社区提出低碳能源系统方面的建设要求。

(1) 城市新建社区试点

常规能源高效利用。试点社区能源系统应优先接驳市政能源供应体系。市政管网未通达社区，应建设集中供热设施，优先采用燃气供热方式，有条件的地区应积极利用工业余热或采用冷热电三联供。

可再生能源利用设施。鼓励可再生能源丰富的试点社区，积极建设太阳能光电、太阳能光热、水源热泵、生物质发电等可再生能源利用设施，采用太阳能路灯、风光互补路灯等新能源设备，在公交车站棚、自行车棚、停车场棚等建设光伏发电系统。构建集分布式电源接入及储能、电能质量与负荷管理等功能于一体的智能微电网系统。

能源计量监测系统。试点社区应在建筑及市政基础设施的建设过程，同步设计安装电、热、气等能源计量器具，建设能源利用在线监测系统，实现能源利用的分类、分项、分户计量（表3-5-3）。

城市新建社区试点建设指标体系　　表3-5-3

一级指标	二级指标	指标性质		目标参考值
能源系统	社区可再生能源替代率	约束性		≥2%
	能源分户计量率	约束性		≥80%
	家庭燃气普及率	约束性		100%
	集中供热率	约束性		100%
	可再生能源路灯占比		引导性	≥80%
	可再生能源空调利用率		引导性	≥5%
	太阳能光热屋顶覆盖率		引导性	≥5%

(2) 城市既有社区试点

[1] 国家发展和改革委员会，低碳社区试点建设指南（征求意见稿）。

优化能源供应系统。结合区域能源禀赋和供应条件，通过煤改电、煤改气等多种方式，积极推进燃煤替代。对必须保留的现有燃煤设施，要加强技术升级和环保升级，推广优质型煤，进行散煤替代和治理，实现达标排放。在有条件的社区，优先推广分布式能源和利用地热、太阳能等可再生能源。加强供热资源整合，以容量大、热效率高的锅炉取代分散小锅炉，提高社区集中供热率。对周边区域有工业余热的社区，供暖系统优先采用工业余热。鼓励专业机构以合同能源管理模式投资节能改造。

推广利用新设备新技术。鼓励在社区改造中选用冷热电三联供、地源热泵、太阳能光伏并网发电技术，鼓励安装太阳能热水装置，实施阳光屋顶、阳光校园等工程。在供热系统节能改造中，鼓励采用余热回收、风机水泵变频、气候补偿等技术，推广新型高效燃煤炉具。在社区照明改造中，推广太阳能照明、LED灯等高效照明设备。

加强社区能源计量改造。结合能源系统改造优化（表 3-5-4），提升能源计量仪表及设备的技术水平，完善水、电、气、热分类计量体系，实现能耗数据采集智能化，鼓励建设社区能源管控中心。推广家庭能源管理系统或软件，完善家庭能源计量器配备。

城市既有社区试点建设指标体系 **表 3-5-4**

一级指标	二级指标	指标性质		目标参考值
能源系统	社区可再生能源替代率		引导性	≥0.5%
	能源分产计量率	约束性		≥30%
	可再生能源路灯占比		引导性	≥30%
	太阳能光热屋顶覆盖率		引导性	≥10%

（3）农村社区试点

能源供应系统。加快淘汰低质燃煤，积极推进型煤、液化石油气下乡配送，实现农村住户炊事低碳化。在北方采暖地区，结合集中连片的新农村建设，统筹建设集中供热设施，优先与市政供热管网接驳。在农业秸秆、畜禽养殖粪便等生物质资源较为集中、丰富的地区，推广建设规模化的大型沼气场站，推进沼气在炊事、发电、供热、取暖等方面的综合利用。在居住点较为分散、生物质资源规模化收集较难的社区，推广建设户用沼气池，提高家用沼气覆盖率。在沿海、草原牧场等风能资源丰富区域，推广中小型风力发电和风光互补等技术应用。在地热、水资源丰富的区域，推广应用热泵技术。

低碳用能设备。针对不同地区农村的炊事、采暖、制冷等用能特点，推广省柴节煤炉、节薪灶、节能吊炕、生物质炉、空气源热泵等适宜的节能环保技术和产品，促进农村生活用能设备的升级换代（表 3-5-5）。加强太阳能热水器、太阳能采暖、小型光伏发电系统、太阳能光伏大棚在农村的推广应用。推广应用节能低碳的农业机械和农产品加工设备，推广低碳农业设施和技术。

农村社区试点建设指标体系　　表 3-5-5

一级指标	二级指标	指标性质		参考值
能源系统	太阳能热水普及率		引导性	≥80%
	可再生能源替代率	约束性		≥5%
	家庭沼气/燃气普及率		引导性	≥50%

5.3.2 能源监管系统[1]

完善能源监管系统包含建立建筑能效基准、构建能源监管系统、实施建筑能效测评等。

（1）建立各类建筑能耗基准

建筑能耗基准是判断和分析能源利用效率水平高低的重要依据，与欧美发达国家相比，我国建筑能耗基准方面的工作基础较差，建筑能耗及建筑基本情况等基础数据严重匮乏。目前各个各业已经认识到建筑基础数据的重要性，目前相关的建筑节能和信息统计工作已连续开展多年，已经取得一定成果，上海已经颁布了办公、酒店、学校、机关办公等建筑的能耗定额。同时，开展关于建筑能耗数据分析的工作，提出我国建筑能耗的特点及存在的问题，建立基于我国国情的各类建筑能耗基准。

（2）建立全面的能源监测平台

有了先进的理念和技术，最终还需要科学成熟的系统来进行管理和实施。一栋建筑的水、电、冷、热用到哪里去了、用了多少，在探索建筑节能的过程中，必须要搞清楚，然后才能找到节能的方向，降低这些能源的消耗。以节能监管为目的的面向政府及主管部门的能源管理系统（又称能源监管系统或能耗监管平台等）是政府节能主管部门的监管体系的核心以及长效监管机制的保障。该系统作为区域级建筑的能耗监测、统计、分析的平台基础，为相关部门开展能源审计、能耗统计提供科学充分的数据；同时，还可以利用该系统实现能效公示、能耗定额等功能，提高管理水平。

（3）建立节能减排考核制度

低碳生态城市（区）进入运营时期时，应对各家入驻企业和公共设施的运维单位进行节能减排的年度运营考核。一是确定指标，每年年初，由第三方监管机构指定本年度低碳生态城市（区）各类用户的节能减排运营考核指标并下发。二

[1] 张改景，同济大学。本文中图表，除标明来源的外，其余均由约稿作者提供。

是年中自查，每年年中，各类用户对自承担的绿色节能减排工作任务完成情况，进行半年自评，及时总结经验，查找问题，研究定制整改措施。三是专项督查，管理部门组织第三方监管机构，采取实地考察、专项检查等方式，对生态用户承担的节能减排工作进度情况，进行不定期的跟踪检查。重点对节能减排专项指标完成情况进行督查督办。四是年终考核，每年年终，各责任单位将节能减排年度任务完成情况报管理单位，并由第三方监管机构提出综合评估，考核结果低碳生态城市（区）绿色建设领导小组审定。

6 水 资 源 管 理

6 Water Resources Management

随着城市化进程的不断加快、人口的急剧增长，城市每年的水资源攫取量十分惊人。有研究表明，每节约一吨水可减排二氧化碳 1.05kg，由此可见，减少城市水资源消耗量，加强水系统的循环再利用，有助于城市碳排放量的减少。水资源作为城市发展建设重要的自然资源和战略性经济资源，对于建设低碳生态城市而言至关重要。国内以低碳、生态为目标的城市水系统规划设计实践已成为诸多城市建设的热点内容。如何将低碳、生态的设计理念科学、合理地落实到城市规划建设和管理层面，如何提高设计理念和策略的可操作性和实施性，值得深入探索和积极实践。本章基于住建部发布的《海绵城市建设技术指南——低影响开发雨水系统构建（试行）》，构建低碳生态城市建设的“水”途径，以“生态治水”为理念进行“低影响开发”，以“生态安全”为引导进行“低碳型”水景观规划设计。

6.1 低影响开发雨水系统[1]

本节介绍海绵城市建设路径，介绍低影响开发雨水系统构建的规划控制目标分解、落实及其构建技术框架。

6.1.1 海绵城市与低影响开发雨水系统

海绵城市建设应遵循生态优先原则，将自然途径与人工措施相结合，在确保城市排水防涝安全的前提下，最大限度地实现雨水在城市区域的积存、渗透和净化，促进雨水资源的利用和生态环境保护。在海绵城市建设过程中，应统筹自然降水、地表水和地下水的系统性，协调给水、排水等水循环利用各环节，并考虑其复杂性和长期性。

（1）低影响开发雨水系统

低影响开发（Low Impact Development，LID）指在场地开发过程中采用源头、分散式措施维持场地开发前的水文特征，也称为低影响设计（Low Impact

[1] 住房城乡建设部，海绵城市建设技术指南——低影响开发雨水系统构建。

Design，LID）或低影响城市设计和开发（Low Impact Urban Design and Development，LIUDD）。在我国，低影响开发的含义已延伸至源头、中途和末端不同阶段的控制措施。城市建设过程应在城市规划、设计、实施等各环节纳入低影响开发内容，并统筹协调城市规划、排水、园林、道路交通、建筑、水文等专业，共同落实低影响开发控制目标。

（2）海绵城市——低影响开发雨水系统构建途径

海绵城市——低影响开发雨水系统构建需统筹协调城市开发建设各个环节。在城市各层级、各相关规划中均应遵循低影响开发理念，明确低影响开发控制目标，结合城市开发区域或项目特点确定相应的规划控制指标，落实低影响开发设施建设的主要内容。设计阶段应对不同低影响开发设施及其组合进行科学合理的平面与竖向设计，在建筑与小区、城市道路、绿地与广场、水系等规划建设中，应统筹考虑景观水体、滨水带等开放空间，建设低影响开发设施，构建低影响开发雨水系统。低影响开发雨水系统的构建与所在区域的规划控制目标、水文、气象、土地利用条件等关系密切，因此，选择低影响开发雨水系统的流程、单项设施或其组合系统时，需要进行技术经济分析和比较，优化设计方案。低影响开发设施建成后应明确维护管理责任单位，落实设施管理人员，细化日常维护管理内容，确保低影响开发设施运行正常。低影响开发雨水系统构建途径示意图如图3-6-1所示。

6.1.2 低影响开发雨水系统——规划控制目标

构建低影响开发雨水系统，规划控制目标一般包括径流总量控制、径流峰值控制、径流污染控制、雨水资源化利用等。各地应结合水环境现状、水文地质条件等特点，合理选择其中一项或多项目标作为规划控制目标。鉴于径流污染控制目标、雨水资源化利用目标大多可通过径流总量控制实现，各地低影响开发雨水系统构建可选择径流总量控制作为首要的规划控制目标。

6.1.3 低影响开发雨水系统——技术路线

在城市总体规划阶段，应加强相关专项（专业）规划对总体规划的有力支撑作用，提出城市低影响开发策略、原则、目标要求等内容；在控制性详细规划阶段，应确定各地块的控制指标，满足总体规划及相关专项（专业）规划对规划地段的控制目标要求；在修建性详细规划阶段，应在控制性详细规划确定的具体控制指标条件下，确定建筑、道路交通、绿地等工程中低影响开发设施的类型、空间布局及规模等内容；最终指导并通过设计、施工、验收环节实现低影响开发雨水系统的实施；低影响开发雨水系统应加强运行维护，保障实施效果，并开展规划实施评估，用以指导总规及相关专项（专业）规划的修订。城市规划、建设等

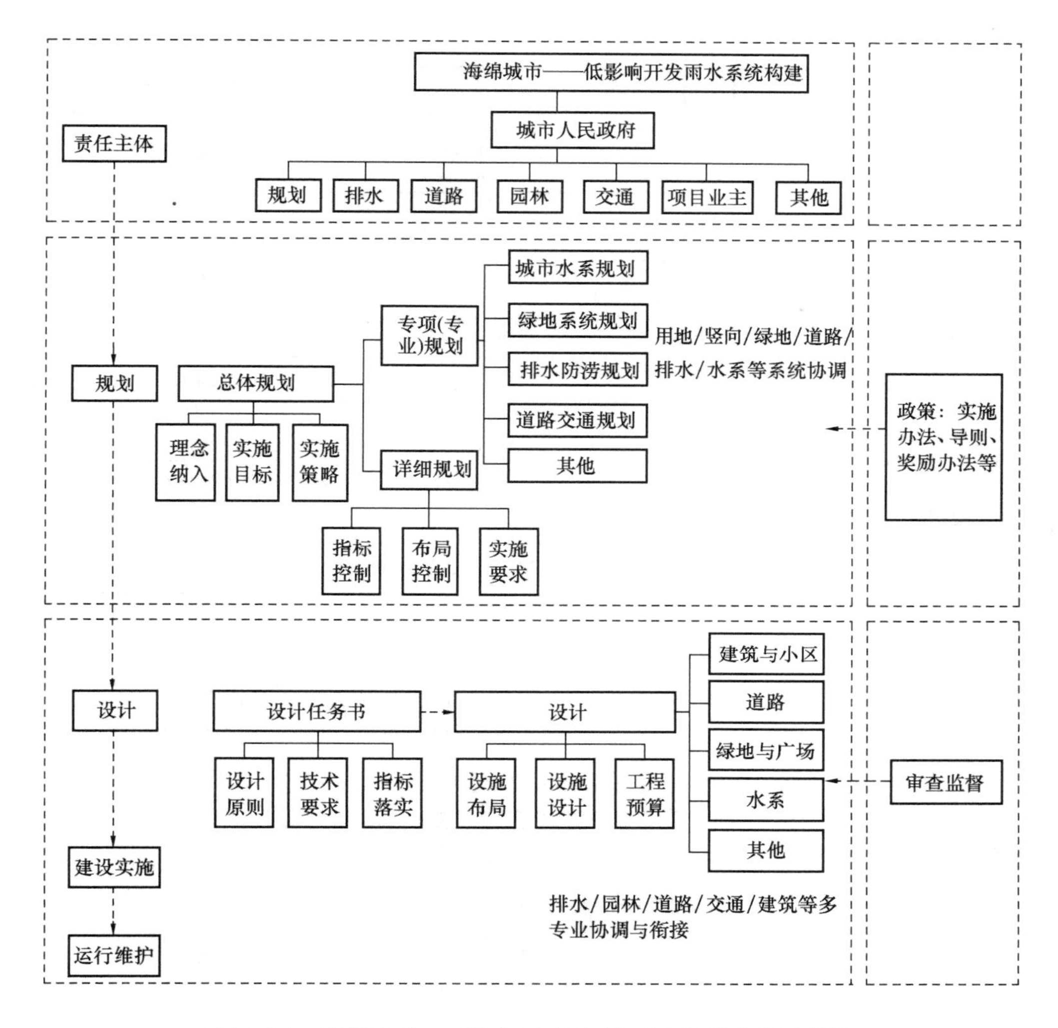

图 3-6-1　海绵城市——低影响开发雨水系统构建途径示意图

相关部门应在建设用地规划或土地出让、建设工程规划、施工图设计审查及建设项目施工等环节，加强对海绵城市——低影响开发雨水系统相关目标与指标落实情况的审查。

海绵城市——低影响开发雨水系统构建技术框架如图 3-6-2 所示。

具体落实时的几个关键技术环节如下：

（1）现状调研分析。通过当地自然气候条件（降雨情况）、水文及水资源条件、地形地貌、排水分区、河湖水系及湿地情况、用水供需情况、水环境污染情况调查，分析城市竖向、低洼地、市政管网、园林绿地等建设情况及存在的主要问题。

（2）制定控制目标和指标。各地应根据当地的环境条件、经济发展水平等，

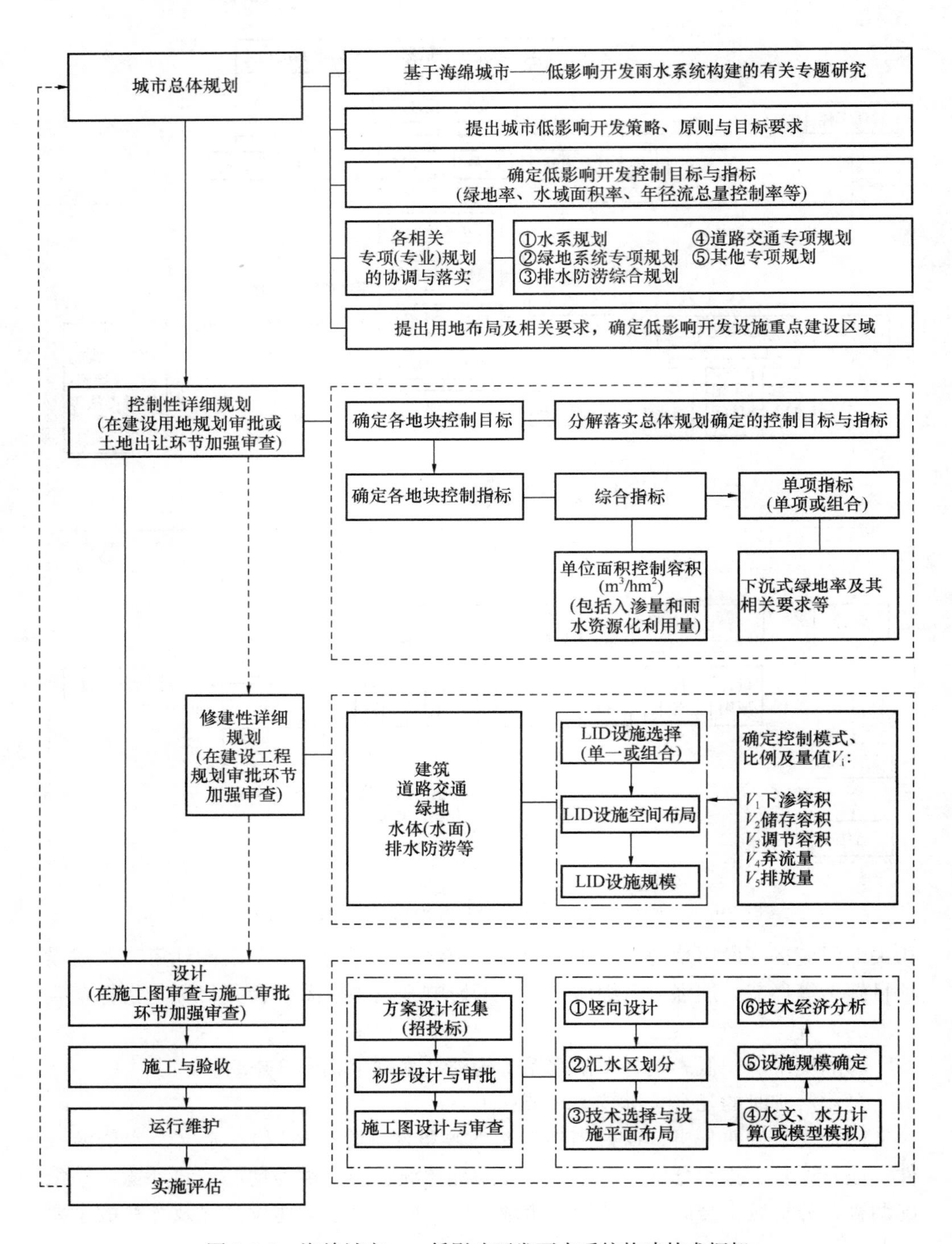

图 3-6-2　海绵城市——低影响开发雨水系统构建技术框架

因地制宜地确定适用于本地的径流总量、径流峰值和径流污染控制目标及相关指标。

（3）建设用地选择与优化。本着节约用地、兼顾其他用地、综合协调设施布局的原则选择低影响开发技术和设施，保护雨水受纳体，优先考虑使用原有绿地、河湖水系、自然坑塘、废弃土地等用地，借助已有用地和设施，结合城市景观进行规划设计，以自然为主，人工设施为辅，必要时新增低影响开发设施用地和生态用地。有条件的地区，可在汇水区末端建设人工调蓄水体或湿地。严禁城市规划建设中侵占河湖水系，对于已经侵占的河湖水系，应创造条件逐步恢复。

（4）低影响开发技术、设施及其组合系统选择。低影响开发技术和设施选择应遵循以下原则：注重资源节约，保护生态环境，因地制宜，经济适用，并与其他专业密切配合。结合各地气候、土壤、土地利用等条件，选取适宜当地条件的低影响开发技术和设施，主要包括透水铺装、生物滞留设施、渗透塘、湿塘、雨水湿地、植草沟、植被缓冲带等。恢复开发前的水文状况，促进雨水的储存、渗透和净化。合理选择低影响开发雨水技术及其组合系统，包括截污净化系统、渗透系统、储存利用系统、径流峰值调节系统、开放空间多功能调蓄等。地下水超采地区应首先考虑雨水下渗，干旱缺水地区应考虑雨水资源化利用，一般地区应结合景观设计增加雨水调蓄空间。

（5）设施布局。应根据排水分区，结合项目周边用地性质、绿地率、水域面积率等条件，综合确定低影响开发设施的类型与布局。应注重公共开放空间的多功能使用，高效利用现有设施和场地，并将雨水控制与景观相结合。

（6）确定设施规模。低影响开发雨水设施规模设计应根据水文和水力学计算得出，也可根据模型模拟计算得出。

6.1.4 低影响开发雨水系统——设计

城市建筑与小区、道路、绿地与广场、水系低影响开发雨水系统建设项目，应以相关职能主管部门、企事业单位作为责任主体，落实有关低影响开发雨水系统的设计。

（1）建筑与小区

建筑屋面和小区路面径流雨水应通过有组织的汇流与转输，经截污等预处理后引入绿地内的以雨水渗透、储存、调节等为主要功能的低影响开发设施。低影响开发设施的选择应因地制宜、经济有效、方便易行，如结合小区绿地和景观水体优先设计生物滞留设施、渗井、湿塘和雨水湿地等。建筑与小区低影响开发雨水系统典型流程如图 3-6-3 所示。

（2）城市道路

低影响开发设施的选择应因地制宜、经济有效、方便易行，如结合道路绿化

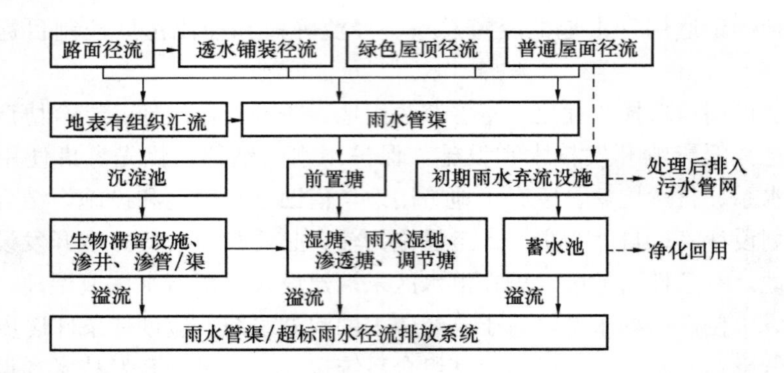

图 3-6-3　建筑与小区低影响开发雨水系统典型流程示例

带和道路红线外绿地优先设计下沉式绿地、生物滞留带、雨水湿地等。城市道路低影响开发雨水系统典型流程如图 3-6-4 所示。

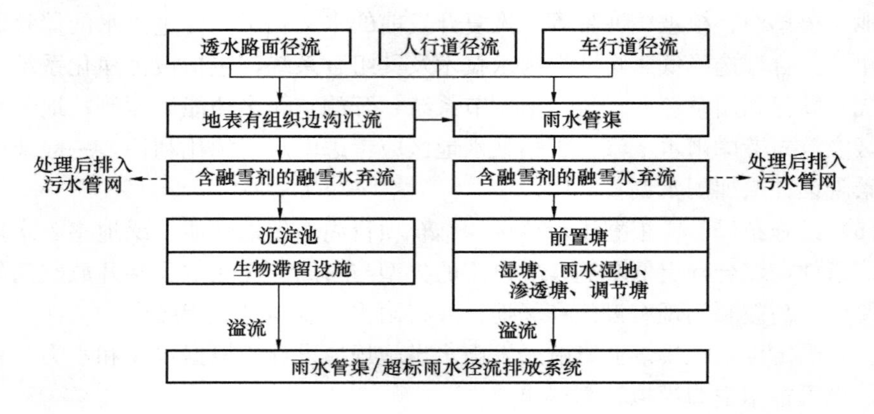

图 3-6-4　城市道路低影响开发雨水系统典型流程示例

（3）城市绿地与广场

城市绿地、广场及周边区域径流雨水应通过有组织的汇流与转输，经截污等预处理后引入城市绿地内的以雨水渗透、储存、调节等为主要功能的低影响开发设施，消纳自身及周边区域径流雨水，并衔接区域内的雨水管渠系统和超标雨水径流排放系统，提高区域内涝防治能力。低影响开发设施的选择应因地制宜、经济有效、方便易行，如湿地公园和有景观水体的城市绿地与广场宜设计雨水湿地、湿塘等。城市绿地与广场低影响开发雨水系统典型流程如图 3-6-5 所示。

（4）城市水系

城市水系在城市排水、防涝、防洪及改善城市生态环境中发挥着重要作用，是城市水循环过程中的重要环节，湿塘、雨水湿地等低影响开发末端调蓄设施也是城市水系的重要组成部分，同时城市水系也是超标雨水径流排放系统的重要组成部分。城市水系设计应根据其功能定位、水体现状、岸线利用现状及滨水区现

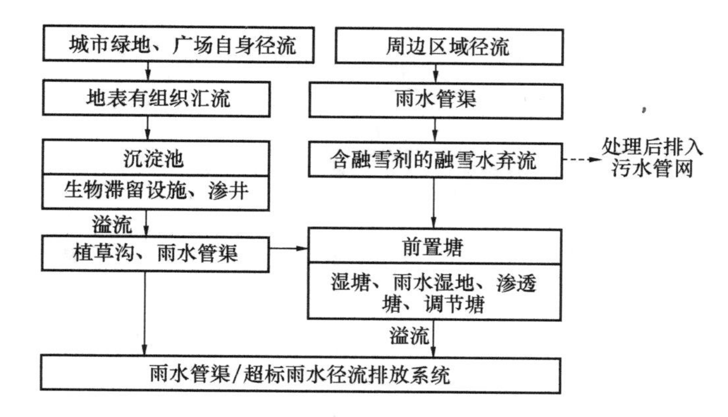

图 3-6-5　城市绿地与广场低影响开发雨水系统典型流程示例

状等，进行合理保护、利用和改造，在满足雨洪行泄等功能条件下，实现相关规划提出的低影响开发控制目标及指标要求，并与城市雨水管渠系统和超标雨水径流排放系统有效衔接。城市水系低影响开发雨水系统典型流程如图 3-6-6 所示。

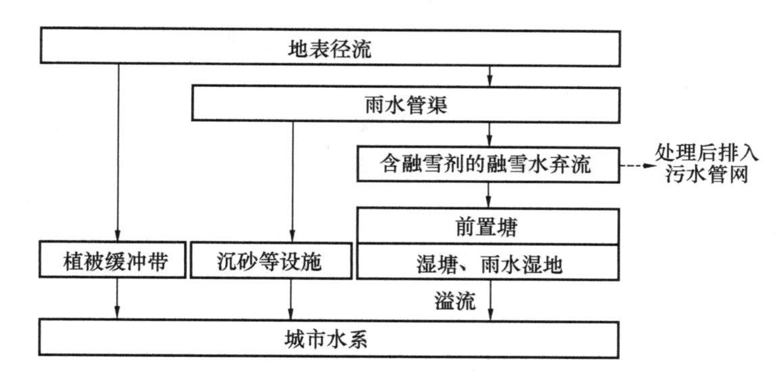

图 3-6-6　城市水系低影响开发雨水系统典型流程示例

各类用地中低影响开发设施的选用应根据不同类型用地的功能、用地构成、土地利用布局、水文地质等特点进行，可参照表 3-6-1 选用。

各类用地中低影响开发设施选用一览表　　　　**表 3-6-1**

技术类型（按主要功能）	单项措施	用地类型			
		建筑与小区	城市道路	绿地与广场	城市水系
渗透技术	透水砖铺装	●	●	●	◎
	透水水泥混凝土	◎	◎	◎	◎
	透水沥青混凝土	◎	◎	◎	◎
	绿色屋顶	●	○	○	○
	下沉式绿地	●	●	●	◎
	简易型生物滞留设施	●	●	●	◎

续表

技术类型（按主要功能）	单项措施	用地类型			
		建筑与小区	城市道路	绿地与广场	城市水系
渗透技术	复杂型生物滞留设施	●	●	◎	◎
	渗透塘	●	◎	●	○
	渗井	●	◎	●	◎
储存技术	湿塘	●	◎	●	●
	雨水湿地	●	●	●	●
	蓄水池	◎	○	◎	○
	雨水罐	●	○	○	○
调节技术	调节塘	●	◎	●	◎
	调节池	◎	◎	◎	○
转输技术	转输型植草沟	●	●	●	◎
	干式植草沟	●	●	●	◎
	湿式植草沟	●	●	●	◎
	渗管/渠	●	●	●	○
截污净化技术	植被缓冲带	●	●	●	●
	初期雨水弃流设施	●	◎	◎	○
	人工土壤渗滤	◎	○	◎	◎

注：●—宜选用；◎—可选用；○—不宜选用。

6.2 低碳型水景观规划设计方法[1]

水资源作为城市发展建设重要的自然资源和战略性经济资源，科学、创新的水景观规划、设计以及修复是低碳生态城市建设的重要内容之一。生态安全引导下低碳型水景观规划设计方法，即通过对现状和规划“水”要素中的某一项或几项进行生态安全评估，搭建起水生态与水景观间的连接桥梁，并将水力学、水文学等相关学科的模拟技术手段结合到水景观规划设计方法中，科学合理地提出水系统布局结构以及相应的景观调节措施，以期提高水景观的自维持能力、循环再利用效率，避免工程化、机械化的干扰，从而实现低碳和可持续的目标。

低碳生态城市的水景观营造应从上述两方面着手，同时需要结合数字化分析模拟软件辅助水景观规划设计，以保障布局的合理性、提高措施的针对性。因此

---

[1] 杨冬冬，刘海龙，清华大学建筑学院。基金项目：国家自然科学基金（编号 51478233）资助。本文中图表，除标明来源的外，其余均由约稿作者提供。

在景观、水力、水文以及生态环境的多学科融合交叉视野下提出水生态安全引导下水景观规划设计方法，即通过对现状和规划“水”要素中的某一项或几项进行生态安全评估，搭建起水生态与水景观间的连接桥梁，并将水力学、水文学等相关学科的模拟技术手段结合到水景观规划设计方法中，科学合理地提出水系统布局结构以及相应的景观调节措施，以期提高水景观的自维持能力，避免工程化、机械化的干扰，实现低碳和可持续的目标。

6.2.1 水景观的生态安全评价

根据水生态系统的运行过程可将以河湖为代表的水景观的生态功能划分为以下4部分内容：水文和水动力、地貌生境、水体物理化学微生物性质和水体生物资源。

其中，水文水动力过程是水景观地貌生境形成或再塑造的直接驱动力，而水文水动力条件和地貌则共同构成了水生生物栖息地的物理边界，物理边界的完整性是水生生物生存生活的基础。水体的物理化学微生物性质同样受到水文水动力的直接影响，同时关系着水生生物的生存。

水景观生态安全评价根据目标的不同，可选取上述4部分内容中的一项进行某一方面生态安全性的评价，也可对若干项内容进行评价，将评价结果叠加获得水景观生态安全的综合评价。

6.2.2 评价模型和指标体系

（1）有关水文和水动力的评价模型

水体的水流现象极其复杂，但经过大量学者长时间的研究，目前针对水文和水动力情况和特性的数值模拟、评价方法已经成熟。流场的数值模拟是其中应用最广泛的模拟方法和评价模型之一。其依据水力学和流体力学的基本原理，建立数学模型，以数值方法和计算机技术为手段，并在一定边界条件和初始条件作用下，对水环境系统中的水流运动及变化进行数值分析和评价，既能够准确地表达流场包括流向和流速在内的水流信息，而且可以做到非常逼真地再现水环境系统中错综复杂的组分及其相互关系，从而为工程规划管理以及水环境保护提供依据。

（2）有关地貌生境的评价模型

早在1989年美国俄亥俄州环保署便提出了定性生境评价指数（QHEI），从地貌角度选取底层类型、河道弯曲程度、滨岸带宽度、冲积平原质量、深潭最大深度等多个指标，以评价河流生物栖息地的物理环境性质。目前，有关涉水景观地貌生境的评价模型是基于包含了目标层、准则层和指标层的多层地貌评价指标体系（见表3-6-2），采用层次分析法确定指标体系中各要素的权重值，建立模糊层次综合评判模型，进而对河湖等涉水景观的横向地形多样性、不同地貌形态分布情况、铅直向渗透性、漫滩宽度等地貌结构获得准确的掌握。

地貌评价指标体系　　表 3-6-2

目标层	准则层	指标层	计算方法
地貌综合评价指数	横向形态多样性	深潭、浅滩、边滩指数	深潭、浅滩和边滩面积与主河槽面积的比值
		沼泽、牛轭湖、江心洲面积指数	沼泽、牛轭湖、江心洲面积与主河槽面积的比值
	纵向蜿蜒性	蜿蜒度系数	河流中线两点间的实际长度与其直线距离的比值
	铅直向渗透性	底质组成	定性分析
	河道稳定性	河床纵向稳定性	稳定河床河段与总河段的比值
	河岸带状况	河岸横向稳定性	稳定河岸河段与总河段的比值
		河漫滩指数	河漫滩平均宽度
		植被覆盖率	河道两侧植被覆盖面积与主河槽面积的比值

资料来源：郭维东，高宇．辽河中下游柳河口至盘山闸段河流地貌生境评价［J］．水电能源科学，2012，01：63-66.

（3）有关水体物理化学微生物性质的评价模型

对水体物理化学微生物性质进行评价能够定量地描述和评价出水体的质量状况。水质评价模型和方法众多，目前普遍运用的有由美国国家卫生基金会（NSF）采用 Delphi 技术开发的水质指标法、1965 年由 Zadeh 在模糊数学理论的基础上，提出的模糊综合评价法，以及投影寻踪评估模型、概率神经网网络水质评价模型等。基于水质评价指标（见表 3-6-3），运用水质评价模型便可获得水体水质状况信息，进而指出水体的主要污染问题，以帮助决策者做出科学合理的治污解决方案。

水体物理化学微生物评价指标体系　　表 3-6-3

类型	指　　标
物理	水温、色、臭、味、浑浊度
化学	pH 值、总固体、硬度、含氮化合物、溶解氧、化学耗氧量、生化需氧量、氯化物、硫酸盐、总有机碳、有害物质
微生物	细菌总数、总大肠菌群

（4）有关水体生物资源的评价模型

水体生物资源的评价模型主要包括了对鱼类物种多样性、植物物种多样性、珍稀水生生物存活状况以及外来物种威胁程度等方面的定量和定性评价。定性评价模型通过实地调查，记载不同类型、门属生物资源的种类和数量；定量评价模型则需确定物种重要值、频度、杂合度、香农多样性指数、植被覆盖率、种群分化指数等。

6.2.3 “低碳型”水景观规划设计方法

该水景观规划设计方法以大量有关场地现状情况的定性描述和定量分析为基础，强调以低干扰、低能耗的景观规划设计手段为修复、改善措施，以期实现水系统自主的健康稳定运行，并预防水系统对人类社会可能产生的危害，从而降低水景观修复提升时伴随的工程或机械的人为干预，满足低碳要求。具体分析包括三部分内容：（1）对表征生态系统安全情况的水文水动力、地貌生境、物理化学性质以及生物资源四要素进行模型评价（详见第二部分论述），明确水生态系统存在的问题和优势；（2）基于定性或定量评价模型，分析上述四要素与人类社会的关系，理清水系统四要素对人类社会安全产生的或积极或消极的影响；（3）针对水生态系统自身存在的问题，以及其对社会安全可能产生的消极影响，提出科学化规划布局和生态性措施设计，完成生态安全引导下水景观规划设计（见图3-6-7）。不难看出，该方法一方面立足水景观布局、空间结构的合理性，一方面聚焦生态化景观措施（如地形、植物、石等）技术的运用，符合国际上对低碳目标实现的普遍途径。

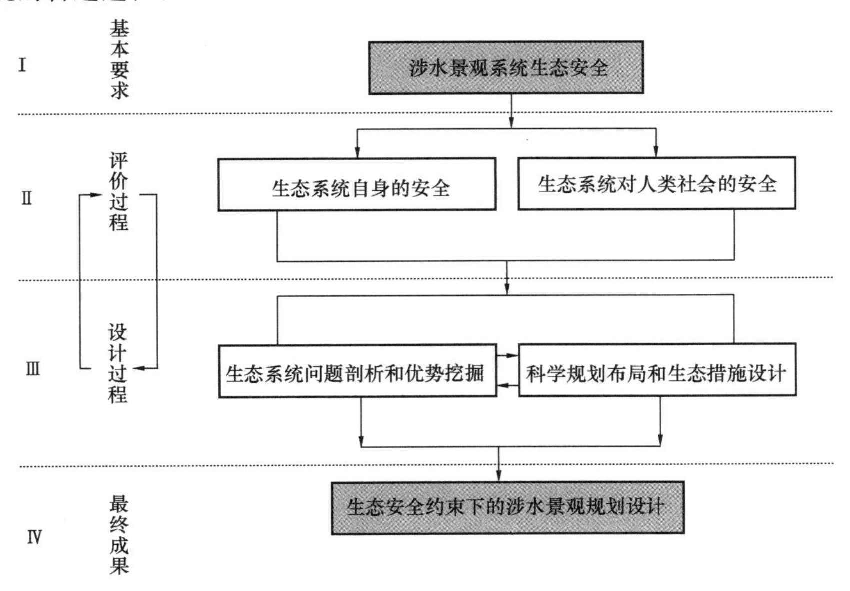

图3-6-7 生态安全引导下涉水景观规划设计方法

需要指出的是，设计者可根据项目现状条件、建设需求的差异，对上述4项内容有侧重地进行不同程度的分析评价。例如新建人工河湖景观项目，新建水体在场地中从无到有，水源保障和水体循环更新是关系到这类水景日后长期稳定运行，并不断发展，从而具备自然水体生态功能、自主稳定运行的关键要素。而在自然河湖、湿地景观修复项目中，原有地貌生境和现状生物资源情况决定了景观修复策略和方式的选取，对上述两方面的深入评价关系到项目的成败。对于地区性自然干流的滨水景观整治项目，则需要对上述4方面均予以足够的认识和理解。因此，在大量具体模型评价开展之前，综合考虑项目现状情况和建设需求，对相关模型分析的必要性进行初判断，因可提高整个规划设计过程的效率和针对性，而成为生态安全引导下低碳型水景观规划设计方法中必不可少的环节。

以生态安全评价为基础依据指导水景观规划设计的方法，曾在河道景观规划设计、办公区人工湖景观设计中予以应用，均因既可以提高水体本身的自维持性，又可以减少机械化耗能措施的运用而取得了明显的生态、低碳效益。可见，将生态评价与景观规划设计相融合并运用于实践，不仅是提高水景观规划设计科学性和技术性的重要途径，同时也是低碳生态城市构建的重要途径。

7 既有建筑改造[1]

7 Existing Building Retrofit

我国建筑能耗的总量逐年上升，在能源总消费量中所占的比例已从20世纪70年代末的10%，上升到27.45%，逐渐接近三成，并且我国正处在高速发展的建设时期，这个比例还会继续增大。对既有建筑进行节能改造，以避免能源资源的浪费，提高建筑热舒适度，已成为我国当前紧迫的、必须尽快解决的重大问题。

既有建筑绿色改造技术应遵循因地制宜的原则，结合建筑类型和使用功能，及其所在地域的气候、环境、资源、经济、文化等特点，集成多方面进行应用。上海E朋汇项目[2]原为上海钢琴有限公司内旧厂房及宿舍(图3-7-1)，后期将改造为集办公、研发、会议、实验、展示等功能为一体的综合性园区(图3-7-2)。总用地面积7900m²，总建筑面积18271m²，于2014年9月开工建设，预计将于2015年7月交付使用。

图3-7-1　E朋汇项目改造前航拍图

作为十二五课题“城市社区绿色化综合改造技术研究与工程示范”(2012BAJ06B03)中的既有建筑绿色化改造示范工程，E朋汇项目以因地制宜、低投高效、精细化为原则，实施多项绿色建筑技术策略，研究既有建筑绿色化改造技术体系，探索创新推广技术的应用与实践，以E朋汇为载体，充分展示先进的低碳设计理念，宣传绿色人居环境，传播绿色人文情怀，引导绿色生活模式。本章以E朋汇为案例，介绍其在绿色建筑、可持续社区等方面进行绿色化改造集成示范、创新点及改造实施效果。

---

[1] 本文中图表，除标明来源的外，其余均由深圳建筑科学研究院股份有限公司提供。

[2] 上海E朋汇项目由上海杨浦知识创新区投资发展有限公司与深圳市建筑科学研究院股份有限公司共同投资建设。十二五课题“城市社区绿色化综合改造技术研究与工程示范”(2012BAJ06B03)改造示范工程之一。

图 3-7-2　项目效果图

7.1　绿色化改造技术集成体系

7.1.1　绿色建筑集成技术体系

绿色建筑技术体系主要包括 6 大板块，分别为能源综合利用、高效围护结构、高效设备、室内环境、节水器具以及运维管理。通过绿色建筑技术集成展示，立足本土化的绿色建筑示范，集成多项绿色建筑技术策略，探索与实践技术创新，导入先进的技术和产品，开展既有建筑绿色技术适宜性评估，指导既有建筑改造低碳技术的选择。E 朋汇绿色建筑集成技术体系如图 3-7-3 所示。

能源综合利用
●太阳能空调
●太阳能光伏
●太阳能热水

高效设备
●模块化空调末端
●新风热回收
●节能照明
●节能电梯
●节能变压器

节水器具
●节水龙头
●节水便器
●节水淋浴
●节水灌溉

高效围护结构
●屋顶绿化隔热
●外墙垂直绿化
●高性能玻璃
●可变围护结构
●高效遮阳系统

室内环境
●自然通风
●光导管
●楼板隔声技术
●室内空气质量预评估
●室内环境在线监测技术

运维管理
●屋宇信息系统
●体验展示
●运营管理系统

图 3-7-3　绿色建筑集成技术体系

7.1.2 可持续社区集成技术体系

不同于单体建筑的改造，E朋汇项目的改造过程中充分考虑社区尺度的可持续技术，在绿色交通、绿化景观、物理环境、公共设施以及水资源利用几方面进行技术的集成示范。可持续社区集成技术体系如图3-7-4所示。

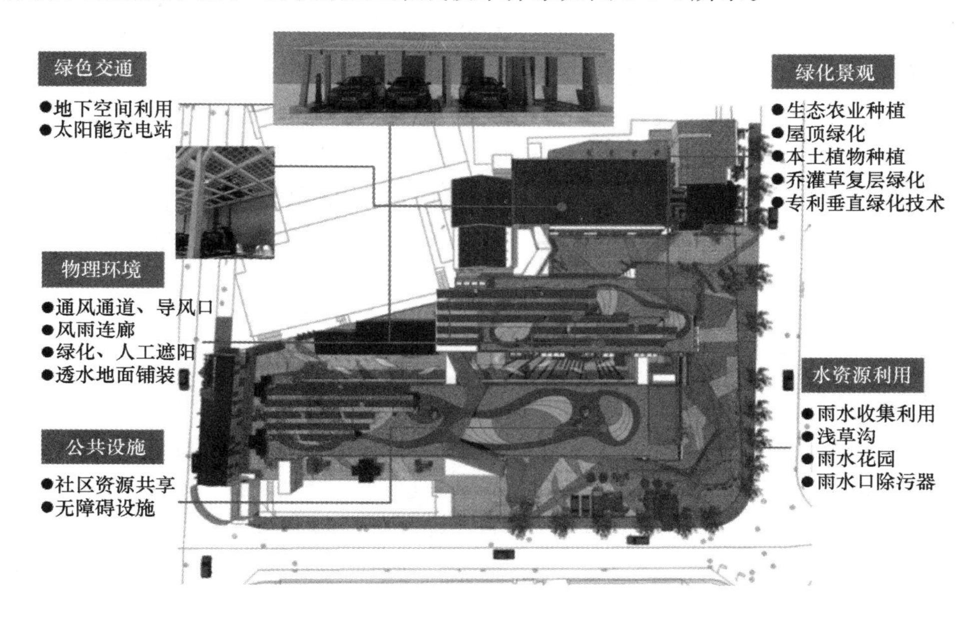

图3-7-4 可持续社区集成技术体系

7.2 绿色化改造技术创新点

7.2.1 场地生态诊断

通过对钢琴厂原有厂址的生态诊断与评估，利用多种检测和评价手段，对包括水体、大气、土壤氡浓度等场地环境安全，以及包括日照、通风、噪声、空气质量等场地物理环境进行全面、系统的分析与诊断，对改造利用的优势条件和不足进行安全评估，为建设提供可行性分析依据，提出有效的应对措施，指导和服务建设，保障基地安全与可持续发展。

7.2.2 物理环境优化

结合工程现状调研与生态诊断结果，采用多种国内外先进的模拟分析软件，对场地声、光、热等物理环境进行优化与改善，如针对建筑环境分析的DEST软件、通风模拟分析 PHOENICS 软件、场地噪声分析 Cadna/A 软件、热岛分析软件 Fluent 等工具，通过底层架空设置、周边绿化围挡、通风与水体冷却、景观绿化设置等手段，优化场地物理环境，提升区域环境品质。

7.2.3 生态系统修复与提升

通过科学规划场地内的绿化用地，大量采用屋顶绿化、空中花园、垂直绿化的形式，补偿原有场地内绿地不足的情况，在建筑物的屋顶、立面、上部空间进行多层次、多功能绿化布置，有效增加园区绿量，减少热岛效应，吸尘、减少噪声和有害气体，营造和改善区域生态环境。选用适应当地气候和土壤条件的乡土植物，采用乔灌草复层绿化种植，产生多样化的立体搭配和层次感，并结合室外景观设计雾森系统，为人们制造负离子的同时，改善室外空气质量，调节微气候，改善与提升提升园区生态系统。

7.2.4 场地低冲击开发（LID）利用

原钢琴厂场地多为硬质地面，透水性能差、产流快且雨水径流量大，为减少用地径流雨量，本项目根据场地自然条件、水文地质特性，因地制宜采用雨水低冲击开发技术，采用小型的分散措施对场地实施源头控制，通过场地透水铺装、绿色基础设施（浅草沟、雨水花园、下凹式绿地等）、屋顶绿化、景观水池等多种径流控制措施，增加场地雨水入渗、削减洪峰、自然循环利用，从而实现对雨水的有效控制与利用。

7.2.5 资源共享与绿色交通

E 朋汇将原有废旧厂房改造为集办公、研发、商业、会议、实验、展示等功能为一体的综合性园区，配套设施共同使用、资源共享，结合景观设计休闲广场，公共空间向公众开放，增加公众的活动场所与交流空间。

E 朋汇场地与公共交通设施联系便捷，公共交通全面覆盖，地面设置自行车停车设施，公交系统与慢行交通合理配置，引导绿色出行。停车场设置太阳能充电站，鼓励大家使用电动车等新能源汽车，宣传低碳环保理念。

7.2.6 可再生能源综合利用

根据当地气候和自然资源条件，综合利用多种可再生能源形式。利用屋面构架，设置集中式太阳能热水系统提供生活热水，通过一体化设计，铺设太阳能光伏发电系统，用于地下空间照明，结合室内自然采光需求，合理设置光导照明系统，节约照明能耗，景观照明灯具选用风光互补路灯，以可再生的太阳能和风能进行发电并储能，供夜间照明使用。

7.2.7 水资源综合利用

对雨水、中水等水资源利用进行可行性分析和研究，通过水量平衡计算，合理确定水资源的利用方法、规模、处理工艺。E朋汇利用场地东北侧化粪池，收集池内上清液，采用膜一生物反应器（MBR）处理系统进行过滤和消毒，建筑中水回用于建筑室内卫生间冲厕、场地绿化浇洒、道路及广场冲洗、景观补水等。

通过选用高效节水器具，利用节水灌溉与智能控制方式，中水系统回用，管网防渗漏技术、雨水综合入渗措施，实现最大限度地节约水资源、保护环境和减少污废水排放的目的。

7.2.8 高效机电设备系统

项目综合采用高效空调系统配置、空调末端独立控制技术，选用高效照明灯具、公共区域LED照明、智能照明控制系统，并采用无机房电梯、永磁同步电机驱动的无齿轮曳引机等节能电梯，自然通风、机械通风与空调系统自动转换控制，通过楼宇自动化系统，采用传感技术、计算机和现代通信技术对包括采暖、通风、电梯、空调进行监控和管理，提高建筑用能效率，达到降低建筑能耗，减少碳排放的目的。

7.2.9 绿色建材与节材设计

项目室内装修采用可变空间隔断形式，如大开间敞开式办公空间内的矮隔断、玻璃隔断、预制板隔断等，便于拆除，可重复利用，不但最大化集约利用建筑空间，实现多功能用途，同时减少室内空间重新布置时对建筑构件的破坏，节约材料。对于从旧建筑拆除的构件与建筑垃圾优先考虑资源化利用，充分利用可再循环与可再利用材料，实现材料的合理高效运用。

7.2.10 低碳智慧运营

E朋汇智能化系统配置包括智能化集成系统、信息设施系统、信息化应用系统、建筑设备管理系统、公共安全系统、机房工程等，可达到全面高度智能化。通过BMS集成管理系统，采用统一的通信协议与接口标准，通过综合布线的物业网络平台从工作站、一卡通服务器获取信息，分别面向物业办公自动化系统、公共信息服务系统提供数据存储与综合处理功能，实现对整个建筑测控体系的综合管理目标。

通过环境监测平台，对大气环境、声环境、热环境、污染物浓度等进行实时监测与展示，结合能耗监测系统，进行碳排放评估，通过低碳子系统运营、园区智慧管理服务、基础设施与资源管理系统，打造高度自动化的低碳智慧运营平台。

7.3 绿色化改造效果评估

上海市大多数同类型建筑能耗强度约120kWh/m²，E朋汇（江浦路627号修缮、装饰工程）项目建筑面积为18271m²，综合运用多项低碳设计策略与建筑节能技术，与同类普通建筑相比节能可达30%以上，则该项目每年可节约用电量：18271×120×30%＝65.8万kWh。

通过选用高效节水器具，节水灌溉与智能控制方式，管网防渗漏技术等多项节水技术措施的综合实施，项目每年可节约1350t的传统水源，通过中水回用系统的设置，本项目年非传统水源利用率可达35%以上，年非传统水源利用量可达到9270t，全年可节水10520t，大大减少了市政自来水的消耗量，从而也减少了污水排放量，从源头上减少了污染物排放。

降低粉尘、有害气体、温室气体排放，减少空气污染，减少温室效应，是建筑中节能以及采用可再生能源所能产生的最直接的环境效益。E朋汇采用多项可持续建筑技术措施的实施对环境将起到改善的作用，按每年节约用电65.8万kWh，则每年可减少向大气排放二氧化碳585.1t，二氧化硫4.7t，粉尘2.4t。

项目将原有废旧厂房改造为综合性绿色园区，实施多项绿色建筑技术策略，研究既有建筑绿色化改造技术体系，探索创新推广技术的应用与实践，并通过后期的展示与宣传，促进绿色建筑技术的创新与推广应用。此外，E朋汇为周边公众增加了更多的活动场所与交流空间，配套设施共同使用、资源共享，以E朋汇为载体，向社会和公众充分展示先进的低碳设计理念，宣传绿色人居环境，引导绿色生活模式。

通过这样一个平台，将规划设计、产品供应、开发商、主管部门、研究机构等集聚起来，加强资源分享与合作，开展国内外相关培训与交流，综合发展规划、管理顾问、创新服务等内容，加强绿色低碳产业的管理孵化。通过产业政策研究、推动政府扶持政策制定、培育产业发展基金等，打造园区绿色产业生态系统，形成绿色建筑产业创新集聚规模效应，带动和促进绿色低碳产业的全面发展。

8 环境质量提升

8 Environmental Quality Promotions

2015年2月28日，央视前主持人柴静推出公益作品《穹顶之下》，从多个污染现场寻找雾霾根源，再次引发“雾霾”这个热议话题。本章针对以PM2.5为主的环境污染总量控制，提出建立税制和建设城市风道来解决PM2.5污染问题的策略，并介绍营造“以人为本”宜居环境的绿化技术和碳汇技术，从污染控制和环境打造两个方面来提升低碳的人居环境质量。

8.1 环境污染控制[1]

8.1.1 环境污染现状

目前，PM2.5是大多数城市首要污染物。2014年全国161个城市中，仅三亚、海口、拉萨等18个城市PM2.5年均浓度达标；161个城市平均浓度达国家标准1.8倍，京津冀平均浓度达国家标准2.7倍，长三角平均浓度达国家标准1.7倍，珠三角平均浓度达国家标准1.2倍；估计全国所有地级及以上城市PM2.5年均浓度达标率仅为20%左右（表3-8-1）。

区域PM2.5年平均浓度（单位：微克/立方米） **表3-8-1**

区域	城市数	最大值	最小值	平均值
京津冀	13	130	35	93
长三角	25	74	30	60
珠三角	9	52	34	42
其他地区	114	103	19	61
全国	161	130	19	62

8.1.2 环境污染总量控制

PM2.5污染过程异常复杂，且存在显著跨界输送影响，特别是华东、西南

[1] 薛文博，环境保护部环境规划院。中国PM2.5控制展望与压力。中日绿色税制研讨会，北京，2015年3月。

两大区域，区域传输突出：京津冀、长三角和山东、山西、河南、湖北、安徽等11个省市之间，还有重庆、四川、贵州3个省市之间存在显著的相互输送关系，对受体省份PM2.5年均浓度影响大于或等于3.5微克/立方米。因而，PM2.5的控制存在难点。

自2012年起，中国已开展控制PM2.5的相关工作，提出PM2.5控制战略目标与达标期限。根据《环境宏观战略研究》、《大气污染防治行动计划》的目标及力度：预计在2030年城市空气质量要基本达标，PM2.5控制在35微克每立方米以内（见表3-8-2）。

区域PM2.5年平均浓度现状及目标（单位：微克/立方米） **表3-8-2**

区域	2013	2020	2030
京津冀	106	64	35
长三角	67	48	34
珠三角	47	35	27
其他	69	50	35

PM2.5控制总体思路为管理模式由总量向质量转变，以改善质量为核心；近期应急：建立预警平台；编制应急预案；远期达标：开展源解析工作；编制达标规划。以城市为单元推进空气质量达标：年均浓度超标不超过15%的城市，力争2015年达标；超标15%以上、30%以下的城市，力争2020年达标；超标30%以上的城市，要制定中长期达标计划，力争到2030年全国所有城市达到空气质量二级标准（引自：2013年全国环境保护工作会议讲话）。

目前，北京正在修订的城市总体规划中，纳入PM2.5等环境污染总量控制指标，重点增加年均PM2.5浓度核心规划指标，到2020年PM2.5年均浓度要实现下降30%左右，到2030年实现空气质量达标，为35微克/立方米。还提出PM2.5控制措施：一是调整能源消费结构。提出了城乡统筹的清洁能源指标，在2020年全市清洁能源比重应达到90%以上，其中农村地区在2020年达到25%以上，远期达到50%以上。二是改善区域生态环境。重点在城市通风走廊、绿道、河流水系和湿地等具有重要生态价值的地区加强生态建设，不断提高平原区森林覆盖率。三是加强综合调控和精细化管理。包括严格控制机动车保有量和出行总量，提高项目环境准入标准和污染排放标准，加强施工扬尘监管等。

要实现2030年全国空气质量基本达标，仅通过末端治理难以实现，必须建立在经济结构转型、2020～2025年期间煤炭消费峰值的出现；2030年全国空气质量若要基本达标，自2015年起每个五年计划SO_2、NO_x、一次PM2.5及NH_3等各种污染物至少需要减少20%左右，其中京津冀鲁豫等省每五年至少需要减少30%左右，中国污染减排工作将进入“高速减排新常态时期”。

8.1.3 环境污染控制策略

（1）通过税制解决 PM2.5 的可能性❶

本节介绍通过税制解决 PM2.5 的可能性。从经济学角度考虑 PM2.5 大气浓度的减排战略：针对大气污染物的环境税引进情景；利用环境税的高效减排计算。以关东地区的固定排放源为对象，不仅针对 PM2.5 的一次颗粒物，还关注二次颗粒物中影响较大的 NO_X 和 SO_X。为了实现浓度目标，还考虑空间移动。

1）分析步骤（图 3-8-1）

- 决定不同地区的减排率；
- 兼顾空间移动，试算浓度变化；
- 核查各地区是否达标；
- 未达标再回到第 1 步；
- 用模型计算各地区减排率需花费的减排费用。

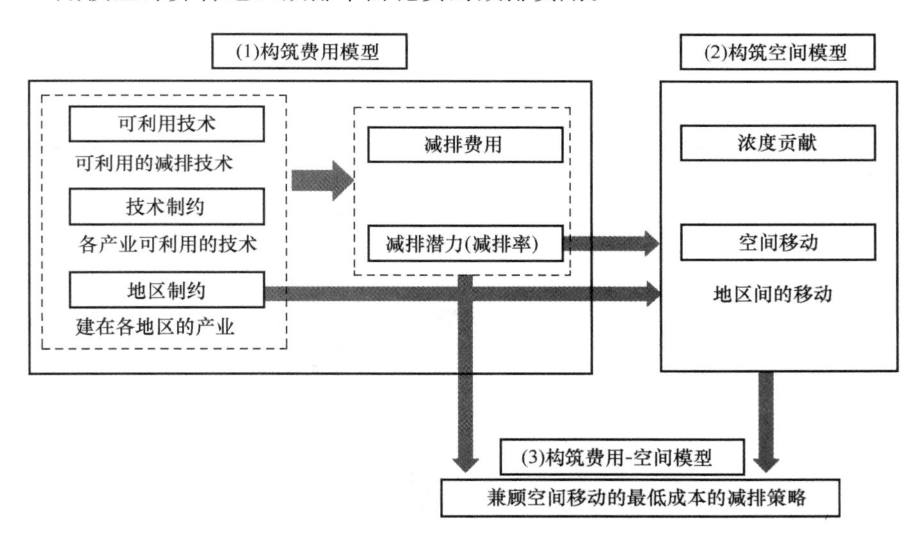

图 3-8-1　分析步骤图

模拟 1：统一控制，各都县按照统一的减排率进行污染物减排；模拟 2：最佳减排策略，为实现各地区的浓度削减率，在确保减排率的基础上实现费用的最小化。但也应考虑外部减排的贡献，如机动车尾气改善，其他污染物、跨境污染等。

❶ 有村俊秀，早稻田大学。通过税制解决 PM2.5 的可能性：东京圈的模拟。中日绿色税制研讨会，北京，2015 年 3 月。

2）分析数据

● JATOP（Japan Auto-Oil Program）数据：11个业种（全部37个业种中）的排放量，发电部门、钢铁部门、产业废弃物部门等，选择有减排对策空间的部门；38300地区格网（1km×1km），关东地区7都县；

● EPA数据：减排技术的设置费用；不同技术其费用效果比存在差异；使用不同燃料，其效果也不同。

3）分析结果

不同地区的排放量及其开展100%对策，可减排的量有所不同（表3-8-3）。

不同地区的减排率和减排费用（PM2.5） **表3-8-3**

地区	总排放量（吨/年）	可减排总量（吨/年）	减排总费用（亿日元/年）
茨城	2549	1643	39
枥木	295	196	4
群马	246	155	3
埼玉	1040	684	13
千叶	3389	2262	29
东京	1955	1169	25
神奈川	1263	878	40
合计	10737	6987	134

本地区排放的PM2.5对本地区的贡献最大；千叶县和神奈川县排放的PM2.5对其他县的贡献较大；其他县对埼玉县和枥木县的贡献较大（见表3-8-4）。

PM2.5贡献程度：100%减排情况（单位：微克/立方米） **表3-8-4**

		排放源（100%对策）					
		茨城	枥木	群马	埼玉	千叶	神奈川
受体	茨城	0.45	0.09	0.05	0.09	0.39	0.03
	枥木	0.16	0.30	0.22	0.08	0.25	0.03
	群马	0.02	0.03	0.53	0.17	0.06	0.04
	埼玉	0.05	0.02	0.11	0.73	0.36	0.22
	千叶	0.19	0.00	0.01	0.02	0.73	0.12
	东京	0.01	0.01	0.03	0.07	0.15	0.59
	神奈川	0.01	0.01	0.03	0.03	0.06	0.88

模拟1结果：外部减排3.5微克/立方米时，关东地区需要统计减排95%。与统一减排相比，最佳减排控制的费用大幅降低（表3-8-5、表3-8-6）。

统一减排（模拟1）：减排率与费用（费用单位：亿日元） **表3-8-5**

外部减排	减排率（%）	茨城	枥木	群马	埼玉	千叶	东京	神奈川	合计
3.5	95	1285	149	114	363	1081	625	547	4164

减排合计费用（单位：亿日元） 表 3-8-6

外部减排	统一减排合计费用	最佳减排合计费用
3.5	4164	1427
4	1728	224
4.5	1065	66
5	310	10

模拟 2 结果：不同地区和物质，税率会有一倍以上的差距；税率高时，值得探讨其他物质或方案（表 3-8-7～表 3-8-9）。

最佳减排战略（模拟 2）：减排率（单位：%） **表 3-8-7**

物质	茨城	栃木	群马	埼玉	千叶	东京	神奈川
PM	95	90	95	90	85	95	100
NO_X	84	75	85	75	55	73	100
SO_X	48	75	75	65	55	84	82

最佳减排战略（模拟 2）：费用（单位：亿日元） **表 3-8-8**

物质	茨城	栃木	群马	埼玉	千叶	东京	神奈川	合计
PM	17	2	2.6	8.3	11	20	20	81
NO_X	136	34	37	48	78	84	237	652
SO_X	133	59	45	90	133	153	80	693
合计	286	95	84	146	222	258	336	1427

最佳减排时的边际减排费用（单位：万日元/吨） **表 3-8-9**

物质	茨城	栃木	群马	埼玉	千叶	东京	神奈川
PM	136	109	177	136	60	185	225
NO_X	76	172	207	66	35	47	128
SO_X	67	251	254	152	63	147	99

注：边际减排费用＝利用环境税（污染税）可有效实现环境目标

4）总结

利用关东地区的 PM2.5、NO_X、SO_X 排放数据，兼顾空间移动，对削减 PM2.5 浓度进行了分析；对统一限制减排以及不同污染物和地区的最佳减排进行对比时，发现最佳减排可大幅度降低费用；PM2.5 减排对策不仅要针对 PM2.5，还应采取 NO_X、SO_X减排对策；考虑到空间移动，同一物质也会出现税率相差一倍以上，只在关东采取固定排放源对策是不够的，今后需要考虑其他可选择的减排对策。

（2）城市风道“除霾”[1]

上节提到，北京正在修订的城市总体规划系统性和全规模地阐述城市风道的相关内容，将城市风道建设列为解决 PM2.5 的措施之一。从 2013 年开始，在城

[1] 李军，荣颖．武汉市城市风道构建及其设计控制引导［J］．规划师，2014.

市建立风道“借风”除霾屡被提起。城市通风廊道，又叫城市风道，它通过增强城市中空气的流动作用，提高风速、正确引导风向，在加速污染物排放的同时，稀释其浓度；城市风道还可以利用热岛效应，将城郊的低温与城市中的高温综合形成冷热空气对流，驱散城市上空的污染层，促进城市热量排出。因此，把郊外的风引进主城区，将霾等污染物吹走成为备选除霾方式之一。

城市风道是在规划中先行落实的，包括北京在内的很多城市先期规划中都有风道的考虑，例如 20 世纪 90 年代北京城市规划中，四环至五环区域为连贯的绿化隔离地区，但保留情况不太好。问题主要出在规划在实施的过程中变形了，生态红线更多让步于经济发展。有专家提出城市风道规划注意大范围的互相协调和衔接，要打破现在因行政边界所带来的“城市群病”。例如北京，就应从京津冀大区域来考虑通风廊道等生态规划问题。

世界上很多国家和地区已经相继开展关于城市风环境研究与应用的项目。德国卡塞尔大学 Katzschner 教授于 20 世纪 80 年代开始开展《“理想城市气候”计划》；Kress 根据局地环流运行规律提出了下垫面气候功能评价标准。日本从 20 世纪 90 年代开始关注风环境，并在 2007 年由日本东京湾首都圈内的八个主要都县联合完成《“风之道”研究报告》。我国规划领域在城市通风道方面的研究始于 20 世纪 80 年代末，具有代表性的有 2003 年香港特区政府规划署委托香港中文大学建筑学院吴恩融教授开展空气流通评估方法可行性研究，华中科技大学余庄教授以武汉市为例对夏热冬冷地区的城市广义通风道规划等展开研究。国内外针对风道本身的作用与构成，运用 CFD、Ecotect 和遥感等技术手段进行基础分析及数据处理方面的研究已有较丰富的成果，但基于城市风道的城市设计方面的研究成果较单薄，特别是对保障城市风道通风效率的控制指标体系和城市设计引导方面的研究较少。

基于对自然地理条件的基础分析，运用 Ecotect 技术计算冬夏两季的温度变化、风频风向变化，运用遥感技术收集城市热岛效应和温度分布情况等的信息，根据城市用地布局和用地开发强度分析城市活动强度，运用 GIS 分析该市规划道路与城市主导风向的一致性，再将该市主城区划分成“100m×100m”的栅格网络，计算单位栅格在城市主导风向下的城市表面粗糙度（即迎风面积密度，Frontal Area Density，简称“FAD”），最终运用 GIS 叠加分析功能对计算结果进行叠加。在此基础上，确定该市主城区风道空间格局，将风道分为宏观、中观和微观三个等级，并确定了重要风道口的数量及位置。

为了保障城市风道通风及提高城市风环境和热环境舒适度的有效性，针对某市城市风道所经区域进行相应的城市设计控制指引。选定的长度为 1000m 以上、宽度为 200～500m 的范围为宏观层面上基于风道的城市设计控制范围（见表 3-8-10）；长度为 500～1000m、两侧宽度约为 200m 的范围作为微观尺度上的最小控制范围，对在范围内的城市建设进行定性与定量相结合的控制设计指引（见表 3-8-10）。

宏观和微观层面控制设计导则　　　　**表 3-8-10**

	控制范围	控制导则
宏观	主要街道布局形式	道路与主导风向（西南风）平行，正负夹角不超过 30°
	风道两侧建筑布局形式	建筑长面与主导风向平行，建筑间的间隙与主导风垂直，越靠近风道的建筑高度越低，或由低到高呈阶梯状布局
	下垫面的平滑程度	距风道入风口较近的区域（大红色框）为低层建筑，距风道入风口中等距离的区域（橙色框）为中高层建筑，距风道入风口较远距离的区域（桃红色框）为高层建筑，此区域内风可从建筑侧面通过，对湖泊及绿地进行保护
微观	主要建筑布局形式	在发展用地规划及定向上，居住建筑在保证朝向良好的情况下尽量使较长面与东南风向平行布置，最大偏离角度控制在 30°之内，每栋楼宇之间尽可能保持足够距离，保持建筑群空气通畅，减低周边的风环境影响
	主风道空间布局	顺应该市夏季主导风向东南风，选择人口密度和建筑密度都比较低的地方为主风道区域，重点重新控制设计沿街宽度 50m 范围内的建筑高度和密度。与再次一级的小风街道接协调
	滨水区	沿江半径 50m 范围内建筑以低层为主，适当配合多层住宅楼，不允许出现点式高层。临江面建筑布局以窄面为迎风面，形成渗透状。临江景观界面平滑，主要以绿化景观为主，利于保持风道口的通畅
	开敞空间	保证开敞的道路、广场、道路交叉路口、滨江景观面、绿化景观节点的空旷性，丰富主风道上的开敞空间体系，新增一些小型绿化节点作为次一级风道的开敞空间
	建筑平台形式	高层商业建筑裙房改造遵循通透性原则，不但应通过建筑距离保持道路主风道的通畅度，还应考虑保持街区内部通风环境良好，对裙房做适度的减法，打断一些通风死角，将风从建筑底部引入街区内部
	绿地景观布局	景观节点主要有滨江码头、万达广场等，道路景观以软质景观为主，尽量少用大型景观构筑物，景观界面持续通透，景观树和小品等沿街两侧布置
	建筑外墙障碍物	规划控制沿街面装置广告牌时，尽量可能以垂直的方式排列，道路交叉口过街天桥应避开主风道控制范围，立交桥的形式应该通透，底层桥墩设计应避开主风道，以免阻挡通风
	下垫面平滑程度	下垫面尽量保持平滑，有利于风顺利通过
	建筑外墙材质	建筑外墙的材料选择冷质材料，铺设路面时应采用掺和大量白色原料的沥青，任何大面积的水景设施也可作为恒凉区
	风道上的植物配置	针对民生路路段街道两旁、广场、建筑退距等地方，应种植一些高大、茂密的乔灌木，不仅可以起到遮阴效果，还可以降温

8.2 生态景观营造[1]

生态规划不仅仅是生态技术的应用，更重要的是“以人为本”创造一个宜居

[1] 张改景，同济大学。本文中图表，除标明来源的外，其余均由约稿作者提供。

的环境

8.2.1 生态绿化技术

低碳生态城区宜根据自身植物资源、水环境和土壤状况，结合城区功能区定位要求，形成绿化生态技术，主要包括植物种类选择和群落构建、功能型绿林地的营造、城市绿地对降雨径流的LID技术、立体绿化技术等，具体如表3-8-11所示。

生态社区生态绿化技术　　表3-8-11

A：植物种类选择和群落构建	B：城市绿地对降雨径流的LID技术	C：功能型绿林地的营造	D：立体绿化技术
A1 乡土植物选择 A2 复层植物群落 A3 河岸带植物序列构建 A4 现有绿林地的林相改造 A5 生物多样性促进技术 A6 其他	C1 雨水花园 C2 滞留型湿地塘 C3 植被过滤带 C4 植草沟 C5 透水型铺装 C6 雨水收集装置 C7 其他	B1 林业碳汇技术 B2 降噪型绿林地 B3 保健型绿林地 B4 其他	D1 薄层屋顶绿化 D2 花园型屋顶绿化 D3 垂直绿化 D4 其他

8.2.2 景观碳汇技术

景观碳汇技术要素包括生态格局的规划及碳汇物种的选择。宜根据气候区、绿地功能规划确定选择不同的物种，比如人员休闲区可选择能够释放对人体有益挥发物的植物，将休憩公园构建成具有保健功效的“芳香园林”；生态园区内道路及隔离绿化带植物应选择吸尘能力强且能有效隔离道路噪声的高固碳植物；地面停车场配置降温增湿缓解热岛效应的高固碳绿化群落等，本文以上海为例，给出了一些具有高固碳的功能性物种，具体如表3-8-12所示。

碳汇及功能性强的物种统计　　表3-8-12

固碳能力强的陆生植物	固碳能力强的水生植物	具有保健功能的树种	吸尘、降噪能力强的树种	具有降温增湿能力的植物群落
乔木：香樟、金叶木、彩叶木、龙舌兰、栾树，五角枫，柳树，国槐； 灌木：玫瑰、杜鹃、牡丹、小檗、黄杨、沙地柏、铺地柏、连翘、迎春、月季、荆、茉莉、沙柳； 草本：牵牛花、瓜叶菊、葫芦、翠菊	芦苇、菖蒲、睡莲、水葱、千屈菜、荷花、香蒲	金莲花、黄色旱金莲、罗勒、香蜂花、留兰香、迷迭香、薰衣草	乔木：枇杷、石楠、无刺枸骨、缺萼枫香； 灌木：腊梅，红花继木，枸骨； 藤本：白木香	香榧＋柳杉＋日本柳杉、柳杉＋日本柳杉、香榧＋银杏、棕榈＋春云实、罗汉松＋日本柳杉、枫香＋厚皮香、皂荚＋紫荆＋紫藤＋椤木石楠、香樟＋悬铃木

资料来源：王丽勉，胡永红，秦俊等．上海地区151种绿化植物固碳释氧能力的研究[J]．华中农业大学学报，2007，26(3)．

9 智 慧 管 理

9 Smart Management

2014年被称为我国智慧城市建设元年。目前，我国共有智慧城市试点达193个。随着大数据等现代技术的出现与发展，智慧城市不仅成为解决“大城市病”的有效手段之一，还可以打破时空限制，实现生产、生活要素有机组合，使城市的公共服务资源向乡镇延伸和覆盖，让城市管理更加科学，人居环境更加优美，产业结构更加高效，城乡发展更加均衡，进一步提高城镇化的质量与内涵。据世界银行测算，一座百万人口智慧城市的建设，在投入不变的前提下实施全方位的智慧化管理，将使城市的发展红利增加3倍。本章重点介绍城市大数据相关技术以及城市大数据在城市建设与运营中的应用，为智慧城市的管理提供技术支撑。

9.1 大数据获取与可视化

9.1.1 获取方法

大数据与传统数据最为本质的区别体现在采集来源以及应用方向上，与传统数据相比，大数据将以前难以获得数据得以获得，将数据加以重新分析利用，使之产生新价值。在城市方面，传统的数据获取可以通过调查统计、遥感测绘方法，从而得到城市经济、社会、人口空间等数据，数据获取方式较为单一，且获取的数据数量较为有限；而现代的大数据获取方式扩展为可以从互联网获取政府公开数据、企业开源数据，以及公众和非盈利组织提供的数据，同时可以通过智慧设施获取如交通传感、大气传感以及其他智慧设施获取，数据源变得多种多样，获取方式变得更为快速，数据量变得越来越庞大，得到的数据往往是空间、时间等多个维度的连续性数据，更加具有分析价值。

9.1.2 可视化

2014年百度地图发布了一幅基于定位服务的代表中国特色的人口迁徙大数据地图，通过百度迁徙地图，可以从时间和空间两个维度直观了解中国2014年春运人口轨迹，该项目的推出，引起了学术界以及科技企业对于大数据可视化技术的极大兴趣。通过大数据可视化技术，可以从复杂无序的数据中发现规律，也可以使数据变得更有意义。在数据大爆炸与城市快速发展的时代，城市数据纷繁复杂，数据量巨大，面对海量数据，往往难以分析，数据结果难以清晰的呈现，数据可视化帮助从复杂数据中理出头绪，化繁为简，变成可见的财富，从而实现更有效的决策与支持。

数据可视化工具必须具备以下特性[1]：

（1）实时性：数据库可视化工具必须适应大数据时代数据量的爆炸式增长需求，必须快速的收集分析数据、并对数据信息进行实时更新；

（2）简单操作：数据可视化工具满足快速开发、易于操作的特性，能满足互联网时代信息多变的特点；

（3）更丰富的展现：数据可视化工具需具有更丰富的展现方式、能充分满足数据展现的多维度要求；

（4）多种数据集成支持方式：数据的来源不仅仅局限于数据库，数据库可视化工具将支持团队协作数据、数据仓库、文本等多种方式，并能够通过互联网进行展现。

基于以上特性，常用的数据可视化的工具如（图 3-9-1）：

（1）Google Charts。是一种能够提供网络编程生成图表的接口工具，借助 Google Charts 提供的大量现成的图表类型，可以自定义生成从简单的线图表到复杂的分层树地图等，对于大数据的灵活展示具有很大帮助，此外，还内置了动画和用户交互控制，定制较为灵活。

（2）D3。与 Google Charts 类似，也是一种基于网络编程生成图表的工具，可以绑定任意数据到 DOM，然后将数据驱动转换应用到 Document 中，但是相比较而言，D3 能够提供更多线性图和条形图之外的复杂图表样式，例如 Voronoi 图、树形图、圆形集群和单词云等。

（3）Leaflet。是一种用来开发移动友好地交互地图接口，地理空间的大数据表达越来越多，而目前大多数的地图工具过于复杂与庞大，对于使用与开发来说都有一定的难度，Leaflet 正是针对这些问题而产生的地图表达工具，灵活小巧易于开发是其重要的特点。

（4）Processing。构建图形应用程序以及用以展示复杂数据的应用程序会比较复杂。与目前常见的高级语言 API 不同，Processing 语言和环境通过创建一个图形展示的可移植的环境和语言解决了这个问题。Processing 极大地简化了展示静态数据、动态数据（比如动画）或交互数据的应用程序的构建。

---

[1] 谢然．TOP50＋5 大数据可视化分析工具[J]．互联网周刊，2014(17)．

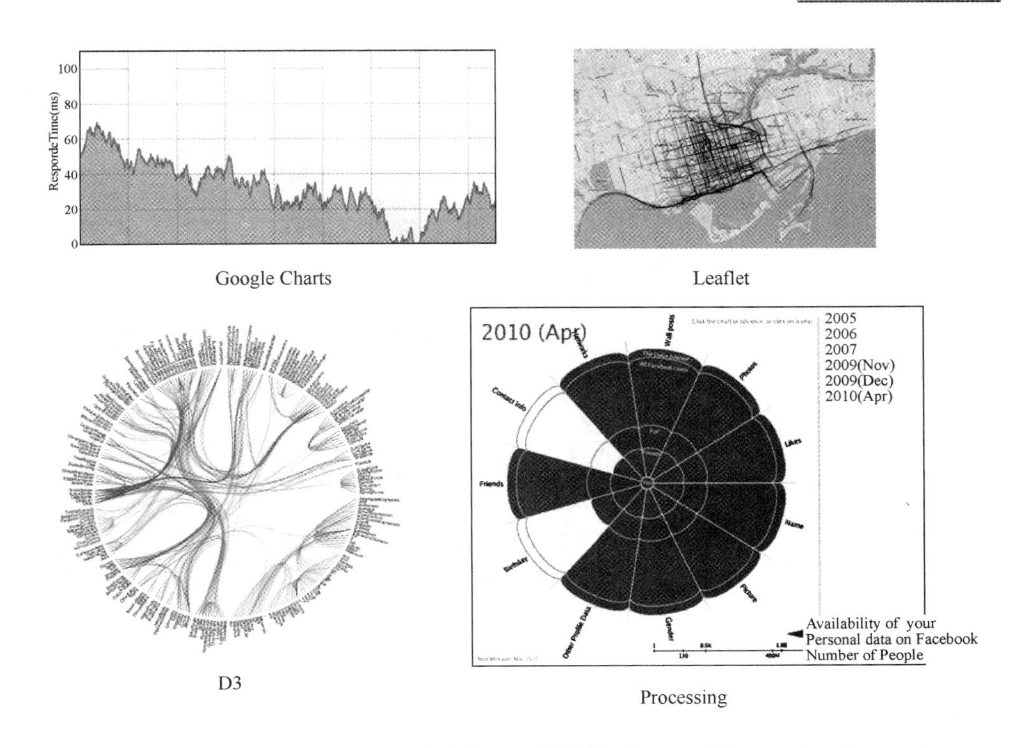

图 3-9-1 数据可视化工具（图片来源：互联网周刊 http：//www.ciweek.com/）

9.2 大数据城市应急❶

近年来，城市突发事件频繁出现，因为缺乏有效的经验与处理方法，往往未能得到及时处理，导致城市正常运行秩序受阻。面对突发的城市事件，如果能及时感知、甚至预警这些事情，将能极大地改善城市管理，提高政府对突发事件的应对能力，保障城市安全，减少损失和悲剧的发生。

以 2011 年东日本大地震和福岛核事故为例，事故爆发后，日本东京大学研究人员通过对推特（Twitter）数据进行分析和挖掘，对地震进行了实时预警。同时，研究人员通过建立约 160 万人在日本一年中的 GPS 移动轨迹数据库，利用轨迹数据对东日本大地震和福岛核事故发生后的灾民移动、避难行为进行了建模、预测和模拟。在海量的时空轨迹数据中，挖掘不同类型的灾难行为模式，通常需要先对个体数据在灾难发生前长时间的移动行为模式进行分析，找出一些显著地点，如住所、工作单位、经常光顾的超市和商店等，通过比对灾难发生前后

❶ 宋轩．大数据下的灾难行为分析和城市应急管理［J］．中国计算机学会通讯，2013 年第九卷第 8 期 9.

显著地点分布的变化，挖掘出个体中长期的避难行为和返回情况。图 3-9-2 显示了东日本大地震和福岛核事故发生后，福岛县、宫城县和岩手县灾民的中长期避难行为和一些主要受灾城市的人口变化情况，有了以上数据的模拟与预测，如果日后有此类类似的城市突发事件发生，便可以从之前的总结中吸取经验，提前做好准备，为突发事件后人们的合理撤退与避开突发事件场所提供依据。

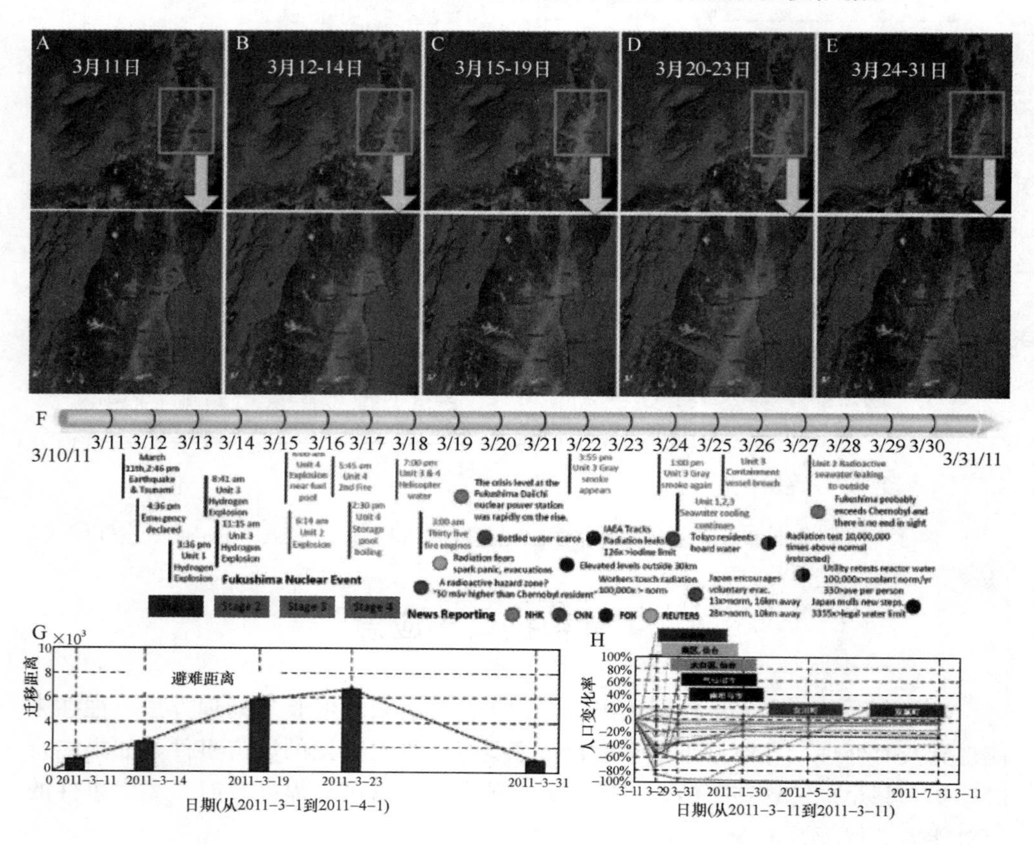

图 3-9-2 东日本大地震和福岛核事故中挖掘出的中长期避难行为

（图 A～E 显示了挖掘出的中长期避难行为（避难起点到终点的迁移连线）；

图 F 显示了相关媒体报道及时间轴；图 G 显示了在不同时间点挖掘出的避难行程距离；

图 H 显示了主要受灾城市不同时间点的人口变化率）

此外，瑞典斯德哥尔摩大学的研究人员收集 190 万手机用户的移动数据，通过这些数据来分析 2010 年 1 月 12 日海地大地震发生后，灾民的移动行为模式。

9.3 大数据环境监测

很多城市开始通过建设地面空气监测站以此实时感知城市空气质量。但是由于监测站的建设成本高昂，一个城市的站点往往比较有限，并不能完全覆盖整个城市。全国范围内雾霾污染较为严重的北京市，目前全区建设监测点仅 35 个空气监测站点（平均约 500 平方公里一个站点），其中主城区 17 个监测点。因为空气质量同时受到多方面因素影响（如地表植被、空气湿度、楼房密度等），而且随地域不均匀变化，如果一个区域没有监测站，不能用一个笼统的数据来概括整个城市的空气状况。因此，需要借助其他手段对其数据进行补充，改善原有的不均匀分布情况。利用群体感知获取城市环境监测大数据是解决这个问题的一种方式。

例如，“哥本哈根车轮”项目在自行车车轮里安装上传感器，通过用户手机将收集的数据发送至后台服务器。依靠群体的力量，感知整个城市不同角落的温度、湿度和二氧化碳浓度。因为独立传感器体积较大，不便于携带，且对于细颗粒物（PM2.5）这样的悬浮物则需要 2～4 小时的测量时间才能产生较为精确的数据，目前这种方式只适用于部分气体，如一氧化碳和二氧化碳。此外，微软亚洲研究院于 2014 年实施了一项名为“Urban Air”的项目（图 3-9-3），通过大数据预测城市空气质量，利用地面监测站有限的空气质量数据，结合交通流、道路结构、兴趣点分布、气象条件和人们流动规律等大数据，基于机器学习算法建立数据和空气质量的映射关系，从而推断出整个城市细粒度的空气质量，同时也能

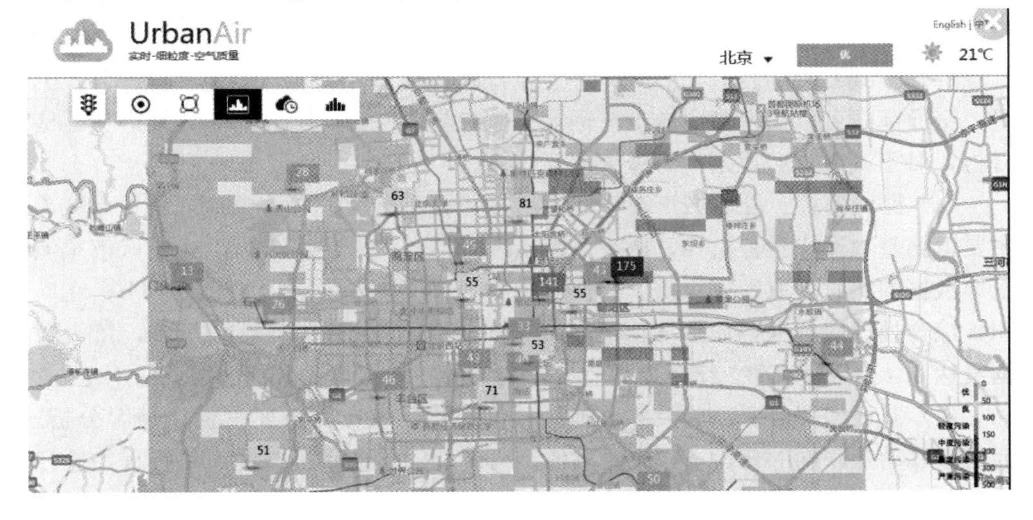

图 3-9-3 Urban Air 微软空气质量监测与预测网站
（来源：微软亚洲研究院 http：//www.msra.cn/）

实时预测全天24小时空气质量指数，为人们出行选择提供了有力的帮助[1]。

9.4 大数据交通治理

9.4.1 交通数据获取方式

北京市2013年交通运行分析报告指出，北京市交通拥堵指数为5.0，工作日路网平均拥堵时间为1小时55分钟，截至目前，交通拥堵呈现越来越严重的趋势。为此，北京陆续出台了一系列治堵措施，以期减少汽车增长为城市带来的拥堵效应，而这些措施仅利用行政手段简单的强制性措施限制汽车增长，不能从根本上解决交通拥堵本身的问题。出行是刚性需求，而出行方式是弹性的，传统的交通系统难以满足当前复杂的交通需求，及时、准确获取交通数据并构建交通数据处理模型是建设智能交通的前提，而这一难题，可以通过大数据技术得到解决[2]。

对于交通大数据，首先需要解决数据获取问题，针对目前城市交通数据可以大致分为以下几种方式获取：

（1）居民市政交通卡。目前全国范围内，大部分城市部署使用市政交通卡，对于居民来说，一方面支付方便，另一方面部分交通卡具备一定折扣，所以使用率较高，以北京市为例，通过北京市交通局公交卡终端系统，能够详细地统计出每日进出地铁的人数，同时可以根据起始点刷卡记录，获得使用者运行轨迹，此外，如果乘坐地面公交系统，通过刷卡记录，排除部分直接支付未使用公交卡居民，也能根据经验比例统计出交通出行数据情况。

（2）车载GPS数据。目前城市运行公共车辆基本装载GPS，通过GPS卫星，交通部门可以快速获取城市车辆运行位置与轨迹，通过数据库对其进行存储分析，对于城市交通规划具有极为重要作用。

（3）路网监控。随着城市车辆逐渐增多，城市对于交通监控愈加重视，城市主要道路基本形成全程监控，通过监控系统，结合识别技术，可以完成城市车流量等数据的实时获取，在重庆，其高速公路视频监控数据每天达到50TB，在广州，综合处理服务平台，每日新增城市交通运营数据记录超过12亿条，每天数据量达到150～300GB。结合视频监控，交通部门能够弥补上其他信息的不足。

（4）互联网资源。目前大部分地图网站提供了城市交通实时拥堵情况分析。而随着移动互联网的普及，越来越多的出行者使用移动手机查询道路行程，进行

---

[1] 微软亚洲研究院 http：//www.msra.cn/。

[2] IT时代周刊。

道路导航，因此，通过对手机终端的轨迹收集，地图网站将拥有大量的用户出行数据，以百度地图为例，百度地图的日请求次数约为 35 亿次，用户约 2 亿人（2013 年），借助互联网数据，将能为城市大数据提供重要的支持。

9.4.2 大数据智慧停车

城市车辆的不断增多带来的不仅是城市交通的拥堵，也带来了城市停车难的问题，原有的城市规划对于城市停车位数量设计基本难以满足现阶段飞速增长的汽车数量，导致了城市随处可以见的乱停车现象，为城市交通拥堵进一步增加了砝码，解决城市停车问题，无疑是智慧城市中非常重要的部分[❶]。目前，一些城市政府，以及一些互联网高科技企业均参与到了解决城市停车的研究项目与技术实施中，而对于大数据的停车应用，主要针对城市级的停车管理系统，通过车场联网、收费监管、信息服务以及移动手机 APP 等方式对城市智慧停车提供服务。基于阿里云，杭州建立了一套新的智能停车收费系统，通过实时处理 20000 多个停车位信息，数据从手持 POS 机和智能地感传至云端，随着数据的积累，通过大数据挖掘，使得云端大脑更加智能。智慧停车系统覆盖了全市七个城区，各道路上的 20000 多个停车位接收 1000 多个 POS 终端设备实时上传的数据，提供停车监督、数据分析、费用结算等功能。此外，全国 13 个城市，共计 34 座综合物业，超过 30000 个车位转型成为微信智慧停车场（图 3-9-4），物业类型涵盖住宅区、购物中心及医院公共设施，为车主节省近 65%的时间[❷]。

图 3-9-4　微信智慧停车场（来源：CNET 科技资讯网）

---

❶ 张改景，同济大学。本文中图表，除标明来源的外，其余均由约稿作者提供。

❷ CNET 科技资讯网

10 社会人文需求

10 Social Culture Demand

在新的城市建设思路与方法指导下，中国的城市建设必将着力解决城市空间、资源、服务配置的公平性问题，提高城市居民的生活质量和均等发展机会。然而，地域上的均等化并不意味着城市公共资源配置的公平化，不同属性的居民往往具有不同的居住建筑需求、多样化的公共开放空间和绿色居住空间喜好、差别化的公共设施配套使用强度和频率。这种需求的多样化决定了城市规划建设的复杂性。探索城市居民需求的差异性并揭示其深层次的原因，是未来城市规划建设真正实现"以人为本"的基础。

新常态下，与经济发展的"求稳"不同，城市规划和建筑设计将在原有基础上进一步"求优"，亦即在追求单一的、标志性绿色建筑的同时，更加考虑较大尺度上的布局合理、结构优化，以更大程度的满足人们的使用需求。然而，城市和建筑建设的高成本、固定性、耐久性与社会人文需求的时变性使得城市建设与社会需求成为一对矛盾体。城市规划和建筑设计必须具有一定程度前瞻性，否则将会与社会需求之间的差距越来越大。但如果这种前瞻程度过大，则会演变成过度超前建设，使得建成的设施长时间处于闲置状态，造成资源浪费。图 3-10-1 形象化地展示了社会需求与城市规划和建筑建设之间的关系。当城市规划和建筑建设前瞻性不足时，前期浪费的社会需求满足能力与后期社会需求不足之和较大（$S_1+I_1+I_2+I_3$），主要体现为难以满足社会需求；当城市规划和建筑建设过度超前时，前期浪费的社会需求满足能力与后期社会需求不足之和也较大（$S_1+S_2+S_3+I_3$），主要体现为满足社会需求的能力过剩；当城市规划和建筑建设合理时，前期浪费的社会需求满足能力与后期社会需求不足之和（$S_1+S_2+I_1+I_2$）最小。

平衡资源浪费与供给不足之间的矛盾、把握好城市规划和建筑建设前瞻性的程度，必须综合考虑城市建设的社会人文需求的变化特征。目前，城市规划和建筑建设方面的研究已经拥有良好的基础，然而其社会人文需求的微观尺度研究几乎空白。本研究将聚焦于具有不同属性的城市人群，研究城市规划和建筑建设需求规律，并揭示导致城市规划和建筑建设需求差异的原因。本篇将界定绿色建筑规划建设的社会人文需求的研究范围，为后续研究的开展提供明确的边界。在此基础上，对绿色建筑表征指标体系和人文需求指标体系进行分析总结，从而为绿

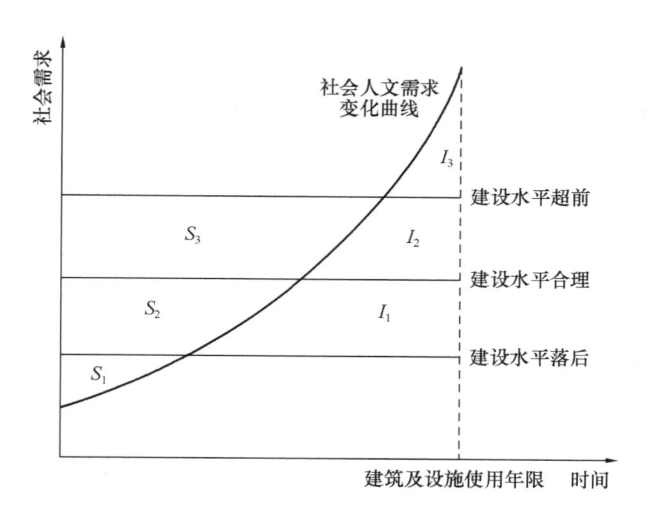

图 3-10-1　城市规划与建筑建设与社会需求变化示意图

色建筑规划建设与社会人文需求关系的定量化分析提供依据。

10.1　社会人文需求的研究尺度

传统意义上绿色建筑的研究局限于单体建筑的室内外环境研究，同时也支持绿色建筑作为一个次级系统依存于一定的地域范围内的环境，其实现与每一个地域的独特气候条件、自然资源、现存建筑、社会水平及文化环境有关。与绿色建筑相对应，绿色城市则更注重从社会人文需求的角度进行城市尺度的绿色提升，提出了“净化”、“绿化”、“活化”、“美化”和“文化”五个标准。实际上，城市是以网络化的状态而存在，建筑是城市居民活动的基本场所，是构成城市网络的基础性节点，因此绿色建筑是绿色城市必不可少的组成部分。但绿色建筑本身的简单堆砌并不构成绿色城市，只有将绿色建筑进行有机的组合，通过绿色环境、绿色交通、绿色产业、绿色行为、绿色意识等将绿色建筑进行合理的串联，才能实现城市尺度的绿色发展。

如何从绿色建筑上升至绿色城市是中国新型城镇化过程中面临最大的挑战之一。厘清绿色建筑发展融入城市化过程的原理和规律，有助于中国更加了解什么是低碳议程，使中国的城市实现从单体绿色建筑本身的建设过渡到绿色建筑与绿色交通、绿色产业、绿色环境等相结合的全面绿色发展。解决这一问题的困难在于绿色建筑设计与绿色城市规划之间关注的领域不同，绿色建筑设计的微观性和绿色城市规划的宏观性之间缺少尺度适中的衔接点。因此，需要在绿色建筑和绿色城市之间建立一个中尺度的研究单元作为过渡，向上承接绿色城市建设的社会人文需求，向下联系绿色建筑单体物理属性。

本节提出从“社区尺度”开展绿色建筑规划建设的社会人文需求研究。社区是建筑向城市进行规模和功能扩张的关键节点（图 3-10-2）。从人口承载的角度，社区处于建筑和城市人口承载能力的中心点；从城市管理的角度，社区管理是城市管理与建筑管理的过渡层。在社区尺度上开展绿色建筑规划建设的社会人文需求研究，承接了绿色建筑微观尺度和绿色城市宏观尺度两方面的研究体系，有助于回答中国新型城镇化过程中的关键问题，实现城市全面绿色提升。

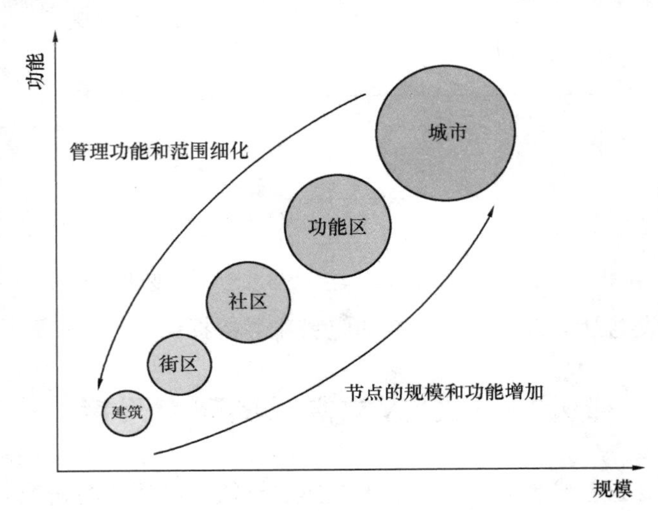

图 3-10-2 城市功能节点

社区是人类居住的基本形式之一，是一定区域内由特定生活方式并且具有成员归属感的人群所组成的相对独立的社会共同体。社区由一定数量的人口、一定范围的地域、一定规模的设施、一定特征的文化、一定类型的组织五方面要素构成，具有四个方面的特点：有一定的地理区域，有一定数量的人口，居民之间有共同的意识、利益和较密切的社会交往。社区是城市宏观分析的最小单元，其成员在生活上、心理上、文化上有一定的相互关联和共同认识。因此，本研究选择社区作为绿色建筑规划建设的社会人文需求研究单元。

10.2 社会人文需求的指标体系

为表征社会人文需求的关键特征，本节针对绿色建筑规划建设的人文需求建立了指标体系。通过剔除具有普遍共性或过于个体化的指标，最终确定的指标体系包括人口属性、年龄属性、教育因素、工作因素、婚姻因素 5 个方面（表 3-10-1）。其中，人口属性主要包括是否是常住人口、人口性别比例两方面的因素，主要描绘了人员的流动性和性别结构。年龄因素主要包括年龄结构、适龄人数和老龄化水平三个方面，年龄结构主要反映了居民的年龄特征，适龄人数主要与对教育、医疗、卫生等方面的需求相关，老龄化水平与社会养老需求问题相关。教育因素主要表征了居民的整体受教育情况。工作因素从所从事行业和工作年限两个方面刻画居民的总体工作特征。婚姻因素主要考虑了居民的总体婚姻状况。

社会人文需求指标体系 **表 3-10-1**

表征领域	具体指标	表征领域	具体指标
人口属性	是否是常住人 性别	教育因素	受教育情况
		工作因素	所从事行业 工作年限
年龄因素	年龄结构 适龄人数 老龄化	婚姻因素	婚姻状况

基于上述社会人文需求指标体系，可以直接评估社区对绿色建筑规划建设的需求，作为绿色建筑规划建设的依据。以深圳市福田区2014年的小学适龄（6～12岁）儿童的空间分布及其对学校的需求为例，图3-10-3展示了由年龄因素决定的绿色建筑规划建设社会人文需求。

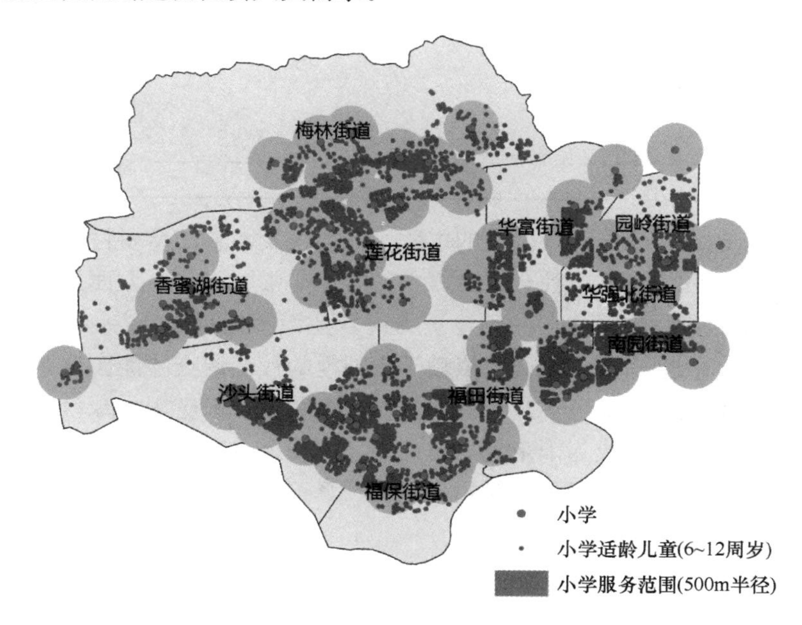

图 3-10-3 小学适龄儿童空间分布及小学服务范围

根据《城市居住区规划设计规范》GB 50180—93，小学的服务半径不宜超过500m。分析结果显示，深圳市福田区共有小学适龄儿童60667人，位于福田区内及其周边的小学共有88所。其中，居住于小学周边500m以内的人数为54709

人，占小学适龄儿童总人数的 90.18%，距离学校的平均距离为 240m；其余 5958 名适龄儿童距离小学的直线距离最远达到 1212m，距离小学的平均距离为 688m。福田区各街道不在小学 500m 服务半径内的儿童数量见表 3-10-2。可以看出，未纳入小学服务范围的适龄儿童主要分布于园岭街道、沙头街道、南园街道、梅林街道、福田街道以及华强北街道。其中，华强北街道不在小学服务范围内的儿童比例高达 33.56%，园岭和香蜜湖街道的这一数值则分别高达 26.23% 和 18.12%。莲花街道、华富街道和福保街道未纳入小学服务范围的儿童比例较低，分别为 1.52%、2.84%和 2.86%。

福田区各街道小学适龄儿童分布与小学服务情况　　表 3-10-2

街道	小学适龄儿童数（人）	不在小学服务范围内的儿童数（人）	不在小学服务范围内的儿童比例（%）
园岭街道	5810	1524	26.23
香蜜湖街道	2472	448	18.12
沙头街道	10403	819	7.87
南园街道	8175	845	10.34
梅林街道	7818	831	10.63
莲花街道	4656	71	1.52
华强北街道	1776	596	33.56
华富街道	3382	96	2.84
福田街道	12090	611	5.05
福保街道	4085	117	2.86
合计	60667	5958	9.82

随着城市越来越回归绿色低碳的本质，社会人文需求的重要性愈加凸显。目前针对绿色建筑和绿色城市社会人文需求的研究非常少，这一方面是由于社会人文需求尚未受到广泛的关注，绿色建筑的规划建设部门仍未有深入研究的动力；另一方面是由于社会人文需求必须依赖于大规模的社会调查才能实现，研究的难度较大。但随着人们对绿色建筑认识的加深和大数据技术应用，绿色建筑规划建设的社会人文需求必将成为未来规划设计领域的一个重要研究方向。用科学的社会人文需求研究结论指导绿色建筑规划建设，真正实现城市的绿色低碳回归。

11 公 众 参 与

11 Public Participation

公众参与是保障城市规划建设与公众需求相协调的一种对策，是新时期城市规划建设的新常态。低碳生态城市的建设离不开各利益相关者的参与，结构性渐进更新模式是需要政府推动和主导，而公众参与和实践是低碳城建设成败的重要关键因素。深圳国际低碳城作为新经济崛起的代表，将吸引大量的外来知识型劳动力，也会加剧利益相关者之间的关系复杂性，城市建设如何满足不同阶层居民、不同类型企业、各级政府部门的需求，将是未来深圳国际低碳城面临的关键问题之一（图 3-11-1）。深圳国际低碳城将社会公众的需求成为决定其规划建设的重要力量，为国内外城市建设与更新的公众参与提供了经验借鉴。

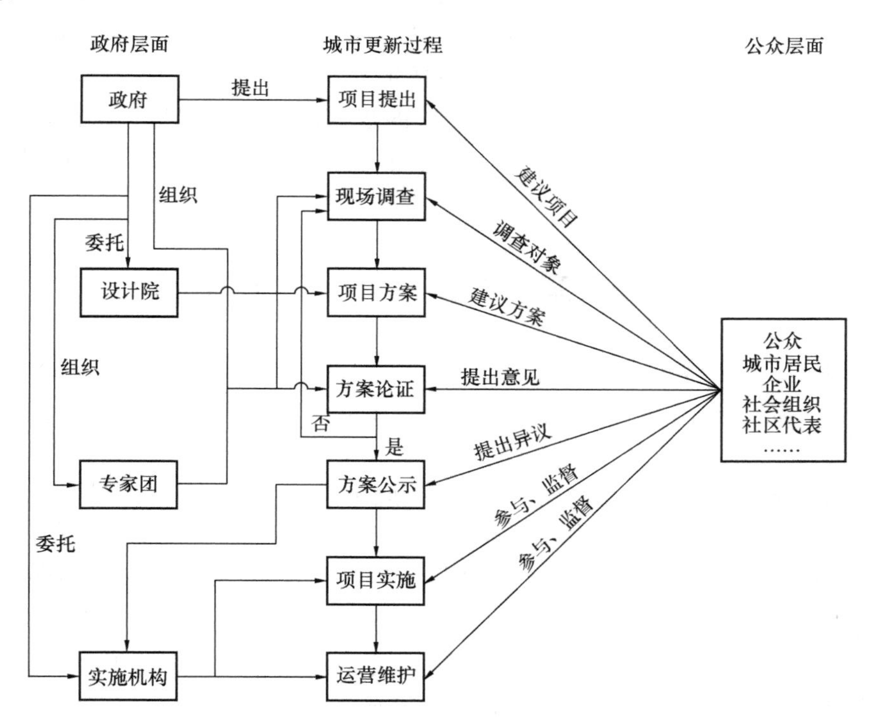

图 3-11-1　深圳国际低碳城城市更新过程及利益相关者作用框架图

11.1 公众参与意愿和参与能力的培育

参与积极性不高、参与能力有限是阻碍公众参与城市规划建设的主要问题之一。公众参与的积极性不高主要是由于城市文化关注的缺失和对城市规划与城市生活的关系不了解；公众参与能力有限主要是由于对城市规划的专业内容难以解读。培育居民的城市主人翁意识、让公众切实了解未来城市规划的内容、将城市规划建设的各项内容与居民日常生活联系起来，是解决城市规划建设公众参与困局的根本途径。

深圳国际低碳城特别注重公众参与意愿和参与能力的培育，通过各种手段增强公众参与的积极性与深度。为增强公众参与意愿，深圳国际低碳城先后组织开展了“绿色坪地暨环保低碳志愿行”、“我为低碳坪地增光彩”、“环保淘淘乐，宝贝大置换”等活动，组织了近1000人规模的环保志愿者专项队伍，对辖区居民进行低碳理念和环保技巧专项培训，举办了针对辖区居民的闲置物品交换活动，一方面向广大居民普及先进的环保、绿色、节约理念和方法，另一方面积极提升居民对深圳国际低碳城的关注程度，唤起居民的家园共建意识。为宣传城市建设与规划建设，深圳国际低碳城建立了对公众开放的综合服务中心，用于规划建设成果展示和产品交流；建立了社区志愿者讲解队，对辖区居民讲解深圳国际低碳城的规划理念、规划目标、建设方法、发展水平，解释城市规划与居民日常生活的关系，为城市规划建设的公众参与奠定了基础。

11.2 公众意愿的有效表达机制与途径

深圳国际低碳城通过意见征集、征询、协商等途径，广泛收集城市居民、入驻企业、社会组织、国内外专业规划设计团队等的意见，将公众参与融入城市规划许可、执法、评估、落地实施和运营管理的各个环节。例如，充分听取新桥世居居民保留祖居的强烈建议，通过协调居民、社区和政府的利益关系，对旧建筑进行改造、提升、保护，同时满足了居民保留客家围屋历史印记、社区提升环境安全和经济水平、政府增加综合服务功能与价值等多方面的需要；针对企业经营中出现的招聘、场地等困难，建立起政企快速协调机制，并出台了中小企业创新帮扶行动计划，扶持中小企业加快技术改造、提升创新能力和品牌建设；吸引深圳能源环保公司和荷兰阿姆斯特丹能源公司合作建立中荷东部环保电厂。

在规划设计和建设运营环节提出了公众参与的创新方法。首先，国际低碳城召开的会议、论坛、展览活动均对公众开放，为公众自由表达意见提供了开放空间。其次，在规划设计过程中，通过定期举办组织国际低碳城创意大赛，为公众和专业团队表达对深圳国际低碳城的规划设计愿景提供公平、公正、透明的平台，并力图将起打造成为低碳城市发展提供问题综合解决方案的平台。最后，针对国际低碳城众多的参观人员开展广泛的调查问卷工作，从低碳认知、直观感受、专业设计等角度采集公众意见，对城市规划建设和运营管理中的不足进行不断地改进。

11.3 即时反馈与共同决策的良性互动

深圳国际低碳城针对公众参与建立起了即时反馈和共同决策机制，保证了公众建议能够第一时间得到采纳并落地实施。例如，针对低碳城参观人员的问卷结果，通常可以在参观人员离开国际低碳城之前就做出反应。对于合理并可以即时改进的建议，第一时间向建议人沟通实施成果；对于不尽合理、不能采纳的建议，详细说明未采纳的原因；对于合理但需长时间实施的建议，随时与建议人保持沟通，定期通报意见采纳实施情况。更重要的是，公众不仅可以为深圳低碳城的规划建设提供，而且可以直接参与决策过程中，形成了政府、规划建设单位、公众共同决策的新机制。例如，客家围屋改造打造出的岭南文化气息浓郁的“四合院”就是政府、规划建设单位和当地居民共同决策的结果，由当地居民决定是否参与改造，由规划建设单位提出改造方案，由政府对方案进行审批，并通过反复的公示和征求意见对改造方案进行修改。

11.4 多方权益协调和平衡机制与方法

深圳国际低碳城规划建设过程中难免出现相关方之间以及近远期之见的利益冲突。例如，针对落后的坪地工业园和厂房进行土地整备，难免会导致企业淘汰和工人失业（Stanley，2010）。深圳国际低碳城通过预留企业总部用地、激励创新等方式促使企业转型，使得保留下来的企业走上了低碳绿色生产的道路，并吸引了大批高新企业入驻。通过协调的城市建设与产业发展的一致步调，有效地通过新企业的引进抵消了原有企业淘汰对居民失业的影响，并有效提升了居民的生活水平。据统计，2011 至 2013 年间，深圳国际低碳城社会固定资产投资年均增长 38.9%，社会消费品零售总额年均增长 13.9%，分别居龙岗区的第一位和第三位；社区集体资产增长 35.8%，社区居民小组两级集体总收入增长 27.9%，人均集体分配增长 51.7%，居民分红平均增长 30%。

为保持良好的生态环境，改变城市产业落后、基础设施薄弱的现状，深圳国际低碳城采取了滚动式开发策略、微市政建设策略和城市、产业、生态融合发展策略，用较低的经济成本、较高的市政设施利用率和低碳绿色的发展思路，打造出一片青山绿水环绕的高端低碳城市。同时，深圳国际低碳城在公众参与方面的创新与实践也为中国其他城市的规划建设提供了有益经验。

12　碳交易与碳核查

12　Carbon Trading and Carbon Verification

2014年11月12日，中美双方共同发表了《中美气候变化联合声明》，宣布两国各自2020年后应对气候变化的行动，并达成减排协议：美国首次提出到2025年温室气体排放较2005年整体下降26%～28%；中国首次正式提出2030年碳排放有望达到峰值，并将非化石能源在一次能源中的比重提升到20%。从国际应对气候变化的趋势看，声明的发布标志着中美在应对气候变化的合作方面进入了新的阶段，建立全国统一的碳交易市场是大势所趋。2014年9月，国务院批复《国家应对气候变化规划（2014～2020年）》，其中明确提出要建立我国碳排放交易市场。目前全国有7个碳交易试点省市，截至2014年10月，共完成交易1375万吨二氧化碳，累计成交金额突破了5亿元人民币，国内碳交易试点稳步推进。随着《碳排放权交易管理暂行办法》的发出，全国统一碳排放权交易市场计划于2016年试运行。

为落实中美气候变化工作组双边应对气候变化合作实施计划，进一步加强我国温室气体排放数据管理和企业温室气体排放核算、报告、核查的能力建设，国内仍需借鉴美国国家及州级温室气体清单编制、企业设施层面温室气体排放核算与报告方法及数据管理等方面的经验，逐步完善碳排放清单编制的方法学基础和理论的探索。

12.1　温控目标可行性和转型路径[1]

本节对IPCC第五次评估报告中关于“实现全球2℃温控目标的可行性和所需的转型路径以及减缓气候变化的理论基础、概念体系和政策机制”部分进行了解读，提取并解读了其中的一些重要结论，以期能对我国参加国际气候变化谈判及其他相关工作提供支撑。

(1) 经济和人口增长是驱动温室气体排放的主要因素

尽管已经采取了很多减缓措施，全球人为温室气体排放仍升至前所未有的水平，2010年达到490(±45)亿吨CO_2当量（图3-12-1）。2000年至2010年是排

[1] 张晓华、傅莎、祁悦，IPCC第五次评估第三工作组报告主要结论解读，http://www.ncsc.org.cn/article/yxcg/zlyj/201407/20140700000963.shtml。

放绝对增幅最大的十年，年均温室气体排放增速从 1970 到 2000 年的 1.3%增长到了 2.2%。基于卡亚分解的结果，经济和人口增长是化石燃料相关 CO_2 排放增长的主要驱动因子，其中人口增长贡献在近 40 年大致保持稳定，但近 10 年经济增长的贡献大幅上升（图 3-12-2）。

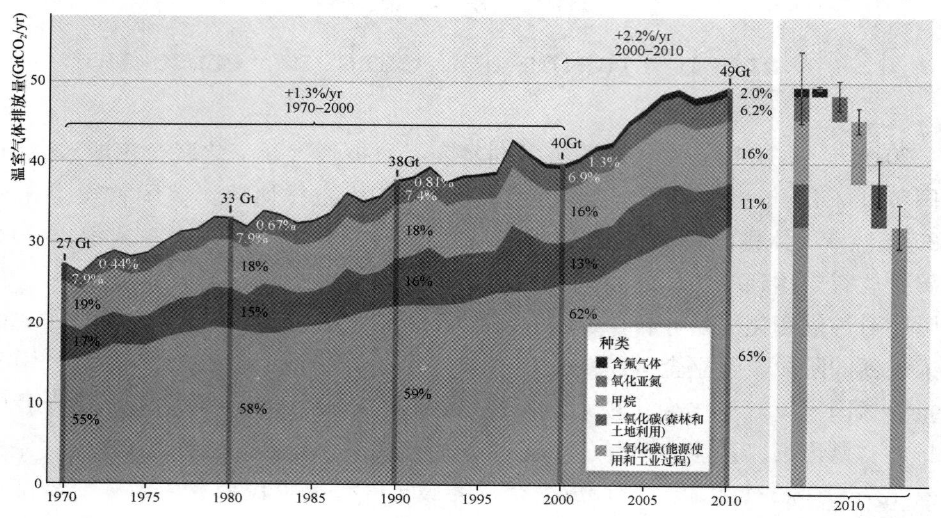

图 3-12-1　近 40 年全球温室气体排放量

资料来源：IPCC，2014：Summary for Policymakers. In：Climate Change 2014：Mitigation of Climate Change. Contribution of Working Group Ⅲ to the Fifth Assessment Report of the Intergovernmental Panel on Climate Change [Edenhofer，O.，R. Pichs-Madruga，Y. Sokona and et al]. Cambridge University Press，Cambridge，United Kingdom and New York，NY，USA.

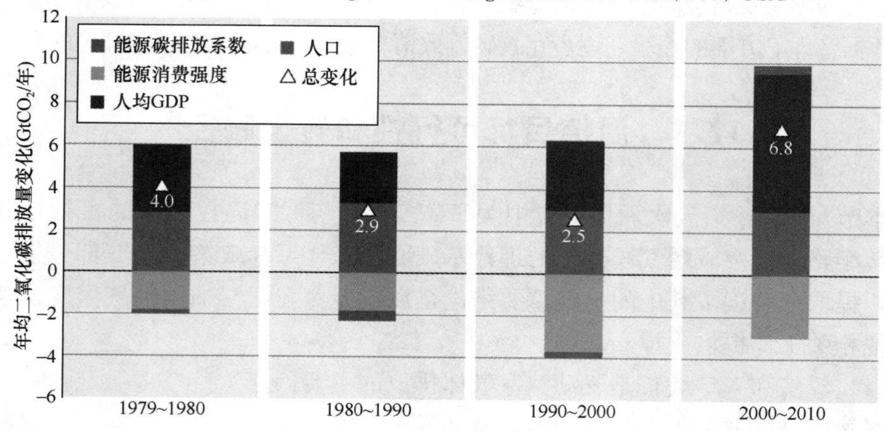

图 3-12-2　全球温室气体排放贡献分析

资料来源：IPCC，2014：Summary for Policymakers. In：Climate Change 2014：Mitigation of Climate Change. Contribution of Working Group Ⅲ to the Fifth Assessment Report of the Intergovernmental Panel on Climate Change [Edenhofer，O.，R. Pichs-Madruga，Y. Sokona and et al]. Cambridge University Press，Cambridge，United Kingdom and New York，NY，USA.

最近 40 年（1970～2010 年）的人为 CO_2 累积排放约占总历史累积排放量（1750～2010 年）的一半。1750～1970 年期间来自化石燃料燃烧、水泥生产和天然气燃除（处理石油生产过程中过剩天然气的方法，Gas flaring）的 CO_2 累积排放总量是 4200±350 亿吨，而到 2010 年，这一累积排放量增长了 2 倍达到了 1.3 万亿±1100 亿吨。自 1750 年以来的与森林和其他土地利用相关的 CO_2 累积排放量从 1970 年的 4900±1800 亿吨上升到了 2010 年的 6800±3000 亿吨。如果没有额外的减少温室气体排放的努力，在基准情景下，全球 2100 年的地球平均表面温度相对工业化前将升高约 4℃（3.7～4.8℃）。

（2）提出了实现 2℃温控目标的成本最优排放路径要求

科学测算表明，到 21 世纪末将温室气体浓度控制在 450ppm 才有较大可能（66%）实现 2℃温控目标。在此情景下，单就 CO_2 而言，全球 2011～2100 年的累积排放空间为 6300 亿～1.18 万亿吨，远小于全球自 1870～2011 年间的平均值 1.89（1.63～2.125）万亿吨的累积排放量。

在很可能(90%)实现 2℃温控目标情景下的成本最优排放路径要求(图 3-12-3)：

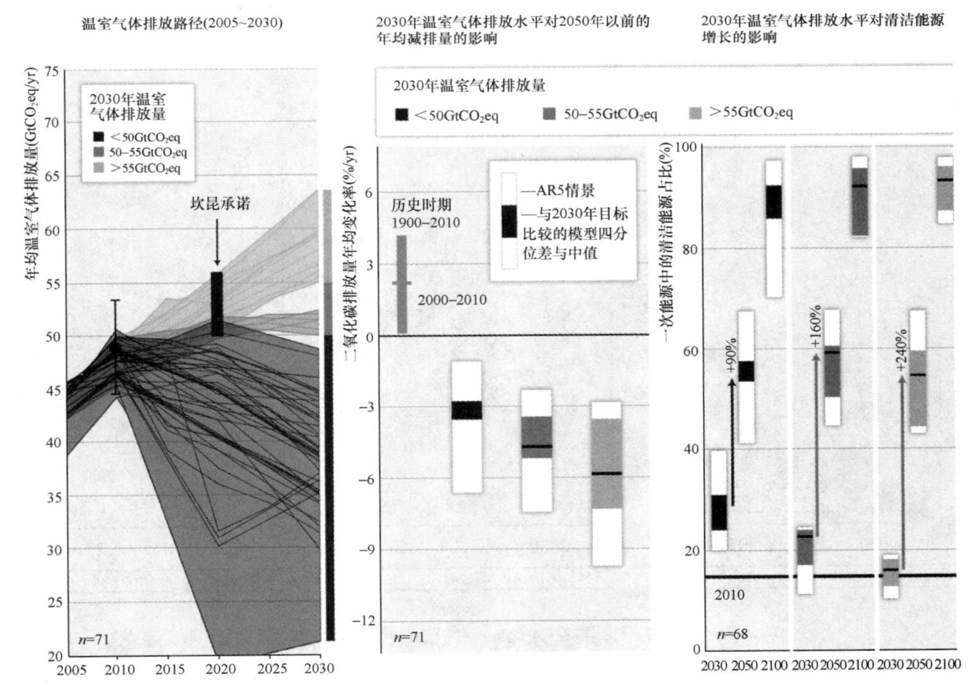

图 3-12-3 实现 2℃温控目标的成本最优排放路径

资料来源：IPCC，2014：Summary for Policymakers. In：Climate Change 2014：Mitigation of Climate Change. Contribution of Working Group Ⅲ to the Fifth Assessment Report of the Intergovernmental Panel on Climate Change [Edenhofer，O.，R. Pichs-Madruga，Y. Sokona and et al]. Cambridge University Press，Cambridge，United Kingdom and New York，NY，USA.

到 2030 年，全球温室气体排放限制在 300 亿～500 亿吨 CO_2 当量的水平（相当于 2010 年水平的 60%～100%）；到 21 世纪中叶，全球温室气体需减少至 2010 年水平的 40%～70%，到 21 世纪末减至近零。

目前，按照坎昆承诺总体努力的全球排放路径与实现 2℃温控目标的成本最优路径并不一致，但在实现坎昆承诺的基础上加大 2020 年后的减排力度仍有可能实现 2℃温控目标。因此，2030 年排放水平对实现 2℃温控目标是极为重要的，将减缓努力延迟到 2030 年后再大幅增加向低排放水平路径转型的困难，并降低实现 2℃温控目标的可行性。

（3）大规模能源系统改革是 2℃温控目标实现的关键

要实现 2℃温控目标，需要对能源供给部门进行巨大改革，需保障其 CO_2 排放在未来持续下降，在 2040～2070 年期间实现相对 2010 年水平下降 90%或以上目标，在很多情景下甚至需要实现“负排放”（图 3-12-4）。电力生产深度脱碳是 2℃情景的重要特征之一，并需要到 2050 年实现超过 80%的发电装置脱碳，可再生能源、核能、使用碳捕获和封存技术（CCS）的化石能源、采用生物质联合 CCS（BECCS）的零碳或低碳能源供给占一次能源供给的比重达到 2010 年水平（约 17%）的 3 倍到 4 倍。

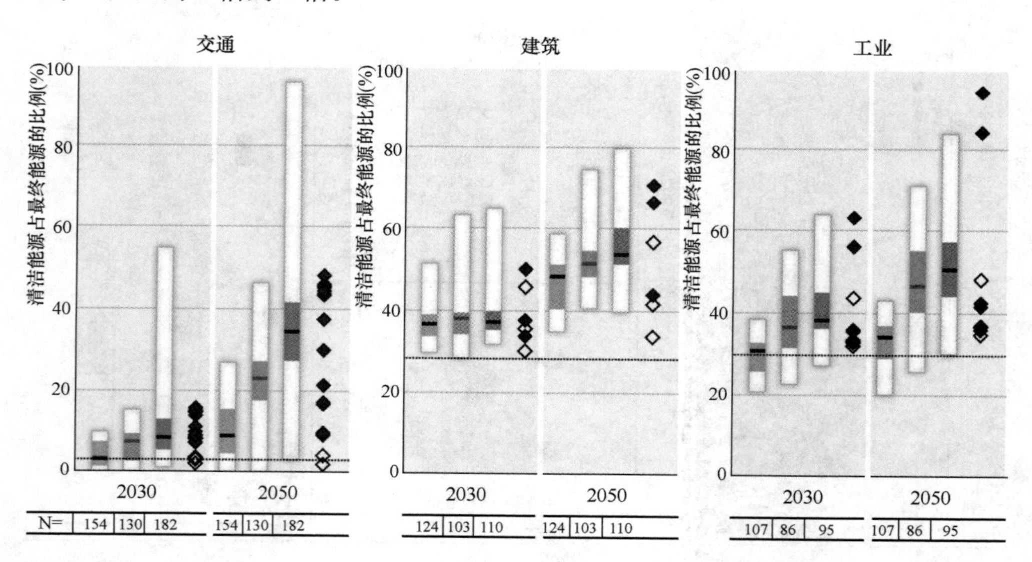

图 3-12-4　未来全球零碳或低碳能源供给情景

资料来源：IPCC，2014：Summary for Policymakers. In：Climate Change 2014：Mitigation of Climate Change. Contribution of Working Group Ⅲ to the Fifth Assessment Report of the Intergovernmental Panel on Climate Change［Edenhofer，O.，R. Pichs-Madruga，Y. Sokona and et al］. Cambridge University Press，Cambridge，United Kingdom and New York，NY，USA.

大多数 2℃情景需要在 2050 年之后部署能够清除大气中二氧化碳的负排放技

术（CDR），如生物质与CCS相结合发电技术（BECCS）和造林等。这是本次评估中一个重要的新发现。土地利用和林业部门成为净碳汇是实现2℃温控目标的一个重要支撑。但BECCS和其他CDR技术的大规模应用还存在极大的不确定性和风险，包括常年储存在地下的CO_2所面临的各种挑战、日益加剧的土地竞争风险等。

（4）《联合国气候变化框架公约》是国际气候合作的主渠道

全球公共物品的定性决定了减缓气候变化需要国际的合作才能有效实现。虽然，目前的国际气候变化合作机制存在多样化趋势，特别是2007年之后《公约》下的相关活动在国际层面也促生了更多的合作机制，但《公约》仍然是主渠道。此外，对于《京都议定书》效果的评价也存在很多争议，但其对进一步促进国际合作提供了借鉴经验是不容置疑的事实。虽然，目前区域减缓行动作用有限，但建立不同区域之间的政策联系可以使减缓和适应产生更多的效益。

（5）气候政策协同效应管理是气候变化减缓行动的基础

在实现2℃目标的减缓情景下，提高空气质量和保障能源安全的成本都将下降，减缓行动的协同效应还体现在保护人类健康、生态系统和自然资源、维持能源系统稳定性上；效率提高和行为模式的转变在跨部门行动上也带来重要的协同效应（图3-12-5）；能源终端部门减缓行动所带来的协同效应超过其潜在的负面影响，通过额外政策措施，潜在的负面影响是有可能避免的；在建筑、交通领域以及包括城市在内的各范围内，减缓气候变化行动都有显著的协同效应。气候政策的协同效应可以在可持续发展框架下得到更为全面的认识和评估。

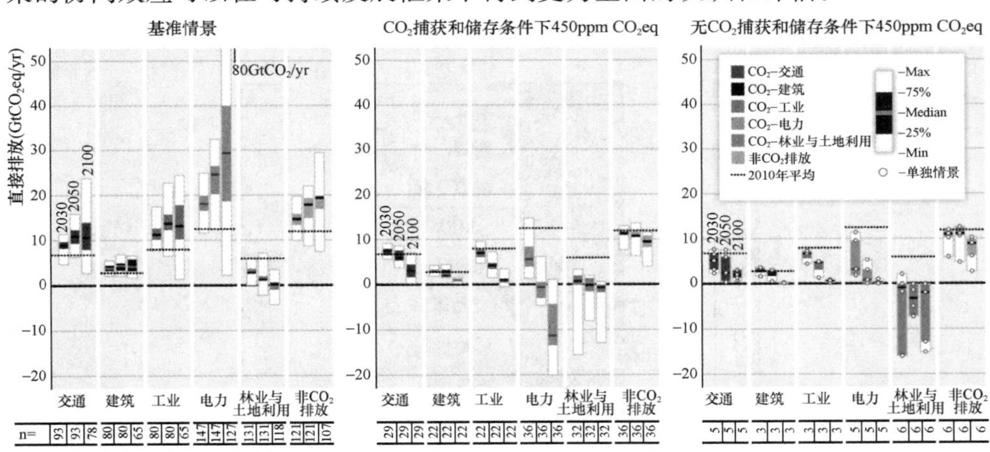

图3-12-5 社会经济部门在气候减缓活动中的协同效应

资料来源：IPCC，2014：Summary for Policymakers. In：Climate Change 2014：Mitigation of Climate Change. Contribution of Working Group Ⅲ to the Fifth Assessment Report of the Intergovernmental Panel on Climate Change［Edenhofer，O.，R. Pichs-Madruga，Y. Sokona and et al］. Cambridge University Press，Cambridge，United Kingdom and New York，NY，USA.

（6）应对气候变化需要改变现有投资构成

虽然对于气候融资尚没有明确的定义，但初步估算目前每年的气候融资规模约为 3430 亿～3850 亿美元。2℃情景的实现需要投资构成的转变。从 2010 年到 2029 年，化石能源开采和发电领域的年投资量将下降 20%（300 亿美元左右），而低碳能源领域（可再生能源、核能等）年投资规模将增加 100%（1470 亿美元左右）。

私营部门的气候融资约占全球气候融资总量的 2/3 到 3/4。在很多国家，公共部门的投资干预能够很好地引导私营部门在气候变化上的投资。在良好的投资环境及合理的政策体系条件下，私营部门在减缓上的投资规模将产生较大的影响。

12.2 碳交易路线图与碳价格

12.2.1 碳市场的建设与实现路径

碳排放权交易市场已经成为我国削减碳排放、减缓气候变化的主阵地。在碳排放权交易试点的基础上，如何发挥碳排放权交易市场在资源配置中的优化作用，激发社会和企业在降低碳减排成本方面的积极性，从而推动经济发展方式和能源结构调整，实现社会和经济的健康可持续发展，是未来一段时间我国必须解决的问题。为实现上述目标、建立起覆盖全国范围的碳排放权交易市场，基于目前我国碳排放权交易试点成果，形成了我国碳市场建设的基本路径（图 3-12-6）。

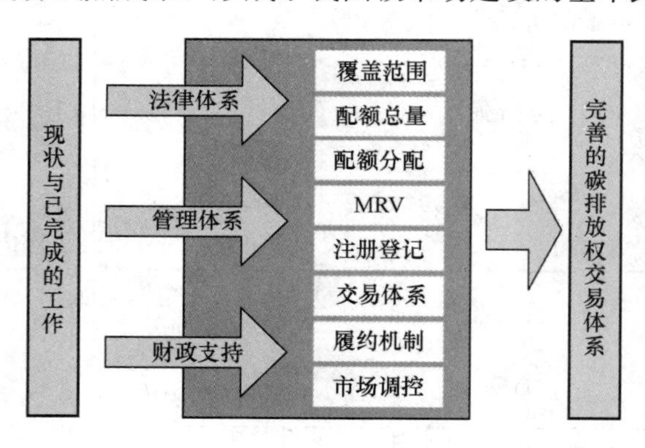

图 3-12-6 我国碳市场建设的基本路径

资料来源：蒋兆理，全国碳排放权交易市场——我们面临的挑战与出路，借鉴国际机构经验共谋中国碳市场新格局会议，天津，2014 年 9 月。

根据碳市场建设的基本路径，我国将在碳排放权交易试点工作已经取得成就的基础上，进一步开展能力建设和体系完善工作，在法律体系、管理体系和财政三个领域形成强有力的支持，在覆盖范围、配额总量、配额分配、MRV、注册登记、交易体系、履约机制和市场调控等方面形成完善的方法和技术体系，最终建立起完善的碳排放权交易体系。基于上述基本路径设计，进一步提出了我国碳市场建设的具体实现路径和时间表（表 3-12-1）。

我国碳市场建设的实现路径与时间表　　表 3-12-1

	2014 年	2015 年	2016～2019 年	2019 年后
中央政府	①编制相关管理文件 ②出台核算报告指南 ③加强基础设施建设	①推动出台管理文件 ②督促历史数据报告与核查	“五统一”原则下开展碳排放权交易	①扩大覆盖范围 ②完善体系规则 ③研究国际链接
地方政府	①开展能力建设活动 ②确定重点单位名单，并组织历史排放报告与核查 ③根据统一方法分配配额		①每年进行配额分配 ②每年组织排放报告、核查及履约的工作 ③根据地方特点参与制度完善创新	
企业	①参加能力建设活动 ②建立内部碳排放核算报告制度 ③履行报告义务，并配合核查 ④可通过 CCER 参与碳市场		①履约排放报告及履约责任 ②完善碳资产投资与管理制度 ③自愿参与交易降低减排成本 ④积极参与制度完善创新工作	

资料来源：蒋兆理，全国碳排放权交易市场——我们面临的挑战与出路，借鉴国际机构经验共谋中国碳市场新格局会议，天津，2014 年 9 月。

根据国家碳市场建设的实现路径与时间表设计，2014～2015 年是国家碳排放交易体系各个环节的研究与试验阶段，2016～2019 年是国家碳排放交易体系的试运行和补充完善阶段，而 2019 年之后则进入全面实施阶段。2015 年，中央将推动出台相关管理文件，地方将继续开展能力建设活动，核查重点排放单位的名单并组织历史排查报告，根据统一的方法分配碳排放配额；企业将建立内部碳排放核算报告制度，履行报告义务并配合地方政府的核查工作，通过 CCER 参与碳市场交易。2016～2019 年，中央将在“五统一”原则下开展碳排放权交易；2019 年之后，中央则将致力于扩大碳排放交易覆盖范围、完善体系规则、研究国际链接。而在 2016 年之后，地方政府的工作将集中在每年进行配额分配、组织排放报告以及核查和履约工作，并根据地方特点参与制度完善和创新；企业则将实现排放报告与责任履约、完善碳资产投资与管理制度、自愿参与交易降低减排成本，并积极参与制度完善创新工作。

为推动碳市场的建设，我国提出了 2014～2015 年的碳排放交易市场建设路线图和时间表（表 3-12-2）。根据碳排放交易市场主要环节建设路线图，2015 第二季度将完成相关法律基础文件的出台，颁布核算报告指南、核查指南及细节，并开始启动第三方机构管理办法颁布和备案工作以及定制配额分配方法；2015 年第三季度将完成碳排放报送系统和第三方核查系统建设，并启动交易机构管理办法制定和交易机构备案工作，出台市场调控细则，启动历史数据送报与核查工作；2015 年第四季度将完成配额分配工作。除此之外，MRV 的培训将组作为长期工作开展。

国家碳排放交易市场主要环节建设路线图　　表 3-12-2

	2014 年		2015 年			
	3 季度	4 季度	1 季度	2 季度	3 季度	4 季度
出台法律基础文件	●	●	●	●		
颁布核算报告指南、核查指南及细则	●	●	●	●		
MRV 培训	●	●	●	●	●	●
注册登记系统正式运行		●				
规范送报流程	●	●				
建设碳排放送报系统、第三方核查系统		●	●	●	●	
颁布第三方机构管理办法并备案第三方机构				●	●	●
指定配额分配办法				●	●	●
指定交易机构管理办法并备案交易机构					●	●
出台市场调控细则					●	●
历史数据报送及核查					●	●
完成配额分配						●

资料来源：蒋兆理，全国碳排放权交易市场——我们面临的挑战与出路，借鉴国际机构经验共谋中国碳市场新格局会议，天津，2014 年 9 月。

12.2.2 碳价格的减排作用分析

目前，中国碳排放控制政策已经大范围实施且进入政策效益缩减阶段，碳排放控制边际成本已经达到相对较高的水平，使得节能、可再生能源发展、温室气体减排主要向节能技术依赖靠拢，减排空间被极大压缩，如何建立起全范围的经济手段是解决中国碳排放控制困局的关键。碳定价可以使市场将外部不经济（碳排放和温室效应）转化到内部，从而实现碳减排和气候变化减缓，是重要的减排措施。而且碳价格的运用与其他控制手段相比具有高效率、低成本的特点，是未来我国碳排放削减的必然选择。碳定价包括碳交易和碳税两条途径，其目的都是为了给碳排放一个价格，使碳排放成为一种可以进行选择的定价物品，从而使市场不经济从外部向内部转化（图 3-12-7）。

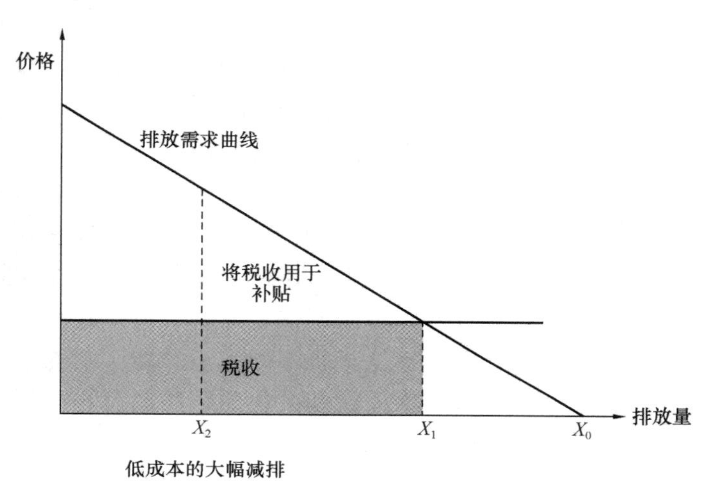

图 3-12-7 碳税对碳减排的削减作用示意图

资料来源：有村俊秀，碳价格的意义、课题及应对办法，中日绿色税制研讨会，北京，2015 年 3 月。

通过碳税和碳交易实现碳定价对碳减排具有不同的效果。碳税是基于价格的政策手段，税率的稳定性决定了碳排放的边际成本是固定的，而允许的碳排放量是不确定的，随着时间的推移，碳税往往具有逐步提高以满足碳减排的需要；碳排放交易是基于市场规模的政策手段，确定的市场规模决定了碳排放总量是固定的，而碳排放权的价格是不确定的，能够实现最低成本的减排。两者相比较，碳排放交易具有更强的减排目的性，但也同时有信息、管理方面的较大成本，尤其是在排放总量确定的科学性和配额分配的公平性方面仍存在较大争议。因此，除了积极建立碳排放权交易市场外，碳税也是我国未来探索的主要方向之一。

12.3 大型活动碳盘查与碳中和

二氧化碳排放来源于人类活动的方方面面，会议和展会活动同样也是碳排放的重要来源，尤其是大型展会制作、灯光、交通、食宿等的规模较大，碳减排的潜力巨大且具有良好的宣传、教育作用，是未来低碳转型发展首先关注的关键点。

首先，会议与展会活动的碳排放量不容忽视。据统计，一次为期 2 天的大型会议的参会人员人均碳排放量可以达到 0.5 吨/人以上，占我国目前人均每年碳排放量的 7%以上。也就是说，每个参会人员 2 天时间内的碳排放量与平时 1 个月的碳排放量相当。其次，会议与展会活动的具有良好的碳减排宣传、教育意义。会议与展会的交流开放性、信息集中性特点使得低碳发展理念和技术可以得到快速有效的传播。因此，碳盘查活动一方面有助于为展会活动的碳减排提供参考信息，另一方面可以为低碳理念的传播提供高效的媒介。

在第十一届国际绿色建筑与建筑节能大会暨新技术与产品博览会上，深圳建筑科学研究院股份有限公司对本公司参加本次展会和会议的活动进行了碳盘查（碳盘查报告见图 3-12-8），并提出了碳中和计划。在碳盘查过程中，首先对参加该次展会和会议的碳排放活动进行了梳理，厘清了导致碳排放的源头；进而对导致碳排放的活动（如交通、展台制作与运行、人员食宿等）的能源消耗量进行了评估；然后基于因子计算法，将不同类型的能源消耗量与其碳排放因子相乘并加总，最终得到参加本次展会和会议的碳排放总量。据估算，深圳建筑科学研究院股份有限公司参加本次展会和会议的二氧化碳排放总量约为 12.373tCO_2e，人均温室气体排放量0.317tCO_2e（表 3-12-3）。

深圳市建筑科学研究院股份有限公司参会温室气体排放表　　表 3-12-3

排放源	温室气体排放量（tCO_2e）	所占比例（%）
电	0.215	1.738
交通	9.510	76.861
餐饮与住宿	0.957	7.735
耗材	0.800	6.466
展台	0.891	7.201
总排放量	12.373	100
人均碳排放（tCO_2e/人）	0.317	—

会议组织方将采用种植碳汇林和购买碳排放权两种方式中和本次展会和会议产生的碳排放。具体的，在深圳国际低碳城种植 30 棵树并在深圳碳排放权交易所购买 9 吨碳排放权（按当时价格折合人民币约 400 元），以中和这些碳排放。

IBR本次展览活动的碳盘查报告

Carbon Inventory Report of IBR

针对2015年3月24-25日在北京·国家会议中心举办的第十一届国际绿色建筑与建筑节能大会暨新技术与产品博览会，我们对深圳市建筑科学研究院股份有限公司的参会活动进行了碳盘查与评估。

A carbon inventory report is made for the delegates of Shenzhen Institute of Building Research participating in the 11th International Conference on Green and Energy-Efficient Building & New Technologies and Products Expo, held at China National Convention Center, Beijing, during 24th - 25th March, 2014.

深圳市建筑科学研究院股份有限公司共39位参会代表参加此次会议，因此产生温室气体总排放量12.373tCO_2e，人均温室气体排放量0.317tCO_2e，计划在深圳国际低碳城种植**30棵树**并在**深圳碳排放权交易所购买9吨碳排放权**（按现价折合人民币**约400元**），以中和这些碳排放。下表展示了不同排放源的温室气体排放量。

There are 39 delegates of Shenzhen Institute of Building Research participating in this event. The **total GHG emissions** are **12.373tCO_2e**, and the average GHG emission per delegate is **0.317tCO_2e**. We plan to plant **30 trees** in Shenzhen International Low Carbon City and buy **9 tons of carbon emissions rights** (about **400 CNY** according to the current price) in China Emissions Exchange of Shenzhen to offset these emissions. GHG emissions from various emission sources are showed in the following table.

深圳市建筑科学研究院股份有限公司参会温室气体排放表
GHG Emissions of Shenzhen Institute of Building Research participating in this conference

排放源 Description of Emission Source	温室气体排放量 GHG Emission Total (tCO_2e)	所占比例 Proportion (%)
电 Electricity	0.215	1.738
交通 Transportation	9.510	76.861
餐饮与住宿 Dining and Accommodations	0.957	7.735
耗材 Consumables	0.800	6.466
展台 Exhibition Stand	0.891	7.201
总排放量 Total Emissions	12.373	100
人均碳排放 Per capita carbon emissions	0.317	—

编制单位：深圳市建筑科学研究院股份有限公司
Prepared by Shenzhen Institute of Building Research

图 3-12-8　碳盘查报告

13 小　　结

13 Summary

中国正处于快速城镇化与资源危机并存的阶段，未来，要实现生态文明与新型城镇化的有机融合就必须树立“尊重自然、顺应自然、保护自然的生态文明理念”，改变原有粗放无序的生产生活方式，这势必要应用低碳的方法和技术，提升和完善传统城乡规划方法的缺陷，将低碳生态的理念融入区域规划、城市总体规划和详细规划等规划编制的不同环节和层面。

本篇介绍了新常态下的低碳、生态、智慧城市的建设，从规划方法、规划内容（交通、能源、资源、建筑、环境）、规划管理、社会人文需求与公共参与、碳减排等方面阐述了新型城镇化的低碳生态营造的技术与方法。总的来说，新常态下的低碳生态城市规划迎来了很多机遇、变革与挑战，城市规划重回最基本的国民需求，这种新常态也带来了一系列的学科发展、课题探索，如：如何对待不可再生资源问题？如何对待环境承载力的问题？如何对待代际传承问题等。特别是国家“一带一路”战略构想的提出，在一个全球网络化、国家网络化和节点内网优化的时代，信息化技术革命和传统基础设施强化对未来城乡时空格局、关系格局、生活格局将产生巨大的影响。因而，在生态文明理念的宏观指导下，城乡规划要以建设低碳生态城市为基本出发点，通过对传统空间规划设计方法和技术体系进行总结和提升，明确低碳生态理念植入城市规划的可行方法和途径，将低碳生态技术与信息相结合，运用大数据构建城市管理平台，提升城市公共服务水平，构建“以人为本”的新型城镇化。

联合国助理秘书长沃利·恩道在为《城市化世界》作序时指出：“城市化可能是无可比拟的未来光明前景之所在，也可能是前所未有的灾难之凶兆。所以，未来会怎样取决于我们当今的所作所为。”虽然当前城市发展正面临各种问题，但既然人类几千年的智慧与文明亦聚集于城市，通过调整城市规划建设思路和方法，推进新型城镇化，相信城市难题的破解并不遥远。

参考文献

[1] 方创琳，鲍超，乔标．城市化过程与生态环境效应[M]．北京：科学出版社，2008.
[2] 关大博，刘竹，雾霾真相—京津冀地区 PM2.5 污染解析及减排策略研究[M]．北京：中

国环境出版社，2014.

[3] 北京市环保局. 北京空气污染源解析. 法制晚报，2014.

[4] 国家环保部规划院. 京津冀区域协同发展生态环境保护规划，2014.

[5] 2012年中国环境状况公报. 2012.

[6] 周兆媛，张时煌，高庆先，李文杰，赵凌美，冯永恒，徐明洁，施蕾蕾. 京津冀地区气象要素对空气质量的影响及未来变化趋势分析[J]. 资源科学，2014，36(1)：191-198.

[7] 孙家仁，许振成，刘煜，彭晓春，陈来国，李海燕，陶俊，林泽健．气候变化对环境空气质量影响的研究进展[J]. 气候与环境研究，2011，16(6)：805-814.

[8] 张健，章新平，王晓云，张剑明. 近47年来京津冀地区降水的变化[J]. 干旱区资源与环境，2010，24(2)：74-80.

[9] 黄凌翔. 土地竞争力视角下的京津冀差异与一体化研究[A]. 京津冀区域协调发展学术研讨会论文集[C]，2009：10.

[10] 薛文博，付飞，王金南，唐贵谦，雷宇，扬金田，王跃思. 中国PM2.5跨区域传输特征数值模拟研究[J]. 中国环境科学，2014，34(6)：1361-1368.

[11] 周岚，于春. 低碳时代生态导向的城市规划变革[J]. 国际城市规划，2011，26(1)：5-11.

[12] 徐健，赵柳榕，王济干. 北京建设节约型城市评估指标体系的研究[J]. 科技管理研究，2009，6：104-105.

[13] 吴兑，廖碧婷，吴蒙等. 2014. 环首都圈霾和雾的长期变化特征与典型个例的近地层输送条件[J]. 环境科学学报，34(1) ：1-11.

[14] 李迅．低碳生态城市城市规划现状特征与发展趋势．引自2012年中国城市规划设计院业务交流会学术报告.

[15] 住房和城乡建设部调研组．绿色生态城区考察报告(内部讨论稿). 起草人汪科、王有为、王磐岩、刘京、葛坚、张舰、丁旭、刘琰等.

[16] 李迅，刘琰．中国低碳生态城市发展的现状、问题与对策[J]. 城市规划学刊，2011年第4期.

[17] 中国城市科学研究会．生态城市指标体系构建与生态城市示范评价2012～2013案例报告(内部讨论稿).

[18] Urban Land Institute. Infrastructure 2007：a global perspective. Urban Land Institute and Ernst and Young，Washington，D. C.. 2007.

[19] 中国城市发展研究院，青岛市城市规划设计研究院，中共青岛市委党校．青岛市新型城镇化规划(2014～2020年)[Z]. 2014.

[20] BADY S. Urban Growth Boundary Found Lacking Professional Builder[J]. Newton Mass，1993，(13)：14-15.

[21] SYBERT R. Urban Growth Boundaries [R]. Governor's Office of Planning and Research(California)and Governor's Interagency Council on Growth Management，1991.

[22] 曹建丰，赵宏伟，吴未，王先鹏. 基于生态安全格局的快速城镇化地区城市空间增长边界研究——以宁波市奉化-鄞南地区为例[A]. 2014(第九届)城市发展与规划大会论

文集[C]，2014.
[23] 方淑波，肖笃宁，安树青等. 基于土地利用分析的兰州市城市区域生态安全格局研究[J]. 应用生态学报，2005，16(12)：2284-2290.
[24] 黄明华，田晓晴. 关于新版《城市规划编制办法》中城市增长边界的思考[J]. 规划师，2008(6)：13-16.
[25] 黄飞飞，郭颖，申艳宾. 生态安全格局视角下城市边缘区用地增长边界探索——以安阳市洹北区域为例[A]. 2014(第九届)城市发展与规划大会论文集[C]，2014.
[26] 李月辉，胡志斌，高琼等. 沈阳市城市空间扩展的生态安全格局[J]. 生态学杂志，2007，26(6)：875-881.
[27] 李咏华. 生态视角下的城市增长边界划定方法——以杭州市为例[J]. 城市规划，2011(12)：83-90.
[28] 刘海龙. 从无序蔓延到精明增长——美国"城市增长边界"概念述评[J]. 城市问题，2005(3)：67-72.
[29] 苏泳娴，张虹鸥，陈修治等. 佛山市高明区生态安全格局和建设用地扩展预案[J]. 生态学报，2013(5)：1524-1534.
[30] 滕明君. 快速城市化地区生态安全格局构建研究 ——以武汉市为例[D]. 华中农业大学，2011.
[31] 王思易，欧名豪. 基于景观安全格局的建设用地管制分区[J]. 生态学报，2013，33(14)：4425-4435.
[32] 徐静. 基于生态安全格局的丘陵城市空间增长边界研究[D]. 湖南大学，2013.
[33] 俞孔坚，奚雪松，王思思等. 基于生态基础设施的城市风貌规划——以山东省威海市城市景观风貌研究为例[J]. 城市规划，2008，32(3)：87-92.
[34] 俞孔坚，张蕾. 基于生态基础设施的禁建区及绿地系统——以山东菏泽为例. 城市规划，2007，31(12)：89-92.
[35] 俞孔坚，李迪华，刘海龙等. 基于生态基础设施的城市空间发展格局——"反规划"之台州案例[J]. 城市规划，2005(9)：76-80.
[36] 赵宏伟；吴未；王先鹏；曹建丰. 宁波市生态安全格局及发展模式研究[A]. 2014(第九届)城市发展与规划大会论文集[C]，2014.
[37] 周锐，王新军，苏海龙，钱欣，孙冰. 基于生态安全格局的城市增长边界划定——以平顶山新区为例[J]. 城市规划学刊，2014(4)：57-63.
[38] Nicholas Stern. The Stern Review of the Economics of Climate Change [M]. Cambridge University Press，2006.
[39] 秦耀辰，张丽君，鲁丰仙等. 国外低碳城市研究进展[J]. 地理科学进展，2010，29(12)：1459-1469.
[40] Fernanda Manalhaes，Mario Duran. Low Carbon Cities：Curitiba and Brasilia [R]. 45thISOCARP Congress，2009.
[41] Sachihiko Harashina. Strategic Environmental Assessment for Planning Low Carbon Cities [R]. 45th ISOCARP Congress，2009.

[42] 刘志林，戴亦欣，董长贵等. 低碳城市理念与国际经验[J]. 城市发展研究，2009，(6)：1-7.

[43] 罗巧灵，胡忆东，丘永东. 国际低碳城市规划的理论、实践和研究展望[J]. 规划师，2011，27(5)：5-10.

[44] 董紫君，杜红，董文艺等. 基于低碳生态城市建设的城市综合节水保障体系[J]. 建筑经济，2014，(2)：69-72.

[45] 刘永辉. 可持续型城市建设工程范例剖析——以瑞典斯德哥尔摩哈默比湖城为例[J]. 知识经济，2011，(18)：90-91.

[46] 赵林，李莹，毛国柱. 中新生态城水资源综合利用规划[J]. 天津科技，2009，36(2)：21-23.

[47] 吴婷，胡雨村. 中新天津生态城水资源节约利用研究[J]. 环境科学与技术，2012.

[48] Rankin E T. The Qualitative Habitat Evaluation Index (QHEI)：Rationale，Methods，and Applications[R].

[49] 郭维东，高宇. 辽河中下游柳河口至盘山闸段河流地貌生境评价[J]. 水电能源科学，2012，01：63-66.

[50] OTTWR. Water Quality Indices：A Survey of Indices Used in the United State[S].

[51] 翟俊，何强，肖海文等. 基于GIS的模糊综合水质评价模型[J]. 重庆大学学报(自然科学版)，2007，08：49-53.

[52] 罗祖奎，刘伦沛，李东平等. 上海大莲湖春季鲫鱼生境选择[J]. 宁夏大学学报(自然科学版)，2013，01：23-26.

[53] 刘恩生，刘正文，鲍传和. 太湖鲫鱼数量变化的规律及与环境间关系的分析[J]. 湖泊科学，2007，03：345-350.

[54] 陈奕，练继建等. 福州市江北城区内河水系改造规划[R]. 福州市规划设计研究院，天津大学建筑工程学院，2011.

[55] 陆锡明，董志国. 特大城市的宜居都市绿色交通战略思考[A]. 中国城市规划学会城市交通规划学术委员会. 新型城镇化与交通发展——2013年中国城市交通规划年会暨第27次学术研讨会论文集[C]. 中国城市规划学会城市交通规划学术委员会，2014：8.

[56] 朱洪，程杰. 机动车交通政策的环境影响评价技术研究[A]. 中国城市规划学会城市交通规划学术委员会. 新型城镇化与交通发展——2013年中国城市交通规划年会暨第27次学术研讨会论文集[C]. 中国城市规划学会城市交通规划学术委员会，2014：8.

[57] 美国环保协会等《气候变化与中国城镇化——挑战与进展》[R]. 2014. 12.

[58] 高扬，张晓明，周茂松，曾栋鸿. 城市居住社区交通碳排放特征及交通碳排放评估模型研究——以广州市为例[A]. 2012城市发展与规划大会论文集[C]. 中国城市科学研究会、广西壮族自治区住房和城乡建设厅、广西壮族自治区桂林市人民政府、中国城市规划学会，2012：9.

[59] 马静，柴彦威，刘志林. 基于居民出行行为的北京市交通碳排放影响机理[J]. 地理学报，2011，08：1023-1032.

[60] 宁晓菊，张金萍，秦耀辰，鲁丰先. 郑州城市居民交通碳排放的时空特征[J]. 资源科

学，2014，05：1021-1028.

[61] 徐昔保，陈爽，杨桂山. 长三角地区城市居民出行交通碳排放特征与影响机理[J]. 长江流域资源与环境，2014，08：1064-1071.

[62] 黄经南，杜宁睿 ，刘沛 . 住家周边土地混合度与家庭日常交通出行碳排放影响研究—以武汉市为例[J]. 国际城市规划，2013，(02)：25-30.

[63] 马静，刘志林，柴彦威 . 城市形态与交通碳排放：基于微观个体行为的视角[J]. 国际城市规划，2013，(02)：19-24.

[64] 能源基金会等《拥堵费和低排放区国际最佳经验》[R]，2014.

[65] 傅强，王天青等，《基于生态网络的非建设用地评价研究报告》[z]. 2012.

[66] GB 50137—2011，城市用地分类与规划建设用地标准[S]. 北京：中国建筑工业出版社，2011.

[67] Santos，A. M.，Tabarelli，M.，2002. Distance from roads and cities as a predictor of habitat loss and fragmentation in the Caatinga vegetation of Brazil[J]. Brazilian Journal of Biology 62，897-905.

[68] Develey，P. F.，Stouffer，P. C.，2001. Effects of roads on movements by understory birds in mixed-species flocks in central Amazonian Brazil[J]. Conservation Biology 15，1416-1422.

[69] Bhattacharya，M.，Primack，R. B.，Gerwein，J.，2003. Are roads and railroads barriers to bumblebee movement in a temperate suburban conservation area[J]. Biological Conservation 109，37-45.

[70] Ascensao，F.，and A. Mira. 2006. Spatial patterns of road kills：a case study in southern Portugal. Pages 641-646 in C. L. Irwin，P. Garrett，and K. P. McDermott，editors. Proceedings of the 2005 International conference on ecology and transportation. Center for Transportation and the Environment，North Carolina State University，Raleigh，North Carolina.

[71] Ramp，D.，V. K. Wilson，and D. B. Croft. 2006. Assessing the impacts of roads in peri-urban reserves：road-based fatalities and road usage by wildlife in the Royal National Park，New South Wales，Australia. Biological Conservation 129：348-359.

[72] Boarman，W. I.，Sazaki，M.，2005. A highway's road-effect for desert tortoises (Gopherus agasazii). Journal of Arid Environments 65，94-101.

[73] Parris，K. M.，Schneider，A.，2009. Impacts of traffic noise and traffic volume on birds of roadside habitats. Ecology and Society 14，29. <http：//www.ecologyandsociety.org/vol14/iss1/art29/>.

[74] van Langevelde，F.，and C. F. Jaarsma. 2005. Using traffic flow theory to model traffic mortality in mammals. Landscape Ecology 19：895-907.

[75] Reijnen R.，and R. Foppen. 2006. Impact of road traffic on breeding bird populations. Pages 255-274 in J. Davenport and J. L. Davenport，editors. The ecology of transportation：managing mobility for the environment. Springer，London.

[76] Barber, J. R., K. R. Crooks, and K. M. Fristrup. 2010. The costs of chronic noise exposure for terrestrial organisms. Trends in Ecology & Evolution 25: 180-189.

[77] J. E. Underhill and P. G. Angold. EFFECTS OF ROADS ON WILDLIFE IN AN INTENSIVELY MODIFIED LANDSCAPE. Environmental Review vol 8, 2000, pp 21-39.

[78] Huijser, M. P., and A. P. Clevenger. 2006. Habitat and corridor function of rights-of-way. Pages 233-254 in J. Davenport and J. L. Davenport, editors. The ecology of transportation: managing mobility for the environment. Springer, London.

[79] Whitford, P. C. 1985. Bird behavior in response to the warmth of blacktop roads. Transactions of the Wisconsin Academy of Sciences Arts and Letters 73: 135-143.

[80] Forman, R. T. T., and R. D. Deblinger. 2000. The ecological road-effect zone of a Massachusetts (USA) suburban highway. Conservation Biology 14: 36-46.

[81] Lambertucci, S. A., K. L. Speziale, T. E. Rogers, and J. M. Morales. 2009. How do roads affect the habitat use of an assemblage of scavenging raptors? Biodiversity Conservation 18: 2063-2074.

[82] Brock, R. E., Kelt, D. A., 2004. Influence of roads on the endangered Stephens' kangaroo rat (Dipodomys stephensi): are dirt and gravel roads different. Biological Conservation 118, 633-640.

[83] Bhattacharya, A. 2008. Linking Southeast Asia and India: more connectivity, better ties. Special report 50. Institute of Peace and Conflict Studies, New Delhi.

[84] Forman, R. T. T., et al. 2003. Road ecology: science and solutions. Island Press, Washington, D. C.

[85] National Research Council. 2005. Assessing and managing the ecological impacts of paved roads. The National Academies Press, Washington, D. C.

[86] 中国城市发展研究院，青岛市城市规划设计研究院，中共青岛市委党校．青岛市新型城镇化规划(2014～2020年)[z]. 2014.

第四篇 实践与探索

2015年3月5日在第十二届全国人民代表大会第三次会议上，李克强总理强调要努力建设生态文明，加强生态环境保护，这就要求我们要更加坚定不移的走可持续发展的城镇化道路。十八大后全国纷纷开展生态城市建设，经过两年的努力和实践，许多生态城市取得了良好的成效，积累了一定的经验。

第四篇实践与探索，首先承接了前两年报告中介绍的财政部与住建部优先推出的8个绿色生态示范区的内容，重点分析了8个绿色生态示范区在2014年的建设实践情况，总结示范区特色的智慧技术与低碳技术应用的规划与现状，阐述其产业服务配套与人文社会建设的进展。同时增加介绍了27个2014～2015年间提出了绿色生态城区示范申报、并且在规划建设实践中取得了一定成效的生态城市，这些生态城市在建设过程中结合城市自身的地理区位、历史基础和产业优势，高度注重宜居城市、宜居社区理念的渗透，提升智慧住房条件、新增绿色休闲等功能性要素，大力推行生态绿色产业发展，同时辅以高端产业或商务的联合推行，包括高端临空产业的聚集区湖北孝感市临空经济区、以文化遗产为依托的湖北钟祥市莫愁湖新区、以旅游业为主导产业坚持“生态立县”的浙江台州市仙居新区生态城等。其次介绍了低碳生态城市的专项实践案例，在全球应对气候变化的背景下，我国碳排放权交易制度逐渐完善和发展，低碳试点省市的交易所逐渐开市，并创新的出台一系列的政策办法、管理计划等，使碳排放权交易市场持续稳定发展。除低碳发展内容外，还介绍了住建部评选和公布的 45 个美丽宜居小镇、61 个美丽宜居村庄和 8 个宜居小区示范内容。结合 2014 年生态城市的发展，主要介绍一些专项的案例和经验，如广州国际金融城的“多规合一”实践，深圳国际低碳城的“三生合一”实践，深圳海上世界的“功能复合”实践和园区建设管控策略实践等，从规划、建设、管控等方面为其他低碳生态城市建设提供借鉴。最后，介绍一些技术探索的案例，如低碳型水景观规划设计案例、生态城市规划实践、温带草原区建设案例、生态评估案例以及碳汇景观植被研究案例等，除以上可供推广借鉴的技术案例外，也有遇到发展瓶颈和挑战的实践案例，为其他生态城市规划建设提供宝贵的经验。

Chapter Ⅳ Practices and Explorations

Premier Li Keqiang stressed that we'll try the best to build ecological civilization and protect environment in the 3rd session of the 12th National People's Congress on March 5, 2015. It requires us to insist on the sustainable urbanization. After the 18th National Congress of CPC, eco-city construction has been spread in China and many eco-cities have made great progresses and accumulated certain experience within these two years.

This chapter firstly follows the content of 8 green ecological demonstration areas which was introduced in annual report 2014 and 2013. Meanwhile, it adds the introduction of 27 green ecological demonstration areas which initiated their application for demonstration during 2014to 2015 and had certain achievemants in their planning and construction. These green ecological demonstration areas combine their geography location, history culture and industrial advantages with spreading the concept of livable city and livable community. For instant, Xiaogan Airport Economic Zone (AEZ) in Hubei province combines with high-end industry; Zhongxiang Mochou Lake New Area in Hubei province depends on the cultural relics; Taizhou Xianju Eco-City in Zhejiang province takes the tourism as the leading industry and insists on "ecological county"

Secondly, this chapter introduces specific cases of low-carbon eco-cities. Under the global situation on climate change, China's carbon emission permits trade mechanism is being improved and developed. A series of policies, methods and management plans have been established in low-carbon pilot provinces and cities. The carbon emission exchange is being developed in a steady manner. Combining with the development of eco-cities in 2014, this chapter mainly introduces some specific cases and experiences, such as the practice of 'multi-planning as one' in Guangzhou International Financial City, practice of 'production, living and life' in Shenzhen International Low-Carbon City and practice of 'multi-functionality' in Shenzhen Sea World Low-carbon Eco-Demonstration Region, and so on.

Finally, this chapter puts forward some new technical explorations in low-carbon eco-city since 2014, such as low-carbon water landscape planning, eco-city planning, practice researches on temperate grassland, ecological evaluations and researches on carbon sink. Besides these referential technical cases, there are also bottlenecks and challenges, which are also valuable experiences for other eco-cities' planning and construction.

1　绿色生态示范城市（区）规划实践案例

1　Planning Case of Low-carbon Ecological Demonstration City (Zone)

1.1　绿色生态示范城（区）建设实践

1.1.1　中新天津生态城[1]

2014 年 11 月国务院批复[2]，在中新天津生态城建设的基础之上建设国家绿色发展示范区，通过试点示范探索符合中国国情的绿色发展的基本路径、有效模式、体制机制，特别是在制度上进行创新。通过总结试点的经验，在全国推广，实现全面的绿色发展，为探索中国特色新型城镇化道路提供示范。

中新生态城经过六年的开发建设，目前 8 平方公里起步区已经成为较成熟的社区，绿色产业初具规模，公共配套也渐成体系，就业居住人口已经突破 2 万。曾经的盐碱荒滩已经崛起成为一座充满生机、宜居宜业的生态城市。

（1）绿色出行-公交覆盖率提升

2014 年 7 月，中新天津生态城公交 3 号线正式开通，全长 30 公里，共设车站 11 个，方便了区内百姓出行，标志着生态城向“公交覆盖率达 100%，绿色出行比例达 90%”的规划目标迈出了新步伐。

（2）清净湖改造带来景观效果明显

中新生态城治理了积存 40 多年工业污染的污水库（图 4-1-1），污染底泥治理技术获得多项国家专利，完成了 330 万平方米的景观绿化，探索了一条综合开发利用盐碱荒滩的路径。

（3）公共配套设施建设和管理完善

2014 年中新天津生态城常住人口和就业人口已超过 2 万人，社区服务设施逐渐完善，居民日常生活消费问题已基本得到解决。第三社区服务中心对社区居民免费开放了亲子乐园、影视、书画、展览、棋牌、歌舞等丰富多彩的社区活

[1] http：//www. eco-city. gov. cn

[2] http：//www. sdpc. gov. cn/gzdt/201411/t20141127 _ 649725. html

图 4-1-1 原污水库整治为清净湖

（图片来源：http：//money.163.com/14/0126/12/9JH1HVRL00254TI52.html）

动，同时社区也为居民提供诸如钢琴等高档文化娱乐设施。

天津医科大学中新生态城医院建设进展顺利，是生态城第一个公立医疗机构，集医、教、研于一体，一期建筑面积 6.2 万平方米，规划床位 350 张，将于 2015 年建成投入使用。中新天津生态城第二所小学已于 2014 年投入使用，提供优质教学环境，教育配套资源更完善。

（4）生活垃圾分类收集率提升

中新天津生态城通过气力输送管道将垃圾回收至收集站（图 4-1-2）。目前在生态城南部片区，已经实现了垃圾分类回收 100％覆盖。通过地下垃圾管网系统收集垃圾，避免了传统垃圾收集、运输过程中的二次污染。

生态城垃圾智能分类回收平台也于 2014 年 9 月启动运行（图 4-1-3），不同类别的垃圾产品对应相应的积分，居民在积分账户进行累计后，可在兑换店内购物消费。最终，实现居民源头分类、物业公司二次分类、专业公司运输处理的三级体系。

（5）智慧社区试点启动

中新天津生态城依托已有智能电网综合示范项目建设成果，结合智能电网、互联网、大数据及智慧城市等领域最新技术和应用发展趋势，构建城市能源互联网。实现对能源、交通、市政等相关系统的大数据处理，提供节能减排、用能策略等智慧公共服务。

将实现“水气电热一家办结”，把小区业主用电、水、气、热的数据自动融合，方便用户进行一站式查询和缴费，有助于开展优化能效管理，利用掌握的大数据进行用能分析，为政府提供能效管理成果，为城建决策提供科学依据。四表

图 4-1-2 中新生态城垃圾气力输送系统投放口
(图片来源：http：//www.eco-city.gov.cn/eco/html/xwzx/tuxw/20110912/1256.html)

图 4-1-3 中新生态城垃圾智能分类回收平台
(图片来源：http：//www.ecocoo.cn/article-35-1.html)

数据融合技术方案已经出炉，正在进行安全测试，将很快在中新生态城 400 户居民中开展试点使用。

运用自主研发的测试仪，实现了对“故障”准确定位的“秒级”响应，并在短短 2、3 分钟内恢复客户的正常供电。该功能的实现标志着中新天津生态城具备实现全自动智能电网模式的条件。2015 年底，天津中新生态城 67 个配电站将全部实现自动模式，为建设城市“能源互联网”打下良好基础。

1.1.2 唐山湾生态城

唐山湾生态城 2014 年围绕教育科研、旅游休闲、文化创意、高新技术、总部经济等主导产业，分南、北、中三个区规划产业布局，南部为总部经济及旅游休闲产业区，北部为教育科研产业区，中部为文化创意及高新技术产业区，分区谋划和布置项目，进行项目的招商和建设，快速提升城市功能和形象，力争尽快建成宜居、宜学、宜业、宜商的滨海生态城市。

(1) 教育科研配套进一步完善

唐山工业职业技术学院曹妃甸唐山湾生态城新校区于 2014 年 8 月建设完工[1] (图 4-1-4)，学校由唐山市区搬迁至此，开设现代制造业和现代服务业等 39 个专业。新校园内建有现代化图书馆、多媒体教室、学生活动中心、体育场等教学活动场所，实现全网络覆盖，建成的数字化课堂和智能化网络平台，极大提高了教

[1] http：//www.tswstc.gov.cn/news_detail/newsId=1000.html

师工作、学生学习、生活的便利性。

图 4-1-4　唐山工业职业技术学院曹妃甸新校区

（图片来源：http：//tangshan. house. sina. com. cn/news/2014-04-15/08082687742. shtml）

河北联合大学新校区于 2014 年底达到办学条件[1]。新校区建设完成，河北联合大学将一次性迁至新校区，面积达 6000 亩，2015 年 9 月份在新校区正式开学上课。

（2）城市道路持续建设

2014 年 6 月，连接大学城的渤海大道工程各项环节进展顺利，已进入最后冲刺阶段[2]。渤海大道东段工程是唐山湾生态城大学城开发建设的重要城市道路，西起滦曹公路，东至东海东路，总投资 1.03 亿，全长 3663.062 米，为新建工程，道路规划等级为城市主干道，道路红线为 60 米，施工断面为 60 米（红线）。

1.1.3　深圳市光明新区[3]

深圳市光明新区自成为首批国家新型城镇化综合试点以来，在新型城镇化建设的多个领域先行先试。国家绿色生态建设示范城区工作扎实推进，公共服务平台、高新西拆迁安置房等一批项目通过国家绿色建筑设计标识星级认证。新区在实施国家新型城镇化综合试点建设中实施低碳发展，加快建设现代化国际化绿色新城。

（1）绿色交通体系构建

---

[1] http：//hebei. sina. com. cn/news/m/2013-07-11/102058557. html

[2] http：//www. heb. chinanews. com/tangshan/22/2014/0618/75070. shtml

[3] http：//www. szgm. gov. cn/

光明新区全面构建“绿色交通”体系。2014 年，新区共开通公交线路 61 条，总里程约 472 公里，线网密度 2.27 公里/平方公里。同时，完成建设 100 座新一代公交候车亭（图 4-1-5），改造完成 20 座简易站，把 30 座无设施站点改造升级为简易站，改善乘车环境，方便乘客搭车。

图 4-1-5 光明新区新一代公交候车亭

（图片来源：http：//iguangming. sznews. com/content/2014-08/21/content _ 10041318 _ 2. htm）

（2）河道和环境综合整治持续开展

茅洲河综合整治工程持续规划和建设中。2015 年 3 月，光明新区整备完成并移交茅洲河干流共 23.7 公里（占总工程量的 83.9%）的河道整治用地。新区加快推进污水支管网工程建设。通过综合治理的手段，提高河道防洪标准达到 100 年一遇，旱季 100%截流入河污水，雨季消减污染负荷，使河道水质达景观用水标准，同时营造沿河绿化景观带，为低碳出行、健康骑行提供活动场所。同时加强对茅洲河流域在管污染源的监管力度。

除了河道综合治理外，光明新区注重空气污染的控制，依法查处使用高污染燃料锅炉的企业，对辖区 410 家企业的挥发性有机物排放进行普查。由于各项环保措施得力，2014 年新区空气质量优良天数较 2013 年增加 54 天，提高 8%，PM2.5 年均浓度较 2013 年下降了 21.8%。

（3）先行先试建设初见成效

2014 年 7 月，光明高新技术产业园区被国家发改委和财政部联合授予“国家级循环化改造示范试点园区”称号。10 月，光明新区成为全国首批新型城镇化试点区。同时，新区积极开展海绵城市研究和试点建设，新区的路面采用特殊的沥青材料（图 4-1-6），颗粒间空隙较大，透水性能比一般材料更强，且由于道路两侧建有下凹式绿化带，下大雨时雨水汇集进入下凹式绿地进行过滤、滞蓄、渗透（图 4-1-7），直接用于补充地下水，既减少了道路内涝和城市排水管网压力，又能浇灌绿化带。新区的先行先试，为今后深圳市乃至我国推广低影响开发雨水综合利用打下了示范基础。

图 4-1-6　道路雨水设施

图 4-1-7　植草沟

（图片来源：http：//www.fuzhou.gov.cn/zfb/xxgk/cxjs/cxjsxx/201503/t20150302_878342.htm）

（4）幸福社区建设服务居民

光明新区推出幸福社区建设，第一批幸福社区项目总计 27 个，总投资约 4283 万元，2014 年底开工建设，至 2015 年 3 月，已有 20 多个项目竣工投入使用。新区通过整合教育、文化、体育、医疗卫生、计生等志愿服务人才，组成专业服务队和巡讲团，打造“公共事业大讲堂”品牌，通过送课堂进社区、进企业、进学校，更好地服务社区群众。

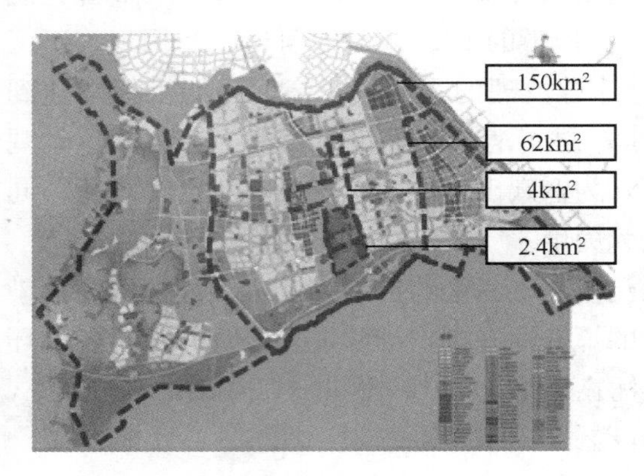

图 4-1-8　无锡太湖新城和无锡中瑞生态城范围示意图

1.1.4　无锡市太湖新城

太湖新城位于无锡城市南部，是无锡向南拓展，建设环湖都市的重要空间载体。国家低碳生态示范区-无锡太湖新城规划面积是 62 平方公里。无锡中瑞低碳生态城位于太湖新城核心区，东至南湖大道，西临尚贤河湿地，南至干城路，北靠太湖国际博览中心，规划面积 2.4 平方公里（图 4-1-8）。

（1）建设商务之城，宜业

新城在高浪路以南、吴越路以北建设完成市民中心。在吴越路以北、立信路以东建设金融商务第一街（图 4-1-9），国联金融大厦、报业大厦、农业银行大

图 4-1-9　太湖新城金融商务第一街区

（图片来源：http：//news. wx. house365. com/zx/20140724/024370817. html）

楼、无锡农村商业银行等 14 栋百米高楼已全面建成投用。二街区宝能城项目已开工建设，计划于 2016 年～2018 年分批建成❶。三街区大部分项目已开建，无锡商会大厦、宝能国际金融中心等项目正在加快建设中。

（2）建设畅通之城，宜行

新城规划建设道路以联结老城、沟通新区、对接沪宁南部通道为目标，建设五湖大道、吴越路、立信路、观山路、具区路等主干道路，总里程约 122.7 公里，总投资约 90.0 亿❷。

2014 年，轨道交通基本修建完成，地铁 1 号线正式通车试运营（图 4-1-10），

图 4-1-10　地铁标识及地铁 1 号线

（图片来源：深圳市建筑科学研究院股份有限公司调研拍摄）

❶ http：//epaper. wxrb. com/paper/wxrb/html/2014-10/10/content _ 432830. htm

❷ http：//www. mmall. com/zhuangxiu/article-10201. html

无锡发展步入地铁时代。同时，太湖新城的公交微循环工程正加快升级提速，未来计划陆续开通 7～10 条公交线路❶。

慢行交通系统较为完备，主要道路均设置了自行车道和步行道，机动车和非机动车分离（图 4-1-11）。尚贤河湿地轴线的慢行道路系统较为发达，与公共服务设施进行了有效的链接。

图 4-1-11　绿色交通系统

（图片来源：深圳市建筑科学研究院股份有限公司调研拍摄）

（3）建设生态之城，宜居

太湖新城总体规划绿化用地 1764.78 公顷，绿地率 42%。其中公共绿地 1504.37 公顷，人均公共绿地 15.04 平方米❷（图 4-1-12）。

太湖新城的规划布局注重对自然山体和河道水系的保护，300 多条现状河道与新城用地穿插布局❸。新城实施金匮公园、尚贤河湿地、贡湖湾湿地等重点环境工程，同时逐步整治闪溪河、沙泾港、南大港等河道环境，结合大的水系规划了“三纵三横”大型绿地系统，“三纵”为长广溪湿地公园、尚贤河湿地公园和蠡河景观带；“三横”为梁塘河生态绿地、秀水河景观带和贡湖湾生态湿地。同时，将通过水道、绿道、慢行通道将城市绿地、公园以及百姓身边的小区、街头绿地贯通相连，为市民打造更多休闲空间。

❶ http：//epaper. wxrb. com/paper/wxrb/html/2014-10/10/content _ 432830. htm

❷ http：//www. mmall. com/zhuangxiu/article-10201. html

❸ http：//www. focus. cn/news/wuxi-2014-12-16/5874692. html

图 4-1-12　绿地系统

（图片来源：深圳市建筑科学研究院股份有限公司调研拍摄）

（4）建设宜居之城，宜乐

新城以完善教育配套、文化配套、医疗配套、商业配套、交通配套、旅游配套、社区服务配套为重点，推进太湖新城的学校、医院、文化旅游、商业综合体、社区服务中心等建设，建立宜居宜业的城市新中心[1]。

太湖新城中区内所有居住社区均按照现代化新城的品质和环境要求进行建设，在中区内形成 6～8 个睦邻中心，集中安排社区配套的文化、体育、医疗卫生等设施[2]（图 4-1-13）。

周边的日常生活配套齐全

公共绿地空间

社区停车位（地上和地下）

无障碍设施

图 4-1-13　居住社区配套设施

（图片来源：深圳市建筑科学研究院股份有限公司调研拍摄）

[1] http：//www.wxrb.com/node/wuxi_build/2014-7-1/147164656725594363.html

[2] http：//www.mmall.com/zhuangxiu/article-10201.html

1.1.5 长沙市梅溪湖新城

梅溪湖新城自启动建设以来，全面引入优质文化、教育、医疗、商业、科技配套项目，不断加快产业导入和人口聚集，打造长沙新城中心形象。新城不断完善片区交通系统，全力推进生态建设，全面布局优质教育资源，加快建设文化产业载体，集中发力现代服务业导入，以项目建设为抓手、产业发展为重点，力争到2016年初步建成长沙新城中心。

（1）基础设施建设

2014年，梅溪湖新城全年完成总投资46.77亿元，其中项目建设投资27.11亿元。长沙市梅溪湖保障性住宅小区（二期）已完成建设；师大附中梅溪湖中学、周南梅溪湖中学建成开学；梅溪湖路西延线高新区段建成通车，地铁2号线西延线完成主体建设（图4-1-14），三环线隧道完成约2300米主体建设，高新路、梅溪湖路等项目建成通车[1]。

图4-1-14 地铁2号线西延线
（图片来源：http：//www.csmxh.com/photo/2015251/）

2015年，梅溪湖新城将打造包括室内主题乐园、时尚购物商场、特色酒店集群、高端商务办公、智能生态住宅等一体的新型城市综合体[2]。

（2）产业发展

梅溪湖新城坚持产城融合的方向，将产业发展放到城市化的重要位置，主动将经济发展新常态变成产业发展新机遇，围绕“两型、绿色、低碳”方向，重点谋划医疗健康、文化产业，同时，积极发展现代服务业，加快建设具有复合型产业功能的现代化新城。

2014年，梅溪湖新城加强产业导入，已有两家医院进驻，逐渐培育形成了医疗健康产业核心竞争力。同时在整个CBD中央商务区，通过350米的超高层项目的建立，带动金融服务、总部经济、文化创意等高端现代服务业进驻，创造优质平台。积极发展电子商务产业，加强与高校的研究合作，积极引进大数据、高铁国家工程实验室、新材料、转化医学新药等产业落地[3]。

---

[1] http：//gov.rednet.cn/c/2015/01/19/3579561.htm
[2] http：//news.winshang.com/news-285555.html
[3] http：//gov.rednet.cn/c/2015/01/19/3579561.html

(3) 智慧城市建设

梅溪湖新城作为首批国家智慧城市试点城区，未来将实现三网融合、百兆光纤入户，同时垃圾回收管理系统将会全面应用。重点打造以“智慧建筑、数字城管”等为基础的智能新区，以“平安校园、数字警务、应急指挥”等为基础的平安新区，以“数字医疗、健康咨询平台”等为基础的健康新区，以“数字环境工程、绿色旅游”为基础的绿色新区，以“文化创意产业服务平台、电子商务服务平台”为基础的活动新区❶。

1.1.6 重庆市悦来生态城

重庆悦来生态城位于重庆市主城区北部，重庆市悦来会展城南部，距悦来两江国际商务中心区 8 公里，是两江新区的核心地带，毗邻重庆国际博览中心。

(1) 海绵城市试点开始

2014 年，国家确立重庆悦来新城为海绵城市试点地区，按照低碳、生态理念，悦来新城海绵城市先行区建设启动。先行区基础设施建设全面展开，城区内建筑全部按“绿色建筑”标准建设，已完成约 50 万平方米的建筑体量，并结合道路及小区规划实施了浅草沟、滞水花园、雨水收集池等调蓄设施。同时，片区尝试进一步联通、联动市政工程、水道、城市公园、城市湿地等，努力形成全域性“生态治水”格局❷。积极探索山地海绵城市建设，打造西部地区海绵城市建设的标杆和样本。绿色屋顶、透水铺装、雨水收集已成为片区建设的重要条件并逐步推行❸。

(2) 基础设施建设启动

重庆悦来生态城 2014 年与 2013 年相比，仍然处于基础建设阶段。生态城对外交通系统基本建成，但内部交通系统特征不明显（图 4-1-15）。除重庆国际博

对外交通实景图

内部交通实景图

图 4-1-15 悦来生态城

（图片来源：深圳市建筑科学研究院股份有限公司调研拍摄）

---

❶ http://news.xgo.com.cn/112/1121604.html

❷ http://news.xinhuanet.com/local/2015-03/20/c_1114711670.htm

❸ http://cq.qq.com/a/20150306/025186.htm

览中心外，其他的大型建设项目均未启动（图 4-1-16）。

图 4-1-16 原有村落

（图片来源：深圳市建筑科学研究院股份有限公司调研拍摄）

重庆国际博览中心（图 4-1-17）已成功举行大小上百个展会或会议，展出面积达 200 万平方米以上，囊括重庆 75%以上规模展会，拉开了悦来新城建设的大幕，为悦来十年打造两江新区城市新中心打下了坚实的基础[1]。

图 4-1-17 重庆国际博览中心

（图片来源：http：//www.haoshuaw.com/news/bencandy.php?fid=102&id=88）

1.1.7 贵阳市中天未来方舟生态新区

中天未来方舟生态新区总占地 9.53 平方公里，建设用地 5600 亩，建筑面积达 720 万平方米，总投资额近 760 亿，规划居住人口约 17 万人。新区在注重绿色建筑的同时，积极开展社区建设，为居民提供和谐宜居的环境，努力实现成为

[1] http：//www.cqyuelai.com/newsC/201503/439.html

集世界级旅游引擎、综合型宜居新城和标志性生态廊道于一体的贵阳城市副中心的目标。

（1）幸福社区建设

新区成立中天幸福社区社会组织联合会，通过发挥联合会“枢纽型”社会组织在规范管理、培育发展等方面的功能，为云岩区中天社区各类社会组织提供相关服务，促进本辖区经济发展和社会进步❶。

（2）绿色建筑建设

贵阳国际生态会议中心（图 4-1-18）项目全面按照国家绿色建筑评价标准（GB 50378—2006）以及国际绿色建筑标准规范要求和循环经济理论实施建设。项目展现了循环经济“减量化、再利用、资源化”三大原则在建筑上的应用，用最少的资源建造对环境影响最小的建筑，创造一个健康、适用的建筑环境。

图 4-1-18 贵阳国际生态会议中心

（图片来源：http：//www. ztcn. cn/index. php?option＝com _ content&view＝article&id＝913：2014-09-22-06-28-46&catid＝25：2010-05-28-10-07-42&Itemid＝58）

1.1.8 昆明市呈贡新区❷

2014 年，呈贡区力求在打造绿色低碳新区、建设生态园林城市上取得新突破。新区按照“绿色低碳城市”的发展思路，积极探索建设绿色生态城市，全面推进城市的规划、建设和管理，积极淘汰落后产能，大力推行节能减排，严格控

---

❶ http：//www. ztcn. cn/index. php? option＝com _ content&view＝article&id＝929：2014-12-29-01-39-54&catid＝ 25：2010-05-28-10-07-42&Itemid＝58

❷ http：//kmcg. xxgk. yn. gov. cn/

制污染物排放总量，着力推进园林绿化、生态修复工作。努力打造一座宜居、宜教、宜商、宜乐，集湖光山色、滇池景观、春城新姿于一体的森林式、环保型、园林化、可持续发展的高原湖滨特色生态城市。2014 年，呈贡区达到了云南省生态文明县（市、区）5 项基本条件和 22 项建设指标的考核要求，成为首批云南省生态文明县（市、区）之一。

（1）基础设施建设和提升整治

2014 年以来，呈贡区投资 140 万元，完成了 8 个重点公园、6 条重要道路交叉口（街头绿地）的提升改造（图 4-1-19～图 4-1-22）。对洛龙公园、春融公园、春城公园、捞鱼河景观公园、滇池湿地公园、前卫营社区公园、白枝营社区公园、吴家营社区公园 8 个公园进行整治提升；对石龙路人行道外西北角（草坪护坡）、春融东路与聚贤街交叉口（人行道外绿化带）、春融东路与彩云路交叉口（非机动车隔离三角）、沿河路红绿灯路口（街头绿地）、东下路街头绿地（区医院围墙后）、祥和街与春融街交叉口（西北角）6 条重要道路节点进行了提升改造。

图 4-1-19　洛龙公园

（图片来源：http：//baike. sogou. com/h52626091. htm?spl52626092）

图 4-1-20　春融公园

（图片来源：http：//www. yngreen. com/news/＝1367550752562. html）

图 4-1-21　改造后的石龙路

图 4-1- 22　改造后的彩云北路

（图片来源：http：//roll. sohu. com/20120904/n352259542. shtml）

(2) 环境保护监管力度加强

呈贡片区入滇河道截污工程排水管网建设改造项目正在分两个标段实施，第一标段为洛龙河截污完善管网、洛龙村、东小河，第二标段为下古城、清水大沟、马料河上段、雨花大村、雨花小村。目前第一标段已完工。第二标段于2014年11月3日进场施工。

结合呈贡区区域环境整体规划及产业结构转型升级，呈贡区积极开展系列环保专项行动。严查大气污染、水污染环境违法问题，规范企业环境管理；深入开展涉重金属行业、医药制造行业、危险废物行业专项整治，提升行业生产及污染防治技术水平，促进行业健康发展；持续加大污染减排重点行业监管力度，继续加强对饮用水水源地、滇池等重点水域的保护治理力度，强化日常监管，有力打击环境违法行为。

(3) 生态绿化覆盖率提高

截至2014年10月累计完成新增绿地面积1116.47公顷，乔木种植430多万株，攀缘植物50余万株，全区绿化覆盖率达47.95%，城市绿地率达42.96%，人均绿地面积达22.5平方米。

1.2 绿色生态示范城市（区）规划实践

除了2012～2013年获批的8个全国首批绿色生态示范地区和2013～2014年获批的池州天堂湖新区、南京河西新城、北京长辛店生态城等14个生态城项目(14个生态城项目规划实践情况见《中国低碳生态城市发展报告2014》中第四篇的1.2）外，2014年住建部审批两批绿色生态示范城区（共27个），第一批浙江南浔城市新区、浙江乐清经济开发区、浙江台州市仙居新区生态城、广东珠海市横琴新区、广东云浮西江新城，湖北孝感市临空经济区、湖北钟祥市莫愁湖新区、湖北荆门市漳河新区、江西新余市袁河生态新城、江苏昆山市花桥经济开发区、河北廊坊市万庄生态新城、湖南长沙市大河西先导区洋湖新城、湖北武汉市四新新城、河南济源市济东新区、浙江宁波市杭州湾新区中心湖地区等15个绿色生态城（区），以及第二批北京未来科技城、北京雁栖湖生态发展示范区、北京中关村软件园、吉林白城市生态新区、黑龙江齐齐哈尔市南苑新城、上海国际旅游度假区、江苏常州市武进区、浙江杭州市钱江经济开发区、浙江湖州市安吉科教文新区、安徽铜陵市西湖新区、四川雅安市大兴绿色生态区、湖北宜昌市点军生态城等12个生态城均提出了绿色生态城区示范申报，并且在规划建设实践中取得了一定成效。下文介绍第一批和第二批的部分示范城区的规划情况，详见表4-1-1。

部分绿色生态示范城（区）特征表 **表 4-1-1**

序号	地理区位	省份	示范城区	规划面积（km^2）	特征
1	华东	浙江	南浔城市新区	6	产业升级的水乡、文化、精致城市
2			乐清经济开发区	39	“产业低碳、用能低碳、生活低碳”
3			台州市仙居新区生态城	16.3	“生态立县”
4		江苏	昆山市花桥经济开发区	50	低碳生态现代商务城
5	华南	广东	珠海市横琴新区	106.46	“开放岛，活力岛，智能岛，生态岛”
6			云浮西江新城	80	科学用山、智慧理水、田园入城
7	华中	湖北	孝感市临空经济区	85.2	“两型”产业的聚集区
8		江西	钟祥市莫愁湖新区	20	以文化遗产依托的有机城区
9		湖南	荆门市漳河新区	17.24	生态立区、文化兴区、产业强区
10			新余市袁河生态新城	11.87	“融合”、“生态”、“活力”、“便捷”
11			长沙市大河西先导区洋湖新城	11.98	“两型社会”生态宜居城市
12		河北	廊坊市万庄生态新城	80	地缘优势，承接北京，智能产业
13		北京	雁栖湖生态发展示范区	21	中国文化特色生态发展示范区
14			北京中关村软件园	2.6	既有园区生态规划提升改造示范
15	西南	四川	雅安市大兴绿色生态区	11	西部经济欠发达地区绿色生态城示范

1.2.1 浙江南浔城市新区

（1）背景概况

南浔城市新区（图 4-1-23）位于中国长三角城市群的中心腹地，区位优势独特，是湖州市接轨上海的前沿阵地。新区北起年丰路，西邻顺路，东至嘉业南路，南拓至 318 国道外环线，规划面积 6 平方公里。

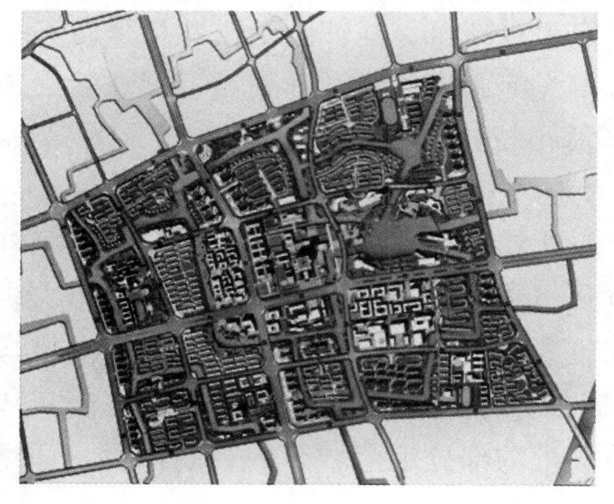

图 4-1-23 南浔城市新区总体规划图

（图片来源：http://jump.bdimg.com/p/766376453）

（2）新区特点

南浔城市新区依托先进制造业和现代服务业，发展产业之城；依托南浔深厚的人文底蕴，注重城市个性规划设计，发展文化之城；发挥魅力水乡的生态价值、古镇文化的旅游价值和社会和谐的民生价值，建设宜居之城。全力打造集行政办公、科技教育、商贸服务、文化娱乐、体育休闲、生活居住六大功能于一体的南浔新的政治、经济、文化中心。

新区围绕建设湖州东部现代化中心城区的总体定位，全力实施“以业兴城、以城强区”发展战略，统筹联动城乡建设、经济发展和社会进步三大进程，以产业的转型升级推动城镇体系的发展和综合能级提升，充分凸显“水乡、文化、精致”的城市特色，发挥独特优势，着眼长远发展，全力打造临沪临港产业区、古镇文化休闲区、魅力水乡示范区、幸福民生和谐区。

1.2.2 浙江乐清经济开发区

(1) 背景概况

乐清经济开发区绿色生态新城（图 4-1-24）位于乐清经济开发区的乐海围垦片区，总规划面积为 39 平方公里。乐清经济开发区地处东海之滨、雁荡山麓，具有雄厚的经济基础和强劲的科技实力，是乐清市最大的经济辐射源。而乐海围垦区作为开发区核心部位的拓展新区，是绿色生态新城的主板块。

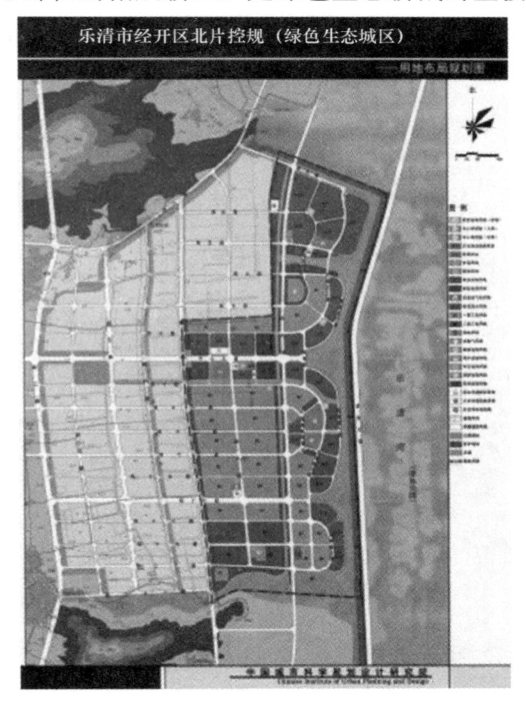

图 4-1-24　乐清经济开发区绿色生态新城规划图

（图片来源：http：//www.yqzjj.gov.cn/plus/view.php?aid＝2262）

(2) 新区特点

乐清经济开发区绿色生态新城实施“东拓南联”的战略，以“产业低碳、用能低碳、生活低碳”为重点，率先探索温州地区独具特色的低碳经济发展道路。

乐清绿色生态城区规划总体定位为“乐清经济开发区生产与生活服务中心、

宜居宜业的滨海绿色生态新区”，在功能上定位为多元旅游休闲带、高新技术产业城、综合服务创意区。通过“优化调整传统工业园区、整合增加产业升级走廊、优化现状村落格局、重点发展高新技术产业园区、积极发展生态旅游产业”的空间发展战略，形成“山、水、田、城、海”五位一体的发展格局，涵盖了绿色建筑、生态环境、环境保护、绿色交通、可再生能源、水资源利用、碳排放、信息化、空间结构等九个方面。

1.2.3 浙江台州市仙居新区生态城

（1）背景概况

仙居地处浙江东南部，文化底蕴深厚，生态环境优良，工业特色鲜明，旅游资源丰富，区位条件优越。仙居新区（图 4-1-25）是实施县城“拓东-改中-扩西”战略目标的拓东部分，是县城规划建成区的核心区块，是仙居打造生态宜居城市的主平台。仙居新区规划总面积 16.3 平方公里，其中水域面积 254 公顷，山林面积 744 公顷，实际可开发建设用地 632 公顷。

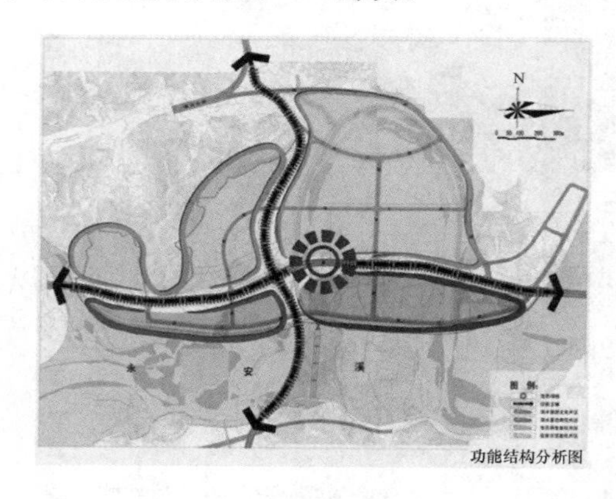

图 4-1-25 浙江台州市仙居新区生态城规划功能图

（图片来源：http：//www. xjxq. cn/a/xmsj/2012-6/1/11 _ 23 _ 669 _ 2. html）

（2）新区特点

仙居新区建设紧紧围绕“打造生态宜居城市”的战略目标，坚持“生态立县”的理念，充分发挥生态优势，努力实现经济发展和环境保护的“双赢”，倾力打造生态宜居城市。

新区将“生态立县”理念融入产业发展之中，大力发展高效生态农业，坚持把旅游业作为主导产业，依托生态条件，发展生态经济，改善生态环境，培育生态文化，努力把仙居建设成为生态结构合理、生态经济发达、生态环境优美、生态文化繁荣、人与自然和谐发展的生态县，把新居建设成为集旅游观光、休闲度假、文化展示、生态居住为一体的城市特色区块。

1.2.4　广东珠海市横琴新区

(1) 背景概况

横琴新区位于广东省珠海市横琴岛（图 4-1-26），位于珠海市南部，珠江口西侧，毗邻港澳，南濒南海，处于“一国两制”的交汇点和“内外辐射”的结合部。横琴周边有香港、澳门、广州、深圳四大国际机场和珠海、佛山两个国内机场，区位优势明显。新区规划用地 106.46 平方公里，规划人口 32 万人，是继天津滨海新区和上海浦东新区之后，第三个国家级新区。

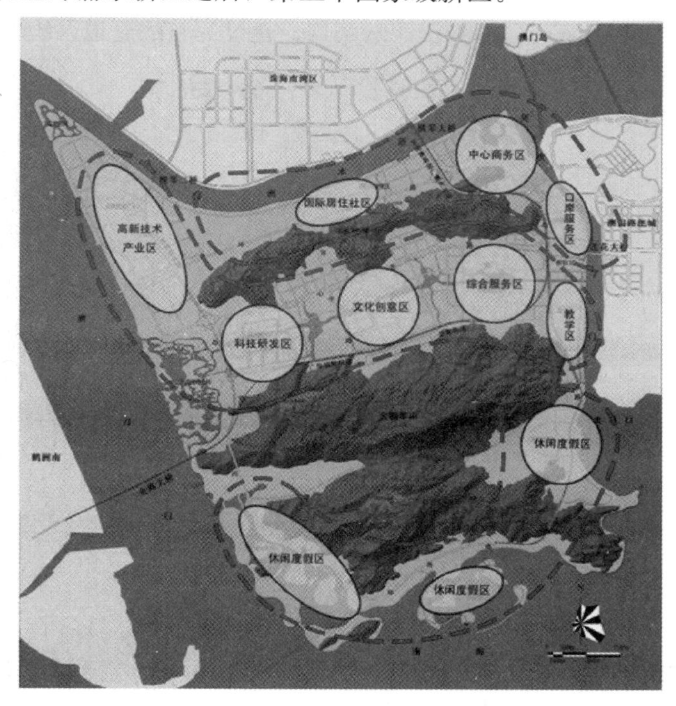

图 4-1-26　横琴新区总体空间结构布局

（图片来源：珠海市横琴新区管理委员会）

(2) 新区特点

横琴新区将建设成为连通港澳、区域共建的“开放岛”，经济繁荣、宜居宜业的“活力岛”，知识密集、信息发达的“智能岛”，资源节约、环境友好的“生态岛”作为城市发展目标。

1) 产业发展规划。通过建设开放性的低碳产业聚集创新体系、打造核心低碳技术研发基地、培育创新性低碳产业孵化基地、建设低碳原型产品研制基地等高端先进、绿色清洁的低碳创新园区。依托低碳创新园区，加强与低碳产业链、休闲旅游业结合。着力打造碳排放权交易后台基地、建设碳投融资基地。

2）可持续的土地利用。横琴新区总体布局基于“共生”理念，采用可持续土地利用策略，实现土地的集约、紧凑、高效利用，如土地利用结合交通的TOD模式，同时采取土地混合使用和合理开发利用地下空间等方式。

3）发展完整的交通体系。加强与区域交通基础设施的衔接，完善集疏运和换乘系统，实现与港澳及珠江口西岸地区紧密相连；大力发展公共交通，完善内部交通网络建设，提高岛内交通效率。通过建立人行交通政策架构，推广新能源汽车，使用公共交通优先使用权，创造交通有利环境。

4）绿色市政规划。通过供排水设施、分质供水、综合管沟建设、雨水综合利用、再生水和中水利用、海水资源的利用，建设完整的管道系统（图 4-1-27）。

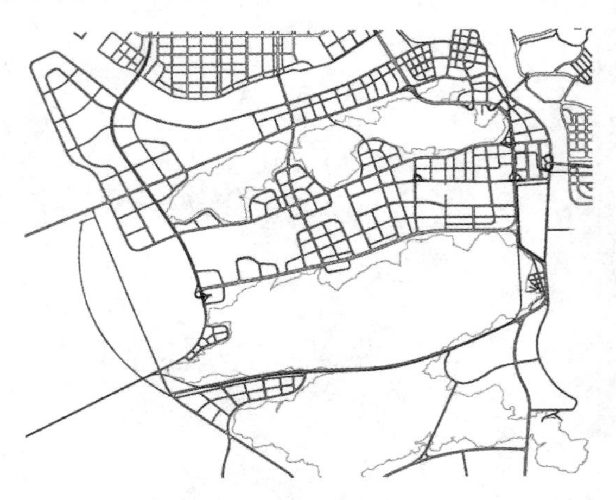

图 4-1-27 横琴市路网规划雨水收集系统

（图片来源：珠海市横琴新区管理委员会）

5）坚持生态优先原则。倡导绿色生活方式，发展循环经济，落实生态功能分区管理，构筑科学合理的生态体系，确保饮水洁净、空气清新、土地干净、食物安全、居住环境优美，将横琴建设成为宜居、宜业的生态型示范城区。合理开发大小三洲岛、赤沙下角红树林湿地，建设堤岸红树林防护带，并以水系、道路、公路为依托构建城市绿色廊道网络，推进城市立体绿化。

横琴新区正处于开发建设的快速成长期，将成为广东省乃至全国最具代表性的绿色生态城区，成为生态优美、社会和谐的城市。

1.2.5 广东云浮西江新城

（1）背景概况

云浮西江新城濒临西江黄金水道，与珠三角和广西紧密联系，可成为广东西部陆海统筹发展大通道的重要节点。新城重点地区规划面积约 80 平方公里，包含佛山（云浮）产业转移工业园都杨片区以及南山河、南广高铁站点周边地块。

（2）新区特点

新城的发展定位是，建设全国生态文明建设示范区，探索广东区域合作创新示范区，打造云浮政治、经济、文化新极核，成为引领云浮中心城区扩容提质的新引擎。推动产城融合大力发展现代服务业，以商务办公、创意研发、商贸物流等服务业为主面向云浮全市域服务；促进新型工业化发展，以机械装备、电子信息、生物医药等为主做大做强新兴产业。

在新城发展中构建生态智慧型的长程价值链，培育生态型现代产业发展格局。引导城市组团式发展，形成紧凑有序、精明增长的城市空间格局。科学用山、智慧理水、田园入城，打造体现自然生态特色的生态城市。挖掘禅理文化资源，塑造文化特色鲜明的城市品牌。建设覆盖全城的绿色基础设施系统，促进城市绿色发展。

规划目标：确立以商务服务、旅游服务、文化教育、生态科技、先进制造等为主导的产业发展格局。人口规模达到 40 万人，GDP 达到 220 亿元，人均 GDP 达到 5.5 万元，建设用地规模约 50 平方公里（图 4-1-28）。

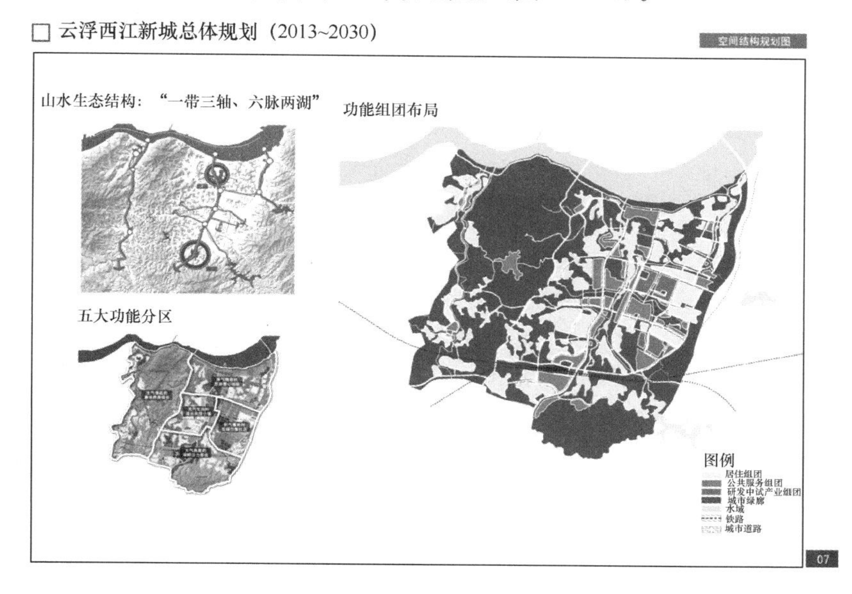

图 4-1-28　云浮西江新城空间结构规划图

（图片来源：http：//yfgh.gov.cn/plan/xjxcztgh/images/08.jpg）

1.2.6　湖北孝感市临空经济区

（1）背景概况

2014 年，湖北省孝感市入选全国绿色生态示范城区之一。孝感临空经济区（图 4-1-29）地处孝感市主城区东南部，规划面积约 85.2 平方公里，是湖北省十大“两型”社会建设重点示范区之一，位于武汉北部航空、铁路、水运、公路组成的大物流复合走廊内，区位交通优势明显；同时依托原生态的自然环境，宜于规模开发建设；区内水体众多，湿地资源丰富。

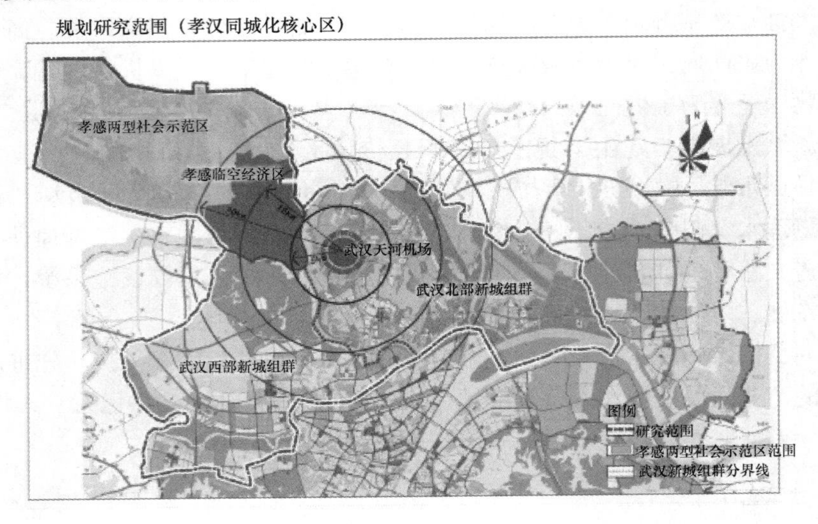

图 4-1-29 湖北孝感临空经济区区位图

（图片来源：http：//www.xglk.gov.cn/index.php?c=home&a=show&typeid=24&id=5）

（2）新区特点

孝感临空经济区规划建成以航空、物流、高新技术产业及高端商居为主的30万人规模的临空新城。未来20年，经济区将按照武汉城市圈“两型社会”建设的要求，依托空港，依托武汉，采取融入、错位及个性化发展的策略，以生态、人文、科技为发展理念，坚持高起点规划、高标准建设、高水平管理，努力将孝感临空经济区建设成为“两型”产业的聚集区、环境友好的先导区、城乡一体化的先行区、民生幸福的样板区，成为孝感发展的核心增长极。

临空经济区的主导产业以航空物流业、高技术制造业、文化创意产业、商业、商务服务业、娱乐休闲业、临空生态农业为主。经济区的总体发展定位是“华中临空经济高地，滨湖文化生态新城”。其内涵为汉孝“同城化”的核心区、孝感“两型”示范的先行区、高端临空产业的聚集区、文化与生态交融的新城区。

1.2.7 湖北钟祥市莫愁湖新区[1]

（1）背景概况

莫愁湖新区（图 4-1-30）位于钟祥城区东北部，毗邻明显陵、南望镜月湖，

[1] 北京市中城深科生态科技有限公司，“钟祥市莫愁湖新区绿色生态示范城区生态规划”相关资料整理。

规划面积 9.3 平方公里，其中湖域面积 2.1 平方公里。区内集生态居住、商务办公、文化体育、休闲旅游等综合性公共服务功能于一体，力求建设成为功能复合利用的活力区、交通外畅内达的宜居区、景观特色鲜明的标志区和绿色生态发展的示范区，以实现“彰显滨湖美景与田园风光的生态涵养核心栖地、明楚文化与生态旅游相融合的低碳智慧城区以及天然养生、健全社保、悦享人生的首善之区”的发展愿景。

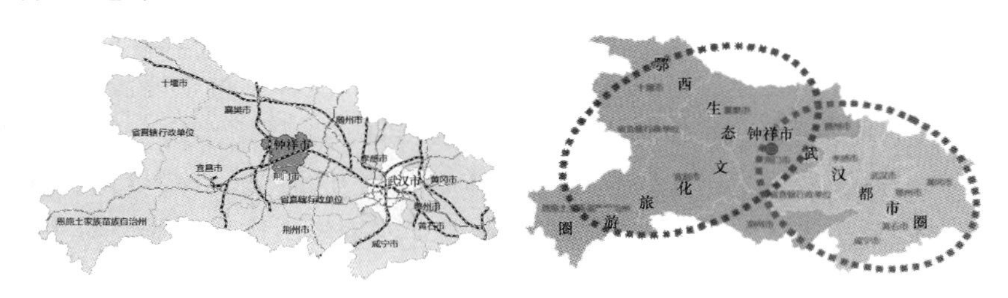

图 4-1-30　区位图示意图

（图片来源：莫愁湖新区绿色生态示范城区生态规划）

（2）新区特点

1）土地与交通协同发展

新区以“完善路网、绿色出行”为目标，分离新区内外交通，遵从并延续城市历史肌理，结合公园绿地、湖泊水系、旅游景点、商业网点设置 180m×180m 的小尺度街区（图 4-1-31）。同时，设置自行车专用道等慢行系统，提倡慢行、公交先导的出行模式，合理布局公交站点，保障站点 300m 半径（5 分钟）全覆盖（图 4-1-32）。

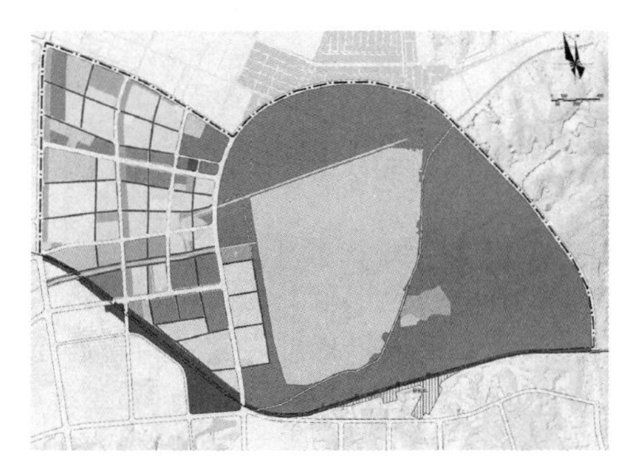

图 4-1-31　街区布局规划图

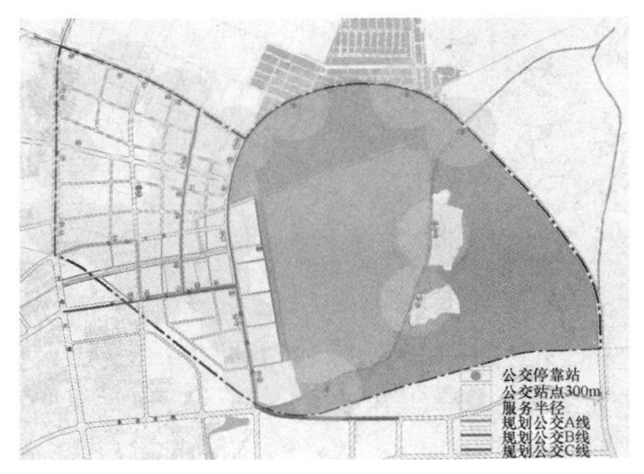

图 4-1-32　公交 300m 半径覆盖示意图

（图片来源：莫愁湖新区绿色生态示范城区生态规划）

以“公交先导、集约高效”为目标，引进 TOD 模式，摈弃容积率平均分布的传统规划办法，适度提高公交站点周围 300～500m 半径范围内的开发强度，综合布局公建、商业、居住等人流量较大的用地，采取混合街区模式，保障职住平衡，缩短出行距离，减少通勤量，降低交通碳排放，达到避免无序建设、杜绝土地浪费的目的。同时，按照“三降一通透”（降高度、降密度、降容积率、保持景观视线通透）理念，严格控制临湖区域项目建设，保持原生态景观风貌。

2）能源资源可持续利用

新区对资源能源利用进行合理规划控制（图 4-1-33）。优化能源结构，推广天然气等清洁能源，发展水能、风能、太阳能、地热能等可再生能源。科学利用水资源，采取分户计量、减少漏损、推广节水器具、生活用水定额管理等措施，节约水资源、保护水环境。无害化处理固体废弃物方面，以“减量化、资源化、无害化”为目标，建立生活垃圾分类管理制度，实现生活垃圾分类收集率及无害化处理率达到 100%。在部分小区进行生物降解推广示范，利用生物降解箱将家庭厨余垃圾进行降解，实现资源循环利用。

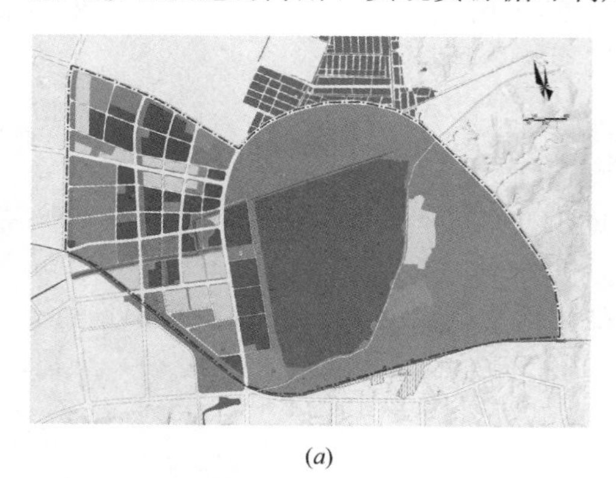

(*a*)

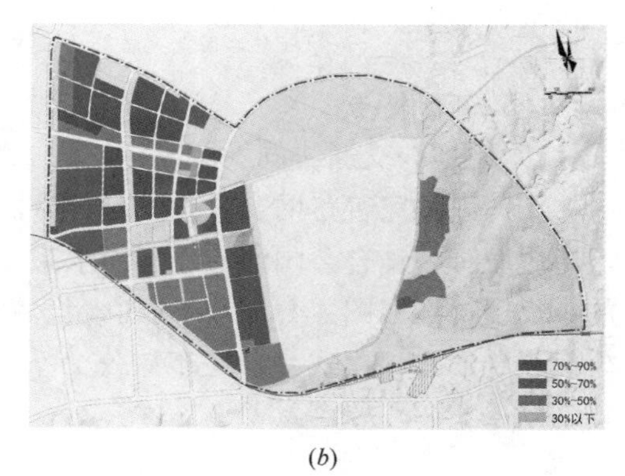

(*b*)

图 4-1-33 能源资源可持续利用

（*a*）太阳能光热利用；（*b*）非传统水源利用率控制

（图片来源：莫愁湖新区绿色生态示范城区生态规划）

3）绿色建筑推广

新区重视绿色建筑的普及工作。以“区域领先、绿色示范”为目标，在新区范围内全面执行《绿色建筑评价标准》中一星级及以上评价标准，其中新建居住建筑达到一星级以上标准，公共建筑达到二星级标准（图 4-1-34*a*）。

4）城市环境改善

城市环境方面以“还湖于民、还绿于民、还景于民”为目标，合理布局公园绿地，建立安全的生物格局，增加绿地面积，提高碳汇能力。充分发挥湿地资源优势，科学实施水生态保护与恢复工程，确保莫愁湖地表水环境质量达到Ⅲ类水体标准，区域内空气质量优质天数达到 350 天/年以上（图 4-1-34*b*）。

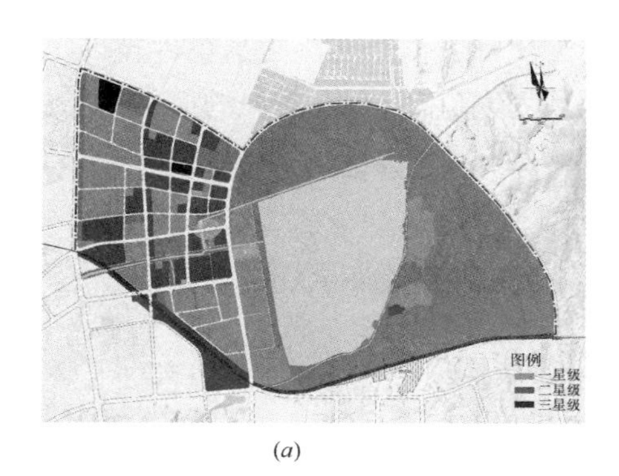

(*a*)

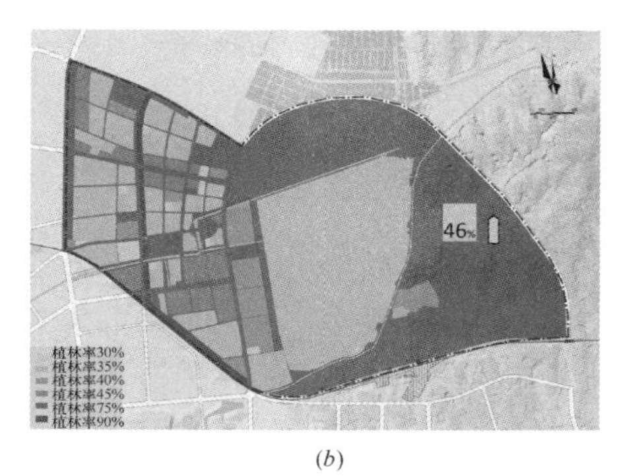

(*b*)

图 4-1-34 绿色建筑星级分布及碳汇能力提升示意图

(*a*) 绿色建筑星级分布图；(*b*) 碳汇能力提升示意图

（图片来源：莫愁湖新区绿色生态示范城区生态规划）

目前，莫愁湖新区已将“绿色生态”发展理念融入经济发展、城市建设和人民生活的各个层面，钟祥市政府将以建设低碳导向的“美丽钟祥”为目标，充分发挥莫愁湖新区资源、环境、气候和人文优势，进一步通过政策引导、科技带动，把莫愁湖新区建设成为经济繁荣、生态良好、美丽宜居的现代化绿色生态新城。

1.2.8 湖北荆门市漳河新区❶

(1) 背景概况

2014 年，荆门市漳河新区入选全国绿色生态示范城区之一。漳河新区（图 4-1-35)位于湖北省荆门市中心城区西郊，漳河水库畔。东侧紧邻荆门市中心城

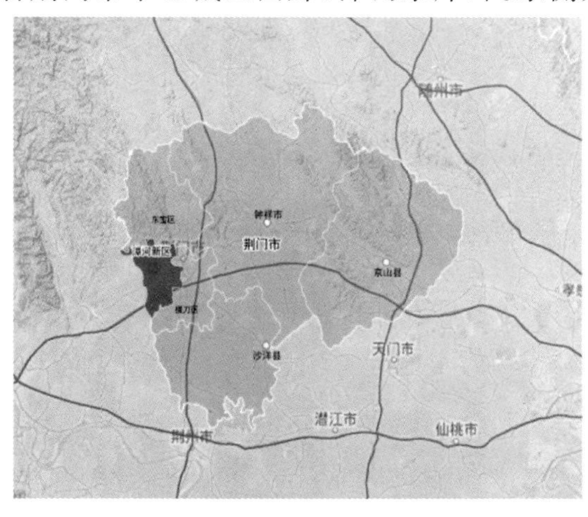

图 4-1-35 漳河新区的区位图

❶ 深圳市建筑科学研究院股份有限公司，“荆门市漳河新区申报低碳生态试点城（绿色生态城区）”相关资料。

区，西与当阳市接壤，北部为马河镇，南面是团林铺镇。新区交通条件良好，焦柳铁路和荆沙铁路穿行而过。漳河新区组团规划人口 32 万，面积约 25.2 平方公里，人均建设用地面积 78.75 平方米，包含行政中心、凤凰组团、漳河组团三个功能片区。

（2）新区特点

漳河新区（图 4-1-36）围绕“绿色生态、一步现代、引领未来”战略定位，突出“生态、文明、宜居、特色”，围绕“两横三纵”（即以漳河大道、双喜大道为两条横轴，以西外环线、荆山大道、荆西大道为三条纵轴），发展成为荆门市综合性新城区与城市中心，高端休闲旅游目的地，精致农业创新示范区，荆门市重要的生态涵养区与生态环境示范区。

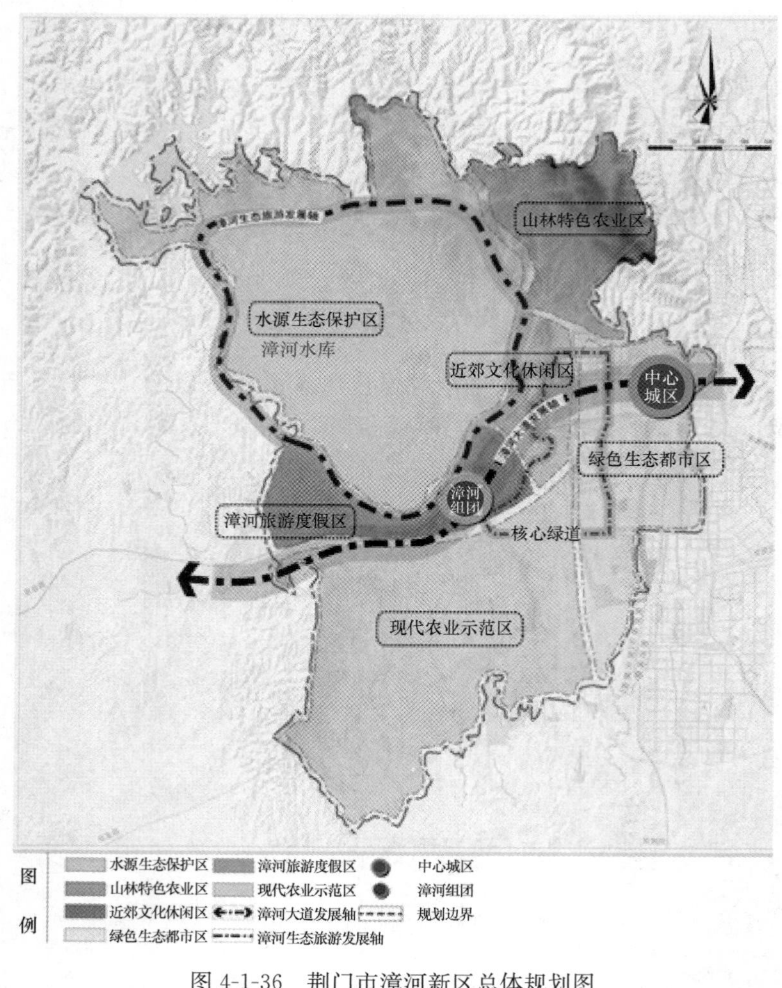

图 4-1-36　荆门市漳河新区总体规划图

（图片来源：http：//www.jmzhxq.gov.cn/Html/? 1744.html）

1）产业发展上，漳河新区要坚持“生态立区、文化兴区、产业强区”，立足城区优势，发展现代物流业；立足山水优势，发展生态文化旅游业；立足特色优势，打造独具特色的精品农业，发展观光农业。把漳河新区建设成为以现代服务业、生态文化旅游业、现代农业为主导的“零工业”生态新城。

2）在生态城规划建设过程中，集中力量，重点落实可再生能源、绿色建筑等低碳生态城核心项目，重点做到七个全覆盖（图 4-1-37）。绿色产业全覆盖：行政服务、生产性服务业、文化休闲、生态居住覆盖；绿道全覆盖：主、次干道绿道全覆盖；雨水收集利用全覆盖：2 万平方米以上建筑全部采用雨水收集回用；透水铺装全覆盖：人行道、非机动车道铺装全部采用透水铺装；市政综合管沟全覆盖：规划综合管沟 94 公里；利用工业余热冷暖空调全覆盖：东宝工业园华能热电厂冷、热、电三联供的覆盖；绿色建筑全覆盖：新建建筑 100%达到绿色建筑要求。

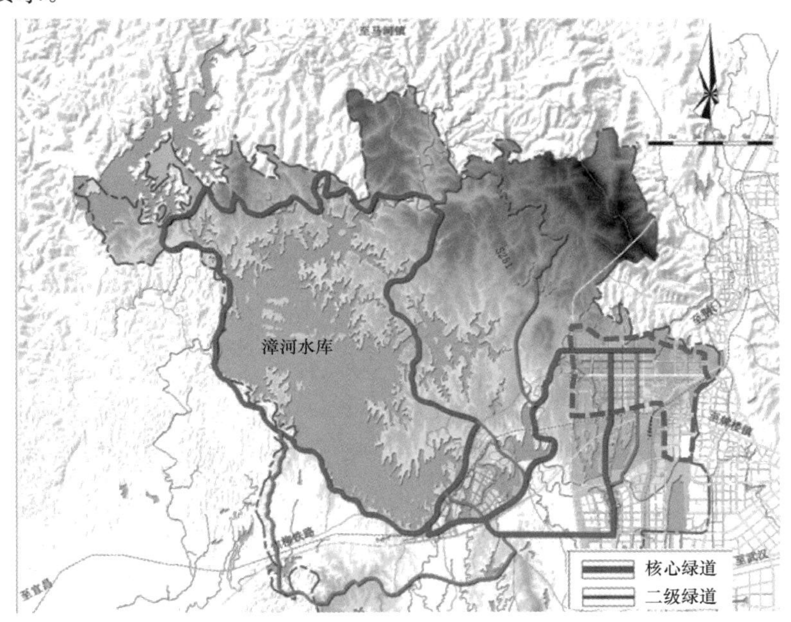

图 4-1-37 绿道网络图

3）大力构建绿色交通体系。示范区内路网密度合理，主干路、次干路、支路分布均衡。配备完善的公交场站和公交专用道系统。

4）加快推进绿色市政基础设施建设。保障水量、水质的同时，推进节约用水。污水“全收集、全处理”，收集处理率达到 100%。改造利用现有 5 条水系，满足新建城区的排水要求。采用自然生态护坡的渠道断面建设生态驳岸。通过绿色屋顶、下凹绿地等措施实现雨水的存储和利用，并要求二星级和 2 万平方米以上建筑全部配套雨水收集回用设施。示范区内人行道、非机动车道均采用透水路面结构，控制场地综合径流系数。

5）加大能源综合高效利用力度。通过加强能源需求管理，将地块能耗限额指标和可再生能源利用指标纳入控规（图 4-1-38）；提高清洁能源利用比例；推行区域能源管理系统等一系列措施，推进能源综合高效利用。

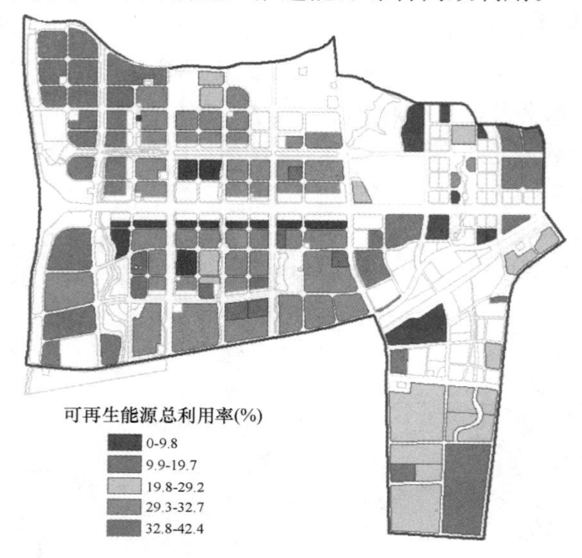

图 4-1-38 地块可再生能源利用率

6）推动绿色建筑全面发展。将绿色建筑指标纳入控规和土地出让条件，加强绿色施工监管，提高运行标识比例（图 4-1-39）。全过程开发模式：设计、施

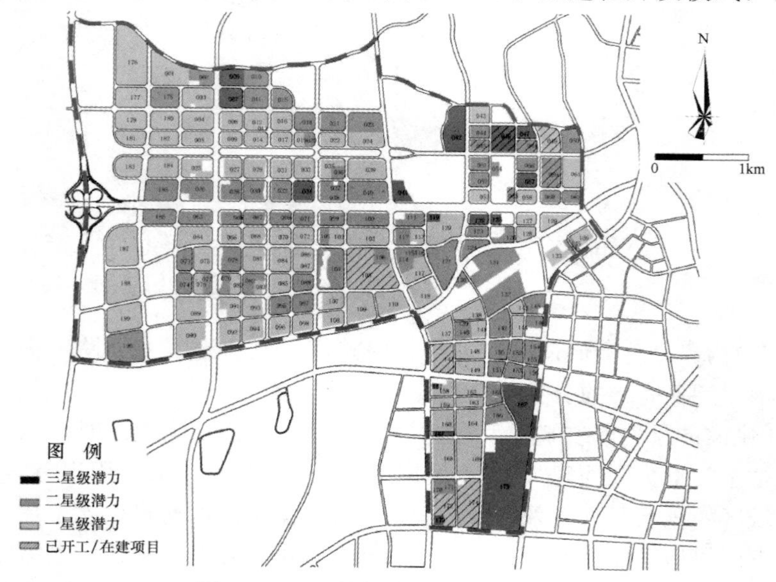

图 4-1-39 地块绿色建筑星级控制图

工、运营及拆除阶段全寿命周期介入新区绿色建筑建设推广，并重点控制审批、立项环节。

漳河新区的开发，带来了荆门市整体结构和战略视野的整体西移潜力。基于良好的区位交通条件，以及大面积的水库资源与自然资源，漳河新区将进一步实现现代农业示范区和区域性文化旅游休闲度假基地等市级战略要求。

1.2.9 江西新余市袁河生态新城

(1) 背景概况

新余位于江西中部，地处南昌、长沙两座省会城市之间，是江西最年轻的一座工业城市。袁河生态新城是 2014 年入选全国绿色生态示范城区的新城之一，是新余市袁河低碳生态试点城的核心起步区。规划范围北至浙赣铁路、西至新欣大道、南至珠珊大道、东至污水处理厂，规划总面积约 11.87 平方公里。

(2) 新区特点

袁河生态新城以“袁河之翼、新余之心、两江四岸、生态新城”为总体战略定位，是新余市未来承担城市转型发展、功能提升的重点区域，是集高端商务办公、综合商业娱乐、休闲文化展示、生态低碳居住等功能于一体，设施最完善、功能最复合、环境最优美、最具活力的未来城市发展核心区域（图 4-1-40）。

袁河生态新城重点强调打造“融合”、“生态”、“活力”、“便捷”的城市新区

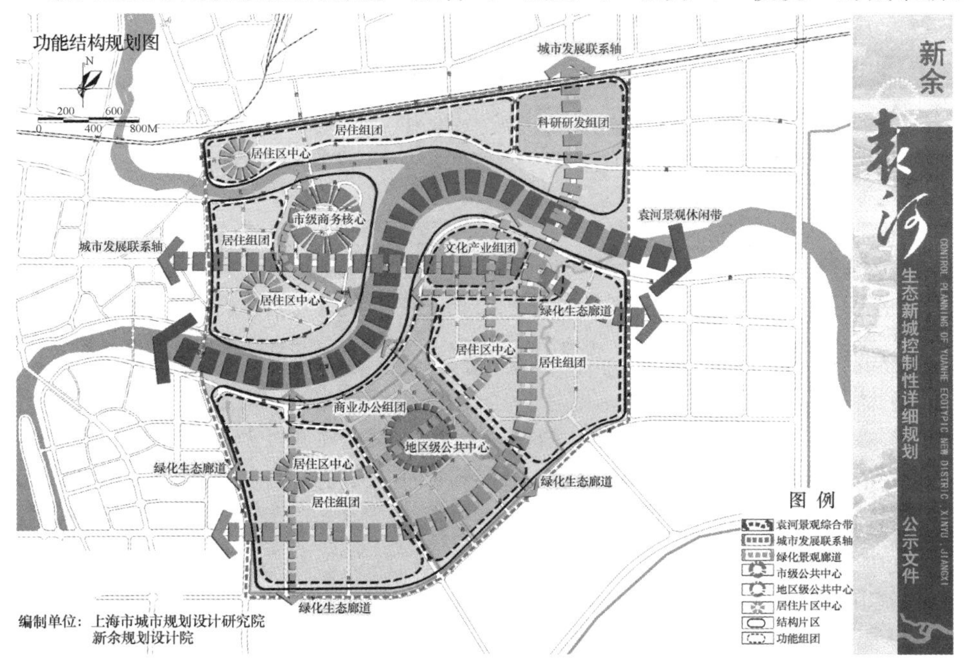

图 4-1-40 新余市袁河生态新城功能结构规划图

（图片来源：http：//www.xyanjia.con/news/view1383.html）

愿景：强调“融合”，打造功能复合的城区、和睦共处的社区、互通交流的新区；强调“生态”，打造水绿交融的城区、安全健康的社区、节能环保的新区；强调“活力”，打造产业聚集的城区、人性生活的社区、文化多元的新区；强调“便捷”，打造交通快捷的城区，就业方便的社区、设施完善的新区。

1.2.10 江苏昆山市花桥经济开发区

（1）背景概况

昆山花桥国际商务城（图 4-1-41）地处苏沪交界处，地域面积 50 平方公里，距离上海市中心不到 25 公里，西邻昆山国家级开发区，东依上海国际汽车城，是江苏省三大商务集聚区之一。商务城规划用地 50 平方公里，规划人口 30 万，是江苏省转型发展实验区。

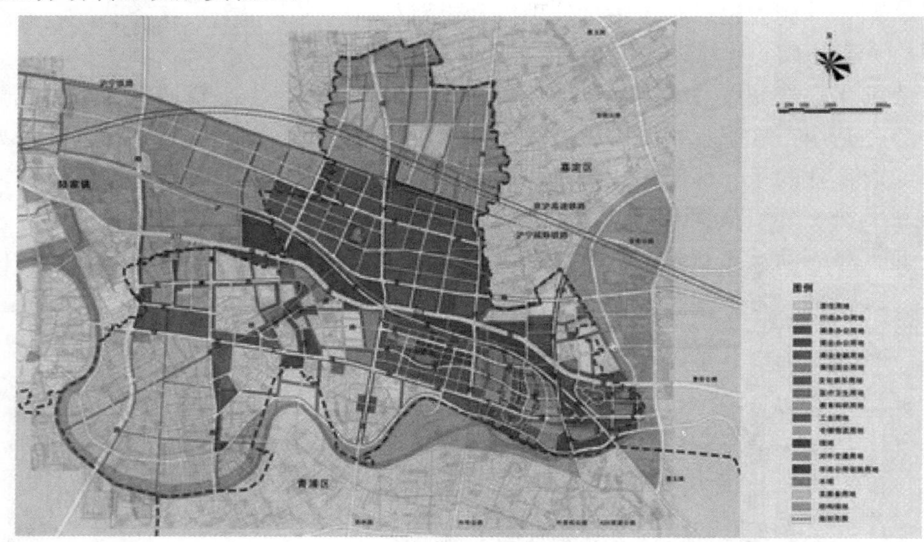

图 4-1-41 昆山花桥经济开发区花桥国际商务城总体规划

（图片来源：http：//www.hqcbd.com/jsswc/newsxx.aspx？tzid=44&uu=43）

（2）新区特点

商务城通过城市规划和建设管理推动低碳排放，侧重于城市基础设施建设以及城市运行管理过程的低碳化、生态化，围绕“国际、科技、生态、人文、宜居”的现代化商务城市目标，以可持续发展的规划理念引导城市建设，提出了打造现代低碳商务城的总体目标，通过实现五大“绿色转型”，率先打造低碳产业、低碳建筑、低碳交通、低碳生活、低碳环境、低碳社会“六位一体”的低碳生态商务城。重点从发展规划、项目建设、机制保障、政策支持、组织保障五个方面系统推进低碳生态商务城建设。

商务城利用昆山花桥的特有资源优势，重点发展现代服务业，以金融服务外包作为战略性主导产业，发展区域物流中心，推进技术高附加值服务业，强化产业关联，打造以商务服务为核心功能的国际化、生态型的综合性城市。商务城的低碳城市建设是在新型城镇化战略背景下对低碳城市的规划、建设和运营管理方式的探索，目的是构建一种可复制、可市场化、便于操作管理的低碳城市规划建设模式。

1.2.11　河北廊坊市万庄生态新城

(1) 背景概况

万庄生态新城（图 4-1-42）位于廊坊市区西北部，北部和西部与北京市相邻，东部与廊坊市主城区相接，处于规划二机场的空港区，规划占地 80 平方公里，起步区 10 平方公里。

图 4-1-42　万庄生态新城规划图

（图片来源：http：//www.lfnews.cn/dijiantou/news_show.php？id=98&name=%D5%D0%C9%CC%D2%FD%D7%CA）

(2) 新区特点

万庄生态新城借“京津冀区域经济一体化、环首都绿色经济圈建设”这一国家战略契机，充分发挥新城的地缘优势，以生态居住、智能商务、商业金融、行政办公为战略定位，以先建城市、后布产业为开发模式，综合考虑空间形态、产业发展和文化传承。空间形态以“混合-多元-生态”为目标，形成由村落为中心生长出来的城市组团；产业发展以信息产业、总部与研发、可持续技术应用、后现代农业示范为核心，形成现代服务业产业集群；文化传承以保持和发展地域物质文化和非物质文化，创造可持续发展的新文化为原则，营造出独具特色的万庄人文景观。全面打造国际化的智能产业研发中心、高端企业总部和财务结算中心，将万庄新城将发展成为廊坊的新地标、北京的新城市、世界的新空间。

1.2.12 湖南长沙市大河西先导区洋湖新城[1]

（1）项目概况

洋湖国际生态新城（图 4-1-43）是长株潭城市群“两型社会”建设综合配套改革试验区长沙大河西先导区起步区的核心片区之一，位于长沙市西南方位，由长沙西二环线与南三环线以及靳江河围合，北依岳麓山、东临湘江，与湖南省政府隔江相望，整体开发建设面积 11.98 平方公里，涵盖洋湖湿地景区，总部经济区，绿色宜居区三个核心功能区，综合容积率 0.6，绿化率达 45%。

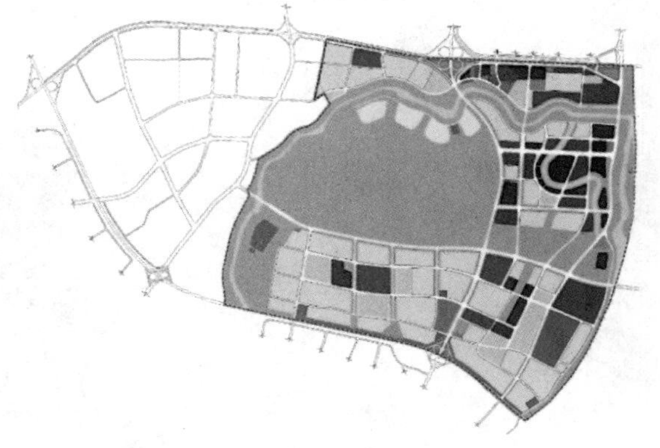

图 4-1-43 洋湖国际生态新城
（图片来源：洋湖生态新城控制性详细规划）

洋湖生态新城探索以结合金融控股与产业投资的城市资源运营商为实施主体的管理方式，用实际行动增强湖南“两型社会”建设支撑，力争打造成为全国“两型社会”生态宜居城市的样板区。

（2）新区特点

洋湖国家生态新城按照生态诊断、目标体系、生态规划、实施监管等步骤，分别制定了生态城市的发展策略，科学合理因地制宜的指标体系，通过土地、水资源、能源、绿色市政等子系统规划，形成地块开发控制引导，并将绿色生态要

---

[1] 北京市中城深科生态科技有限公司，“洋湖国际生态新城生态规划项目”相关资料整理。

求落实进入土地的招拍挂中，其主要的规划特色如下：

1）土地利用

以土地的集约利用和多元混合利用为手段，提出混合、集约、高效、合理的土地利用及功能混合模式，打造10分钟步行生活圈。倡导公共交通引导用地的布局模式，用地布局上使更多的商业及综合用地接近重要站点周边并提高重要交通站点周边建设用地的开发强度，使开发强度沿站点向湘江递减，达到降低湘江沿线开发强度，保护生态环境的目的。坚持混合开发，重点提升交通枢纽站点、新城公共中心周边的混合街区比例，混合功能街区比例≥50%（图4-1-44）。

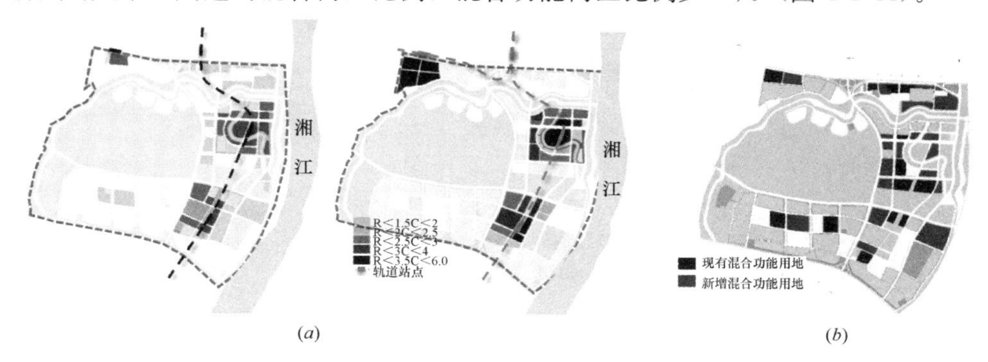

(*a*)　　(*b*)

图4-1-44　土地利用规划图

（*a*）轨道交通站点周边用地性质及用地强度调整；（*b*）混合功能用地比例提升

（图片来源：洋湖国际生态新城土地利用规划）

2）水资源循环利用

以片区内部已建设具有水体生态自净功能洋湖湿地公园和中水回用为主导的坪塘污水处理与再生水厂为契机，从水资源供需平衡、水资源循环利用及水环境维护三个方面进行综合规划，提高新城水资源利用效率。规划非传统水资源利用率达到30%，再生水管网覆盖率达到100%（图4-1-45）。

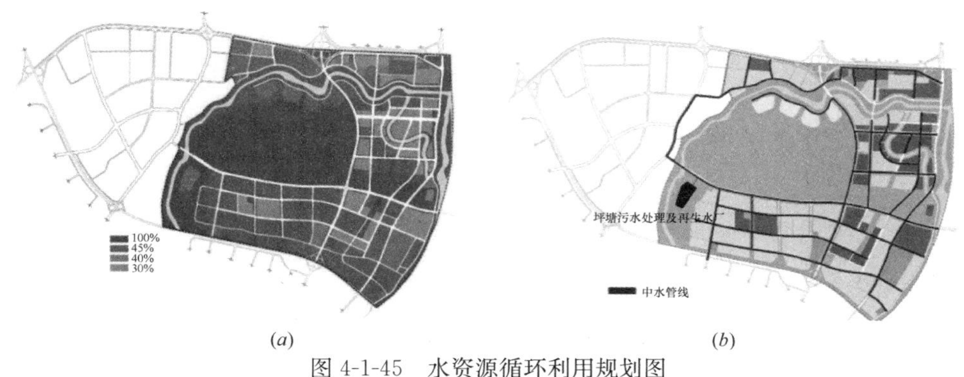

(*a*)　　(*b*)

图4-1-45　水资源循环利用规划图

（*a*）各地块非传统水资源利用率；（*b*）中水管网规划图

（图片来源：洋湖国际生态新城水资源利用规划）

水环境维护以洋湖生态新城湿地公园净化水体为主导形成全片区生态自净循环系统，全面建设洋湖生态新城片区内的“自然-人工”复合湿地生态系统，并从岸线生态整治、河道水质改善、沿岸景观修复等方面进行河道生态系统修复(图 4-1-46)。

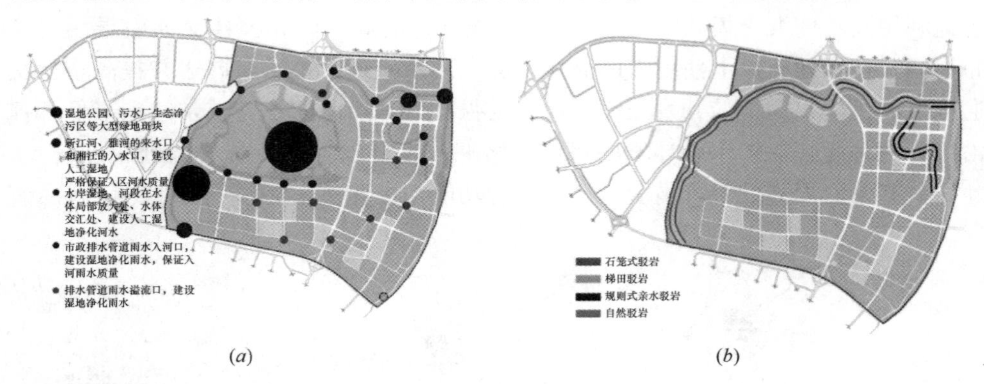

图 4-1-46 水环境维护规划图

(*a*) 生态自净湿地分布图；(*b*) 生态驳岸改造图

(图片来源：洋湖国际生态新城水资源利用规划)

3) 能源利用

采用适宜的再生能源代替化石能源，改善传统能源供应与消费结构，充分实现对太阳能、地热、余热等能源的利用，建立多元、安全、高效的能源系统。针对核心商务区等高密度区域，建立以燃气冷热电三联供系统为核心的能源中心，实现能源高效梯级利用（图 4-1-47)。

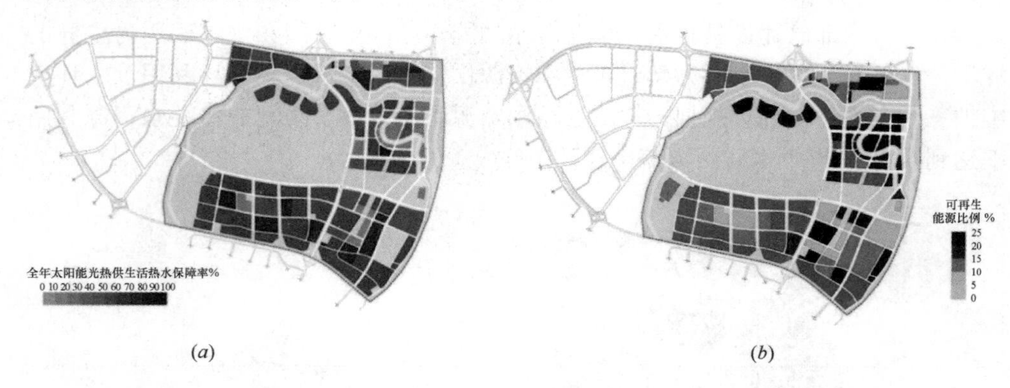

图 4-1-47 能源利用规划图

(*a*) 太阳能资源潜力空间分布；(*b*) 可再生能源替代常规能源比率分布

(图片来源：洋湖国际生态新城能源利用规划)

4) 绿色市政

通过采用低冲击开发、固废分类收运、低碳照明、综合管沟等新技术，合理运用雨水、能源、固体废弃物等资源，从雨洪管理、固体废弃物资源利用、绿色照明工程、综合市政规划四方面构建环保型、创新型、知识型的现代化绿色市政设施体系，实现市政设施低碳化布局，同步实现市政设施的数字化管理，保障城市安全（图 4-1-48）。

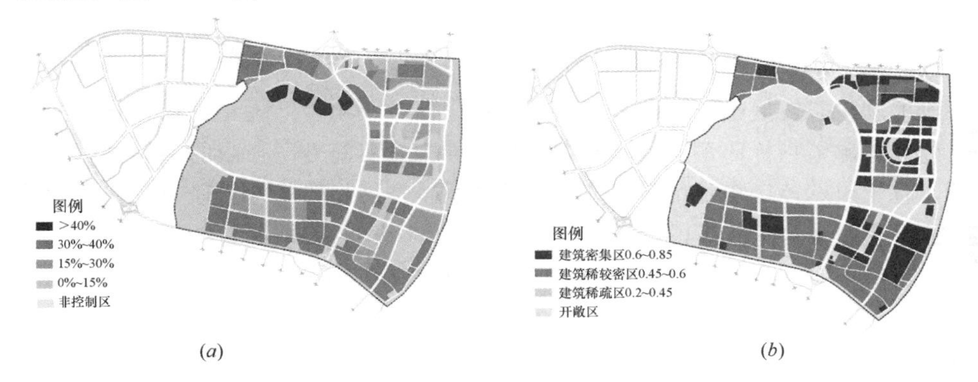

图 4-1-48 下凹绿地和地表径流系数规划图

（*a*）下凹绿地面积占比分区控制；（*b*）不同建筑密度下地表径流系数分区控制

（图片来源：洋湖国际生态新城绿色市政规划）

1.2.13 北京雁栖湖生态发展示范区❶

（1）项目概况

北京雁栖湖生态发展示范区（图 4-1-49）位于北京市东北部的雁栖湖畔，规划面积 21 平方公里，围绕"低碳、绿色、生态、智慧"的可持续发展理念，以指标体系为纲领，以生态规划为路径，以技术推广为突破，努力打造北京市绿色生态、低碳节能、自然宜居的功能典范，建设具有中国文化特色生态发展示范区。

图 4-1-49 雁栖岛实景图

（图片来源：怀柔区规划分局）

❶ 北京市中城深科生态科技有限公司，"北京怀柔雁栖湖生态发展示范区生态规划研究项目"相关资料整理。

雁栖湖示范区其独特的自然和人文资源为会展及旅游产业的发展提供了基础支撑。2014 年 APEC 峰会将雁栖湖推向了国际舞台，进一步提升了知名度、扩大了宣传效应及推广意义。雁栖湖特有的发展背景及优势条件，为绿色生态先进理念的探索、先进成果的转化及先进技术的应用搭建了良好的平台。

（2）新区特点

雁栖湖生态发展示范区一直遵循“系统化、本土化、低耗化、精宜化”的原则，建立了涵盖指标体系、专项规划、技术导则、实施方案在内的生态城区规划体系。基于对示范区自身优势特点、资源禀赋及发展趋势的总结研究，在规划编制、建设实施及运营管理的全过程皆体现了科学合理、因地制宜的理念，兼顾生态承载和产业发展，构建高标准的绿色集成技术体系。

1）生态本底的低影响度干预。示范区内有良好的山、林、湖、田等自然生态资源，在开发过程中运用生态手法对场地原有肌理进行生态修复及保护，减小对生态系统的干预，维持场地内独特的山水景观风貌。

2）绿色示范技术的高效集成。示范区以高起点、高标准为原则，在低碳生态领域对生态理念及先进技术做出探索性尝试，涵盖 70 余项生态技术，为同类型示范区提供可复制推广的实践模型。

3）与承载力相匹配的开发模式。示范区生态敏感度较高，场地建设充分考虑与生态承载力的协调，严格控制开发强度，重点发展养生旅游、会议会展等绿色产业，推广高星级绿色建筑，营造低碳宜居的城市环境。

（3）重点工程

绿色建筑：通过示范区内各地块自身及外部条件的综合分析，确定地块星级潜力预测分布（图 4-1-50），要求所有新建建筑都达到三星级绿色建筑标准，主要为会展及酒店建筑，包括国际会展中心、国际会议中心及日出东方酒店等（图 4-1-51、图 4-1-52）。既有建筑的绿色化改造要求全部达到一星级绿色建筑标准，其中二星级绿色建筑比例不低于 45%。

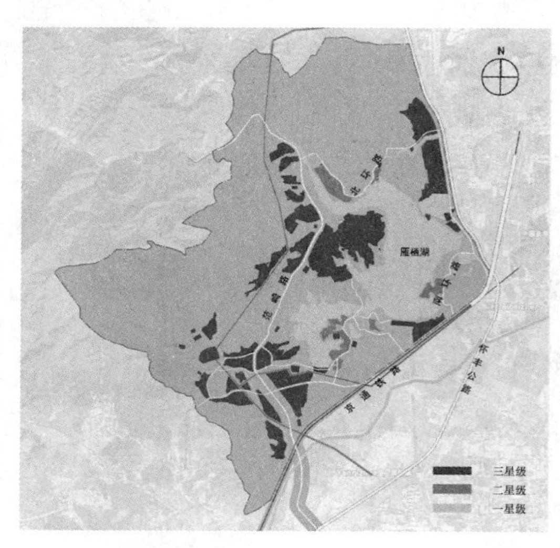

图 4-1-50 雁栖湖示范区地块星级潜力预测图

（图片来源：雁栖湖生态示范区生态规划项目）

低碳能源：示范区采用智能分布式能源系统，通过设置光伏发电系统、浅层地源热泵系统、冷热电三联供系统、太阳能集热器、室内光纤照明系统等为路径，打造清洁、智能、低碳的能源供配用平台，形成传统能源与可再生能源的有效互补及协调应用模式（图 4-1-53～图 4-1-55）。

图 4-1-51　日出东方酒店

（图片来源：怀柔区规划分局）

图 4-1-52　国际会展中心

（图片来源：怀柔区规划分局）

水环境治理：针对污水治理，通过在雁栖岛运用膜生物反应器、滤布滤池等先进技术，实现“源头减负”，确保外排的污水满足雁栖湖水域功能要求。同时通过沿湖设置人工湿地、生态浮岛、钛合金生物膜球、生态驳岸等，有效改善水质，提升整体水环境质量（图 4-1-56～图 4-1-58）。

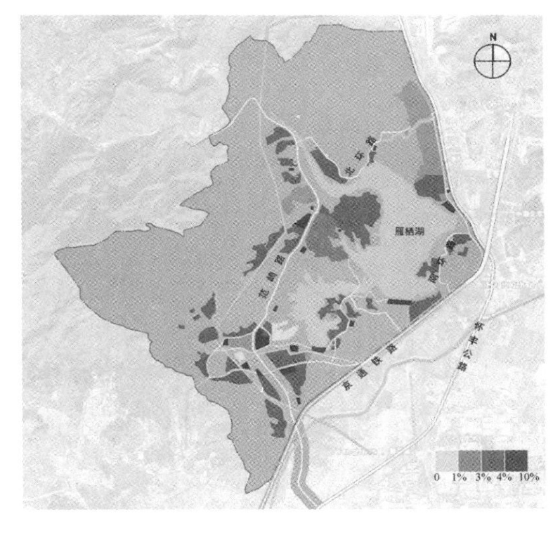

图 4-1-53　雁栖湖示范区地块可再生能源利用率控制图

（图片来源：雁栖湖生态示范区生态规划项目）

水资源管理：示范区内设置下凹绿地、透水铺装路面、雨水调蓄池、生态草沟、生态旱溪等，有效控制场地内的综合地表径流。通过合理的雨水收集、储存、再利用，增加雨水下渗、减少外排，达到涵养水源、控制污染、减少洪灾风险的目标（图 4-1-59～图 4-1-61）。

固废处理：示范区内实施严格的垃圾分类收集管理，并在公共区域设置饮料瓶回收机。针对绿化垃圾和餐厨垃圾，设置就近循环处理设备，高效消纳处理绿化及餐饮废弃物，通过发酵形成生物肥料就地应用于景观公园及植物栽培（图 4-1-62、图 4-1-63）。

雁栖湖生态发展示范区将继续秉持绿色、低碳、生态发展理念，打造后世博会时期生态示范技术的推广展示平台及北京市绿色生态、低碳节能、自然宜居的功能典范和标杆。

图 4-1-54 大坝光伏板及日出东方酒店太阳能集热器
（图片来源：怀柔区规划分局）

图 4-1-55 国际会议中心薄膜光伏车棚
（图片来源：怀柔区规划分局）

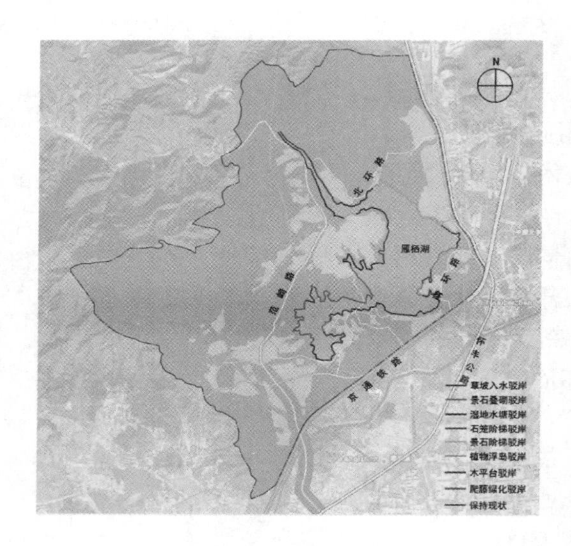

图 4-1-56 雁栖湖示范区地块多功能生态驳岸设计图
（图片来源：雁栖湖生态示范区生态规划项目）

图 4-1-57 石笼阶梯驳岸
（图片来源：怀柔区规划分局）

图 4-1-58 雁栖湖生态浮岛
（图片来源：怀柔区规划分局）

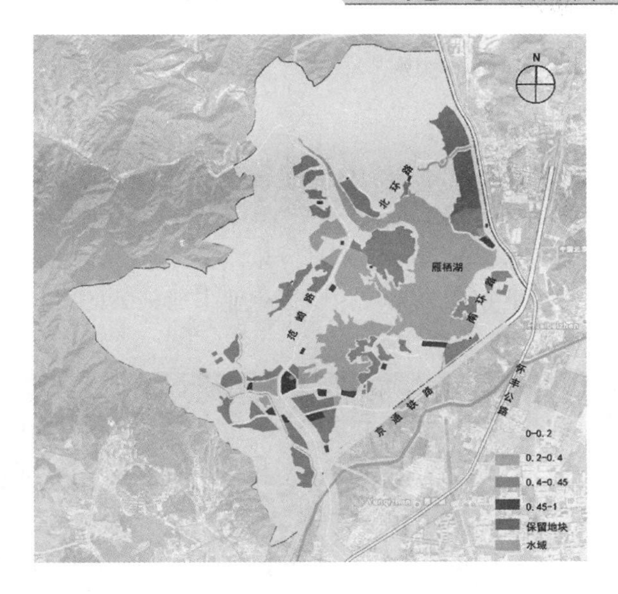

图 4-1-59 雁栖湖示范区地块综合径流系数控制图
（图片来源：雁栖湖生态示范区生态规划项目）

图 4-1-60 雁栖岛生态旱溪
（图片来源：怀柔区规划分局）

图 4-1-61 雨水花园
（图片来源：怀柔区规划分局）

图 4-1-62 国际会议中心饮料瓶回收机
（图片来源：怀柔区规划分局）

图 4-1-63 日出东方酒店餐厨垃圾设备
（图片来源：怀柔区规划分局）

1.2.14　北京中关村软件园[1]

（1）背景概况

北京中关村软件园位于北京海淀区，是国家级软件产业基地，两期面积2.6平方公里，其中园区一期：用地规模139公顷，建设总量70万平方米，园区二期用地规模121公顷，建设总量133万平方米（图4-1-64）。周围的中国科学院、清华大学、北京大学等北京众多高校为园区企业形成强大的科技区位支撑和技术依托。

图4-1-64　中关村两期俯视图

（2）项目特点

中关村软件园主要是针对目前存在的土地利用、公共空间、地下空间、配套设施、交通系统、景观生态、水资源利用、能源系统、绿色建筑、绿色运维、园区产业等现状问题进行改进提升。目前的土地使用率偏低。提高土地使用效率，提倡土地兼容，混合使用的用地功能的布局，注重将公共服务设施用地和商业服务业用地相混合。

1）既有园区系统性的规划和实施方案。中关村软件园的绿色生态园区建设在目标设定之初就提出系统规划、统筹实施的整体技术路线，从生态诊断发现问题、生态指标体系统筹整体工作目标、然后按照实际情况进行中长期的工程实施计划，系统有序地推进园区生态的提升工作。除了具体工程建设之外，中关村软件园还充分结合自身园区运营管理和产业发展的特点，提出了智慧园区、制度建设等相关园区软件和能力建设，形成绿色园区长期可持续发展的机制支持和政策保障。

[1] 深圳市建筑科学研究院股份有限公司，“北京中关村软件园绿色生态示范城区申报资料”整理。

2）基于生态诊断的规划方法。中关村软件园在基于软件园现状的前提下，结合现代创新型绿色规划手法提出的设计方案。通过对现状的考察，先诊断出问题再对症下药。包括提出的土地高效利用、公共交通系统、慢行交通系统、能源系统、水资源的循环利用等专题，均是基于软件园现状充分诊断分析基础上，提出的系统解决方案。

3）国内领先的指标引领整体工作。中关村软件园在绿色生态园区建设，通过提出系统的生态指标体系，涵盖了绿色经济、资源利用、环境友好、绿色低碳、智慧管理等五类指标体系，以契合绿色生态园区的内涵。

4）基于园区服务和示范教育的系列创新工程。中关村软件园规划设计了多个绿色生态的工程项目，并按期分步实施，对重点成熟技术规模化推广，对创新性技术采用点线示范、后期规模化应用等多种工程组织方案。并利用生态智慧园区管理中心、云计算中心等建设项目，集中对绿色建筑、地冲击开发、智慧园区管理平台、绿色室内环境等进行集中技术试验和展示，形成公众宣传和展示，推动园区入园企业共同开展绿色园区建设。

根据园区整体生态提升规划，软件园提出了三年八大类共计 25 项提升项目，包括公共空间、低碳能源、低冲击开发、绿色交通、固废利用、绿色建筑、低碳管理和生态展示八大类（图 4-1-65）。

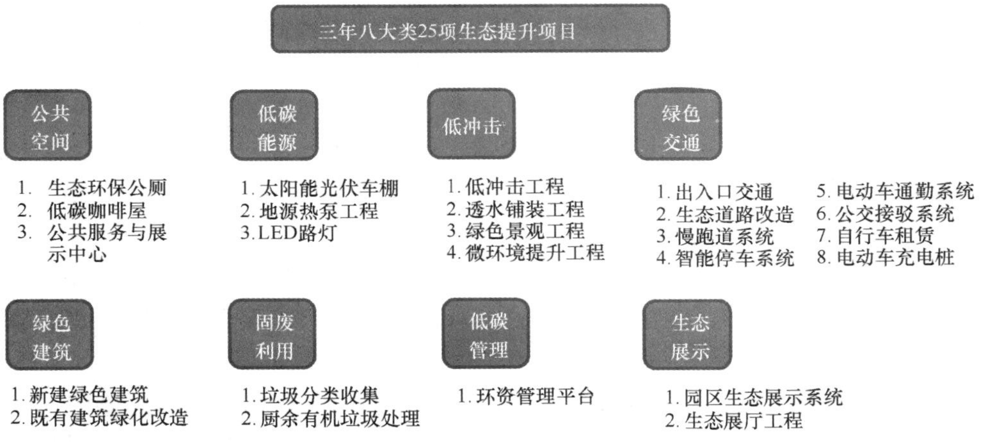

三年八大类25项生态提升项目

公共空间
1. 生态环保公厕
2. 低碳咖啡屋
3. 公共服务与展示中心

低碳能源
1. 太阳能光伏车棚
2. 地源热泵工程
3. LED路灯

低冲击
1. 低冲击工程
2. 透水铺装工程
3. 绿色景观工程
4. 微环境提升工程

绿色交通
1. 出入口交通
2. 生态道路改造
3. 慢跑道系统
4. 智能停车系统
5. 电动车通勤系统
6. 公交接驳系统
7. 自行车租赁
8. 电动车充电桩

绿色建筑
1. 新建绿色建筑
2. 既有建筑绿化改造

固废利用
1. 垃圾分类收集
2. 厨余有机垃圾处理

低碳管理
1. 环资管理平台

生态展示
1. 园区生态展示系统
2. 生态展厅工程

图 4-1-65　提升项目
（图片来源：北京市规划委员会）

中关村软件园的绿色生态园区的规划建设，全面引入“生态绿色”概念，以“绿色空间”构筑“绿色城市”，以“低碳生活”打造“绿色社区”；走城市生态建设一体化道路，实现城市生活绿色化，人、建筑、城市、自然高度融合，形成一个产业结构合理、富有活力、功能完善、环境优美的国内一流高精尖专业园区。

1.2.15 四川雅安市大兴绿色生态区[1]

（1）背景概况

雅安市位于四川盆地西部，市境东邻成都、眉山、乐山，南接凉山彝族自治州、西连甘孜藏族自治州，北靠阿坝藏族、羌族自治州。大兴绿色生态区位于雅安中心城区东部，总用地约11平方公里，现状常住人口约2.6万人，规划预计的人口约10万人，建设用地8.83平方公里。

（2）项目特点

大兴绿色生态区规划的主要特点是探索生态资源丰富但经济欠发达地区建设绿色生态城市的实施路径。体现生态系统互动、绿色建设融合、能源资源节约的绿色城市规划技术应用；体现适宜性、高性价比、可推广的绿色建筑技术规模化应用；体现以公交+慢行交通系统为主体，以全体系、智慧化、易实施为特点的绿色交通技术应用，以灾后重建实施与生态城市建设相结合的技术、制度模式创新。

1）基于法定规划平台，从总规到控规到专项逐步融入低碳生态理念。在深入研究雅安总规、大兴控规的基础上，积极探索适合雅安特点的生态规划控制要求，通过法定规划和专项规划相结合落实大兴绿色城区建设的绿色理念。

2）基于既有资源条件，结合近期实施项目。技术路径上突破大而全的传统绿色低碳生态规划，以“行动规划”为目标，基于大兴组团既有资源条件，结合近期实施项目（项目备案表），将规划内容落地实施。

3）引入三大基线：碳基线、COD基线、能耗基线，生态指标与基线控制相结合。对各专项的规划内容加以把控，体现绿色生态城区的实际效益。

4）土地与交通专项规划。经GIS叠加分析的土地生态适宜性分析结果，将城区总体分为适宜建设区、限制建设区和禁止建设区（图4-1-66），在此基础上提出容积率分布及建筑高度分布的优化建议，同时建议预留青衣江沿岸绿化带，适当降低青衣江沿岸建筑高度。

道路系统以高密度、窄路幅为规划原则，本规划与控规中道路网密度进行协调后，最终规划区道路网密度达到7.0km/km（工业组团除外）。干道网系统分为“两环两轴”，“两环”即南外环路、雅安大道，是南北交通骨干，对外联系的重要轴线；“两轴”即新区大道和康泰路-文心路-兴贸路，是联系片区内部不同组团间联系的重要通道（图4-1-67）。

5）资源利用专项规划。在规划层面采取实施性较高的低冲击开发技术：下

---

[1] 雅安市城乡规划建设和住房保障局和深圳市建筑科学研究院股份有限公司，“雅安市大兴组团低碳生态试点城（镇）暨绿色生态城区申报材料”整理。

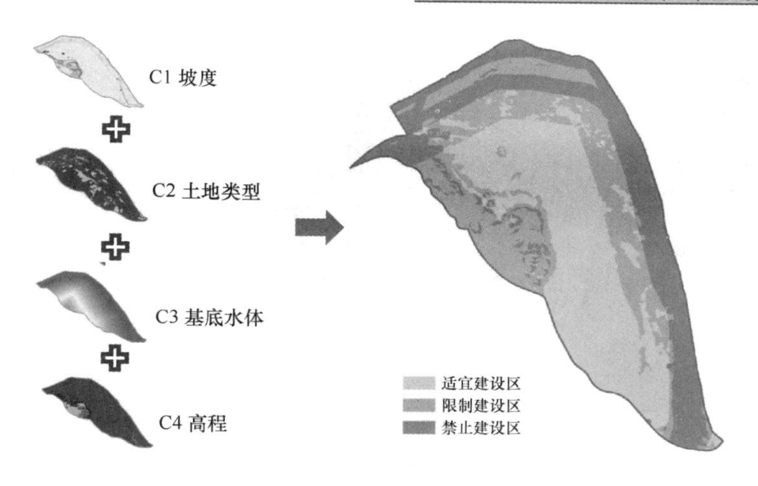

图 4-1-66　土地生态适宜性分级图

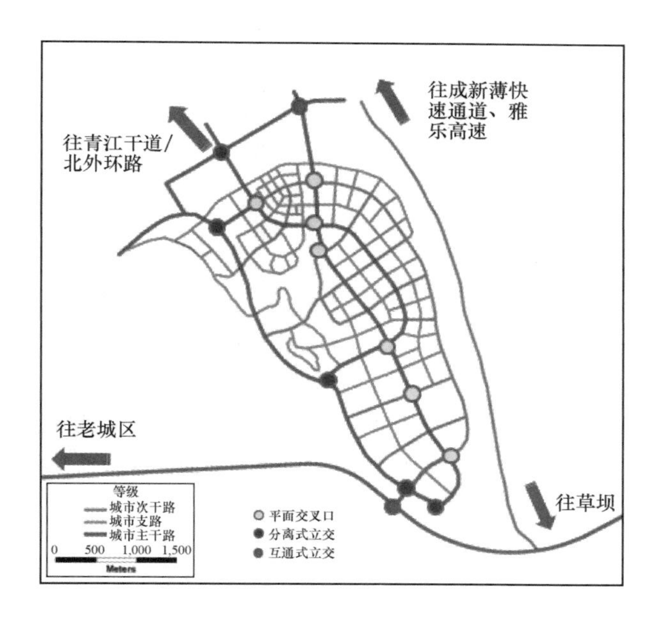

图 4-1-67　道路网格规划图

凹绿地、绿色屋顶、透水地面，适合全面推广。并缀以植草沟等其他点状分布技术，以降低雨涝风险。并结合水资源的综合利用，减少排入水体的污染物总量，合理利用自然水资源（图 4-1-68）。

6）绿色建筑专项规划。以绿色建筑的空间布局为核心，在确定不同星级绿色建筑适合落位时应着重从绿色建筑的评价标准中选取影响因素。对绿色建筑分布地块适宜性进行评级。筛选出“建设方式、区位条件、生态基底、建筑类型”四大因子，对每一项影响因子评判评分后落实到空间上。最后总和为绿色建筑星

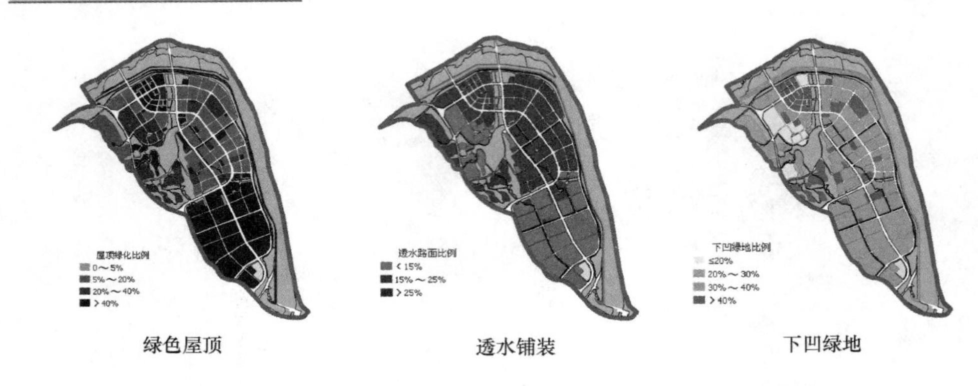

图 4-1-68 雨洪低冲击开发分布图

级潜力分布图，得出规划区绿色建筑增量成本（图 4-1-69）。

7）生态环境保护。通过对各敏感性因子进行综合分析评价，生态敏感性用地主要为分布在青衣江两侧的一级阶地和台地的低生态敏感区和青衣江流域水体及接近青衣江两侧的滨河带及云台山周围坡度较大的地区中生态敏感区。通过分析得出生态功能区划与产业导向，从生态安全和生态保护角度需发展与之相应的生态型产业，以及对生态安全格局安全和环境保护进行规划（图 4-1-70）。

图 4-1-69 绿色建筑星级潜力分布图

图 4-1-70 雅安绿色生态城区环境功能区划图

2 低碳生态城市专项实践案例

2 Cases of Special Practice of Low-carbon Eco-city

2.1 宜居小镇、村庄和小区示范案例

2.1.1 宜居小镇、宜居村庄示范

2015 年 1 月 20 日，住建部确定江苏省常熟市梅李镇等 45 个镇为宜居小镇示范，四川省眉山市梅湾村等 61 个村为宜居村庄示范（具体名单见表 4-2-1、表 4-2-2）。本文选取了北京市密云县溪翁庄镇和广东省广州市南沙区东涌镇两个宜居小镇示范，上海市崇明县陈家镇瀛东村和云南省丽江市玉龙县白沙镇玉湖村两个宜居村庄示范进行介绍。

宜居小镇示范名单（45 个） 表 4-2-1

省	市	县（镇）	省	市	县（镇）
	北京	房山区长沟镇	浙江	杭州	桐庐县分水镇
		大兴区庞各庄镇		金华	兰溪市游埠镇
		密云县溪翁庄镇	福建	泉州	晋江市金井镇
河北	邯郸	肥乡县天台山镇			德化县水口镇
山西	大同	浑源县永安镇		宁德	蕉城区霍童镇
内蒙古自治区	呼伦贝尔	扎兰屯市柴河镇	江西	鹰潭	贵溪市塘湾镇
	鄂尔多斯	鄂托克旗乌兰镇		赣州	赣县湖江镇
辽宁	鞍山	海城市西柳镇		吉安	青原区富田镇
	丹东	东港市孤山镇	山东	潍坊	安丘市辉渠镇
吉林	敦化	大蒲柴河镇		枣庄	市中区税郭镇
黑龙江	鹤岗	萝北县名山镇	河南	郑州	巩义市竹林镇
	上海	松江区新浜镇		南阳	西峡县双龙镇
		青浦区朱家角镇		信阳	商城县达权店镇
江苏	无锡	江阴市新桥镇	湖北	十堰	丹江口市龙山镇
	苏州	吴中区角直镇		黄石	大冶市陈贵镇
		常熟市梅李镇		宜昌	宜都市枝城镇

续表

省	市	县（镇）
湖北	长沙	宁乡县花明楼镇
	郴州	汝城县热水镇
	湘西土家族苗族自治州	龙山县里耶镇
广东	广州	南沙区东涌镇
海南		澄迈县福山镇
	重庆	黔江区小南海镇

省	市	县（镇）
四川	成都	郫县三道堰镇
	德阳	绵竹市九龙镇
	泸州	合江县福宝镇
贵州	贵阳	花溪区青岩镇
	黔东南苗族侗族自治州	黎平县肇兴镇
云南	保山	腾冲县界头镇
新疆维吾尔自治区	昌吉回族自治州	奇台县半截沟镇

宜居村庄示范名单（61个） **表 4-2-2**

省	市	县（镇）
	北京	门头沟区王平镇韭园村
	天津	蓟县穿芳峪镇毛家峪村
河北	秦皇岛	卢龙县蛤泊乡鲍子沟村
山西	大同	浑源县永安镇神溪村
内蒙古自治区	包头	土默特右旗美岱召镇沙图沟村
辽宁	丹东	凤城市凤山经济管理区大梨树村
	盘锦	大洼县西安镇上口子村
吉林	延边朝鲜族自治州	敦化市雁鸣湖镇腰甸村
黑龙江	齐齐哈尔	梅里斯达斡尔族区雅尔塞镇哈拉新村
	牡丹江	穆棱市福禄乡康乐村
	上海	金山区朱泾镇大茫村
		崇明县陈家镇瀛东村
		崇明县竖新镇仙桥村
江苏	南通	如皋市如城街道顾庄社区
	苏州	常熟市古里镇苏家尖村
浙江	杭州	桐庐县莪山乡新丰村
		桐庐县富春江镇石舍村
	湖州	长兴县泗安镇上泗安村
		德清县武康镇五四村
	宁波	奉化市萧王庙镇滕头村
	金华	永康市江南街道园周村

省	市	县（镇）
安徽	安庆	潜山县官庄镇官庄村
		宿松县洲头乡金坝村
福建	泉州	永春县五里街镇大羽村
	龙岩	永定县湖坑镇南江村
江西	南昌	进贤县前坊镇太平村
	上饶	婺源县江湾镇汪口村
	抚州	广昌县驿前镇姚西村
	吉安	青原区富田镇陂下村
山东	潍坊	昌邑市饮马镇山阳村
河南	信阳	固始县秀水办事处阳关村
湖北	恩施土家族苗族自治州	宣恩县高罗乡板寮村
湖南	长沙	望城区书堂山街道彩陶源村
	常德	石门县罗坪乡长梯隘村
	岳阳	汨罗市白水镇西长村
		湘阴县新泉镇王家寨村
	娄底	冷水江市岩口镇农科村
广东	广州	白云区太和镇白山村
广西壮族自治区	桂林	龙胜各族自治县龙脊镇龙脊村
	柳州	三江侗族自治县林溪乡平岩村
	百色	田阳县那满镇露美村
海南	儋州	那大镇力乍村

续表

省	市	县（镇）
	重庆	黔江区小南海镇新建村
	重庆	万盛经开区丛林镇绿水村
四川	成都	温江区永宁镇新庄村
四川	南充	西充县凤鸣镇双龙桥村
四川	广安	前锋区代市镇岳庙村
四川	广安	武胜县白坪乡高洞村
四川	泸州	纳溪区天仙镇牟观村
四川	眉山	丹棱县双桥镇梅湾村
贵州	六盘水	盘县石桥镇妥乐村
贵州	黔东南苗族侗族自治州	雷山县朗德镇上朗德村
云南	丽江	玉龙县白沙镇玉湖村

省	市	县（镇）
陕西	西安	户县甘亭镇东韩村
陕西	榆林	榆阳区古塔镇黄家圪崂村
陕西	商洛	商南县金丝峡镇太子坪村
甘肃	陇南	康县平洛镇团庄村
青海	海北藏族自治州	门源回族自治县仙米乡大庄村
宁夏回族自治区	银川	兴庆区掌政镇强家庙村
新疆维吾尔自治区	阿克苏地区	新和县依其艾日克乡加依村
新疆维吾尔自治区	伊犁哈萨克自治州	尼勒克县加哈乌拉斯台乡加哈乌拉斯台村

（1）田园小镇——北京市密云县溪翁庄镇[1]

溪翁庄镇位于北京市东北部、密云县城北部，北濒密云水库（图 4-2-1），是北京市 33 个中心镇之一，国务院六部委确定的全国重点镇。镇域面积 88 平方公里，由 14 个行政村和 6 个居委会组成，总人口 2.8 万人，农业人口 1.8 万人。功能定位是“建设宜居城镇，打造休闲乐园”。溪翁庄镇以打造“田园城市，山水小镇”

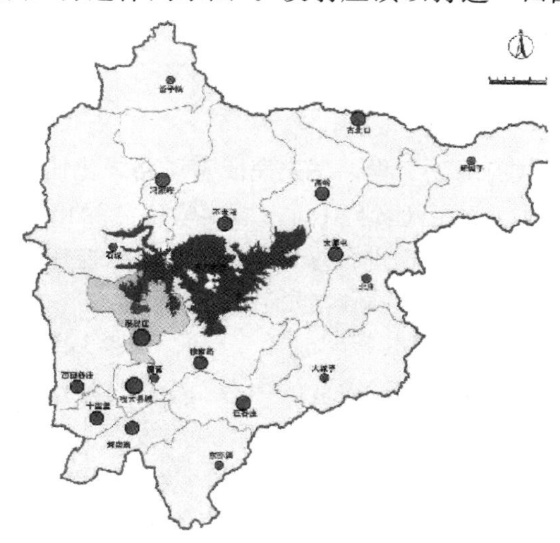

图 4-2-1 溪翁庄地理位置图

（图片来源：根据 http：//xwzh. bjmy. gov. cn/content. php？ id=1 资料整理。）

[1] 根据 http：//xwzh. bjmy. gov. cn/content. php？ id=1 资料整理。

为目标，“山有情，披绿叠翠，水有情，一泓碧波，人有情，古道热肠。”

1）公共配套设施建设和管理

溪翁庄镇实施民俗户改造，合理规划宾馆饭店、高端住宅布局，加强对采摘园的提升、指导和宣传，形成了具有本镇特色的旅游主导产业。对人行步道、公交站牌、公厕等设施进行定期维护。持续做好以保水护地为重点的“六护”工作，加大对水库周边的巡查和看管力度，切实保护水源不受污染。加强对水库周边环境的保护确保首都饮用水安全（图 4-2-2）。

图 4-2-2 密云水库周边

（图片来源：http：//www.xwzly.com/zbjq/2014/0325/157.html）

2）绿化工程

全力配合密云县政府绿化工程，率先完成密溪路绿化任务，共栽植树木 3 万余株，全镇林木生态覆盖率已达到 81%。继续坚持“绿化同拆违相结合”的原则，对拆除违法建筑的土地迅速进行绿化美化，“以绿控违、以绿止违、以绿挤违”，为全面实现旅游主导产业的新跨越提供有力保障。

3）发展都市型现代农林业

溪翁庄镇打造田园风情，发挥农业的生态、生产、生活、示范效应，为市民提供休闲、游憩的理想空间。按照“一产三产融合发展”的规划思路，重点发展生态农业、旅游休闲产业，通过发展环境友好、效益突出型的产业来提高农民的收入。在金叵罗、尖岩、石马峪等条件适宜的村建设高品质、高标准的现代农业观光采摘园，带动农民实现就业和增收。

（2）岭南水乡宜居小镇——广州市南沙区东涌镇

东涌镇位于广州市番禺区的东南部，北连广州新规划都会区，南邻港澳 65 海里，距南沙、莲花山口岸分别是 18 公里和 28 公里。由原东涌镇、鱼窝头镇、灵山镇西樵村合并而成。面积92平方公里，下辖22个行政村、2个社区居委会；常住人口约20万（图4-2-3）。

图4-2-3　东涌镇概况

（图片来源：http：//www.dongchong.gov.cn/zjdcc/ditu/201405/t20140526_127149.html）

东涌镇围绕“岭南水乡文化、绿色沙田生态”的创建主题，以繁忙都市圈的休闲小镇、喧嚣闹市旁的恬然水乡为定位，将全国宜居小镇建设与名镇建设、水文化、绿色生态紧密结合起来，打造成既有岭南水乡传统风貌，又体现现代化大都市中的小城镇浓郁风情气息的岭南水乡宜居小镇。

1）生态绿化景观改造

完成市南公路景观整治、城区道路升级改造和系列生态河涌、湿地景观的打造，通过26公里绿道主线路网的建设，将各大景观亮点有机串联，保留传统基塘模式，并在沿线点缀分布各类生态绿化景观、亲水趣味区、农事体验区、户外拓展区和沙田传统美。在镇区，主要通过对违建潜建及广告招牌整治、穿衣戴帽、园林景观营造、水乡民俗风情雕塑，使整个城区呈现岭南水乡风貌。

2）水乡文化

通过传统农具收集、传统民俗及物品整理还原、特色农家菜和传统服饰发掘等措施，成功将传统疍家糕系列小食申报非物质文化遗产。

3）文明城镇

以“创文”为契机，除了开展镇容环境、违法搭建、河涌污染、镇容绿化、公共卫生等专项整治行动。广泛开展“文明出行”以及社会志愿服务等主题创建活动，组织曲艺私伙局送戏下乡、周末广场音乐夜等健康向上的文体活动；大力弘扬中华民族传统美德，结合文化“一村一品”工程，邀请文人作家、民俗学者收集整理沙田童谣、民间故事，组织本地乐社传唱咸水歌，组织策划摄影文艺采风、水乡民俗文化艺能赛、咸水歌进校园、进农村、进社区等各类活动，打造龙舟、醒狮、水乡婚礼等传统文化和特色活动品牌，在呈现浓厚水乡风情和疍家传统文化、丰富宜居小镇创建内涵的同时，不断提高全社会文明程度和群众素质。

（3）海边小村——上海市崇明县陈家镇瀛东村[1]

瀛东村地处崇明岛的最东端，位于长江与东海交汇处，是崇明岛上第一个迎来日出的村庄，素有“太阳村”的美誉。瀛东村坚持集体经济发展模式，以“低碳、生态、和谐”为主线，逐步形成了以生态旅游业为主导，生态养殖业和种植业均衡发展的经济结构，是一个以生态旅游主体，集生态农业和观光旅游业为一体的现代化海边小村（图 4-2-4）。

图 4-2-4　海边小村

（图片来源：http：//www.sh-aiguo.gov.cn/node2/node4/node8/node20/u1a228.html）

1）绿化建设因地制宜

因地制宜地选择适宜品种开展植树造林和绿化美化，先后完成了生态鱼塘、道路绿化，农田绿化和庭院绿化建设，绿化覆盖率达 40%（图 4-2-5）。

2）创建东滩生态文化

创办了富有东滩地区文化特色的“渔具博物馆”和“农具展示厅”。对传统的养鱼塘实行改造，建成了鱼类、鸟类和人类和谐相处的“东湖游览区”。村里

[1] http：//www.ceca-china.org/news _ view.asp? id=2328。

图 4-2-5 环境建设

（图片来源：http：//e-nw. shac. gov. cn/xwkd/zhuanti/countryside/201404/t20140423 _ 1467763. htm）

还组织富有东滩地方气息的崇明山歌演唱队，腰鼓队，开展自娱自乐活动，弘扬民族生态文化。

3）生态产业创新转型

瀛东村利用渔业养殖的优势，发展“吃渔家菜、住渔家屋、享渔家乐”的“渔家乐”生态旅游业，实现了产业创新转型。建设了农具展示馆、渔具博物馆等旅游设施，开设了“浑水摸鱼、捉蛸蜞、钓蟹”等渔乐项目。此外，瀛东村还按照生态、环保、低碳的理念，实现从传统渔家乐向生态度假村的转型升级。未来的瀛东村作为陈家镇建设规划中唯一保留下来的城中村，按照以生态促经济、以经济带和谐的发展思路，继续坚持集体经济发展模式，努力实现人与自然和谐相处和百姓共同富裕的目标。

（4）高原水乡——丽江市玉龙县白沙镇玉湖村[1]

玉湖村隶属于云南省丽江市玉龙县白沙乡，东、南两面邻新善村，西邻文海村，北靠玉龙雪山，总面积 4527.91 公顷。辖 9 个村民小组，总户数 351 户，总人口 1380 人。村辖区属半山区，冷凉气候，且多风。

1）村落山水格局

玉湖村因临近玉湖而得名，形成了“水在村中，村在水中”的高原水乡风景（图 4-2-6）。村庄因水而建、沿路而布。古村落的建筑都以当地特有的火山岩石块砌垒的土木建筑为主，村落建筑保存十分完好。村落周边环境保持良好，与村落和谐共生，形成了山环水抱的自然格局。

[1] http：//special. yunnan. cn/feature9/html/2013-11/28/content _ 2976508. htm。

图 4-2-6 玉龙雪山脚下的玉湖村
（图片来源：http：//lijiang.abang.com/od/yunyoulijiang/a/yuhu_p1.htm）

2）文化资源与自然资源共存

玉湖村旅游资源富集，有巨石壁字的玉助擎天，美籍奥地利学者洛克旧居，以及千年古树、深潭瀑布、高山蚂蝗坝、仙迹崖、杜鹃山、木天王牧场等景区景点。三束河水、玉柱擎天水源、玉龙雪山融水在村内汇合，是丽江坝区的水源涵养区。玉湖村民居建筑群距今有千年历史，墙体钧为当地石块砌成，是纳西族先民在丽江坝最早定居地。玉湖村也是丽江最早对外开放的村庄，以及一些珍贵的东巴文化、藏传佛教文物等，拥有独特的民居建筑及浓郁的民风民俗；还有黑白古战场、木氏土司别苑等与纳西历史、文化紧密相关的遗产，历史文化底蕴深厚。目前，玉湖村已被列为省级民族文化保护区。

2.1.2 小城镇宜居小区示范

2014 年，住建部启动小城镇宜居小区示范工作。小城镇宜居小区被定义为“在建制镇镇区建设的，融入小城镇发展的，宜人、适用、绿色、和谐的住宅小区”。同时，与小城镇协调、小区宜人、住宅安全适用、绿色生态、社区文明被规定为达到小城镇宜居小区示范的 5 项指标。2015 年 2 月 13 日，住建部公布首批小城镇宜居小区示范名单。江苏省苏州市吴中区甪直镇龙潭苑、龙潭嘉苑小区等 8 个小区列入第一批小城镇宜居小区示范名单，具体的名单表 4-2-3。

首批入选的 8 个示范小区分布在江苏、湖北、湖南、四川、贵州和云南 6 省。它们地处不同的省份，拥有不同的自然环境和人文资源，生动诠释了宜居小区的概念。表 4-2-3 中具体描述了示范小区各自的特点以及优劣势。

第一批小城镇宜居小区示范名单及特点❶ **表 4-2-3**

序号	小城镇宜居小区名称	小城镇宜居小区特点
1	江苏省苏州市吴中区甪直镇龙潭苑、龙潭嘉苑	优点：小区与城镇功能融合较好，融入并保护环境；布局灵活，空间错落有致，景观布局优美；小区结构清晰，交通组织合理；建筑具有苏式园林建筑风格，体现地域风貌，户型合理。 缺点：配套设施有待完善

❶《住房城乡建设部关于公布第一批小城镇宜居小区示范名单的通知》（建村〔2015〕29 号）。

续表

序号	小城镇宜居小区名称	小城镇宜居小区特点
2	江苏省昆山市陆家镇蒋巷南苑小区	优点：小区与城镇功能融合较好，传承地方历史文脉；小区布局完善，结构清晰，交通组织合理，配套设施完善，广场尺度适宜；户型合理，太阳能使用率高；采用社区与物业双管理模式有效提高了社区的物业服务质量，邻里活动丰富。 缺点：住宅建筑密度偏高
3	湖北省十堰市丹江口市均县镇玄月小区	优点：小区与镇区整体风格协调，尊重山水格局，展示古均州风情；空间布局合理，市政设施齐全；建筑最高为四层，户型设计符合居住需求，街坊生活融洽。 缺点：绿化有待完善
4	湖南省郴州市桂东县清泉镇下丹小区	优点：小区是镇区的主要组成部分，与镇区功能融合，整体与周边山水协调，街坊式布局合理；建筑具有畲族特色，户型节约，可利用空间多。 缺点：物业服务有待加强
5	湖南省郴州市汝城县热水镇汤河老街小区	优点：汤河老街是镇区的主要组成部分，与镇区功能融合互补，小区居民的生产生活主要围绕“热水”旅游主题；小区的服务设施与镇区的设施完全融为一体，不可分割。街坊布局合理，空间变化丰富，配套设施齐全；建筑风格具有地域特色，房屋层数不高，建筑密度和容积率适中，大部分底层为商铺，上层为住宅，符合旅游小镇的需求。小区居民安居乐业，街道清洁，环境卫生好，居民卫生意识较强。 缺点：排水设施标准不高，有待改善
6	四川省德阳市孝泉镇德孝苑小区	优点：小区与镇区功能有机协调，建筑风貌与周边环境协调；紧凑的街坊式布局尺度宜人，小区环境干净整洁，公共服务完备；小区尺度适宜，底商模式，为 3-4 层，一梯两户，户型多样且面积适中。 缺点：公共文化休闲设施有待完善
7	贵州省安顺市黄果树风景名胜区黄果树镇半边街小区	优点：小区与镇区有机融合，小区空间布局合理，依山就势；建筑风貌传承了当地的历史文脉，体现屯堡的建筑风格，建筑细部运用了当地的石板瓦、坡屋顶等元素，户型设计符合当地居住需求，采用当地材料。 缺点：设施有待完善，绿化有待加强
8	云南省普洱市镇沅县恩乐镇哀牢小镇	优点：整体布局依山傍水，与自然环境融合较好；空间形态开敞，尺度宜人，配套设施基本完善；建筑具有地方特色，住宅大部分合理舒适，物业服务到位。 缺点：户型有暗房间

2.2 国家低碳试点省市建设实践

在全球气候变化的背景下，碳排放交易制度不仅是我国应对气候变化的重要政策工具，也是环境公共治理框架的一个重要组成部分。

2014 年 12 月，国家发改委首批发布的发电、电网、钢铁、化工、铝冶炼、镁冶炼、平板玻璃、水泥、陶瓷、民航等 10 个行业碳核算与报告指南，已完成征求意见阶段。2014 年 12 月 12 日，《碳排放权交易管理暂行办法》以一种过渡性的文件出台，总量设计、遵约机制、第三方管理等各方面的相关细则制定工作也已展开。

除此之外，碳交易试点省市也各有创新。2014 年 5 月，深圳成功发行首单碳债券，打响碳金融国内第一单。9 月，北京市发布《碳排放权抵消管理办法》，对碳市场抵消机制规则进行进一步细化，成为首个专门出台相关规则的试点；湖北碳排放权交易中心、兴业银行和湖北宜化集团签订了“碳排放权质押贷款协议”，发起我国首单碳资产质押贷款项目。11 月，湖北碳市发布国内首只经监管部门备案的“碳排放权专项资产管理计划”基金。12 月，京冀跨区域碳排放权交易启动，京冀跨区域碳排放权交易正式拉开帷幕；国内首单 CCER 质押贷款在上海签约。另外，深圳、湖北前后推出了碳配额托管机制并附带相应管理细则，为企业管理碳资产提供了更多方式。

2.2.1　碳交易试点交易规模

中国碳交易试点的碳交易量呈现出持续稳定增加的态势。截至 2015 年 4 月 2 日，我国碳交易试点省市累计交易量达到 1943 万吨。其中湖北省是我国碳交易试点中交易量最大的地区，累计交易量达到 1034.5 万吨，占全国碳市场交易量的 53.25%。深圳市累计成交量 296.3 万吨，是所有碳交易试点城市中交易量最大的城市，占全国碳市场交易量的 15.25%，是北京市、广州市、天津市碳交易量的 2 倍有余。上海市累计交易量为 229.2 万吨，占全国碳市场交易量的 11.80%。北京市、广州市、天津市的碳交易量相当，分别占全国碳市场交易量的 6.46%、7.18%和 5.26%。重庆市碳交易所开市最晚，累计交易量也最小，约为 15.5 万吨，占全国碳市场交易量的 0.8%（图 4-2-7）。

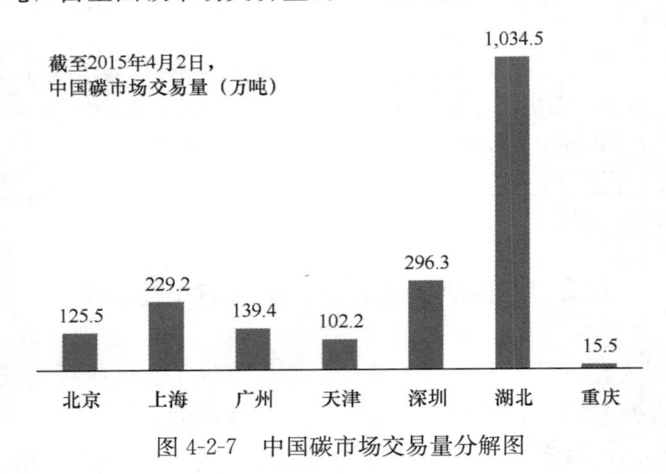

图 4-2-7　中国碳市场交易量分解图

截至2015年4月2日，我国碳交易试点省市累计成交金额近5.9亿元人民币。其中，累计成交量最大的湖北省成为碳交易试点中累计成交额最大的地区，累计成交金额2.0亿元，占全国累计成交金额的33.69%；深圳市是所有交易试点城市中成交数额最大的城市，累计成交额高达1.43亿元，占全国累计成交金额的24.12%，全国试点城市累计成交额的61.40%；上海市、北京市、天津市累计成交金额分别为0.83亿元、0.73亿元和3.68亿元，分别占全国累计成交金额的13.96%、12.37%和11.53%，占全国试点城市累计成交金额的21.05%、18.65%和17.39%；天津虽然在交易量上与北京市和上海市差距不大，但交易额却相对较小，仅为0.21亿元，占全国累计成交金额的3.53%，不到北京市和上海市的三分之一；重庆市的碳排放交易额最小，仅为0.05亿元，约占全国累计成交金额的0.79%，占全国试点城市累计成交金额的1.2%（图4-2-8）。

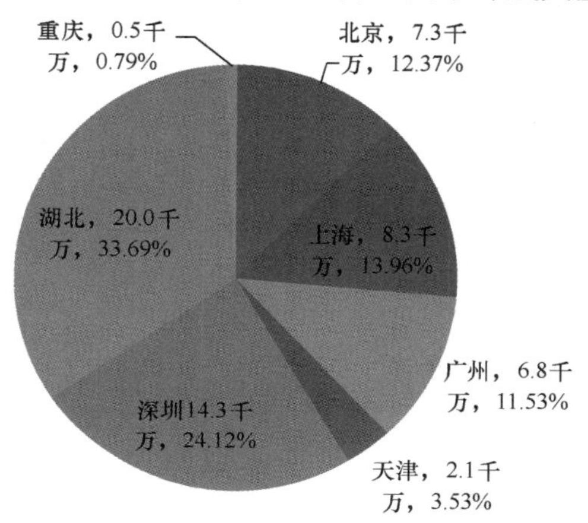

图4-2-8　中国碳市场交易额分解图

2.2.2　碳交易试点交易价格

随着碳交易的时间推移，我国碳交易试点省市的碳交易价格呈现出逐渐趋向稳定的趋势。从开市最早的深圳市碳排放交易市场的碳排放交易价格看，自2013年6月18日开市，深圳市碳交易价格一路攀升，由28元/吨上升到历史最高价格130.9元/吨；随后便震荡走低至2014年10月份的50元/吨左右，并最终稳定在42元左右。北京市和上海市的碳排放交易价格则相对稳定，自开市以来，除在2014年的6至8月份的部分时段有所提升外，其他大部分时间分别稳定在55元/吨和35元/吨。天津市的碳排放交易价格走势则与深圳市类似，经历了先走高后走低并逐渐趋于平稳的态势。广州市的碳排放交易价格则由一开始的震荡走低到逐渐趋于平稳。重庆市的碳排放交易价格则一直稳定在30元/吨左右，波动很小（图4-2-9）。

从历史平均价格看，北京市的碳排放交易平均价格最高，平均达到58.40元/吨；广州市和深圳市的碳排放交易价格相当，分别为49.01元/吨和48.25元/吨；上海市和重庆市的碳排放交易历史平均价格分别为36.09元/吨和30.30元/吨；天津市和湖北省的碳排放交易历史平均价格最低，分别为20.50元/吨和19.30元/吨，不到北京市、广州市和深圳市的一半。从数据的分布看，碳排放交易的历史平

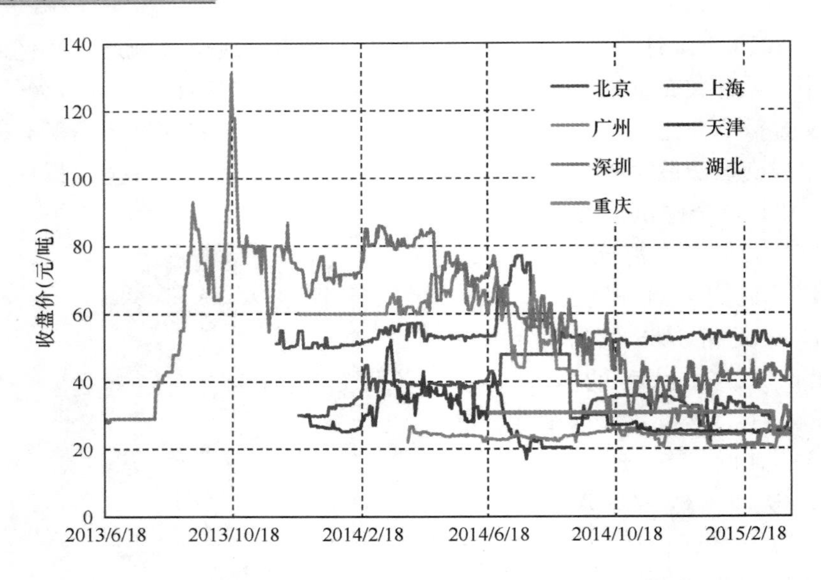

图 4-2-9 中国碳市场交易价格变化图

均价格与交易量的相关性不大，与试点所处的地理位置也没有显著关系。

从目前的价格来看，北京市的碳排放交易价格最高，2015 年 3 月份的平均碳交易价格达到 51.80 元/吨；深圳市的碳排放交易价格次之，2015 年 3 月份的平均碳交易价格为 42.21 元/吨；其他试点地区，包括上海市、广州市、天津市、湖北省 2015 年 3 月份的平均碳交易价格都在 23 元/吨至 28 元/吨之间。

2.2.3 碳交易试点待改善的领域

虽然碳排放交易制度的试点工作在我国已经开展了将近两年时间，但由于建立碳交易体系是一项长期复杂的系统工程，从现有试点省市运行情况来看，中国的碳排放交易市场仍存在两方面的问题需要解决。

首先，试点交易规则不一致，未来的全国范围推广难度较大。“两省五市”的碳排放交易试点为我国区域碳交易市场的机制建立、政策配套、技术积累提供了丰富的经验。但由于各个试点之间是相互独立的，且分散在中国不同的地区，中东西部地区之间的巨大差异导致各试点的碳交易市场效率提升的关键阻碍和突破点必然存在差异，如 2014 年湖北省在关注“碳排放权质押贷款协议”和“碳排放权专项资产管理计划基金”，而北京市则致力于跨区域碳排放权交易。各个试点努力方向的差异必然导致碳交易规则的差异。如何消除这些差异，建立全国统一的碳排放市场是未来必须解决的难题之一。

其次，市场冷热程度不一，交易不连续的现象严重。截至 2015 年 4 月 2 日，“两省五市”碳交易试点累计交易日 1533 个，仅占正常交易日的 47.79%。其中，湖北省成为截至目前交易日比例最高的试点地区，其交易日比例也仅为

66.03%；深圳市、天津市和上海市的交易日比例分别为 58.73%、55.65%和 50.62%；北京市和广州市的交易日比例均低于 50%，分别为 48.68%和 35.67%；而到目前为止，重庆市仅在开市当日（2014 年 6 月 19 日）和 2015 年 3 月 17 日有碳排放权交易（图 4-2-10）。

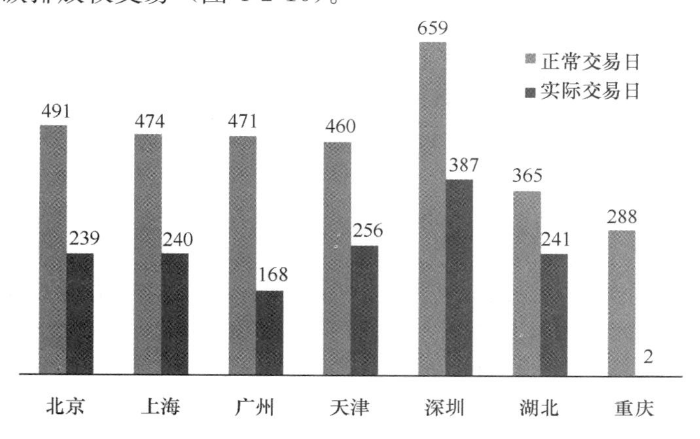

图 4-2-10 中国碳市场累计交易日统计图

总之，中国碳排放权交易制度已经建立，虽然目前仍然存在着规则不统一、交易不连续的问题，但在制度完善、市场创新等方面都进行了有益的探索。试点工作的顺利开展为中国统一碳排放交易制度建立奠定了基础。相信未来碳排放权交易市场将成为中国控制环境污染、削减碳排放、应对气候变化的重要阵地。

以下介绍开展低碳试点交易的广州、深圳等城市在规划建设等方面的具体实践。

2.3 “多规合一”实践：广州国际金融城[1]

2014 年 8 月 26 日，国家发改委颁布《关于开展市县“多规合一”试点工作的通知》，“多规合一”工作正式在全国范围试点实施。在此之前，全国众多城市已经开展了关于“多规合一”的实践探索，上海市合并组建了规划和国土资源管理局，武汉要求城市总体规划和土地利用总体规划编制单位合署办公，为多规合一奠定了组织基础；广州市建立起了联席会议制度，率先在省会城市中探索并全面推进国民经济和社会发展规划、城乡规划与土地利用总体规划的“三规合一”，实现了“一个城乡空间、一个空间规划”，形成了“一张蓝图”管理、“一个平台”审批。

[1] 叶青，李芬，林英志．基于生态承载力与生态平衡的多规协同理论与实践——以广州国际金融城与深圳国际低碳城为例．2015 国际工程科技发展战略高端论坛，2015 年 5 月。

广州国际金融城规划实践展示了大数据支持下的大城市旧城区改造“多规合一”创新成果，以期为中国其他城市的规划建设和改造更新提供思路。

2.3.1　建设背景

广州国际金融城总面积达 7.5 平方公里，其中起步区西起科韵路、东至车陂路、北起黄埔大道、南至珠江，面积 1.32 平方公里，规划建设前属于典型的城市老工业区。产业结构不合理、市政基础设施落后、土地利用效率低下，“新平庸”风险日益突出。

2.3.2　探路“多规合一”

为彻底改变城市老工业区经济落后、效率低下、环境恶劣的现状，广州国际金融城项目于 2012 年 9 月启动规划工作。本着打造“新型城镇化最佳示范区”的目标，广州国际金融城将土地利用规划、城市空间规划、产业发展规划、综合交通规划、市政规划、绿地系统规划、生态环境规划、城中村改造规划、历史文化保护规划、低碳生态设计进行了融合，尝试并成功实现城市更新改造的“多规合一”（图 4-2-11）。

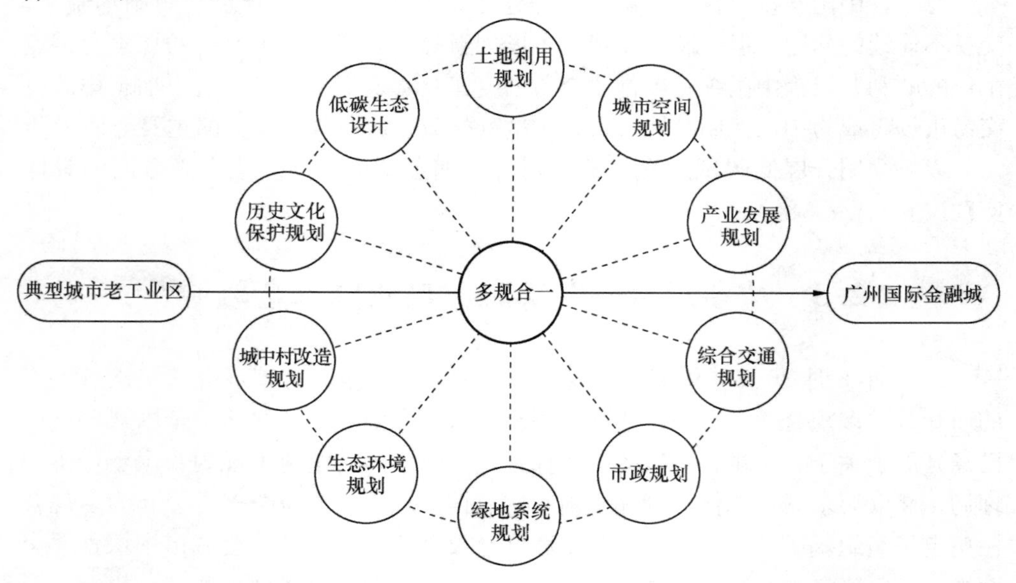

图 4-2-11　广州国际金融城“多规合一”框架

（1）明初心：区域性国际金融自组织系统

广州国际金融城将立足广州、依托珠三角、面向东南亚，打造包括核心金融服务业、辅助金融服务业、融合型金融服务业、延伸金融服务业等在内的主导金融产业体系以及相关金融产业配套和生活配套，构建完整的金融市场交易平台，建成产业体系完整、市场自由开放、具有强大吸引力和自我生长能力的金融聚集区。

（2）定基调：集聚而高效的土地利用规划

基于金融产业功能布局的要求，借鉴中国传统方城格局和古代造城风水理论，利用曲水藏金的手法，融汇岭南建筑及园林特色，形成独具特色的“方城、曲苑、翠岛、玉带”城市布局。开发强度主要根据总体定位、主要功能、地块用地性质及区位等要素综合确定为高强度开发为主，毛容积率由原来的0.6提升至3.8，施行分区控制，建设集聚高效的金融城起步区（表4-2-4）。

广州国际金融城起步区规划前后主要经济技术指标对比　　表4-2-4

指标	规划前	规划后
总用地面积（ha）	132	132
建设用地面积（ha）	105	123.87
总建筑面积（$\times10^4$ m^2）	76	445（地上计算容积率面积） 53（地下计算容积率面积）
毛容积率	0.6	3.8
建筑密度（%）	20	21
绿地率（%）	8.79	32
规划人口（$\times10^4$人）	0.08	1.3（居住人口） 17.8（就业人口）
道路面积率（%）	9.5	34.12

（3）寻题眼：以人为本的公共服务设施规划

规划区以金融及相关服务设施为主导，根据新型城市化的“小配套”理念，将公共服务设施分为区域统筹级、片区级和居委级三大类，为金融城提供完善的公共服务保障，满足不同人群的工作生活需求。其中，区域统筹级服务设施包括行政办公和文化娱乐设施，为区内乃至全市提供区域性的综合服务；片区级服务设施包括社区服务与行政管理设施、社区医疗卫生与文化体育设施和商业服务设施，为区内办公人群的工作生活提供相关服务；居委级服务设施包括教育设施、医疗卫生与文化体育设施、行政服务与管理设施和商业服务设施，着力满足区内安置人口的公共服务需求。

（4）理脉络：全球视野下的综合交通设计

依托“全球视野、公交都市、立体分流”交通理念，紧密结合土地开发与城市功能，构建展现金融城地区特色、“穿越时空、快慢有序”的现代化综合交通运输体系。规划区内将搭建由轨道交通线（含城际轨道、城市轨道）、新型交通线、地下车行通道、巴士、水上巴士、步行与自行车网络、停车设施等各类交通系统组成的综合交通体系，道路面积率由原来的9.5%提升至34.12%，满足1.3万居住人口和17.8万就业人口的通勤和商务交通出行需求（图4-2-12）。

（5）增韵味：与水网融合的绿地系统规划

广州国际金融城将打造绿地、水网相交融的城市绿地系统，以珠江和金鹿湖

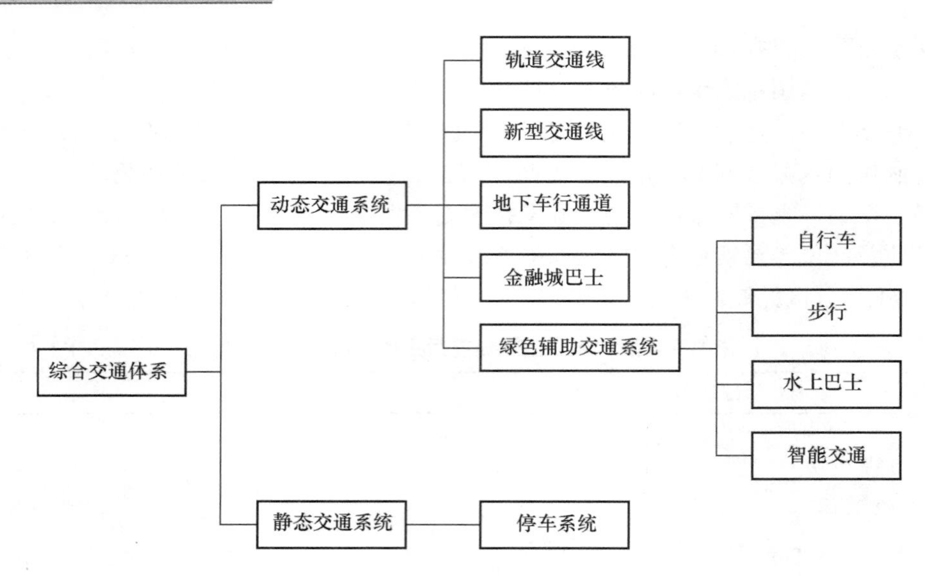

图 4-2-12　广州国际金融城综合交通体系构架

水系为景观主轴带，串联酢金涌、棠下涌、简下涌（造纸厂涌）等水系，沿岸布置大面积、连续公共绿地空间，构筑起一条汇聚商业、文化、休闲、旅游等功能的滨水活动带。在此基础上，通过楔形绿带的渗透建构绿廊渗透水网融合的生态绿地系统。

（6）破极限：地下空间开发成增长新维度

针对有限土地资源的城市发展约束，地下空间的开发利用成为金融城空间增长的新维度。金融城将开发全国最大的地下城，地下空间面积约 180 万平方米。规划形成“三核三轴七组团”的地下空间开发结构。其中，“三核”为交通枢纽核、翠岛核心和方城商业金融核心；“三轴”为花城大道轴、水融路商业轴、地下商业发展轴；“七组团”为枢纽综合体组团、商务办公组团、商业娱乐组团、商务办公组团、翠岛组团、方城组团、配套居住组团。

（7）齐韵律：城中村改造规划治愈城乡裂痕

金融城将以政府主导、以市场机制为手段，以村集体为主体，区域统筹，开展城中村改造规划，改变城乡二元现状。城中村改造将以改善农转居民居住环境、提升居住质量为目标；打破传统村庄改造的行政壁垒，综合考虑经济发展与居住新社区建设；促进村集体经济发展，实现集体经济增效和农转居居民的增收；推进“城中村”城市化进程和社区化改造，实现城乡一体化，共享共建城市公建设施配套。

（8）知妙趣：环境保护规划提升城市品质

为使金融城的建设发展与自然环境达到充分融合，金融城将引导规划区内水、动植物、大气及声环境的综合建设与治理，争取地区的大气环境质量常年达到二类区水平以上、内河涌水质达到四类、亲水空间水质达到三类标准。与珠江紧密联系的河道生物种群多样性得到逐步提升，减少各类噪音对居民区的影响，建设一个安全、舒适、环境清洁、优美的新城区。

（9）留乡愁：历史文化保护记忆城市印迹

金融城改变了以往大拆大建的城市更新思路，对原有历史遗址、工业建筑等进行了合理保护和有效利用，在延续传统工业文明的同时注入文化、商业等新功能，提高了社会认同感和归属感。例如，对区级文物保护单位新墟碉楼进行原址保护；对文物线索华光庙结合城中村安置地块布局进行异地迁建，满足安置区民俗民风需要；对员村热电厂的烟囱及煤棚进行改造利用，引入休闲娱乐、文化艺术等功能，打造成规划区内重要的特色公共开放空间之一——工业文化印记公园；对因规划用地调整而不能原地保留的树木应移植到财富翠岛、滨江公园和坡地公园进行保护。

（10）铸灵魂：低碳生态设计予城市以道德

金融城通过土地交通、资源利用、环境模拟、绿色建筑四个低碳生态角度的研究，将城市低碳生态发展领域的新技术、新理念落实到了土地空间开发、交通、市政等专项规划当中，为金融城营造出回归自然、回归生活的理想空间，并作为绿色生态示范城区与绿色建筑示范区凸显出广州新型城市化的最新成果。

2.3.3 结论与展望

要实现新型城镇化从土地的城镇化向人的城镇化过渡，多方面规划的协同、统一、融合是必须实现的体制机制突破。以大数据为代表的新技术手段和思维方式使得更加适宜新型城镇化进程的新型规划体制初见端倪，为多规合一提供了可能。广州国际金融城是我国省级城市尝试多规合一实践的破冰之举，将土地利用规划、城市空间规划、产业发展规划、综合交通规划、市政规划、绿地系统规划、生态环境规划、城中村改造规划、历史文化保护规划、低碳生态设计进行了融合，为我国新型城镇化规划建设提供给了实践经验。未来，广州国际金融城将继续探索新型城镇化的创新发展模式，为我国未来城市可持续发展提供更多实践经验。

2.4 “三生合一”实践：深圳国际低碳城[1]

深圳国际低碳城具有经济发展水平薄弱、产业结构不合理、基础设施建设落后等特点。如何在不影响经济基础的前提下快速摆脱低端产业的掣肘，迅速提升基础设施水平，进入低碳、生态、绿色发展，是决定深圳国际低碳城项目成败的

[1] 深圳国际低碳城发展年度报告2014. 北京：海天出版社，2014.

关键。因此，深圳国际低碳城采用结构性渐进更新模式，通过低成本、高效益的开发将深圳国际低碳城打造成“高端低碳聚集区”（图 4-2-13 ）。

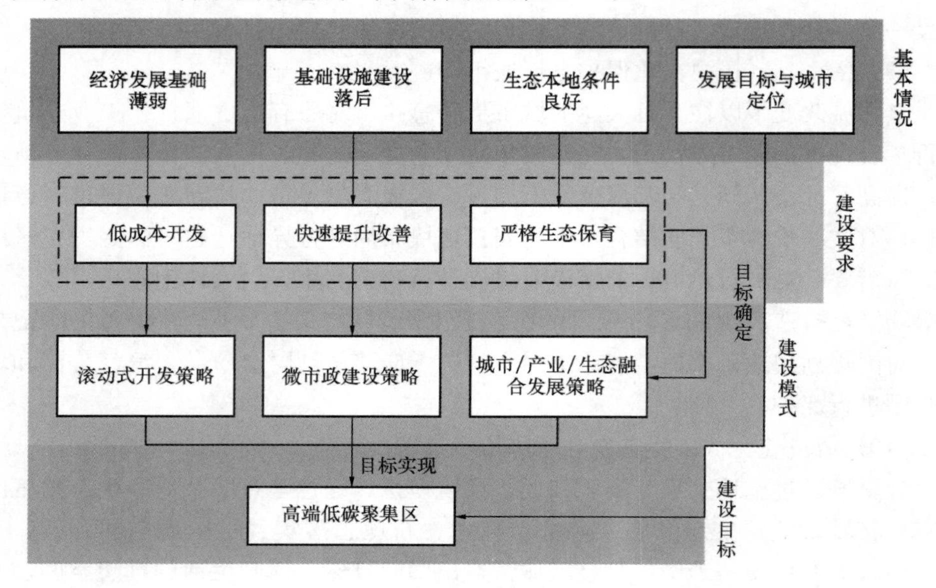

图 4-2-13 深圳国际低碳城结构性更新建设模式

针对深圳国际低碳城生态环境良好、产业落后、基础设施薄弱等实际问题，本文将从滚动式开发策略和城市、产业、生态融合发展策略三个方面探求深圳国际低碳城的结构性渐进更新模式的可行性（图 4-2-14）。

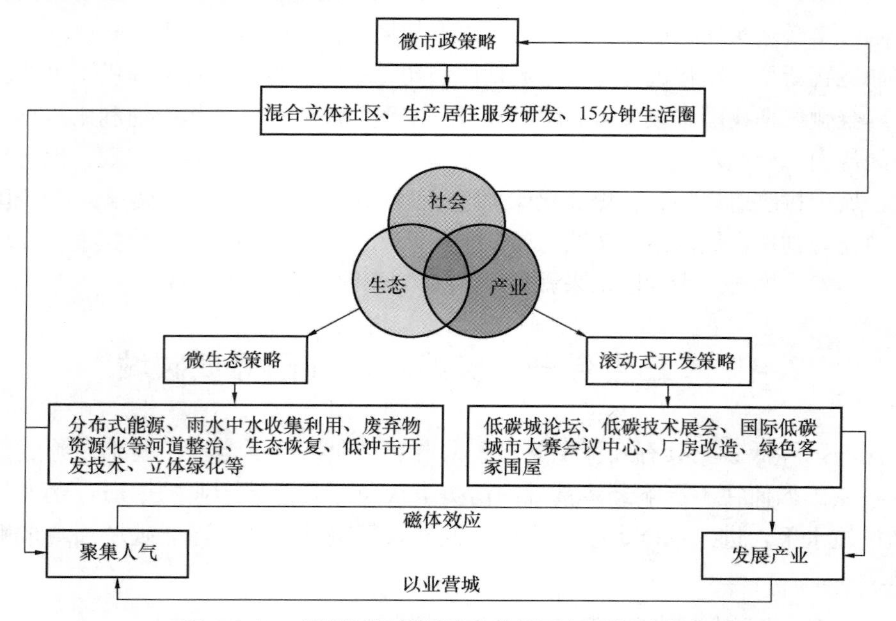

图 4-2-14 深圳国际低碳城结构性更新可行性方案

2.4.1 滚动式开发策略

滚动式开发模式主要是激发城市自我生长的能力，依靠改善现有城市状况形成磁体效应，迅速打造小而全的综合示范形象，不断吸引人才、资金入驻。按照规划，$1km^2$启动区是深圳国际低碳城规划建设的研发阶段，主要承担低碳城开发策略探索、低碳技术试验、影响力打造的任务；$5km^2$拓展区是深圳国际低碳城规划建设的中试阶段，是低碳品牌塑造和技术推广应用的过渡阶段；最终将实现 $53.4km^2$的全面建设。随着开发建设工作的推进，前一期城市建设中遇到的问题与困难可以为下一期新城建设提供经验，而不断完善的综合配套、市政设施和不断改善的环境景观将为城市吸引力扩大提供不竭动力，体现了城市可持续动态规划与建设的理念。

在实际规划建设过程中，深圳国际低碳城通过修复生态地貌、沿丁山河岸建设低碳轻型建筑和农业园艺，满足了研发阶段启动区的形象展示、会议交流、技术示范和启动办公等需求。利用客家围屋改造、现有厂房改造等关键节点工程快速形成了服务于首批入驻低碳企业和公共技术平台的工作和生活配套。针对深圳国际低碳城影响力和低碳技术应用经验不足的现状，通过构建综合服务中心集成了绿色建筑、交通能源等 97 项先进低碳技术，通过举办国际低碳城论坛，低碳技术交易展会，国际低碳城创意大赛等活动，迅速提升了深圳国际低碳城的区域和国际影响力，并为低碳技术的本土化应用提供了经验。针对国际低碳城遗留的制造业手工作坊和厂房，采取立体绿化和能源系统结构改造的方式，形成以办公、研发、中试功能为主，同时配套有商业、居住、休闲等功能的城市更新示范单元。针对国际低碳城现存的古建筑群，在自然环境和人文环境保护的基础上，将低碳绿色技术与传统建筑智慧结合起来，既保留建筑群的历史文化印迹，又改善居民的居住环境，使其成为国际低碳城传统文化建筑更新改造的范本。

深圳国际低碳城选择用“候鸟实验室”作为核心观点来吸引年轻人和有才华的工程师、专家和专业人士来到当地工作、居住，力图打造一个全新的位于经济特区的绿色城市。这个实验室以服务型导向和高科技产业为特征，目的是实现经济的绿色知识型转转变，拥有更高的创新需求和经济附加值，具有强大的人才吸引力。深圳国际低碳城一方面在基础设施建设中广泛使用移动智能电网、智能交通系统和事务网络等现代信息技术，使得产业聚集依托于未来的基础设施建设，另一方面将利用已有的绿色农业基地发展高质量的农业、食品、健康医疗和绿色能源设备制造业。

2.4.2 城市、产业、生态融合发展策略

深圳国际低碳城将空间规划、产业规划和生态规划创造性地进行了统一，

在中国城市发展规划中首次将生态指标体系与空间规划指标、产业发展指标直接联系起来。在产业和城市融合发展方面，深圳国际低碳城采取以城市建设引领产业发展、以产业发展带动城市建设的策略，实现了产业发展和城市建设的耦合。在城市建设过程中，结合新建开发项目应用低碳相关产品，吸引产业聚集、孵化；而产业发展过程中不断提出的城市建设需求为深圳国际低碳城未来规划建设提供了依据。产业调整与城市更新的同步发展使得深圳国际低碳城建设的经济成效得到了快速凸显。2012 年，深圳国际低碳城的人均地区生产总值增长率由 2010 年的 5.89%提升至 26.04%，在增长速度上实现对深圳市和龙岗区的超越。

在产业和生态融合发展方面，深圳国际低碳城建立了以碳排放为核心指标的企业入驻标准和淘汰标准，以税收和碳配额为调控手段，协调生态保护与产业发展步调，在保证经济增长的同时实现碳排放削减和生态环境保育。目前，启动区入驻的 18 家高新企业中，每万元营业收入能耗最低为 0.004 吨标准煤，仅为全国高新企业能耗水平的 40%。对比深圳国际低碳城规划建设的前后两年（2011 年和 2013 年）变化，可以明显看到产业快速发展的同时，城市生态环境也同时得到了保育和改善。短短两年内，深圳国际低碳城每万元地区生产总值电耗由的 2325.07kWh/万元下降至 1805.40kWh/万元；每万元地区生产总值水耗由 59.22t/万元下降至 31.06t/万元；碳排放强度由 2.21t/万元下降至 1.71t/万元。

在城市和生态融合发展方面，深圳国际低碳城在严守基本生态控制线的基础上，进一步开展了一系列生态环境治理项目，通过大力推广低碳、节能、生态保育技术，提升城市的生态文明水平。首先，启动了丁山河综合治理工程，针对河流水质差、污染严重的现状，采用上游收集处理、本段截留转移加蓄洪处理利用的方法，根本性地改善了城市水环境。其次，采用先进的低碳城节能技术对格坑工业区进行改造，在保留原有工业建筑风貌的基础上，优化建筑内部通风环境、设置室外公用平台、增加建筑自遮阳体系、安装节能设备、实施低冲击开发。截至目前，两栋已完成改造的建筑每年可节约用电 9.4×10^5 kWh，减少污水排放 4500t，分别减少 CO_2 和 SO_2 排放 927.6t 和 7.7t，减少烟尘排放 3.1t。最后，启动区内普遍采用垂直绿化和低冲击开发技术，增加了城市的绿视率和水源涵养功能，有效提升了城市内的生态环境状况。

在城市空间布局上，深圳国际低碳城采取生产、生活、生态三合一的社区模式，通过土地功能复合布局、土地兼容性开发和产业、生活、服务的有机组合搭配，形成灵活多变的圈层式布局，实现了产城同步、协调、融合发展。

2.5 “功能复合”实践：深圳海上世界低碳生态示范区❶

海上世界位于深圳市南山蛇口半岛的最南端，南面深圳湾，与香港屯门隔海相望。海上世界与蛇口客运码头距离不到 1 公里，距离深圳市中心 25 公里，距离广州市区 150 公里（图 4-2-15、图 4-2-16）。随着深圳西部通道口岸的开通，区域可达性将进一步加强。功能包括居住社区、游乐公园、文化娱乐、亲水广场、商业服务、酒店服务等。

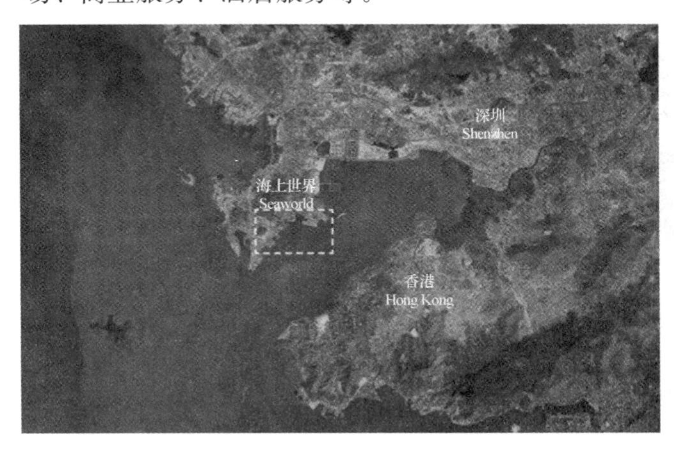

图 4-2-15 海上世界地理区位图

图 4-2-16 海上世界总平面图

海上世界地块规划总用地面积为 44.94 万平方米，项目计容建筑面积约 70 万平方米，规划总建筑面积为 101.79 万平方米，容积率为 2.3。规划区内除女娲补天雕像广场、高尔夫练习场和临时餐饮娱乐设施及停车场外，其余均为已填海的未建设用地。

2.5.1 低碳生态的城市空间

（1）土地集约利用

海上世界项目采取紧凑开发模式，这种集约型的土地利用以 2.3 的容积率容纳了近 4 万的常住人口（图 4-2-17），其技术路径包括：

- 拥有可持续社区概念总体规划；
- 提高社区规划密度，合理布局社区功能配套；
- 建立开放型社区，社区部分街道与人行道对外开放，柔化社区边界，采用软性绿篱等作为社区围合结构等。

❶ 林武生、陈佳明、叶国栋，招商局地产控股股份有限公司绿色研发与应用中心。本文中图表，除标明来源的外，其余均由约稿作者提供。

海上世界项目集约城市指标表

	指标名称	数值	备注
空间特性	人口集中度	$CP=\frac{TDP}{TRP}=$	TDP：人口密度偏差 TRP：人口2次半径
	边界清晰度	$S=AD\times\frac{4\pi}{L^2}=0.7$	AD：区域面积（万平方米） L：区域周长（万米）
密度与多群性	人口密度	$DP=\frac{PD}{AD}=9.2\%$	PD：区域人口（万） AD：区域面积（万m^2）
	人口就业密度	$ER=\frac{PE}{PR}=4.46$	PE：就业人数（万） PR：居住人数（万）
公共设施	大型店铺集中度	$AS=\frac{\sqrt{AD/\pi}}{RS}=$	RS：大型店铺2次半径 AD：区域面积
	公共设施的便利性	$SF=\frac{\sum_{f=1}^{n}(DSF_{min})_f}{n}=135$	$(DSF_{min})_f$：设施至最近车站的距离 n：设施数量
交通网络	车站覆盖圈	$CS=\frac{AS}{AD}=45.3$	AS：车站数×覆盖圈(600m半径) AD：区域面积
生活圈	步行生活圈	$CC=\frac{AC}{AD}=1.67$	AC：设施数×覆盖圈(200m半径) AD：区域面积
生活质量	文化设施密度	$DH=\frac{H}{AD}=6.7\%$	H：历史文化设施数 AD：区域面积
	高质量文化设施密度	$DF=\frac{F}{AD}=2.2\%$	F：公共文化教育设施数 AD：区域面积

图 4-2-17 土地利用强度分析

在规划范围内的街区，其划分都坚持了和谐适度的原则，虽然受到建设用地形状不规则的限制，但基本保证了各个街区地块用地之间的平衡。除了部分沿海街区的尺度较大，约在 200m 左右，其他街区的尺度均保持在 100～150m，每个区块的面积约为 2 万 m^2。

若以 100m 以及 400m 两种等级的步行范围作为衡量标准，海上世界的商业活动圈、居住活动圈、公共开放空间活动圈的服务范围覆盖了周边的大片地区，周边生活的人群在步行范围以内就可以到达海上世界。这个大型的城市综合体服务设施齐全，让生活变得更方便。海上世界项目地下总用地面积约 26.9 万 m^2，地下空间主要开发为地下商业街和地下停车场。地下商业主要是结合地铁开发设置，以地铁二号线海上世界站为起始点，提供连续、环境友好、活力界面服务的地下空间网络，串联片区的重要功能组团，提高城市立体空间的使用效率。从地铁站内可以直接步行到达金融中心二期、中心广场和船前广场，地下商业全部连通，同时有扶梯和楼梯与地面商业和大型开放空间相连（图 4-2-18）。

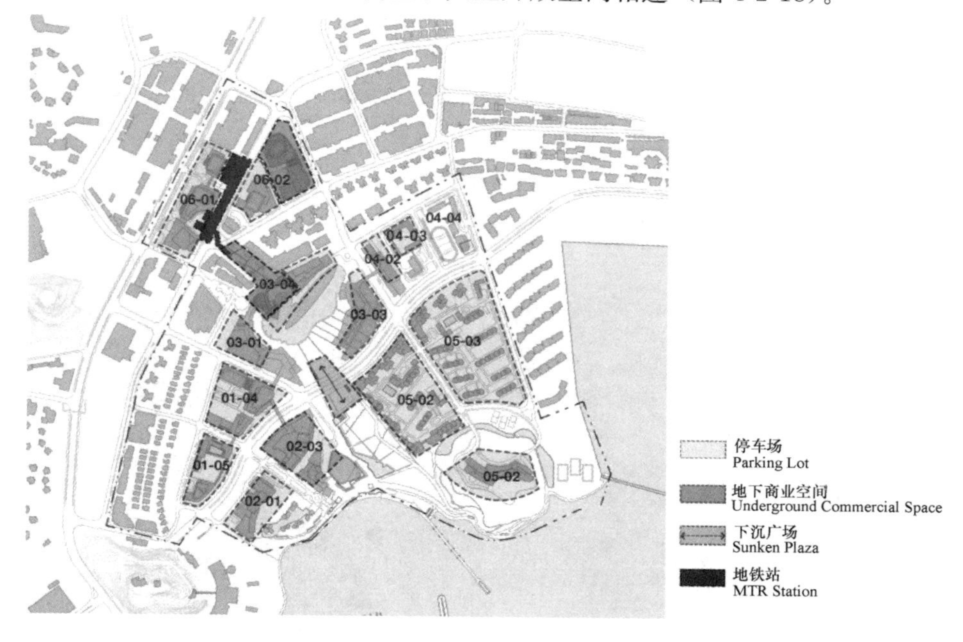

图 4-2-18 地下空间利用

（2）创造舒适宜人的滨海景观岸线

海上世界滨海景观岸线是深圳 15 公里滨海休闲岸线的起点，长 800 米（图 4-2-19），是规划范围内重要的景观资源。规划在岸线现有条件的基础上，结合周边用地功能，对不同地段的海岸环境进行设计。通过一系列水岸空间的塑造，进而强化海上世界地区鲜明的海滨特征。根据海岸及周边建筑特点分为五个特色分区：水岸餐饮区、文化中心区、栈桥码头区、半岛步道区、滨海公园区。这五个序列空间拥有不同的主题，共同塑造了具有节奏韵律和景观趣味的滨海休闲带。

（3）人流光顾和使用最频密的山海视觉廊道和山海通道

图 4-2-19 海上世界滨海景观岸线

视觉通廊联结着主要都市空间与重要空间节点，通过一系列视觉通廊的设置，引导人流动线体验山海空间体系，强化各主要都市开放空间的主体性和辨识性（图 4-2-20、图 4-2-21）。

图 4-2-20 核心轴视线通廊

图 4-2-21 山海通道示意图

三条重要的且各自独立的山海通道则是连接大南山与深圳湾的唯一纽带，提供人们集散交往、场所体验的通过和驻留性空间，也是海上世界城市格局的重要特征，具有稀缺和不可复制性。

（4）景观绿地系统规划

海上世界项目充分利用先天大南山的自然景观优势和蛇口多年积淀的道路景观，营造大都市里的绿肺（图 4-2-22）。

本片区绿化构成“一横四纵”的系统结构。

一横指望海路两侧各5m宽的绿化带，种植两排热带高大乔木，形成一条东西向贯穿整个片区的绿轴。道路中央隔离带以景观绿化为主，草坪、灌木和乔木搭配布置，层次丰富，结合两侧的建筑形成一条景观环境良好的景观轴线。

图 4-2-22 城市绿网

四纵指片区中央空间开敞带以及三条次级生态景观通廊，通过其景观联系作用，将望海路南北两侧以及海面与陆地之间有效结合起来，同时组成主次分明的点线面结合的绿化系统。

在水体景观布置方面，海上世界项目中建立了城市湿地系统，更多的将城市引入环境，具体包含以下几个方面：

- 明华轮水体环境：根据规划高程改造现有水体，并结合其西侧的地下步行通道设计景观跌水墙。水体周边设计景观步行栈道，提供亲水活动场所。
- 女娲雕像水环境：在女娲雕像南侧设计一处台阶式跌水环境，作为雕像的观赏背景，强化“海”的意向。
- 步行广场水环境：以女娲雕像为中心在雕像周边的广场上设计数条不规则发散状的人工水流（2～5m宽不等），增加步行环境的空间流动效果。
- 滨海游乐水环境：在片区中央空间开敞带的南端规划一处公共游乐戏水的浅水面，面积约4000m²，周围设置人工沙滩、张拉膜、热带植被等。该水面是女娲雕像水体向南的延伸，是与海面产生视觉感受上的联系的重要水体。
- 人工水道：位于片区南部偏东位置的人工水道是本次规划水体系统的重要组成部分。考虑到空间尺度与水流循环自净的要求，设计30～90m不等宽的平滑岸线（水流入口处较宽中部较窄）。充分考虑亲水性和工程经济要求，岸线采用“直立与斜坡混合式”护岸。

2.5.2 绿色交通与环境的双赢规划

海上世界整个园区采用一体化交通规划理念，提供“畅达、安全、舒适和清洁”的交通服务，确保蛇口海上世界片区各项功能的发挥和城市规划目标的顺利实现。以交通与环境的双赢为目标，提倡绿色交通出行，保持公交网络、步行网络和机动车网络平衡发展，规划建设与交通需求适应的道路网络以及与道路容量相匹配的停车系统，协调动态与静态交通的关系，妥善处理过境交通。

（1）步行及自行车交通系统

海上世界倡导以步行及非机动车交通为主的绿色交通体系，规划形成网络状、通达性强、景观良好的步行及自行车交通系统（图 4-2-23、图 4-2-24）。

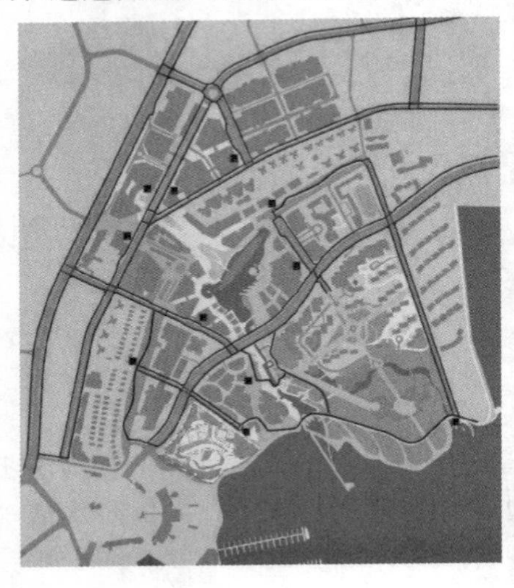

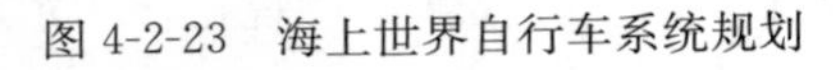

图 4-2-23 海上世界自行车系统规划

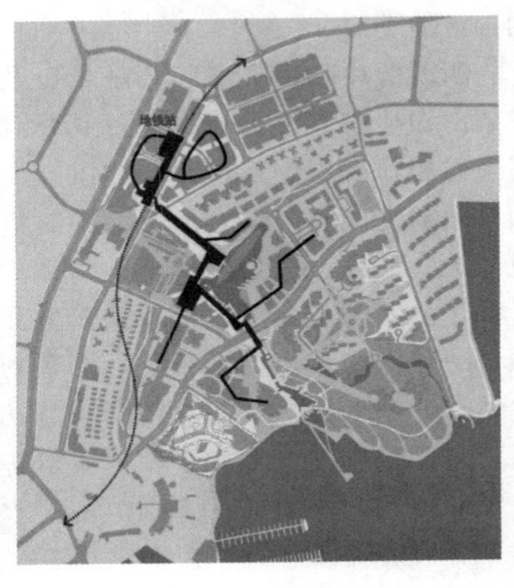

图 4-2-24 海上世界地下一层步行系统规划

地下一层步行系统规划。园区地下层形成从地铁站点出发自北向南的地下步行主通道，串联沿线的地下一层商业或公共空间。

地面步行系统规划。结合本地区空间环境的综合规划，园区内形成多条山海城联系的步行廊道，保证行人的连续性和自由度。合理规划地面人行道及过街人行横道线。根据行人流量，合理设置人行横道线的位置及宽度，保障行人过街的安全和通畅。

步行设施的建设与公交站、地铁站、大型停车场和大型商场、酒店、办公楼等人流集散点协调，方便行人在各种交通方式和目的地之间转换。

（2）公共交通系统规划

海上世界内建立了以轨道交通、常规公共交通为主体，内部公共交通、出租车为补充的网络状多元化公共交通体系，为社区提供环保、经济的出行方式，减少对私家小汽车的依赖程度，增加社区交通安全性，不断提高公共交通服务水平，并保持良好的社区空气质量（图 4-2-25）。

海上世界由不同性质多项目的组合，各项目开发周期不同、定位不同，具有了项目庞大性、性质复杂性、功能复合性等特点。绿色建筑遍布着整个示范区，

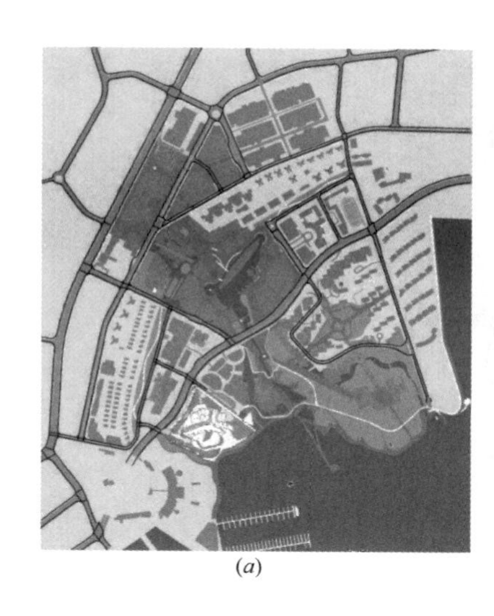
(a)

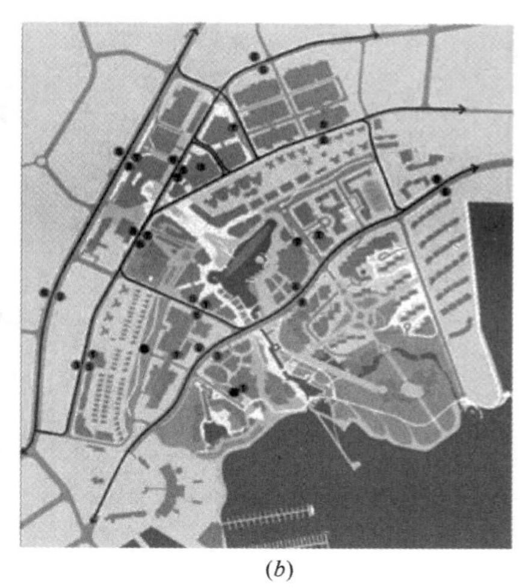
(b)

图 4-2-25 海上世界交通系统
(a) 海上世界地面步行系统规划；(b) 公交站点规划示意图

将南海意库、金融中心、学校、商业广场、酒店等串联起来，成为了绿色示范参观通道，供人们体验绿色低碳项目系统化集成的示范区。

2.6 “管控一体”实践：青岛中德生态园❶

青岛中德生态园位于胶州湾西海岸，青岛开发区的北部，规划用地 11.5 平方公里（图 4-2-26、图 4-2-27）。2010 年 7 月，中国商务部与德国经济和技术部确定在中国青岛经济技术开发区内合作建立中德生态园。2014 年 2 月，青岛中德生态园通过国家住房和城乡建设部评审，获得国家“绿色生态示范城区”称号。

青岛中德生态园定位为产业、居住和相应配套的综合性园区，将探索出一条能够在经济稳定增长、社会和谐稳定和资源节约环境友好上平衡发展的路子，为周边地区乃至全国园区发展和城镇化提供样板。

2.6.1 生态园区建设管控流程策略

中德生态园需要结合国家、省、市相关规范要求，建立中德生态园绿色生态建设各阶段相应的管理办法、审查标准，明确建设项目的审查、检查、申报制度等生态建设工作模式，以确保技术要求的落实。

❶ 贾锋，欧阳辉，青岛中德生态园管委会；孙明明，高月霞，叶剑军，上海市建筑科学研究院。本文中图表，除标明来源的外，其余均由约稿作者提供。

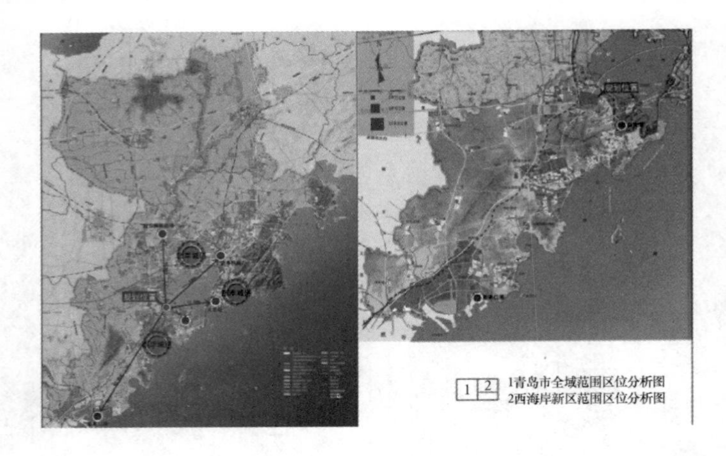

图 4-2-26 青岛中德生态园区位分析图

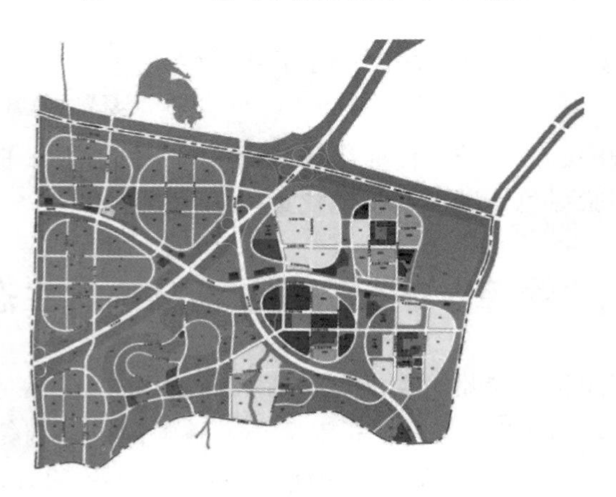

图 4-2-27 青岛中德生态园规划范围

（1）一般绿色生态城区开发建设过程

绿色生态城区的建设可分为两个阶段，包括规划管控阶段和建设过程管控阶段（图 4-2-28）；其中规划控制阶段包括园区规划编制和指标约束，建设过程管控阶段包括企业运作和政府监管。

- 规划编制：在园区各专项规划和详细规划中，融入园区绿色生态建设目标及控制要求；
- 指标约束：编制园区建设绿色生态指标体系，并在土地招拍挂阶段，分解并细化绿色生态指标至各地块，作为土地招拍挂附属条件；
- 企业运作：由园区筹建的开发建设公司负责园区能源、市政景观、环保、城建等方面的绿色生态建设；由二级开发企业负责各地块项目的绿色生态建设工作；

- 政府监管：发布绿色生态建设管理办法，确立在园区建设各阶段，政府部门统筹协调，发挥监管职能，保证既定规划及指标体系指标落到实处。

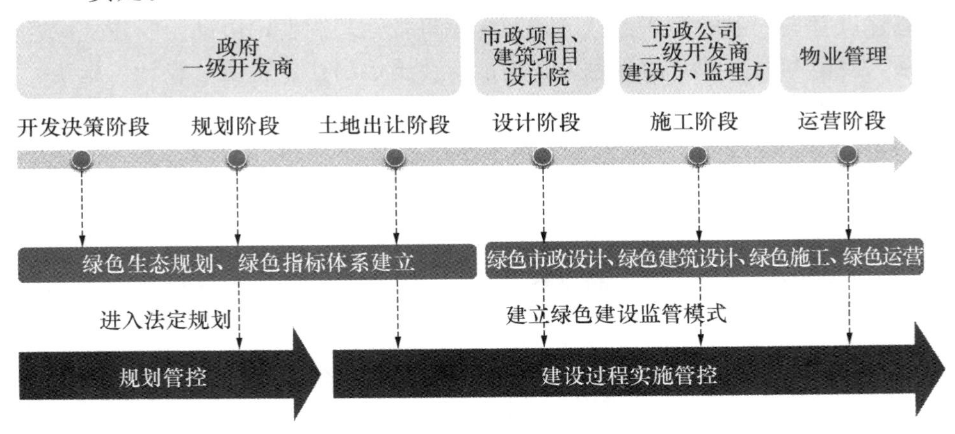

图 4-2-28 生态城开发建设流程

（2）生态园区建设过程管控模式

生态城区的建设过程管控大体可分为三种模式：

- 一级开发或管委会把关控制：由一级开发企业或管委会内部设计专门的绿色技术审批部门，负责绿色技术把关控制，并作为规划建设行政许可审批的前提。该模式可以确保生态技术把关控制的合法性、公正性，但需要引进或培训绿色生态建设相关的专业技术人员，需要较长的准备时间或较长的培训过程，较难实施。
- 绿色建筑专项评估：由一级开发企业或管委会选定一批国内绿色生态技术咨询专业机构，组建针对园区的绿色生态技术审查机构库，针对每个项目随机选取机构库成员进行技术审查，审查的结果作为规划建设行政审批的前提。该模式可以迅速获得外部技术支持，能够保证技术把关控制的公正性，但存在项目绿色生态审查实施主体较多，较难协调和统一要求的问题。
- 第三方绿色建设监管机构：由一级开发企业或管委会聘请第三方绿色建设监管机构，对园区项目的绿色生态建设进行审核把关，审批过程嵌入到常规审批流程中，作为常规审批前置条件。该模式可以获得外部技术支持，能够保证技术把关控制的公正性，但需要对国内具有绿色生态管理经验的咨询单位进行筛选，选取技术实力较强的单位作为合作方。

2.6.2　青岛中德生态园建设管控策略剖析

青岛中德生态园的建设管控采用聘请第三方绿色建设监管机构为园区提供绿色生态建设管理服务的模式，拟定园区绿色审批管理制度，协助园区建立绿色管理体系，规范和约束园区的绿色生态建设；在土地出让、科研、设计、施工、验收、运营等进行绿色审核把关，协助政府进行绿色审批，有效保障园区各项生态理念和生态指标的落实。

同时，生态城管委会组织成立专家委员会，负责对园区绿色生态建设的技术把关，实现园区绿色生态建设的二级把控（图 4-2-29）。

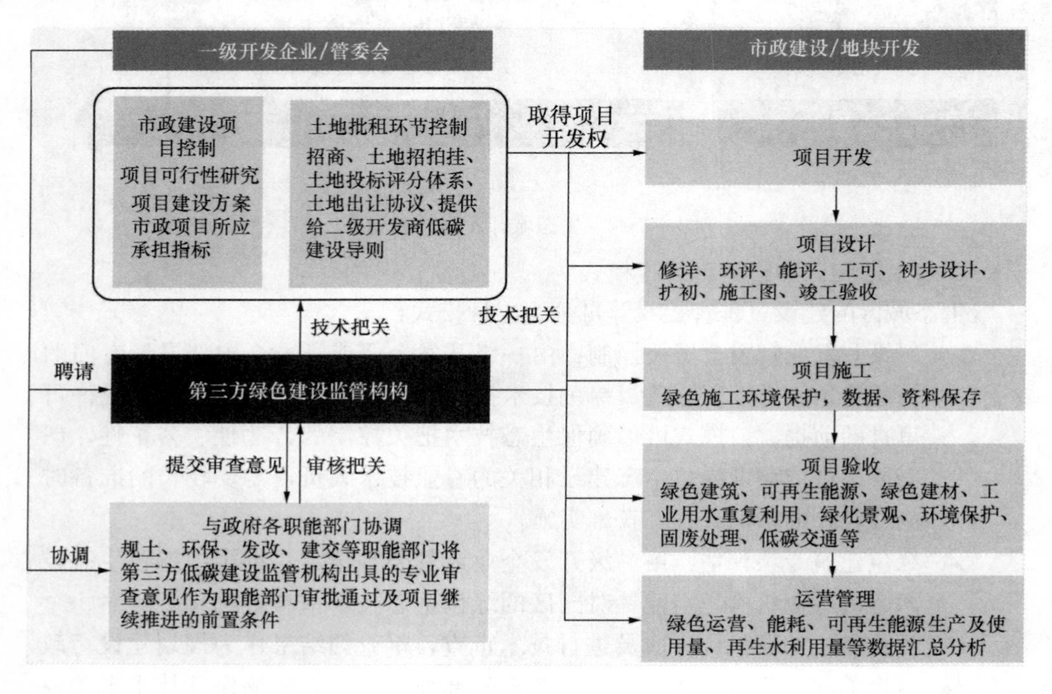

图 4-2-29　青岛中德生态园总体管控策略

（1）编制绿色生态建设管理办法

编制了园区的《中德生态园绿色生态建设管理办法》，以管委会发文的形式进行发布，用以明确园区各管理部分的具体工作，约束项目建设单位、设计单位、施工单位、监理单位、运营管理单位等在建设过程中参照执行。

细化了园区设计文件专项审查制度，绿色施工专项检查制度，绿色建筑申报管理制度，项目运营数据申报制度等，确立了园区项目单位应在投资洽谈、土地供应、立项审查、方案阶段、设计阶段、工程投标、施工管理、竣工验收、运营管理等九个阶段按照本办法的规定，配合园区第三方绿色建设监管机构的绿色生态审查工作。

(2) 编制绿色生态建设技术指导文件

编制中德生态园绿色生态建设图则，明确各地块所应承担的绿色生态建设指标，作为土地出让的附属条件，由项目在开发建设过程中执行。

编制中德生态园绿色设计导则，从技术经济性，技术适用性的角度细化了不同建筑类型（居住建筑、商办建筑、学校建筑、医院建筑、工业建筑）、不同星级目标（国标一星级、二星级、三星级，被动房，DGNB）的建筑可以实施的绿色建筑技术策略，供设计单位在项目设计中参考。

编制中德生态园绿色施工导则，规定施工单位在施工管理、场地布置、资源节约与环境保护、土石方与地基工程、基础与主体结构工程、装饰装修与防水保温工程、机电安装工程、拆除工程、绿色施工考核管理等九个方面细化了技术和管理要求，供建设单位、施工单位和监理单位在项目施工过程中参考。

编制中德生态园绿色生态运营管理导则，规定物业管理单位在土建及装饰装修管理、电气专业、暖通空调专业、给排水专业、秩序维护、环境清洁、绿化管理、用户行为引导等方面细化了技术和管理监督方面的要求，以此指导青岛中德生态园范围内物业服务企业、专业公司及自行管理物业的业主组织按照“四节一环保”的理念实施运营管理。

编制中德生态园绿色生态审查模板，用以指导设计单位、施工单位和物业管理单位在项目实施过程中按照模板的要求填写相应的指标，供第三方审查。

(3) 过程审核把关

按照管理办法的规定，在项目入驻园区的各个阶段，由第三方绿色建设监管机构对各阶段项目单位按照要求提交的文件进行审查，出具绿色生态审查意见，园区发改、规划、建设、环保等行政主管部门以及公用资源交易中心等部门在进行项目常规审查及管理时，配合项目的绿色生态审查，以第三方绿色建设监管机构出具的审查意见为前置条件，对未提供绿色生态审查意见或未通过绿色生态审查的项目不予审批（图 4-2-30）。

(4) 运营评价

审核企业上报项目的运营能耗、水耗、污染排放、环境质量等数据，对照园区规划和指标体系，分析园区运营状况，评价是否满足既定的目标要求。

(5) 宣传推广

通过期刊文章发表，会议论坛讲演等方式，宣传交流园区在绿色生态建设方面的经验和教训。

中德生态园在生态园区建设实践过程中，从需求出发，学习国内其他绿色生态城区在建设过程总的成功经验，吸取教训，完善园区从规划建设、指标制定到后期建设管控，运营管理的监督管控，形成闭合机制，总结出了一套适合自身发展实际的建设管控策略。

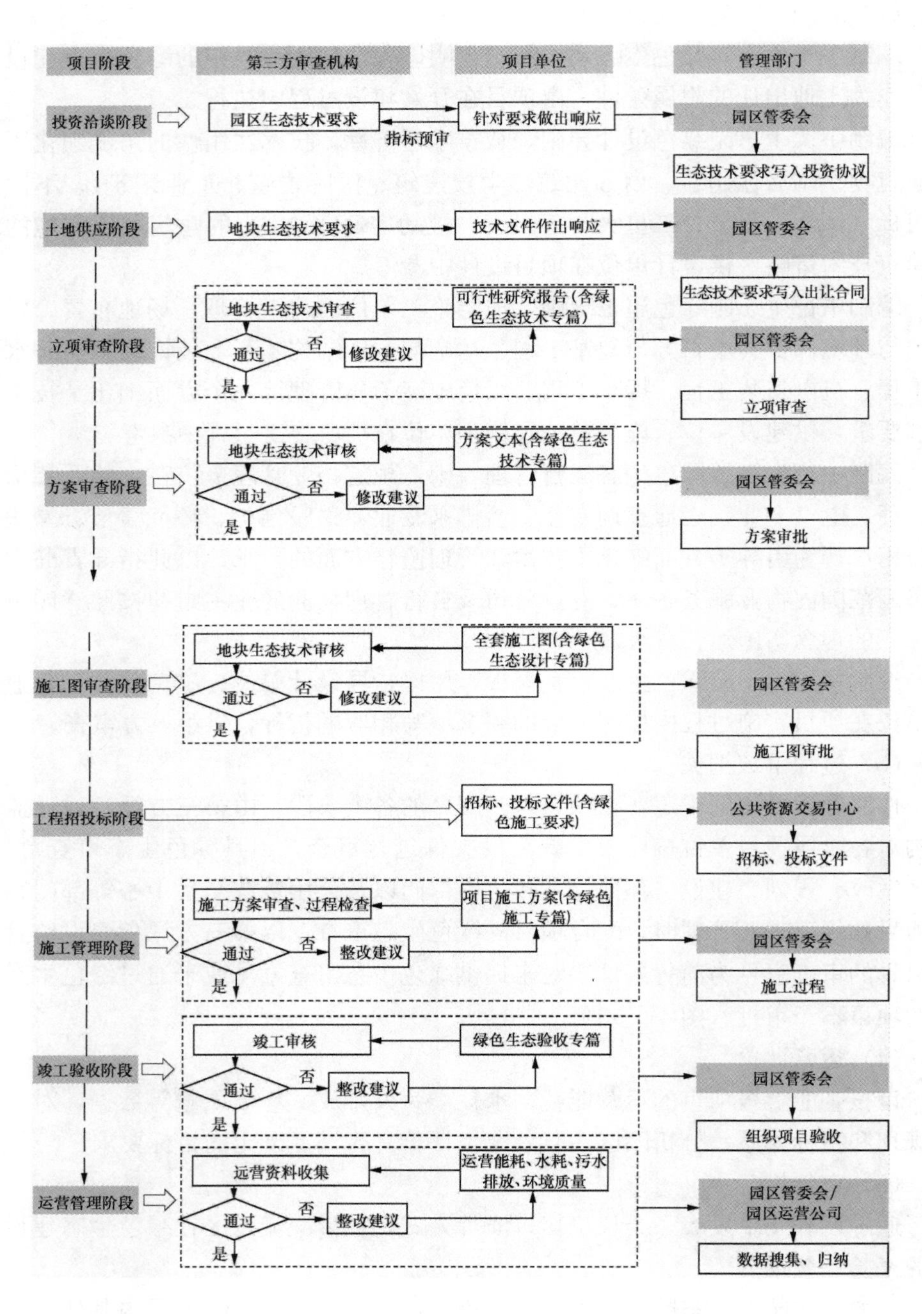

图 4-2-30 青岛中德生态园建设管理流程图

2.7　“全过程规划”实践：河北涿州市生态示范基地❶

涿州市生态示范基地项目是在河北省“环首都绿色经济圈”和“4＋1”生态城市建设，以及省、部合作“全国市长研修学院教学基地、生态示范基地”落户涿州的大背景下展开的。针对涿州城乡建设的现状特征和长远示范目标，以生态基地建设为契机，以市长研修学院作为“启动极”，把建设生态城市作为发展方向，并以此为抓手转变城市发展模式，展开绿色交通、绿色建筑、新能源应用、水资源循环利用等方面的示范工作。

生态示范基地规划的示范意义贯穿于规划的全过程之中，从内容上看包含“技术路线”、“指标体系”、“系统规划”、“空间布局”和“规划实施保障”五个方面。

2.7.1　生态主导的技术路线

涿州市生态宜居示范基地的规划工作按照低碳生态城市建设的五个重要步骤“生态诊断-规划目标-细化指标-实施运营-优化评估”展开工作。强调全面开展调研诊断，科学设立总体规划目标，针对后续的实施和运营需求，制定地块控制目标和建设实施指引，同时在目标制定和实施的过程中并行评估，及时调整（图 4-2-31）。

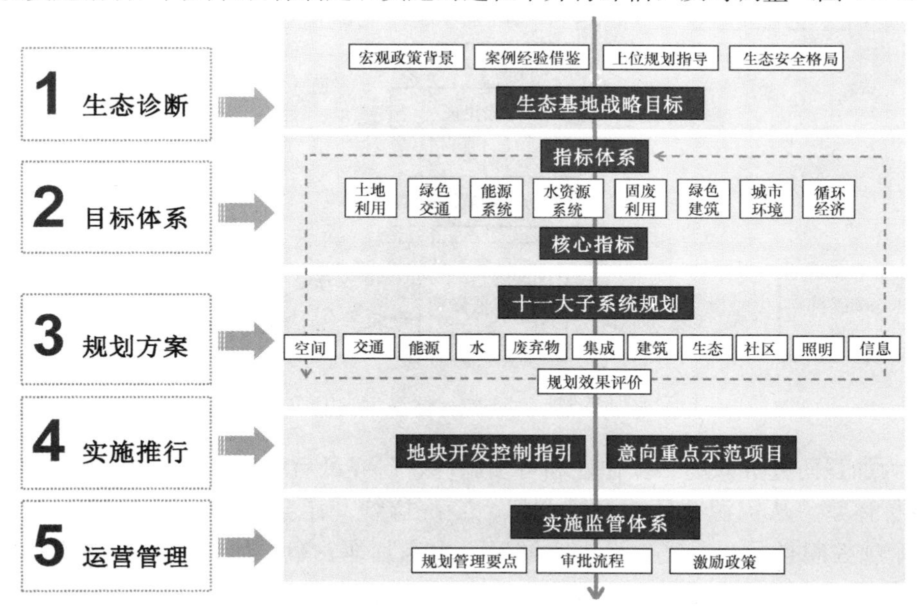

图 4-2-31　生态规划技术路线

❶　董艳芳，张立涛，白小羽，中国建设科技集团城镇规划设计研究院。本文中图表，除标明来源的外，其余均由约稿作者提供。

2.7.2 全面协调的指标体系

生态城市指标体系的构建注重全面性和权威性、理论性与实践性相结合，侧重于对国内已有的生态城市指标体系的广泛搜集和对国内外相关先进指标的补充借鉴，并结合一系列正在实践中的指标体系成果，经过论证最终完成指标的筛选和体系的构建，同时兼顾了规划区域自身生态环境特点，突出区域特色，使涿州生态基地成为中国生态城市建设可推广的典范（图 4-2-32 ）。

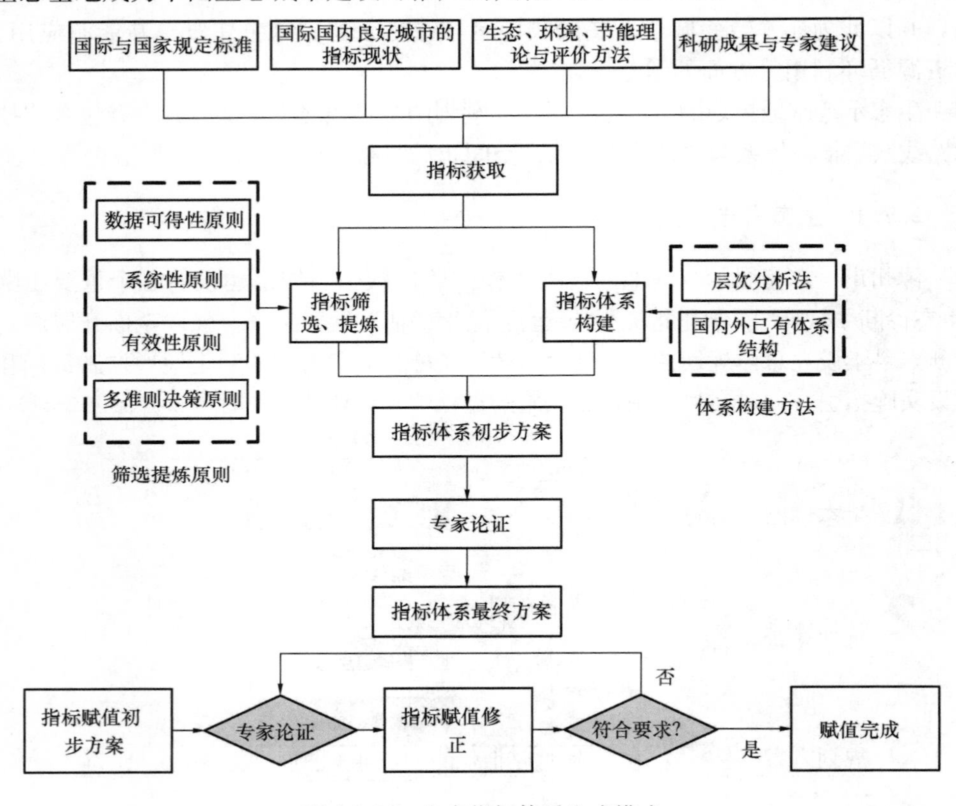

图 4-2-32　生态指标体系生成模式

为加强研究成果的易操作性和可实施性，研究最后构建了涿州生态示范基地的指标体系，从资源节约、环境友好、经济持续、社会和谐 4 个层面，提出了 123 余项控制指标。通过建设中心城区、生态基地、市长研修学院三层次指标，差异化推进生态城市建设，为涿州生态宜居示范基地的建设提供具体指导。

2.7.3 低碳生态的系统规划

生态示范基地规划的难点在于如何落实生态指标体系所提出的规划目标，并且按照生态指标分类对应不同的城市规划内容。

按照生态规划理念，本次生态基地规划内容可以分为 11 个子系统，分别为：紧凑舒适的城市空间、高效便捷的交通系统、低耗清洁的能源系统、循环安全的水系统、无害再生的废弃物系统、协同的资源集成中心、综合集成的绿色建筑系统、和谐宜人的景观生态系统、低碳安全的照明系统、幸福包容的生态社区、智慧高效的信息系统。每个子系统都有单独的规划目标和规划内容，通过 11 项子系统规划完成整体生态基地规划目标。

2.7.4 特色鲜明的布局理念

依据自然环境特征和用地组织要求，规划形成“H”形城市结构，双轴九组团，各组团功能复合，有机融合。基地北部拒马河沿河地段的低安全生态格局用地进行低强度开发，最大限度地保护生态环境、更多地发挥生态涵养功能。南部高安全生态格局用地作为城市开发用地，同时也有利于与现有城区的衔接。此外，在南北部之间留出生态走廊，构建生态网络，实现生态城市的建设目标（图 4-2-33）。

规划同时强调基地自身的可持续建设发展与周边区域城市功能拓展的有效衔接。向南对接城市行政中心，向东整体控制 50 平方公里空间结构，并且与老城和新兴产业示范区衔接。

图 4-2-33 生态示范基地整体鸟瞰图

基于设计目标和理念，本次设计在空间规划中体现以下六大理念：

理念一：土地功能混合使用，开发强度和公共交通承载力相匹配

规划采用土地功能混合开发的模式，整体布局以商业和综合用地为主，兼有部分居住用地。沿公交线路的居住用地以中、低强度开发为主，主要公共交通节点附近安排高密度混合型城市开发模式。并且通过引入 TOD 模式，依托主要公交线路（快速公交系统）沿线土地进行高密度、高强度开发，并向两侧逐步降低土地利用强度，重点提升交通枢纽站点、重要景观风貌区和新区公共中心周边的混合街区比例（图 4-2-34）。

生态示范基地注重地下空间开发，重点提高轨道站点、大中型公建地块、中高层居住区的地下空间开发利用率，主要以地下交通、地下商业街、地下停车等形式为主，以及强化主要交通性道路交叉口和商业地块的地下交通联系。

理念二：高密度的街道网格，建设紧凑舒适的城市空间

规划打破传统街道格局，增加社区内街道的密度，恢复街道的生活和服务功能，使社区形态更加生动，人群的活动空间更加丰富多样。通过创建密集的街道

图 4-2-34 土地开发强度和公共交通承载力相匹配

网络将交通量疏散至一组宽度较窄的互相平行的道路上，而非集中在较少的主干道上，有利于交通顺畅，并提高步行和自行车的出行环境。

生态基地城内部规划机动车道路系统和慢行道路系统，其中高密度的慢行道路系统，串联大部分居住、产业和公共设施，结合绿地系统营造环境宜人的慢行空间，使慢行方式逐步成为居民出行首选，实现人车友好分离、机非友好分离和动静友好分离。主干路、次级路、组团路网状交织，社区情景活动空间、服务建筑以及各类建筑围绕左右，建筑的形式随着街道的放大或缩小、曲折或伸直，景观的穿插而做出相应的调整变化。90％以上的路网间距保持在 150～250m 之间，至少 300m 即可连接周围邻里区域，每平方公里至少 50 个交叉口。

理念三：良好可达的开敞空间系统，支持生物多样性，维护城市生态基底

规划紧紧围绕“低碳·生态·宜居”的城市发展理念，立足涿州的生态基底和实际需求，尽可能地减少对自然资源的破坏，最大限度的发挥现状水系和林地应有的生态服务功能，并结合当地的地域特色构建一个满足居民游憩体验并与自然紧密共生的景观绿地系统。

在上述功能定位的指导下，生态示范基地以“构建功能完善、布局合理的城市景观绿地系统，营造舒适宜人的城市物理环境，满足低碳生态原则下涵养水源、调节城市小气候、保护生物多样性、休闲游憩、固碳良好的综合性多元化功能”为战略发展目标，以生态岛为核心的开敞空间结构，绿化与水系的形成基于用地现状的肌理及生态环境，并与新规划的街道和城市功能相叠加，每隔约 500m 设置公园、市政服务及学校，尽可能将公共开放空间连接成一个系统（图 4-2-35）。

理念四：幸福包容的生态社区，积极创建文明之城

鼓励和倡导健康文明的生活方式，实现绿色慢生活；借助信息化和智能技术，提高基地生态低碳水平，最终使系统中的各个要素得以合理组织和运行；以生态文明社区为基础单元，推动生态示范基地建设。

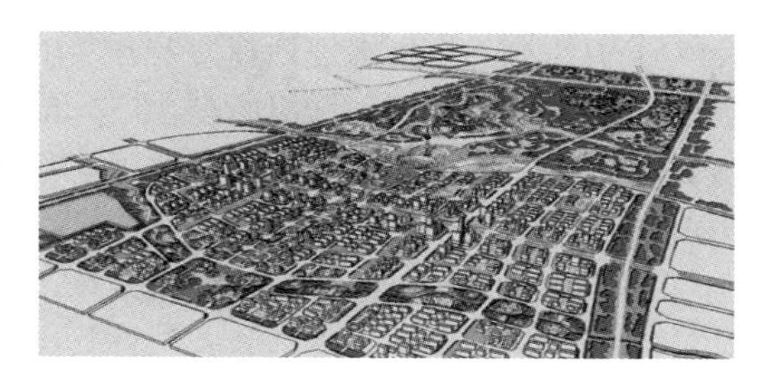

图 4-2-35 良好可达的开敞空间系统

社区内除将所有活动所产生的碳排放降到最低外，也希望通过生态绿化等措施，达到低碳排放的目标。建设核心是绿色低能源消耗系统，其设计理念在于最大限度地利用自然能源，减少环境破坏与污染，实现零化石能源的使用，形成能源需求与废物处理基本循环利用的居住模式。建设重点在于将微循环可持续发展的理念融入于社区规划设计中，从社区低碳建设、社区生态控制、社区运营指导等方面入手，建立微循环低耗、生态友好、贴近自然、健康生活、资源分配公平、地区经济持续发展、社区管理有效的人性化社区生活空间。

理念五：高效便捷的绿色交通系统，公共交通与慢行系统主导城市生活

生态示范基地绿色交通的构建贯穿于交通系统的规划、设计、建设、运营和管理的全过程。将生态示范基地的空间结构划分为“慢行模块一基础单元一片区一城市”四个层次。使得不同层次的用地功能复合化，从源头上减少不必要的交通需求。构建轨道交通、BRT、骨干公交、支线公交等多样化、全覆盖的公交网络系统。慢行通勤系统主要结合商业金融区、工业园区、住宅区、行政办公区等片区周边，以及交通枢纽、轨道交通、BRT、骨干公交站点等周边道路布设。

规划过程中充分考虑土地利用的合理布局，达到出行总量及总消耗最小，建设以公共交通为主体，步行和非机动交通为有力支撑，融个体机动交通为一体，各交通方式间良好换乘，协调发展的综合交通体系，打造国家级的绿色交通示范窗口。

理念六：产城融合的绿色产业，实现城市和谐发展

经过综合评定，涿州生态示范基地生态基础好，但水资源为短板，化石能源消耗较大，城市建设非低碳生态模式，迫切需要走低碳生态城市之路。生态示范基地将打造以绿色环保产业、绿色能源、绿色建筑、绿色装备上下游孵化营销环节为主体，生态技术交流、应用展示为特色，绿色产业为补充的生态绿色产业体系，与涿州新兴产业示范区形成内外交融互动，实现城市和谐发展。

2.7.5 全面高效的规划实施与保障

（1）地块开发控制指引

为了更好地落实生态规划理念及各项生态指标，规划将传统控规图则内容进行扩充，加入生态控制和指引内容，充分反映生态城市的建设内涵。地块开发控制导则可以将常规控制指标、生态控制指标、城市设计三图合一，分区域、分地块差异化开发控制要求。在地块层面落实指标体系、生态低碳目标，做到生态控制指标同地块控规指标及控制指引相结合。也将研究形成的生态控制指标与控制地块开发的法定控规图则进行紧密结合，实现将规划中体现的城市空间、生态技术、生态指标等方面生态理念在控规中的充分落实。

（2）建设实施监管体系

设置建设全过程的管理机制，是涿州市生态基地建设目标顺利实施的基本保障。监管体系具体包括技术支撑单位通过技术标准和专项研究，出台一系列标准支撑，政府部门制定强制政策及激励政策、强化监管审查流程，以及相关企业通过示范项目的规模建设进行宣传推广，形成技术单位、政府、企业的三者联动，共同推进生态示范基地规划落地实施。

在规划建设的各个环节加入生态规划的相关要求，例如在规划编制过程中加入生态规划专篇，提出生态城市建设的目标、具体的指标以及拟采用的技术方案等。在控制性详细规划的内容上加入生态控制指标和指引，制定配合法定规划的资源节约、环境友好等生态要求。在审查环节宜加入生态城市目标和指标的审查，并对项目的技术分析、经济分析、效益分析等作出评估。最后，鼓励技术指标体系和政策设计进行有机衔接，出台包括容积率、专项资金及审批程序相关的激励政策（图 4-2-36）。

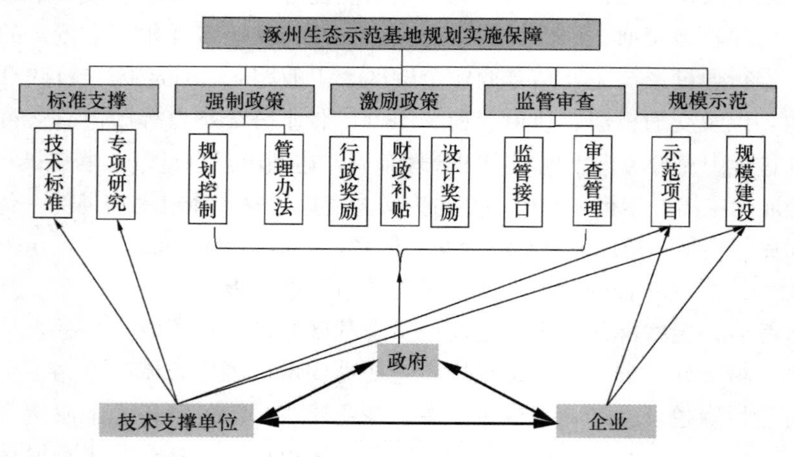

图 4-2-36　规划实施保障体系

（3）政策与资金保障

规划设置行动计划，建议生态示范基地管理机构应充分调动各职能单位的积极性，制定和实施强化生态建设及绿色建筑试点项目的激励政策。为保证生态示范基地建设的顺利进行，应拨有专门款项，由生态建设办统一调配，专款专用，对试点项目给予投资和资金补助支持，积极利用国家以及市相关部门的示范项目资金与激励政策，推进涿州市生态示范基地的建设和发展。选择综合实力较强的开发企业，确保生态建设的资金得到保证，对于进行生态技术及绿色建筑建设所增加的投资成本，由开发商承担。

此外，试点项目应提倡在充分的科学分析评价的基础上，采用适宜技术，尽可能地通过规划设计的手段达到生态建设的目标，避免盲目的高投入类建设，降低资金投入风险，实现经济效益和社会效益双赢。

在“建设生态文明”的宏观背景下，生态规划理念已不仅是规划学科中的一个流派，而是整个规划理念与方法转型的必然趋势。涿州市生态示范基地将是面向世界展示经济蓬勃、资源节约、环境友好、社会和谐的新型城市典范，它将为今后国内外更多的生态城市建设与管理提供宝贵的经验和教训，并将在国内外城市规划实践中起到重要的示范作用。

3 低碳生态城市进程中的探索与经验

3 Exploration and Experience during Low-carbon Eco-city Process

3.1 可供推广借鉴的技术案例

在低碳生态城市规划建设过程中，除了上文中提到的规划理念和方法、建设管控政策等实践内容外，低碳生态城市建设最终还需要借助行之有效的技术方法体系。本节将归纳和总结低碳生态城市建设过程中景观水系、雨洪管理、温带草原区、生态评估以及碳汇景观植被的研究等领域值得借鉴的案例，以便推广在低碳生态城市规划建设中应用，推进低碳生态城市发展。

3.1.1 水系规划设计——秦皇岛市北戴河新区[1]

北戴河新区位于秦皇岛市域滨海地区的西侧，东起戴河口，西至滦河口，北至抚宁县境内的京哈铁路，南至沿海海域。区内地势平坦、海拔较低，自西向东分布有冲击洪积平原、潟湖与海积平原、海岸沙丘带、海滩、水下岸坡等地貌类型。由于该区为冲积平原向海域转变的过渡区，区内入海河流沟槽众多，北部主要河流有洋河、大蒲河、东沙河，南部区域有赵家港沟、刘坨河等。河流沿岸生态环境基本良好，夏季芦苇、菖蒲等挺水植物茂密葱郁，常见白鹭、白鹮等鸟类在此栖息觅食。但近年来受河流上游水库拦截和气候变化影响的日益加剧，区内河流特别是东沙河以及大蒲河的支流，流量季节性差异突出，河流生态环境存在退化隐患。

北戴河新区的开发建设给新区水系带来了机遇与挑战。如何遏制水系生态环境退化的趋势，重新激发河流活力，推动河流自身良性循环发展，从而使河流成为区内环境提升、景观营造的助推力是整个项目的关键。

基于实地踏勘和对现状基础数据、资料的整理分析发现，北戴河新区内现状水系水质良好，地貌生境相对稳定，但水源日益不足，水流减缓的问题成为该区域水系生态安全的薄弱环节。此外，新区的建设开发活动将对水系生物资

---

[1] 杨冬冬，刘海龙。清华大学建筑学院。

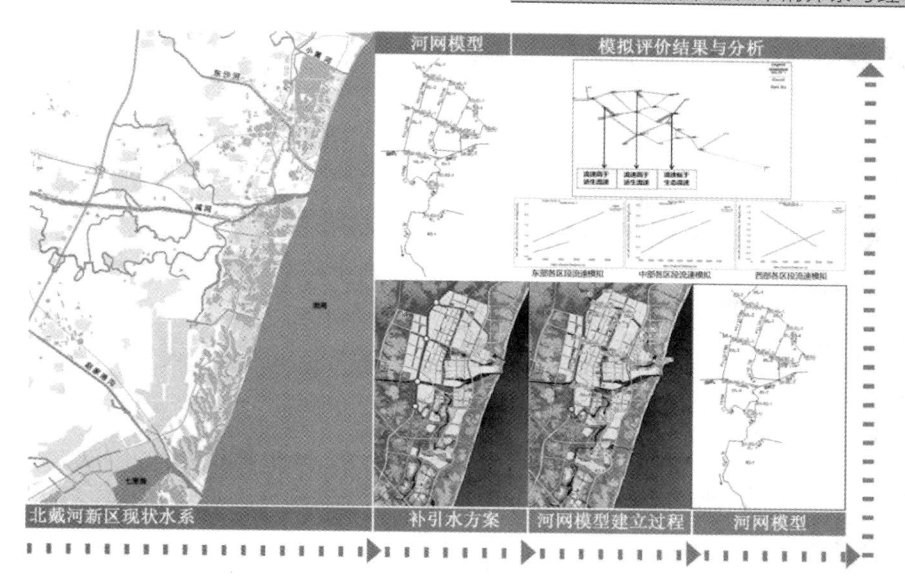

图 4-3-1 北戴河新区补引水方案三维河网模型的构建与模拟结果

源造成潜在威胁。针对上述问题，结合新区的功能定位和空间结构，提出了补引水方案，力争在解决水系水动力不足的同时强化区域“生态水城”的城市规划理念。补引水方案中的引水量以目标鱼类的适宜水深为边界条件确定。根据国内外研究表明，适合鱼类生存的生态水深的下限值约为鱼类体长的 3 倍。区内现状河流中鲫鱼存活良好，是吸引白鹭、白鹳等鸟类栖息觅食的主要因素之一。因此以 0.6m～0.9m 作为新区河流水深的下限值。引水方案中水系空间形态的各方案比选，以根据场地 DEM 数据、河流典型断面信息构建的三维河网模型为基础，以场地相关水文资料和符合适宜水深下限值的补引水量为边界条件，借助河流三维水力计算模拟平台对河网的水文水动力情况进行模拟评估而最终确定。

针对选出方案各区段的模拟流速结果将水系划分为高于适生流速区、低于适生流速区（以鲫鱼的极限流速 0.7m/s 为依据划分）以及水流不畅区，提出相应的生态化景观调节措施（图 4-3-2）。在低于适生流速区主要通过在其上游设置多级跌水堰壅水，抬高水头，增加水流曝气增氧的机会，并辅以水生植物、生态浮岛等措施一定程度上避免低流速区水流过缓导致的水质恶化隐患；在规划的中心湖景区，由于水流分支过多，丰水期存在水流不畅、缓滞等问题，建议结合地形、植物要素设计导流丁坝等，在发挥调节水流作用的同时增加河流生境、丰富水景形态。

该项目的补引水量以鱼类适生水深为边界条件确定，而非人为臆断的水力条件，一方面保障了鱼类、白鹭等相关食物链中生物生境的适宜性，另一方面通过

基于模拟评价结果，提出的景观化措施

高流速区应对措施	置石	设置闸坝	加植挺水植物
	增加糙率	壅高水位	减小过流能力

低流速区应对措施	多级跌水堰	加植水生植物	投置生态浮岛
	跌水曝氧	提高净化能力	净化水体

图 4-3-2　基于水流模拟结果的景观化调节措施与布局

补引水量下限值的确定，确保了水资源利用的高效。水、鱼、鸟构成的生态系统借由堆石、水生植物群落调节完善，提高北戴河新区水系统的自维持性和可持续性，极大地减少了工程化措施、机械化闸泵的加入，满足城市低碳、生态的建设要求。

3.1.2　生态化雨洪管理系统——福州市江北城区❶

福州江北城区地处福州盆地中部，西北东三面依山，南临闽江北港，是福州市政治经济文化活动的中心。独特的地理环境，造就了非常复杂的水文环境，即北受山洪威胁，南有海潮托顶，内有自产径流，城区排水压力很大。随着城市化进程的加快，区内硬质化率大幅提高，原有的河流、坑塘被部分填埋，管网改造跟不上城市发展步伐，暴雨产汇流时间不断缩短，洪涝水量大幅增加，城市水文过程和功能严重丧失，许多重要地段“逢雨必涝”现象突出。基于此，改善福州江北城区水文环境、降低内涝灾害发生概率成为福州市“十二五”规划的重点（图 4-3-3、图 4-3-4）。

❶　杨冬冬，刘海龙。清华大学建筑学院。

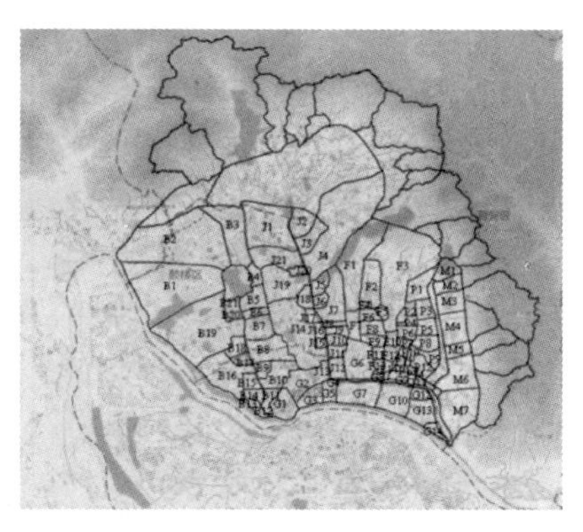

图 4-3-3　福州江北城区流域划分图

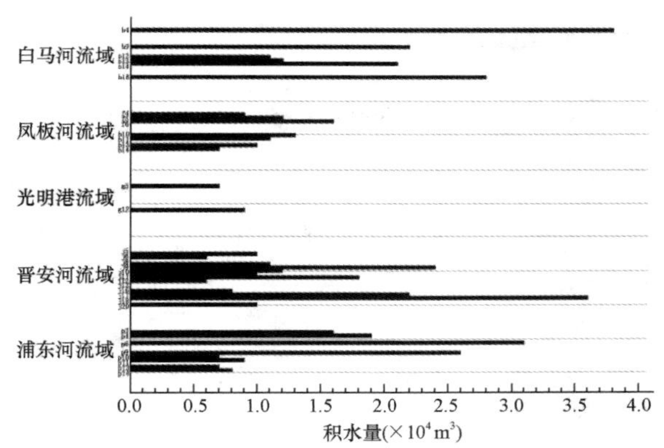

图 4-3-4　各子片区积水量

（五个城区子流域：B：白马河流域；J：晋安河流域；F：凤坂河流域；P：浦东河流域；G：光明港流域）

通过对福州江北城区洪涝灾害成因进行深入分析，借鉴国外先进的生态化雨洪管理理念，笔者及所在团队提出了“源头为先，全过程化跟踪”的雨洪管理理念，并试图通过对福州江北城区水环境要素空间结构的调整或重构，在一定程度上解决江北城区雨水管理、河湖治理以及山洪预防等方面的问题，在提高城市防洪排涝能力、改善城市水文自调节能力的同时塑造特色化城市功能性景观。低影响开发措施的链条式空间结构是空间重构的一项主要内容，即：将包括屋顶花园、滞留池、植物草沟、雨水花园、湿地等在内的小尺度生态化雨洪管理措施，与城区道路交通系统、绿地系统结合起来，构建自上而下的链条式空间结构，通过模拟自然界雨洪渗、产、汇、排的全过程发挥雨洪管理的作用（图 4-3-5、图 4-3-6）。

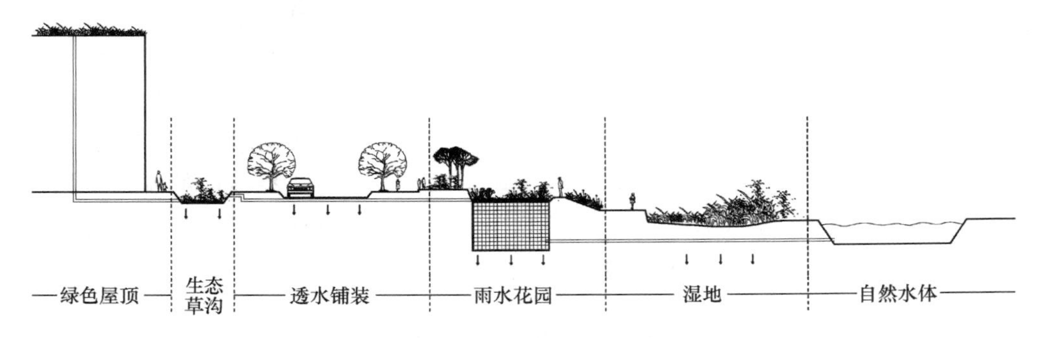

图 4-3-5　低影响开发措施链条式空间结构

生态安全引导下的水景观规划设计方法为上述空间概念的“落地”提供了保障。鉴于江北区的洪涝灾害已经给市民的生产生活安全造成了威胁，在这个项目中，水文水动力要素仍是整个项目模拟评估的重点。项目组首先利用 GIS 将江北区

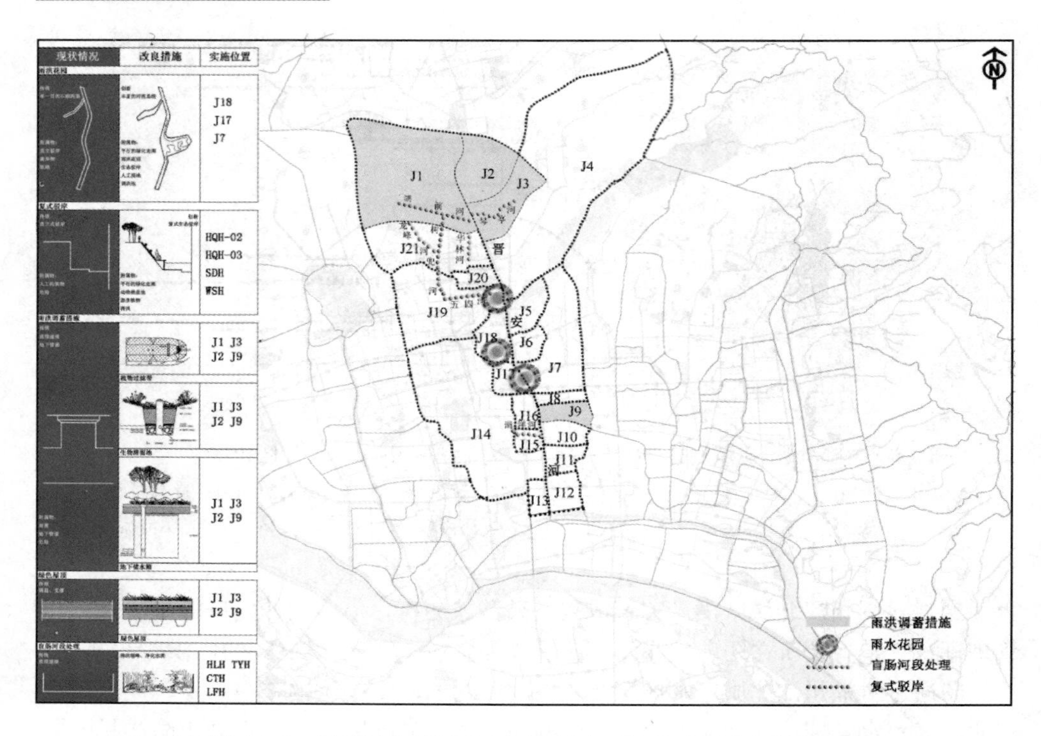

图 4-3-6　福州江北城区晋安河流域水环境整治提升规划方案

划分为五个子流域，每个流域又进一步划分为若干子片区。之后，采用推理公式法计算各流域子片区的产汇流量，与所在片区的管网出流量进行比较，从而获得各子片区的平均积水时间和积水量。积水情况与城市具体空间的对接，使得链条式空间结构具有了极高的可操性。根据内涝情况的严重程度，综合考虑所在片区的可利用规模、功能定位，从而为各低影响开发措施的规划定位提供科学性参照。

该项目中，针对所在区域内涝严重的问题，结合产汇流分析，综合不同子流域下各片区的用地和水文信息，提出了适宜的生态化雨洪管理措施及其在项目范围内的合理空间布局。一方面，各分散型生态化雨洪管理措施的系统化布局，最大化发挥了雨水径流的管控作用，减少了城市闸泵等耗能机械措施的实施应用；另一方面，兼具雨洪管理功能的景观绿地在市域内的广泛应用可通过植物群落、水面对城市的温湿度进行调节，缓解城市热岛效应。

3.1.3　城市增长边界划定——四川省广安市[1]

伴随着经济规模扩大和人口数量急剧增长，我国各城市空间不断扩张和蔓

[1] 潮洛濛 张鹏飞，内蒙古大学生命科学学院；朱俊，复旦大学规划建筑设计研究院生态所。本文中图表，除标明来源的外，其余均由约稿作者提供。

延，带来了严重的生态环境问题。如何从空间上协调社会经济发展和生态环境保护的关系，实现精明增长与精明保护的双赢，已成为紧迫而现实的问题。因此，在规划环评过程中，从生态环境保护的角度出发，建立基于生态安全格局的城市增长边界，对规划编制单位所划定的中心城区城市开发边界以及土地利用规划进行评价，并提出优化调整建议。

（1）研究区概述

广安市位于四川东部，与重庆市、遂宁市、南充市、达州市毗连，市域面积 6344km^2，现辖 2 区、3 县、1 县级市，2012 年末全市常住人口 321.64 万。区域自然生态资源丰富，华蓥山、铜锣山、明月山等植被保护良好，动植物种类繁多。

（2）生态安全格局的构建

1）单一生态安全格局

广安市核心城市群各单一生态安全格局分析结果见图 4-3-7。

2）综合生态安全格局

各单一景观过程安全格局等权叠加、“综合取低”后最终确立的广安市核心城市群生态安全格局见图 4-3-8。

低水平安全格局是生态安全的最基本保障，是城市发展建设中不可逾越的生态底线，是需要重点保护和严格限制的。中水平安全格局需要限制开发，实行生态保护与恢复措施。高水平安全格局是维护区域生态服务的理想格局，在此范围内可根据当地情况进行有条件的开发建设活动。

广安市生态安全格局从整体空间格局和构成要素上可以概括为：以北部、西部山地森林、东南部华蓥山风景名胜区、渠江两侧生态用地等为重要的生态斑块，以河流、遗产廊道、防护林带等线性元素为生态廊道，以基本农田、生态公益林等生态用地为基质，构成整个区域的生态基础设施网络。

广安市在四川省主体功能区划中定位为川东北重点开发地区和农产品主产区，从平衡保护和发展的关系出发，低、中生态安全格局为基础的生态经济兼顾型发展是未来方向。

（3）基于生态安全格局的城市扩张情景模拟

1）情景一：“无生态安全格局”下的城市扩张模拟

“无生态安全格局”下广安市中心城区呈连片发展趋势，侵占生态资源较多，广安主城区与前锋辅城区有连成一体的发展趋势（图 4-3-9）。

此情景下预测中心城区可提供的建设用地的规模为 177 平方公里，占中心城区总面积的 28.95％。

2）情景二：“低生态安全格局”下的城市扩张模拟

“低生态安全格局”下，由于生态用地的严格控制，关键生态过程的完整性得到最低限度的维护，广安市主城区与前锋辅城区建设用地间有少量生态用地

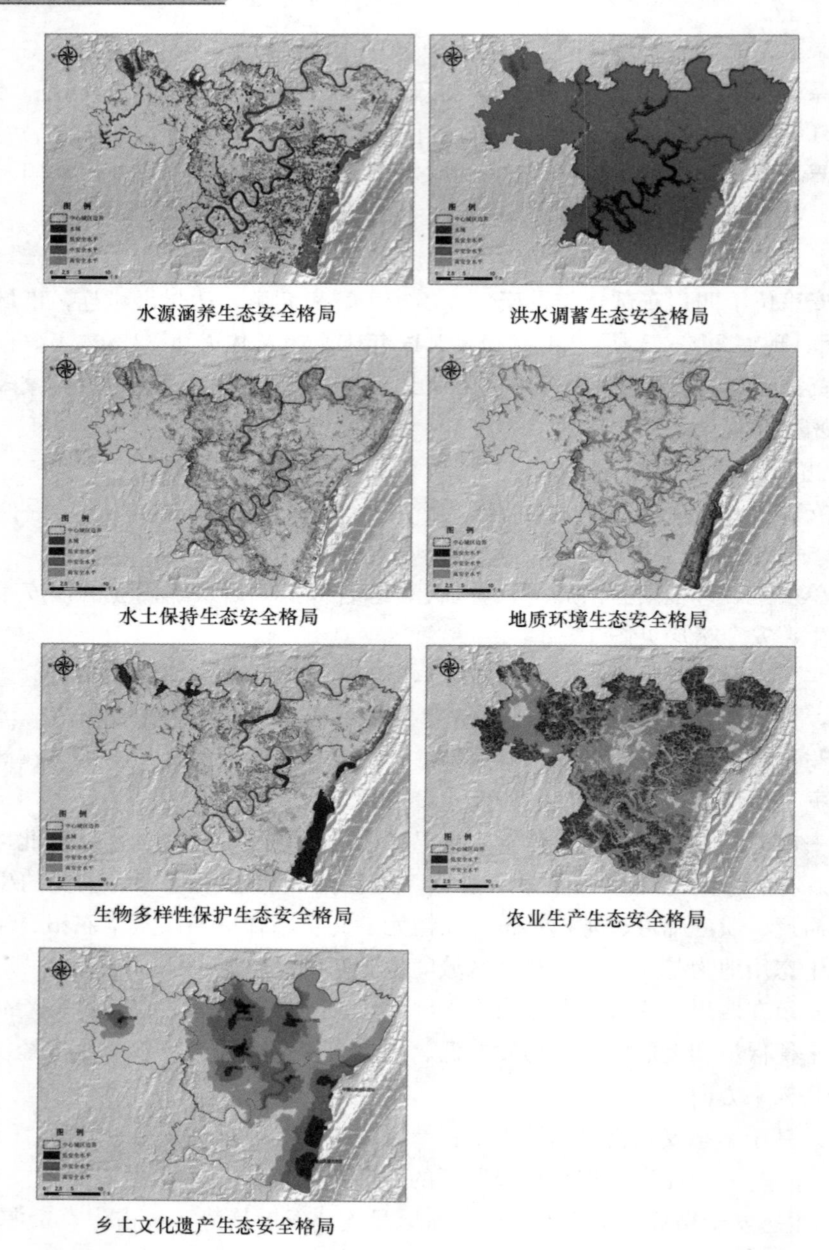

图 4-3-7 各单一生态安全格局图

（图 4-3-10）。

此种情景下，虽然受到一定生态用地制约，但城市建成区仍有连片发展趋势。预测中心城区可提供的建设用地的规模为 117 平方公里，占中心城区总面积的 19.13％。

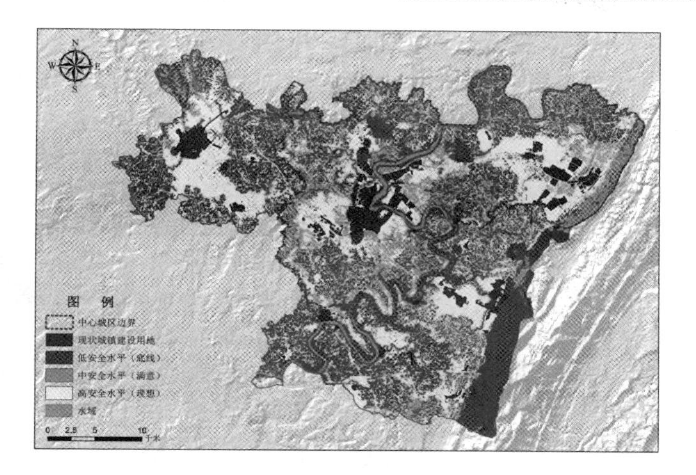

图 4-3-8　广安市核心城市群综合生态安全格局

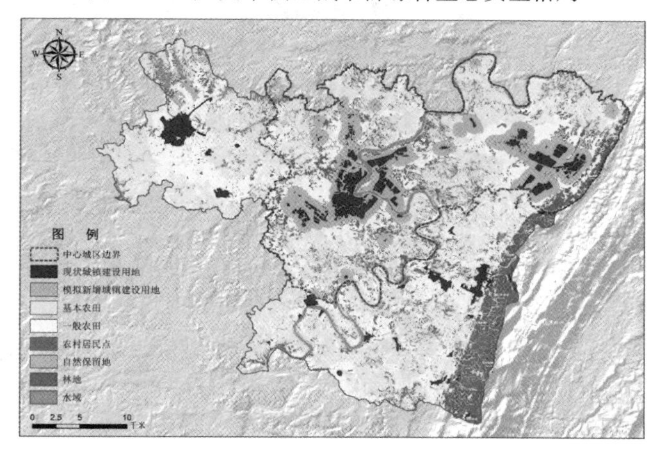

图 4-3-9　“无生态安全格局”下的城市扩张模拟

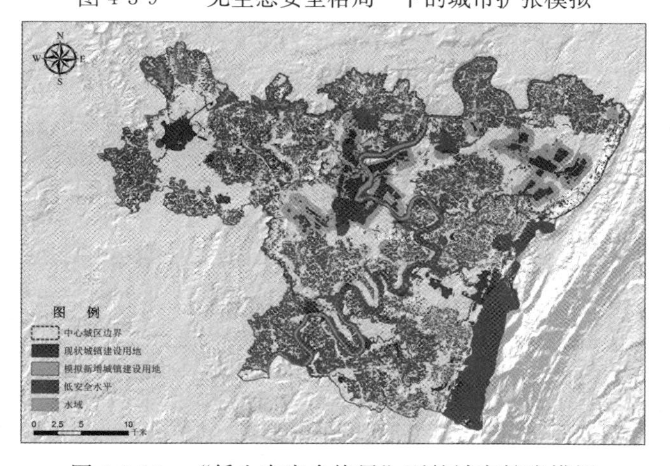

图 4-3-10　“低生态安全格局”下的城市扩张模拟

3）情景三："中生态安全格局"下的城市扩张模拟

"中生态安全格局"下较好地维护了自然生态系统健康，广安市中心城区各组团间均有生态用地相隔，限制了城市的无序扩张（图 4-3-11）；关键生态过程的完整性得到较好的维护，生态服务功能维持稳定。

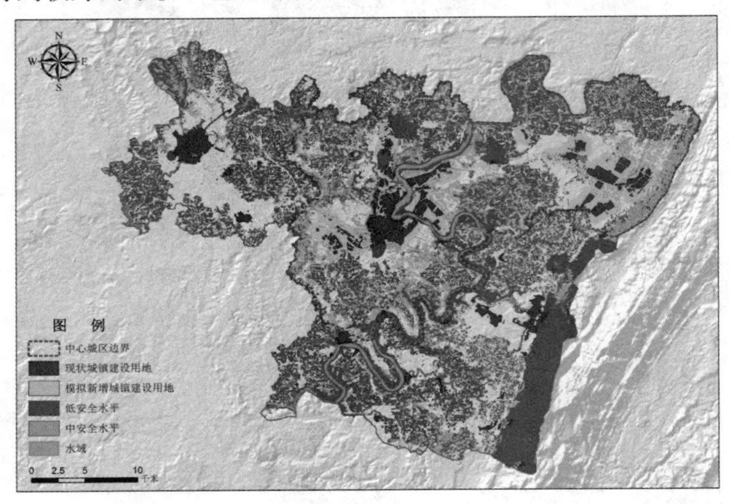

图 4-3-11 "中生态安全格局"下的城市扩张模拟

此种情景下，预测中心城区可提供的建设用地的规模为 106 平方公里，占中心城区总面积的 17.33%。

综上，"无生态安全格局"和"低、中生态安全格局"下可利用的建设用地面积均可满足广安市城市总体规划预测的 2030 年中心城区 78 平方公里建设用地的需求。

（4）基于生态安全格局的空间管制分区及城市增长边界

综合考虑广安市生态环境保护和社会、经济发展需求，耦合生态安全格局和"中生态安全格局"情景下城镇建设用地扩张预测结果，根据划分原则，对广安市中心城区提出空间管制分区划定建议及城市增长边界（图 4-3-12，表 4-3-1）。

空间管制分区及控引措施 **表 4-3-1**

类型	面积（km^2）	比例（%）	构 成	控引措施
已建区	50.2	8.21	实际已开发建设的城乡建设用地	促进土地资源、基础设施的集约化利用
优先建设区	56.82	9.29	未来新增为建设用地、进行城镇建设可能性最高的空间区域，在此区域内进行开发建设，对区域生态安全威胁小，适宜优先作为建设用地利用	以城镇建设用地优先开发为主导，促进土地集约利用

续表

类型	面积（km^2）	比例（%）	构　　成	控引措施
有条件建设区	86.09	14.08	未来可能扩展为建设用地，在此区域内进行开发建设，对区域生态安全有一定的威胁，适宜在一定条件限制下进行开发建设	积极引导城镇化发展，引导二、三产业集聚发展，严格控制城镇的连绵无序蔓延
限建区	112.47	18.39	此区域为区域重要生态服务功能区、敏感区、脆弱区的外围缓冲区，若进行开发建设，会对区域生态安全构成较严重威胁，应限制开发建设活动	城市生态安全底线的外围缓冲区，以开展生态保育、土地整治为主要控引目标
禁建区	305.92	50.03	重要的生态服务功能区、敏感区、脆弱区，是地区生态安全底线，禁止在该区内进行任何与保护功能无关的开发建设活动	是生态敏感、脆弱以及主要提供生态服务功能的区域，对维持地区生态安全起到重要作用，严格禁止与主导功能不相符的各项建设活动

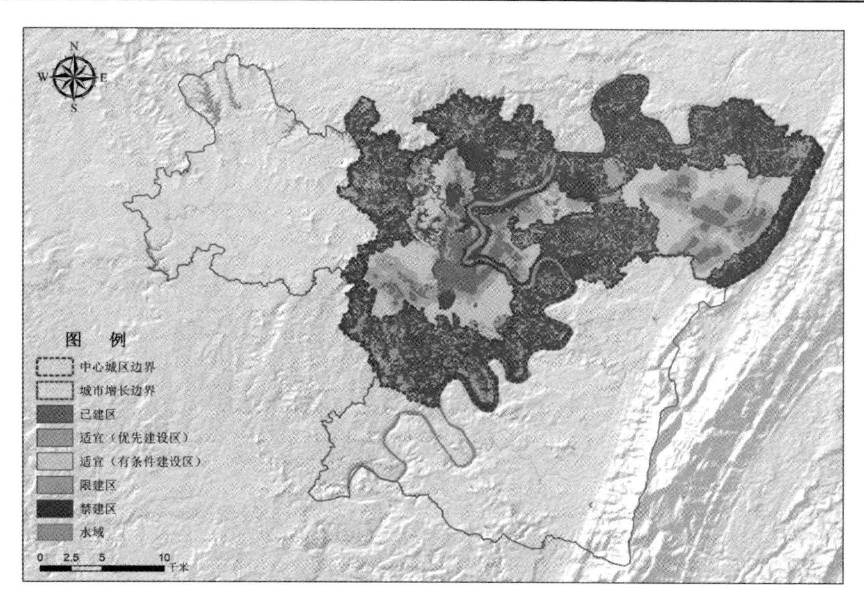

图 4-3-12　广安市中心城区空间管制分区及城市增长边界建议图

（5）对广安市城市总规的调整建议

由图 4-3-13 可知，广安市中心城区 2030 年土地利用规划范围基本均位于基

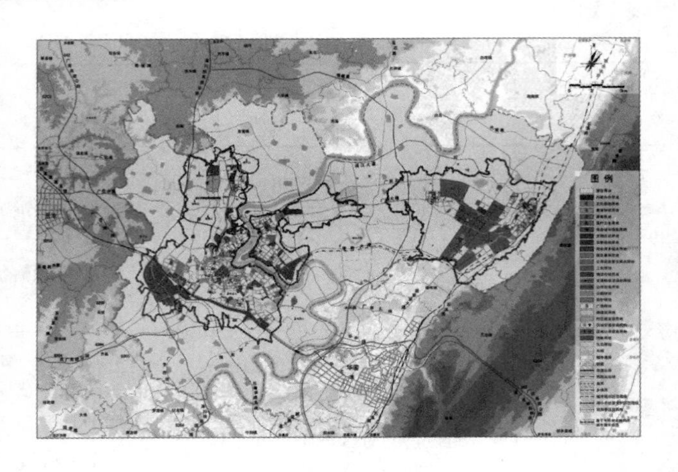

图 4-3-13　2030 年广安市中心城区土地利用规划图与基于生态安全格局的城市增长边界的叠图

于生态安全格局的城市增长边界之内，其规划充分考虑了区域生态环境的要求。

但由图 4-3-14 可知，规划所提出的广安市中心城区城市开发边界与基于生态安全格局的城市增长边界具有一定的差异，主要为前锋辅城东北侧、主城区东部以及西南侧的远期发展备用地。

图 4-3-14　广安市中心城区远景规划示意图与基于生态安全格局的城市增长边界的叠图

前锋辅城东北侧远期发展备用地主要涉及基本农田保护区，建议调整至基于生态安全格局的城市增长边界内的西侧区域，即建议前锋区往西侧发展。

主城区东部远期发展备用地中主要涉及农业生产以及水土保持的低或者中安全格局。其中南侧区域未来规划以旅游风景区为主，在合理规划景区功能布局、旅游方式引导、游客数量控制的基础上，对生态安全格局的影响相对较小。南侧区域以及北侧区域中的居住、商业、教育用地将对区域生态安全格局将产生一定的影响，建议这些用地规划调整至基于生态安全格局的城市增长边界之内，并布局于常年主导风向的上风向，例如前锋区北部区域。

主城区西南侧的远期发展备用地涉及基本农田，且规划的工业用地对生态环境影响较大，建议调整此规划用地至基于生态安全格局的城市增长边界之内，并布局于远离居住用地的常年主导风向的下风向，例如兰渝铁路支线与建议的城市增长边界之间的区域。

（6）结论和讨论

通过广安市中心城区城市扩张模拟可知，“低、中生态安全格局”下可利用的建设用地面积均可满足广安市城市总体规划中心城区建设用地的需求，但需要通过科学合理的空间格局引导，实现生态保护和经济发展的平衡。由此可以证明基于生态安全格局的城市增长边界的规划是实现“精明保护”和“精明增长”的有效途径。

基于生态安全格局的城市增长边界的研究成果不仅可以用于规划环评阶段对城市规划的合理性进行评价，以及在城市生态环境保护规划及建设中的运用，亦可以在充分考虑区位、交通、宏观政策等经济社会驱动因子的基础上对城市规划方法进行补充完善。

3.1.4 碳汇型景观优化提升—深圳光明新区门户片区❶

光明新区利用良好的自然环境背景，优化城市建设区与周边生态用地的边界，建立紧凑集中、功能多元、生态优先的集约效益型的绿色新城，逐步形成了“一轴、两心、一门户”，“一环、四点、八片区”的总体布局结构。“一门户”为光明新区城市门户地区，是指广深港客运专线光明城际站及周边地区。下文充分利用周边和内部自然资源，对片区生态环境现状进行详细排查，再对片区规划方案进行环境数值模拟与分析，测试建筑和外部环境的关系，研究碳汇型景观优化提升的方法和适宜的技术集成体系。

（1）规划方案与现状植被碳汇量对比分析

将光明新区分地块计算碳汇量并进行加权叠加，根据生态安全格局、绿地系统配置提出高、中、低三种配置方案。通过对原地块碳汇量预估、生态效益分

❶ 广东省重大科技专项——光明新区门户片区绿色低碳城区建设技术集成与示范（2012A010800020）阶段性成果，深圳市建筑科学研究院股份有限公司。

析、建筑容量匹配等方面的对比选择最优的碳汇型景观规划方案。

根据调研中各地块的植物量和面积计算出光明地区景观绿地现状总面积达292.77公顷，各类绿地现有碳汇总量为1178.62吨，单位碳汇强度为4.03吨/公顷。

在设计的低方案中绿地总面积为292.77公顷，山体森林、防护绿地、住宅绿地、滨水绿地、公园绿地等各类型绿地碳汇总量为1190.01吨，单位碳汇强度为4.06吨/公顷。与现状情况对比，低方案的碳汇强度有所提升但总体效果并不明显，很多地块的绿地碳汇强度还低于原有水平，不建议采纳（图4-3-15、图4-3-16）。

图4-3-15 现状碳汇强度图

图4-3-16 低方案碳汇强度图

在中方案中山体森林、防护绿地、住宅绿地、滨水绿地、公园绿地的现有碳汇总量为1391.34吨，单位碳汇强度为4.75吨/公顷。与原有碳汇情况相比，碳汇总量提升了212.72吨，单位碳汇强度提高0.72吨/公顷。整体水平上有显著提高，部分地块绿地的单位碳汇强度与现状相比都有所改善。并且有待改造地块的数量适中，改造工程量不会过于庞大（图4-3-17）。

高方案中山体森林、防护绿地、住宅绿地、滨水绿地、公园绿地等绿地的现有碳汇总量为1673.5吨，单位碳汇强度为5.72吨/公顷。与原有碳汇情况相比，碳汇总量提升了494.88吨，单位碳汇强度提高1.69吨/公顷。高方案的碳汇整体水平有非常明显的提高，绝大部分地块绿地的单位碳汇强度与现状相比都有所改善，在生态效益上该方案最优。但该方案中绿地面积过大造成的建筑量不够、加之原有各地块的碳汇强度都有需要提升，意味着片区的改造工程量较为繁重，耗时较长（图4-3-18）。

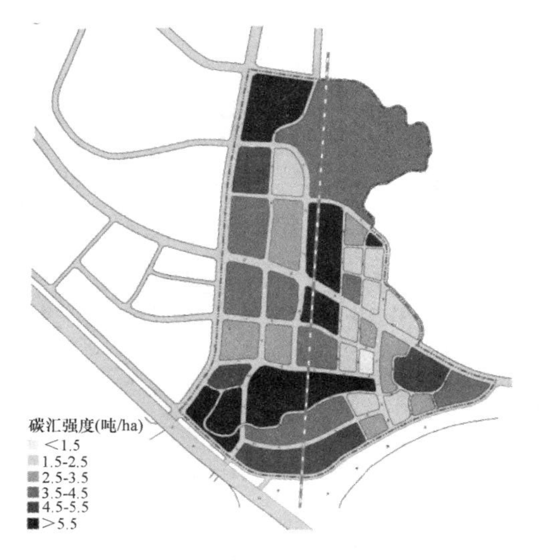

图 4-3-17　中方案碳汇强度图

图 4-3-18　高方案碳汇强度图

综合三种碳汇改造方案，建议选择中级改造方案，对部分碳汇强度有待提高的地块进行合理化改造提升，优化植物配置，适当增加绿化面积。对于山体森林这类碳汇量较高、绿化覆盖率较高的地块应考虑将其与周边地块连通，打造生态廊道。而对于改造后碳汇强度略低于现有状况的地块可以结合地块中的建筑进行垂直绿化、屋顶绿化等立体绿化方式，从空间上提升绿量，达到生态、景观为一体的绿色新区。

（2）植物优化配置方案

通过光明新区门户片区的样地调研，将光明新区有待改造的绿地划分为 6 个类型，分别为山体森林、防护绿地（道路绿化、街旁绿地）、滨水绿地（水库周边、景观水系）、住宅绿地、附属绿地、公园绿地。结合每个绿地类型的现状分析，选择符合绿地功能、景观、生态需求的乡土植物进行优化配置，力求达到兼顾观赏效果与生态防护功能的绿色景观。

1）山体森林

光明新区的山体森林有复杂的地形地貌，且随着海拔的升高，孕育了不同类型的森林植被类型。结合现有山体现有植被，在保护生态效益的基础上进入乡土树种和适宜种植的观赏树种，改造发展成为以健身休闲、观景娱乐、科研生态为一体的森林公园（图 4-3-19）。

2）防护绿地

防护绿地根据功能需求又分为道路绿化和街旁绿地。其中道路绿化带将公路与人行道，建筑衔接在一起，出于对卫生、隔离、安全要求，需具备一定防护功能。在植物选择上以具有抗污染，滞尘降噪的树种为佳。在建筑一侧绿化在注重

图 4-3-19 山体森林配置图

景观效果的同时，还需将植物配置紧凑，隔离公路的嘈杂环境（图 4-3-20）。

图 4-3-20 道路绿化配置图

城市街旁绿地在满足为行人提供休闲活动功能的同时，还需营造出街边优美的景观效果，完善生态功能、建立动植物可生存环境、维护生态空间格局。在植物选择上以具有优良观赏效果并能滞尘降噪的树种为佳（图 4-3-21）。

图 4-3-21 街旁绿地配置图

3）滨水绿地

滨水绿地根据光明地区的水源类型细分为水库周边绿地和景观水系绿地，其中水库建议建立保护设施，保护片区水源水质供给。结合现有荔枝果树的特点，以此为基础，改造发展成为以果树为主，其他乡土树种为辅的生态经济林。同时在水库边的山坡重点发展水保林，水源林，以确保水库优良水质和景观效果(图 4-3-22)。

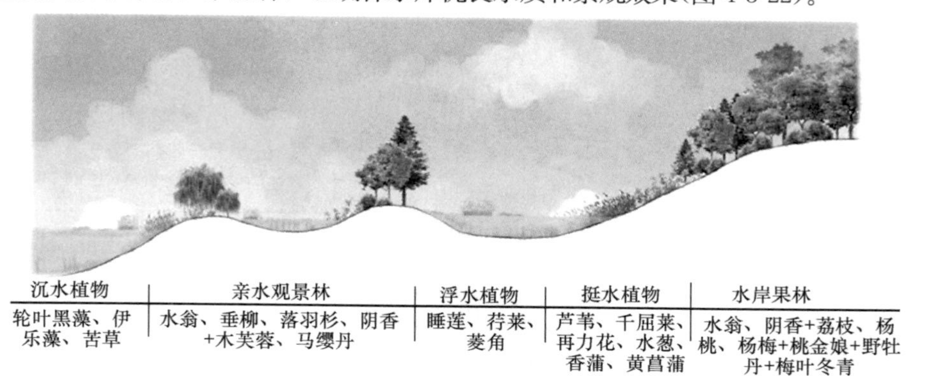

图 4-3-22 水库周边绿化配置图

城市水系景观设计在满足雨季泄洪要求的前提下，应从生态和景观两个方面考虑，以不规则自然河岸形式结合复层绿化，创造优美的郊野景观，形成良好的自然生态系统。植物选择上在保证景观效果的同时还应选用乡土植物和水生植物，营造物种多样性（图 4-3-23）。

图 4-3-23 水系景观绿化配置图

4）住宅绿地

住宅绿地是在小区范围内为居民提供游憩活动场地的用地，改善居住区的生态环境，提供休息游憩设施，形成住宅间通风采光的景观视觉空间。植物选择上以净化空气，滞尘降噪的观赏植物为主（图 4-3-24）。

5）附属绿地

附属绿地主要在办公区与各类道路干线、街道、闹市区之间营造。通过隔离绿带的设置，为办公管理人员提供静谧、舒适和幽雅的工作环境，有利于提高工作效率。植物配置以降噪音效果显著、净化能力强、绿化景观效果好的树种为主(图 4-3-25)。

图 4-3-24　住宅绿地配置图

图 4-3-25　附属绿化配置图

6）公园绿地

公园绿地为周边居民提供了休闲娱乐的场所，作为开阔地公共空间的植物造景需要增加景观立体感、层次感，色彩分明有视觉冲击力。主景空间的植物应结合微地形，有效地分隔空间，选用叶型变化丰富，色彩鲜艳的观赏植物（图 4-3-26）。

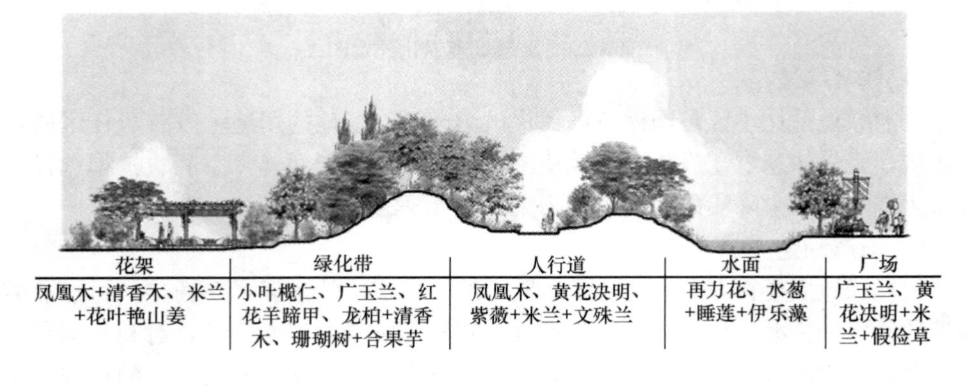

图 4-3-26　公园绿地配置图

3.1.5　温带草原区生态城市建设探讨——锡林浩特市❶

2012年至今，国家审批通过的低碳生态城市试点区主要集中在东部沿海地区，对西部内陆地区的生态城市建设研究甚微。我国西北部地区自然环境较恶劣，生态系统脆弱，随着社会经济的快速发展，东部对环境破坏严重的企业逐步向西部内陆地区迁移，造成西部城市的自然环境受到严重威胁。这就更加需要加强对生态环境脆弱的西部地区的环境保护。内蒙古地处我国北部，其特有的草地生态系统比较脆弱，极易遭到破坏，因此，在草原区进行低碳生态城市的建设十分必要。锡林浩特市位于内蒙古中东部，其草原类型属于典型草原，草原生态环境的变化与城市发展和国家政策具有十分密切的关系，本文将从锡林浩特市的土地利用变化、气温和降水变化及产业结构变化三个方面分析该市发展与低碳生态城市建设间的关系。

（1）锡林浩特市土地利用变化

城市发展最显著的变化在于城市用地类型的变化。随着经济的快速发展，人口城市化将越来越明显。为了满足城市发展的需要，扩大城市用地面积成为必然趋势。因此，城市中建筑用地面积的变化可作为评价城市化发展的重要指标。

文中所用的遥感数据来自于美国地质勘探局（United States Geological Survey，简称USGS）。影像获取时间分别是2004年6月13日11点18分、2014年7月18日11点26分。经过辐射校正、几何校正，影像拼接、裁剪，可以获得锡林浩特市2004年和2014年的遥感影像图（图4-3-27）。

图4-3-27　锡林浩特市2004年（左）和2014年（右）遥感影像标准假彩色图

❶ 潮洛濛 张鹏飞，内蒙古大学生命科学学院。本文中图表，除标明来源的外，其余均由约稿作者提供。

根据土地利用分类指标体系，结合包头市遥感影像，根据波谱特点对遥感影像进行数字化，结果如图 4-3-28 所示。

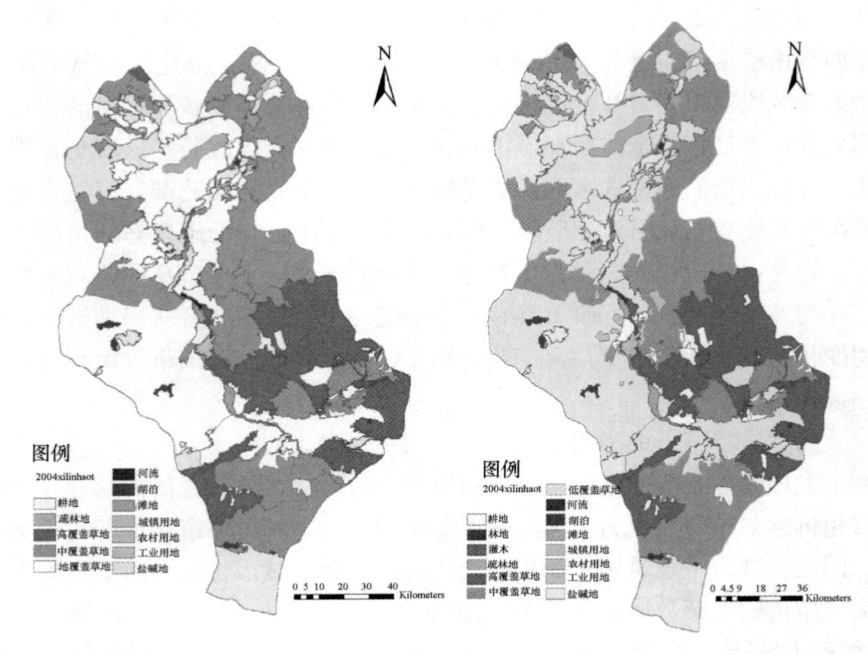

图 4-3-28 锡林浩特市 2004 年（左）和 2014 年（右）土地利用变化图

根据锡林浩特市 2004 年和 2014 年土地利用/覆盖变化图可以看出，10 年来，锡林浩特市土地类型变化最显著的就是农村用地和工业用地。经过 10 年的发展，锡林浩特市人口增加，工业用地面积也在不断扩大，由图可知，2014 年锡林浩特市区和 2004 年相比，工业用地占用土地面积有所扩张，经过计算发现，2014 年锡林浩特市工业用地面积达到 97 平方千米，在 2004 年的基础上增加了两倍。2004 年锡林浩特市农村用地面积为 1.67 平方千米，2014 年达到 13.87 平方千米，同比增长 7.3 倍，林地面积较 2004 年变化率达到 96％（表 4-3-2）。

锡林浩特市土地利用变化表（单位：km^2） **表 4-3-2**

类　型	2004	2014	变 化 率
耕地	245.98	398.14	0.61
林地	0	0.96	0.96
灌木林	0	1.91	1.91
疏林地	117.13	117.13	0
高覆盖草地	2578.44	2513.74	−0.02
中覆盖草地	4942.29	4829.73	−0.02

续表

类　型	2004	2014	变 化 率
低覆盖草地	5906.26	5819.99	−0.01
河流	9.96	9.96	0
湖泊	63.03	63.03	0
滩地	200.71	204.07	0.01
城镇用地	38.67	66.44	0.71
农村用地	1.67	13.87	7.30
工业用地	30.72	97.01	2.15
盐碱地	1618.73	1615.61	−0.001

锡林浩特市总人口 20.5 万，其中城市人口 17.7 万。总面积 14785 平方千米，10 年间，工业用地面积增加最多。工业生产对当地的水、大气、土壤污染都比较严重，这是干扰小区域生态环境的重要影响因子。经过长期的影响，锡林浩特市的小环境发生了变化，最直接的表现在于草场退化，沙尘暴天气频繁出现，这对农作物和旅游业的发展具有不利影响。

2009 年，我国提出建设低碳生态城市的理念后，全国许多城市都积极响应该号召，提出符合当地生态特色的低碳生态城市建设措施，并取得了一些成绩。锡林浩特市在该背景下也积极进行低碳生态城市的建设。由于锡林浩特市地处温带草原，生态环境比较优越，在节能减排方面主要对市内各工厂和矿业制定碳排放标准，从源头减少碳排放，这对城市的发展和生态环境的保护十分有利。经过产业结构重建和一系列措施的实施，锡林浩特市现在距低碳生态城市的标准越来越近了。

（2）锡林浩特市气温变化

1）年平均气温变化特征

通过滑动分析可知，锡林浩特市年平均呈波动上升趋势，主要有三次明显的波动，2001 年、2007 年和 2014 年达到波峰，2014 年为最暖年份；2005 年和 2012 年为波谷，2012 年为最冷年份（图 4-3-29）。2008 年～2012 年是该地区主要的降温时段，这和我国提出低碳生态城市的时间段吻合。在仇保兴博士提出低碳生态城市的建设后，这一理念得到广泛认可，各地都加入节能减排的行列中，同时，十七大的召开号召建设生态文明社会，国家和地方的政策支持使得碳排放量较之前有所减少，温室效应有所缓解，继而出现了降温时段。

2）年平均最高气温变化特征

2000 年～2014 年间，锡林浩特市年平均最高气温呈平稳趋势。整体上看，锡林浩特市年平均最高气温在 2000 年～2010 年处于平稳趋势，在 2012 年出现较

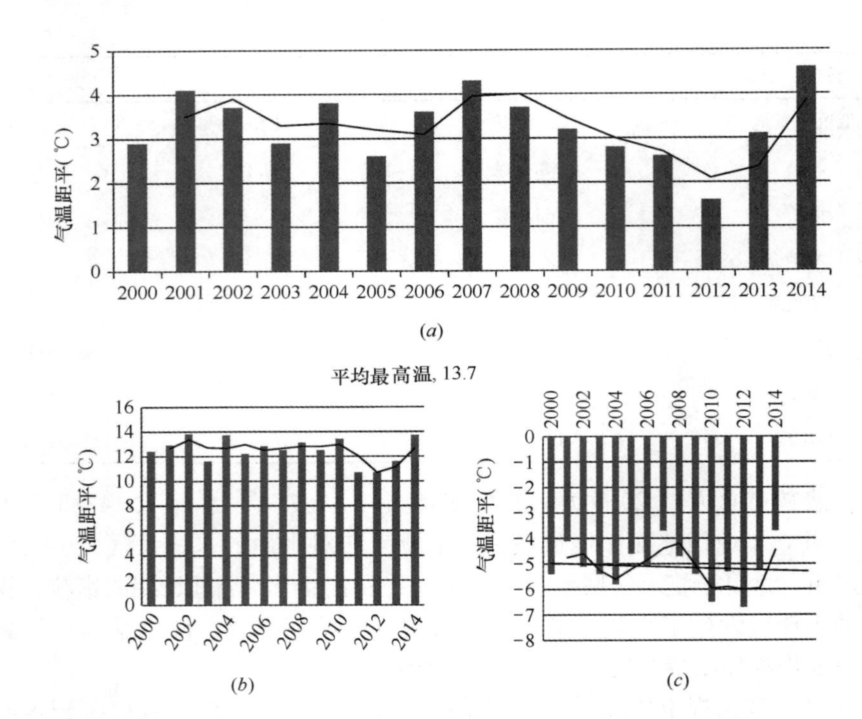

图 4-3-29 2000 年～2014 年锡林浩特市年均气温变化趋势和距平分析
(a) 年平均气温；(b) 平均最高气温；(c) 平均最低温

大波动，2010 年～2012 年为波动下降时期，2012 年～2014 年为波动上升时期。锡林浩特市年平均最高气温在 2005 年～2014 年间经历了“暖-冷-暖”的交替过程。

3) 年平均最低气温变化特征

年平均最低气温在 2000 年～2014 年间表现为逐渐下降趋势。2000 年～2004 年总体下降趋势，2004 年～2008 年为稳定上升，2008 年～2010 年为下降趋势，之后缓慢下降，2013 年后呈上升趋势。总体上，锡林浩特市年平均气温呈现下降趋势，这和该市产业结构调整、生态环境保护及政府政策支持有密切关系。

(3) 锡林浩特市产业结构变化

锡林浩特在经济发展过程中，产业结构调整较快。2000 年以来，第一产业在锡林浩特国民经济中所占比重有所下降，由 2000 年的 9%下降到 2013 年的 6%；第二产业所占比重出现小幅起伏，但总体上呈下降趋势。第三产业比重有所增加，由 2000 年的 22%稳步增长到 2013 年的 31%（图 4-3-30）。

锡林浩特的第二产业多占比重呈下降趋势，说明该市的工业发展速度有所减缓。锡林浩特市的工业主要以矿产为主，2000 年初，为了发展经济，工业发展速度迅速，其创造的价值占该市国民经济的近 3/4，而经济发展的代价就是破坏

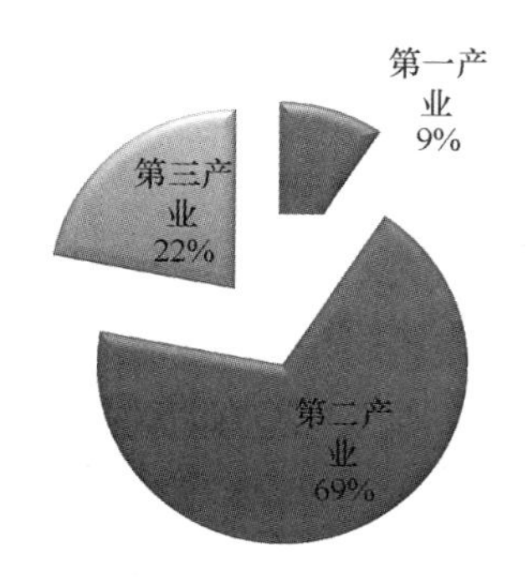

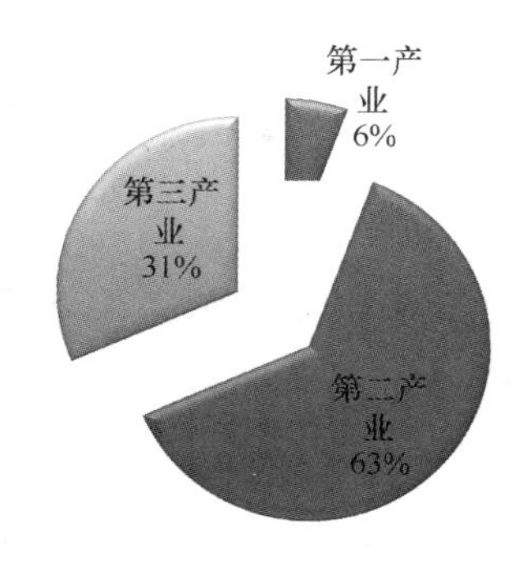

图 4-3-30　2000 年（左）、2013 年（右）锡林浩特市三大产业分布

草地覆盖，由于草地生态系统十分脆弱，一旦破坏恢复期很长，过度的草地开发使锡林浩特市的自然环境受到极大破坏，同时，作为北京的北大门，锡林浩特的生态环境直接影响首都的环境质量，因此，对该市的产业结构调整十分必要（图 4-3-31）。

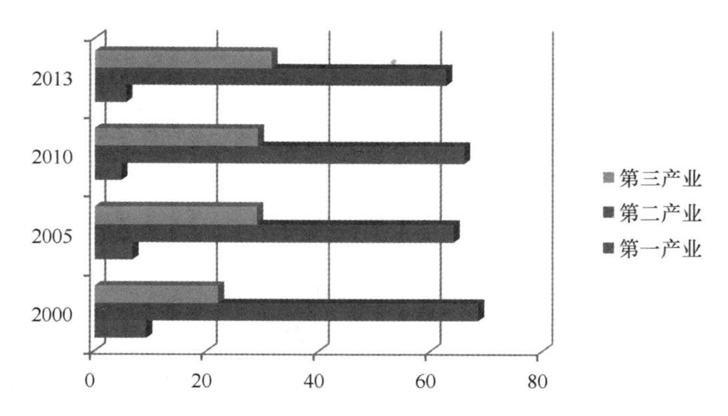

图 4-3-31　2000 年～2014 年锡林浩特市三大产业变化趋势

从上述数据分析可以发现，锡林浩特市的产业结构正在由第二产业向第三产业过渡。工业是城市碳排放的主要源头，工业产业比重的降低对减少碳排放具有重要的贡献作用；锡林浩特市具有优越的草原资源，第三产业，主要是旅游业的开发，不仅能促进该市经济发展，同时对低碳生态城市的建设有积极的帮助。

低碳生态城市建设是一个复杂的系统工程，仍未有统一的模式可以利用，必须因地制宜，以采纳当地特色生态与文化为基础，定位于满足当地经济、环境保护、人文于一体的生态建设目标，从而建设符合国家和地区要求的低碳生态城市。但在具体实施中，必会产生一些问题，这就需要我们在以后的研究中，加强不同领域的研究合作，找出恰当的解决方案，从而促进我国低碳生态城市建设的发展。

3.2　生态城进程中的探索

在生态城进程中，既有上述可供推广借鉴的技术案例，也有在建设过程中遇到的发展中的瓶颈和挑战，值得深思。本文主要介绍了某生态城建设过程中遇到的困难以及迎难而上做出的努力和京津冀地区生态环境的症结分析，以期为其他生态城提供借鉴经验。

3.2.1　低碳生态城发展中的思考[1]

某低碳生态城的社会经济发展取得一定成效，但其生态城建设仍面临不少困难和问题：土地整备推进难度加大，进度比两年前有所放缓；开展原村民非商品住宅建设疏导试点工作，一度导致违法抢建失控；基础设施建设方面，核心区的会展中心建成，整备了一些土地，但整体没多大变化。随着低碳生态城建设启动实施转入攻坚阶段，发展观念、发展定力等问题日渐突出；辖区快速发展过程中利益博弈等深层次矛盾日趋显现，成为发展中的新瓶颈、新挑战。

目前存在五大困难和挑战：一是土地资源还未充分释放；二是产业结构需要进一步优化，淘汰低端企业的任务依然艰巨；三是城市化程度依然不高，产城融合的难度较大；四是基础设施和公共配套历史欠账较多，对优质企业和高端人才的吸引力不强；五是群众的思想观念保守，发展意愿不强。

（1）土地整备

低碳生态城土地整备进度有所放缓，原因之一在于谈判对象由集体厂房转为私宅，同样签约1000平方米物业，工作力度和工作量成倍增加。计划以全区开展“土地确权”和“片区统筹”土地整备试点为契机，开展工作机制的创新，破解土地整备难题，提高土地整备效率；在工作重点上，由原来的零散地块向成片地块转变，优先安排规划路网和产业用地的征地拆迁；在群众利益保障上，按照“三个优先”原则，加大与市、区的协调力度。

协调有关部门推进已完成土地整备的连片成规模区域的开发利用，实现土地整备、规划建设、招商引资三同步；积极利用市、区出台的“1+6”文件，以及旧工业改造、城市更新等政策，通过拆除重建、综合整治等方式，分片区、分阶段推进老旧工业区改造升级。

与此同时，加快核心启动区建设，积极推动中美低碳建筑与社区创新中心、太空科技学院等一批产业项目年内启动建设，推进启动区10万平方米低碳产业用房改造等工作。

[1] http：//www.aiweibang.com/yuedu/14174573.html

（2）查违疏导

查违，是2014年的热词，查违形势非常严峻，冒出过千栋违建，带来很大影响，通过查违疏导制止违建势头。街道通过实施街道党员干部分片包干、分栋到人的工作责任制，加强违法抢建巡查，实施精确打击，坚决遏制违法抢建势头回潮，巩固查违成果，确保违建“零增量”；按照积极稳妥、公平公正的原则，对辖区的违法建筑存量进行疏导、处理；并加强查违执法队伍管理。

（3）基础设施

近几年，该地区在基础设施方面有所改观。先后修通了13条道路，将启动地铁3号东延段道路市政化改造、外环高速等重大基础设施建设。医院迁入新址，就医硬件条件和环境得到了极大改善。今后还要投资建设2所条件一流的九年一贯制学校，对企业和人才的吸引力相比以前有了一个质的飞跃。但仍存在基础设施建设滞后，城市化程度比较低，配套不是很到位等问题。

加快基础设施建设，改善投资环境和居住环境。市、区正在推进一批道路、交通，以及部分教育、医疗项目。低碳生态城采取“封闭运作、滚动发展”，除了预计将投入100多亿元用于基础设施建设，低碳生态城范围内的土地收益全部用于的滚动式发展。

（4）产业升级

借力国际论坛，引入一批新材料、新能源、3D打印、航天航空等高端优质产业项目进驻。数据显示，2014年全区引进亿元企业20家，总部型企业3家。

2015年，将通过淘汰落后和高端引进“两手抓”推进产业高端聚集、创新驱动。一方面加大对电镀、化工等技术含量低、高污染企业的淘汰力度；加强新注册企业监管，避免低端企业进驻。凡新引进项目一律按照产业导向进行严格把关，对需要办理消防、环保等行政许可而未办理的低端企业，坚决予以查封，严防低端企业回潮。另一方面通过土地招拍挂，争取在引进国家级高新技术企业方面取得突破，加大协调、扶持力度，加快进驻核心启动区产业项目落地和11个招拍挂产业项目建设。

3.2.2 生态环境的症结——京津冀地区[1]

京津冀地区快速的城镇化、工业化进程带来了区域人口急速增长，用地快速扩张和经济集聚发展，也引发了资源紧缺、环境污染、生态退化等一系列生态环境问题，使得社会经济发展和资源环境约束之间的矛盾日益突出。目前，京津冀区域协同发展已上升到国家战略，并将治理空气污染和改善生态环境作为重要突

[1] 何永，赵丹，贺健。北京市城市规划设计研究院。本文中图表，除标明来源的外，其余均由约稿作者提供。

破口。本文以京津冀地区生态环境现状分析为基础，从客观条件和人类活动影响两个方面剖析了地区生态环境问题的症结和产生根源，以期为提升区域生态环境质量、推动区域协同发展提供问题诊断的思路。

（1）地区生态环境问题的表象

1）资源紧缺

a. 水资源紧缺。京津冀地区地处我国水资源最为短缺的海河流域（图 4-3-32），水资源总量有限，多年平均水资源总量不足全国的 1.3%。2012 年，人均水资源量仅为 286m³，为全国平均水平 13%，世界平均水平的 1/30。其次，区域水资源时空分配不均。时间分布方面，降雨集中在 7、8 两月，年内分布不均。空间分布方面，在国内以 1.3%的水资源量承载着全国约 10%的人口、粮食和 GDP；在京津冀地区内，京津两市与河北水资源总量比例为 2∶8，河北为京津提供大量水源。另外，区域水资源开发利用程度高，海河流域水资源开发利用率达 118%，可开发利用潜力十分有限。

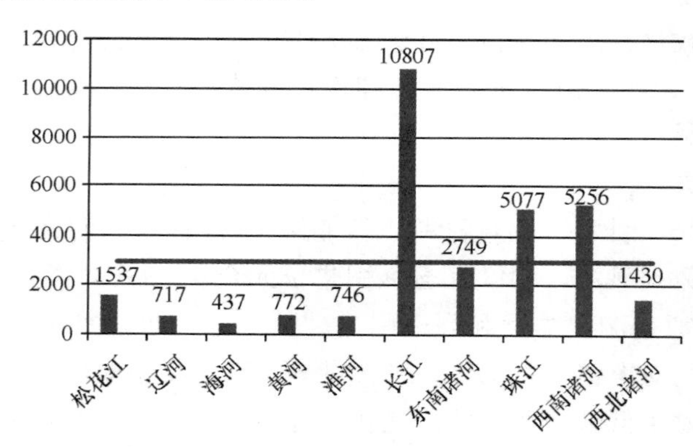

图 4-3-32 2012 年全国水资源一级区水资源总量图

b. 能源资源紧缺。京津冀地区能源资源紧缺，能源对外依存度越来越大。2003～2012 年，常规一次能源生产由 8668 万吨标准煤增长至 15242 万吨标准煤，年均增长 5.8%。2003～2012 年，能源消费总量由 23161 万吨标准煤增长至 45635 万吨标准煤，年均增长 7.0%（图 4-3-33）。京津冀地区一次能源自给率由 2003 年的 37.4%下降至 2012 年的 33.3%（图 4-3-34）。

以煤为主的能源消费结构难以改变。北京市 2012 年优质能源（电力、天然气、油品等）供应比重已达到 75%。但地区以煤为主的能源消费结构难以改变，2012 年煤炭消费仍占到地区一次能源消费量的 71%（图 4-3-35）。巨大的化石能源消耗，以及以煤为主能源消费结构是导致京津冀地区严重环境污染的根本原因。

2）环境污染

大气雾霾和水体污染是京津冀地区最主要的环境污染问题。

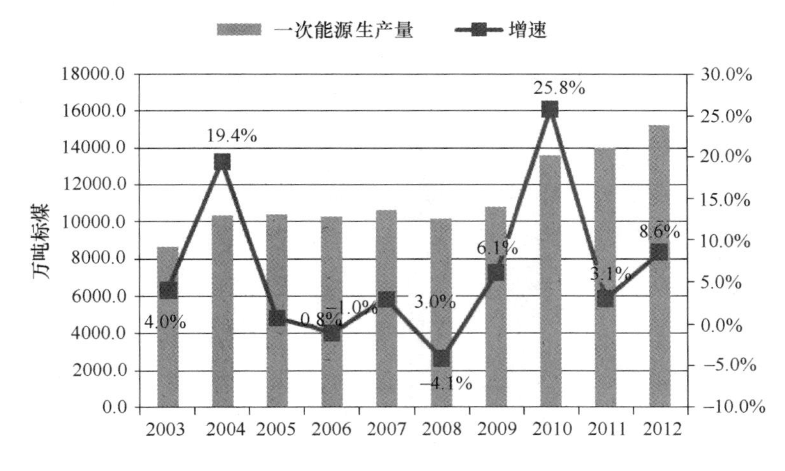

图 4-3-33 京冀地区能源消费量变化趋势图

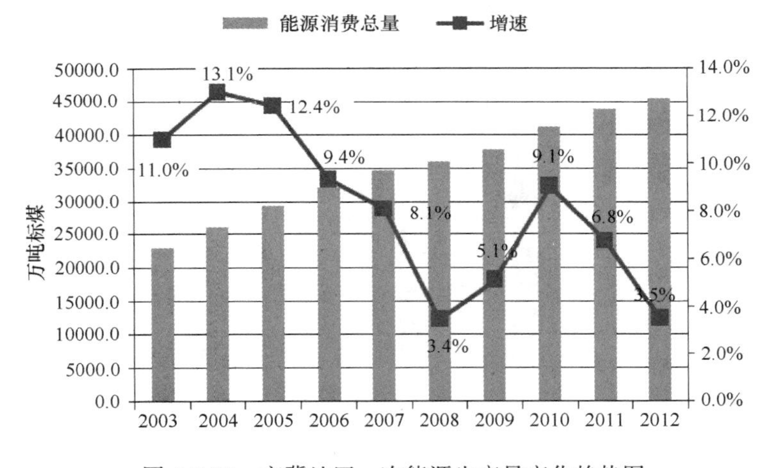

图 4-3-34 京冀地区一次能源生产量变化趋势图

a. 大气污染。京津冀是我国空气污染最重的区域，特别是 PM 2.5污染已经成为国际社会及公众关注的热点（吴兑等，2014）。2013 年，京津冀 13 个城市空气质量无一达标，平均达标天数仅为 37.5%。PM 2.5是京津冀首要污染物，年均浓度达 106 微克/立方米，是 74 个城市年平均浓度（72 微克/立方米）的 1.5 倍，超过长三角地区和珠三角地区 57.7%和 126.3%（图 4-3-36、图 4-3-37），更为 WHO 指导值和美国平均年均浓度的 10 倍以上。

从源解析结果来看，区域大气污染是传统煤烟型污染、汽车尾气污染与二次污染物相互叠加形成的复合污染，具有高浓度、大区域、长时间、跨介质、复合型、非线性等新特征。二次颗粒物在 PM 2.5中的比例高，整个京津冀为 50%～70%，北京市、天津市和河北省分别为 60%、53%和 59%。在北京市 PM 2.5

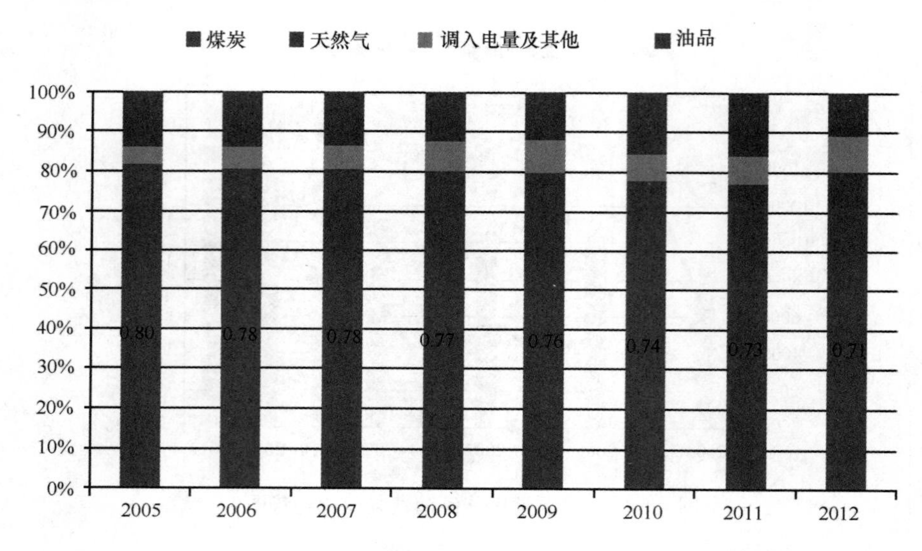

图 4-3-35　京津冀地区一次能源消费结构变化趋势图

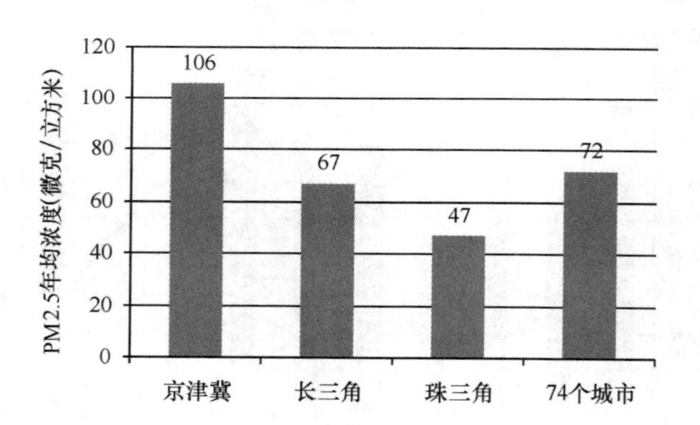

图 4-3-36　京津冀 PM2.5 浓度全国比较图

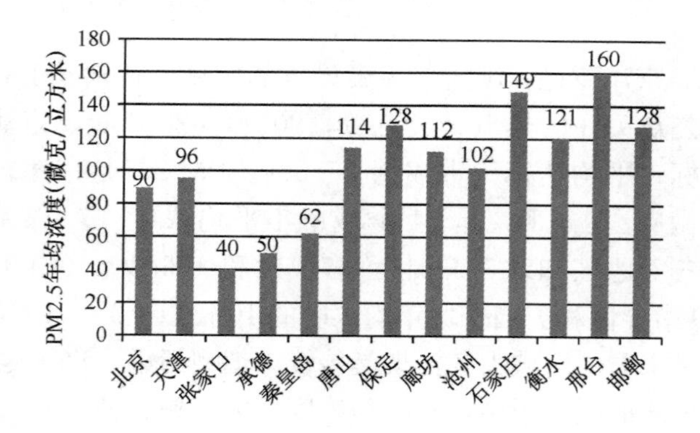

图 4-3-37　京津冀各省市间 PM2.5 浓度比较图

中，一次颗粒物主要来自于工业过程，二次颗粒物的前体物主要来自于能源和交通运输部门；天津市和河北省的 PM 2.5主要来自于能源部门（关大博和刘竹，2013）。京津冀大气污染存在显著跨界输送特征，北京市 PM 2.5受外来源的影响达 28%～36%，特定气象条件下，跨界输送对 PM 2.5浓度的贡献甚至可高达 40%以上（北京市环保局，2014）。

b. 水污染。京津冀地区所处的海河流域是水资源开发程度最高的流域，也是我国水污染最严重的流域，污染物排放量远超过环境容量。区域地表水以Ⅳ类、Ⅴ类水体居多。地表水水功能区有 72%达不到相应的功能区水质标准。2013 年，区域 51 个国控断面中劣Ⅴ类占 35.3%，23 个国控省界断面中劣Ⅴ类占 43.5%，主要污染指标为氨氮、总磷、COD 等。京津冀地区流域范围内山区平原水质相差很大，上游水质良好，城市下游几乎无天然径流，河道内为城市排水，水质多为劣Ⅴ类。

地下水污染问题也不容乐观，区域三分之一的地下水已经遭受不同程度污染。重金属污染多集中在石家庄等城市周边，以及天津、唐山等工矿企业周围，地下水中“三氮”超标率较高（国家环保部规划院，2013）。以北京为例，平原区第一层和第二层地下水超标面积分别达到 3694 平方公里和 1185 平方公里，污染范围逐年扩大，并逐渐从浅层向深层发展。

此外，近海海水污染严重，渤海湾劣四类海水占 75%，全国 9 个重要海湾中，劣四类比例仅次于杭州湾和长江口（2012 年中国环境状况公报，2012），如图 4-3-38 所示。水污染问题更加重了区域水危机的严重程度。

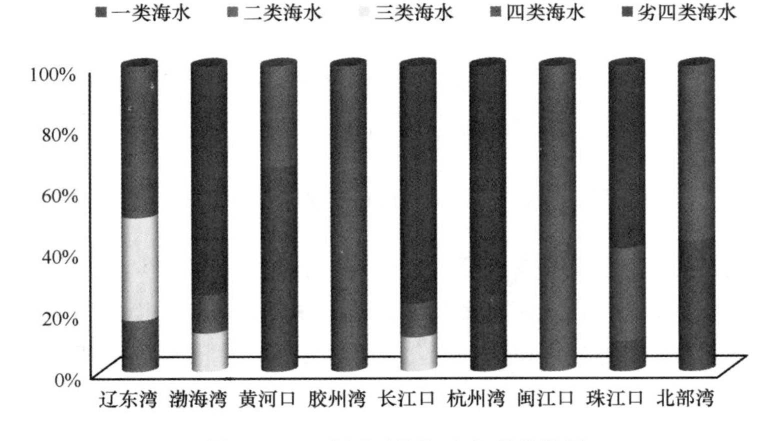

图 4-3-38 全国近海海水水质状况图

3）生态退化

区域生态破坏和退化主要体现在两个方面：一是因城市蔓延导致近郊或远郊大量农田、草地、林地、湖泊等自然生态用地被水泥建筑和柏油路面所取代，生态源地遭到破坏，生物多样性逐渐丧失；二是因地下水超采或过分集中开采，导致地面沉降、海水入侵等一系列的环境地质问题。

a. 水生态系统退化

海河流域地表水多年平均年径流量和径流深均处于全国倒数第二；17 条主要河流年均断流 335 天，河流缺水严重。另外，湿地萎缩的问题也不容忽视。海河流域面积超过一万亩的 194 个大型天然湖泊、湿地绝大多数干涸，其中 12 个大型平原湿地的面积从 2694 平方公里衰减到 538 平方公里。现存湿地，如白洋淀、北大港、南大港、团泊洼、干顷洼、草泊、七里海、大浪淀等，均面临干涸及水污染的困境。

京津冀地区地下水总开发量大，浅层地下水开采程度达 80％以上，深层地下水开采程度达 140％以上，地面累计沉降量大于 200 毫米的沉降面积近 6.2 万平方公里。严重的地下水超采导致地下水水位急剧下降，地面沉降、海水入侵（图 4-3-39）。目前，华北已成为世界上最大的地下水“漏斗区”，包括浅层漏斗和深层漏斗在内的华北平原复合地下水漏斗面积达 73288 平方公里，占总面积的 52.6％。

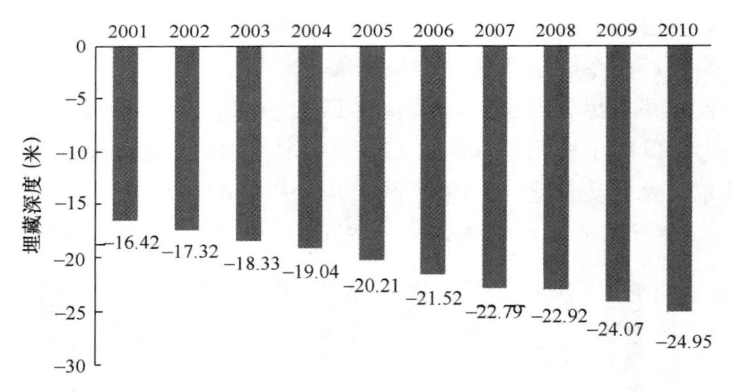

图 4-3-39 京津冀地区地下水埋藏深度图

京津冀地区沿海生境退化。近 50 年来，入海水量逐渐减少，且主要是汛期洪涝水和污水，遭干旱年份，入海水量几乎为零。在 20 世纪 90 年代以来，渤海湾进行了大量的围垦项目，造成河口生态退化、湿地萎缩、生态服务功能降低等一系列的问题。据统计，从 2007 年至 2011 年，随着唐山和天津两个围垦项目的加速进行，以红腹滨鹬为代表的过境候鸟数量骤减，水鸟的觅食空间和栖息地大幅压缩，仅剩的北堡村滩涂的水鸟数量逐年增加，4 年间红腹滨鹬的密度增加了 4 倍。

b. 土地退化。京津冀荒漠化土地面积 44167.2 平方公里，接近 20％。水土流失面积 5.8 万平方公里，占全区总土地面积的 31.7％，水土流失严重的地区多为贫困人口集中的西部和北部的太行山东坡、燕山山地，进一步引发生态与贫困的恶性循环，对官厅和密云两大水库行洪和供水形成巨大压力。

c. 农田萎缩。2000～2010 年，京津冀地区城镇面积增加 4076 平方公里，挤占了大量农田、湿地和草地（图 4-3-40）。2005 年区域耕地面积 108455 平方公里，至 2010 年下降至 106097 平方公里。五年时间面积萎缩 2358 平方公里，城镇化快速发展导致区域的农田生态系统受到冲击加大。

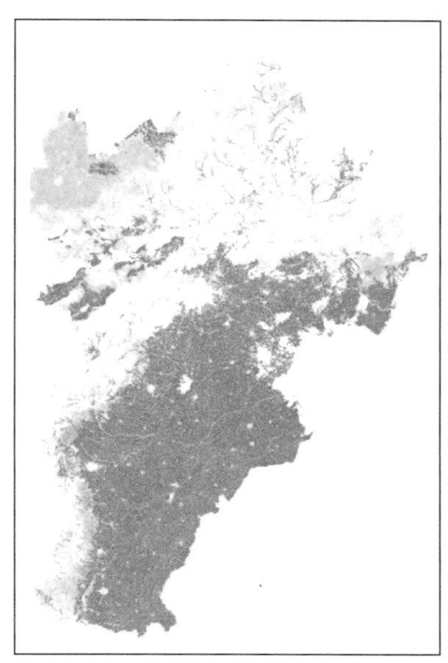
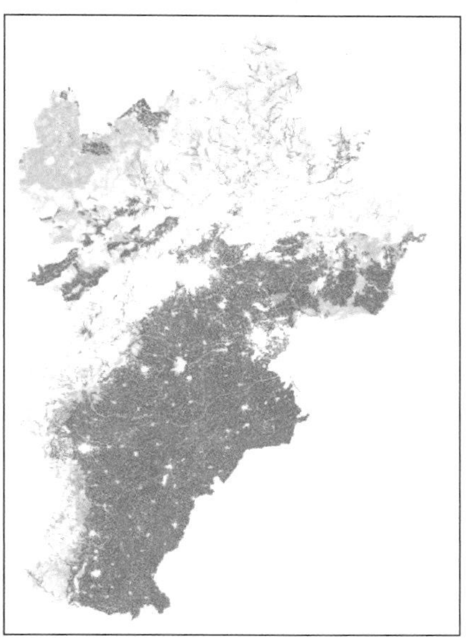

图 4-3-40 京津冀地区 2005～2010 年农田变化图

（2）区域生态环境问题的症结

1）客观环境条件

a. 地形地貌。北京小平原三面环山，地势呈西北高、东南低的走势，“弧状山脉”这种特殊的地形影响着北京及周边地区的空气流动特征，易于雾霾天气产生。一方面，“弧状山脉”形成了天然的气流屏障。当边界层以下盛行偏南风时，由于山脉的阻挡，偏南气流就会减速并在山前迎风坡附近出现气流停滞和空气堆积；另一方面，当冷空气以西北路径或偏西路径侵入华北平原时，这种阶梯地形将迫使气流过山后下沉并在山脉的背风坡形成下沉增温层。由于弧状山脉的高度恰恰与边界层顶相当，于是在特殊地形导致的增温与近地面层辐射冷却降温共同作用下，就在弧状山脉南麓和东麓的边界层内形成了逆温层，大气的稳定度高于山区和远离山脉的东南部平原地区。

b. 气候气象。气象要素是制约污染物在大气中稀释、扩散、迁移和转化的重要因素（周兆媛等，2014）。研究表明，大气降水不仅可以冲刷空气中的部分 PM 10颗粒，也可以在一定程度上抑制地面扬尘发生，从而有效减少 PM 2.5排放。因此，降水对京津冀地区污染物有较好的净化作用。而风是边界层内影响污染物稀释扩散的重要因子，风速是造成快速水平输送或平流的主要原因，而风向则决定大气污染物浓度的分布（孙家仁等，2011）。近30年，区域平均风速和降水量呈减少趋势（张健，2010）。以北京为例，北京地区近三十年年平均风速为2.2m/s，平均而言，风速呈略减小的趋势，减小趋势每十年为0.05m/s；近三十年，北京地区的年平均降水量为549.2毫米，年降水量呈减小趋势，减小幅度为40毫米/10年（图4-3-41）；与此同时，北京地区年降水发生的频次在减小，近三十年，北京地区的年平均建水日数为69.7日，减小幅度为3日/10年（图4-3-42）。由于通风能力和降雨呈下降趋势，使得雨水对大气中污染物的“清洗”作用减弱，使污染物颗粒能够更长久地在空气中留存，从而更易形成雾霾天气。

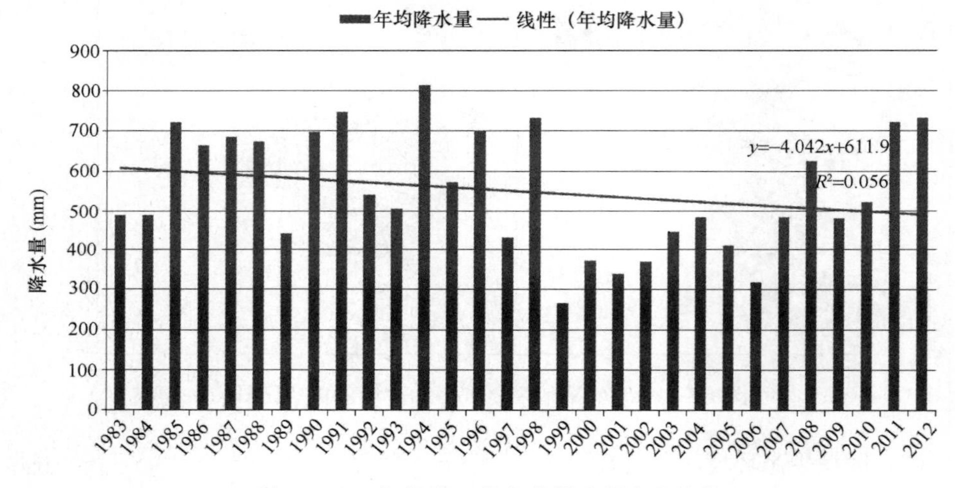

图4-3-41 北京近30年年均降水量变化趋势

c. 大气环境容量。有学者通过A值法定量计算描述大气对污染物通风稀释和雨洗能力的大气环境容量系数，评估大气环境容量。自20世纪80年代中期以来，由于通风能力和降雨呈下降趋势，京津冀地区平均大气环境容量呈减少趋势。

2）人类活动影响

a. 经济社会快速发展。快速人口增长、经济发展、能源消费和用地扩张是导致城市生态环境变化的重要因素。“六普”数据显示，京津冀的人口规模达到1.04亿，占全国人口比重的7.79%，与“五普”数据相比，上升了0.58个百分点；随着人口的不断增长，人类活动对自然生态系统的干扰和破坏不断加剧，对生态环境的压力越来越大。另外，区域近十年的经济增长主要建立在大量的资源、能源消耗和大量废弃物排放的基础上。2000～2013年间京津冀地区经济活动强度增速较快，2013年京津冀地区GDP总量占到全国的10.9%，与此同时，能源消费总量占全国能源消费总量的12.6%，超过德国全国能源消耗总量，更

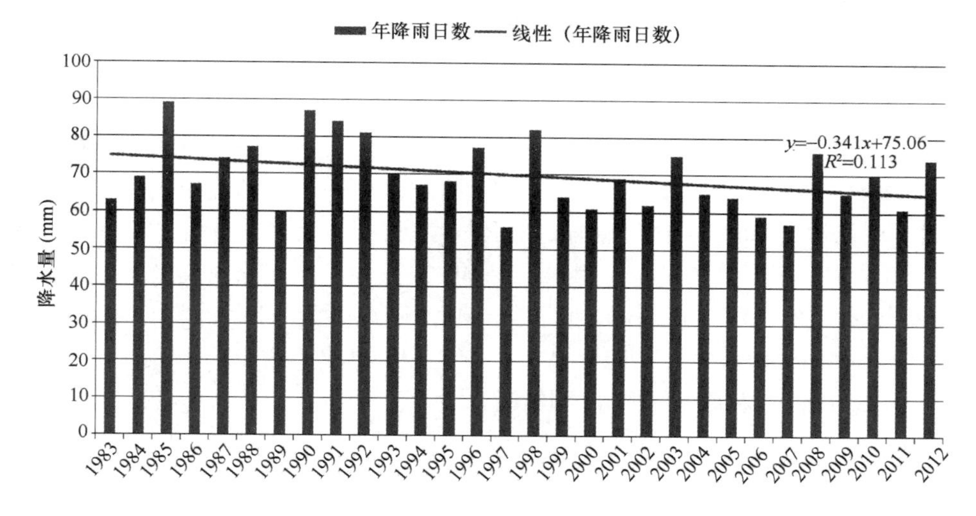

图 4-3-42 北京近 30 年年均降水日数

超过印度的一半。这种粗放型的经济增长方式使经济增长付出高昂的环境代价。

此外，产业结构不合理是导致京津冀地区碳排放增加，大气污染的重要原因之一。如下图 4-3-43 所示：北京、天津、达卡、卡拉奇等发展中国家的城市的 PM 2.5浓度基本维持在 100～200 微克/立方米之间，而相同人口规模的其他国际城市，如东京、巴黎、纽约、伦敦等的 PM 2.5浓度却保持在 50 微克/立方米之下。究其原因，发展中国家的二产比例远远高于发达国家，二产的能耗比例更高，进而导致 PM 2.5的前体物浓度增加，污染负荷加大。

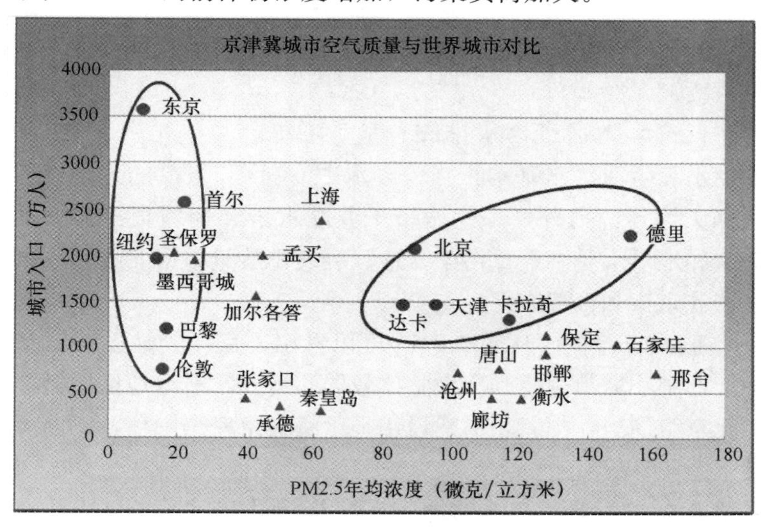

图 4-3-43 京津冀城市空气质量与世界城市对比图

b. 资源利用效率不高。一是水资源利用效率较低，区域内各城市十年间单位GDP用水下降较快，北京、天津、廊坊的单位GDP用水量一直低于区域平均水平，其余城市单位GDP用水量仍较高。二是固体废弃物循环利用率较低。京津冀地区危险废物综合利用率低于全国平均水平，河北省一般工业固体废物综合利用量和贮存量均居全国第一。三是能源利用效率不一。能源使用效率方面，河北与北京、天津之间存在较大差异。2012年，北京、天津、河北人均综合能耗分别为3.47、5.8、4.15吨标准煤/（人·年），天津、河北分别较北京高出67%和20%（图4-3-44）；2012年，北京、天津、河北万元GDP能耗分别为0.4、0.64、1.14吨标准煤/万元GDP，天津、河北分别高出北京60%和185%（图4-3-45），区域内能源利用水平严重不均衡。

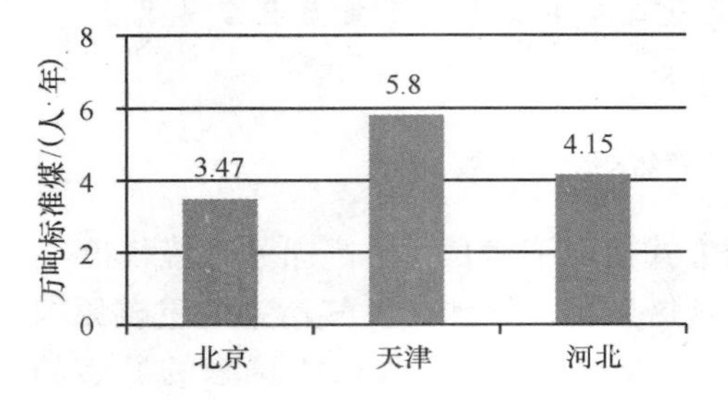

图4-3-44　京津冀区域人均综合能耗图

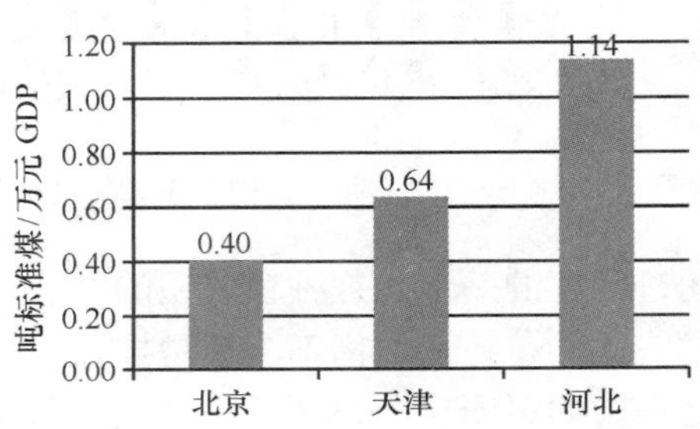

图4-3-45　京津冀区域万元GDP能耗图

c. 污染无序超标排放。京津冀地区在地均工业废水排放量指数、地均污水排放量指数、地均生活垃圾排放量指数、生活垃圾处理率指数均位居第一，但在污染治理水平的指标，如地均综合利用产品产值指数、生活垃圾处理率指数居于倒数第一（黄凌翔，2009）。

2004～2012年，地区废污水排放总量呈增加趋势；北京以生活污水为主，河北省工业废水和生活污水基本相当；废水中COD和氨氮的比例，河北省明显高于北京市和天津市。另外，一些城市工业废水未经处理直接排入河、湖、海中，使地表水和地下水受到严重污染。地区废气排放量中河北省占主要份额，排放量远远高于北京市和天津市。

d. 生态空间缺乏管控。从图4-3-46可以看出，京津冀地区城镇扩张以京津保地区为中心，中小城镇规模和实力整体较弱，另外，沿海地区城镇蔓延的趋势较为严重。北京市周边，拟新增的建设用地已将北京完全围住，割断了区域生态廊道的连续（图4-3-47）。

e. 设施建设各自为政。京津冀地区环境基础设施建设各自为政：三地的污染物处理标准不同、工艺选择不同、处理率不同，造成区域和城市层面的环境基础设施建设缺乏协调、区域整体利益下降，难以实现区域或流域的综合治理。例如，各城市垃圾处理场都放在行政边界，而没有形成各市共同使用的垃圾处理场。一方面造成设施重复建设，另一方面也不利于集约化、规模化设施建设。随着区域协同发展的推进，一批落后的环境基础设施应当关闭、提升和整合，生活垃圾中转、处置等环节势必要打破区域壁垒，实现资源共享、资源利用最大化。

以上分析的京津冀地区生态环境的症结，也是目前城镇化快速发展过程中需要思考和反思的问题，通过生态文明建设的理念引导，新型城镇化和低碳生态城市规划建设目标的实施，利用科学、合理、前瞻性的低碳生态规划方法，积极促进未来城市的可持续发展。

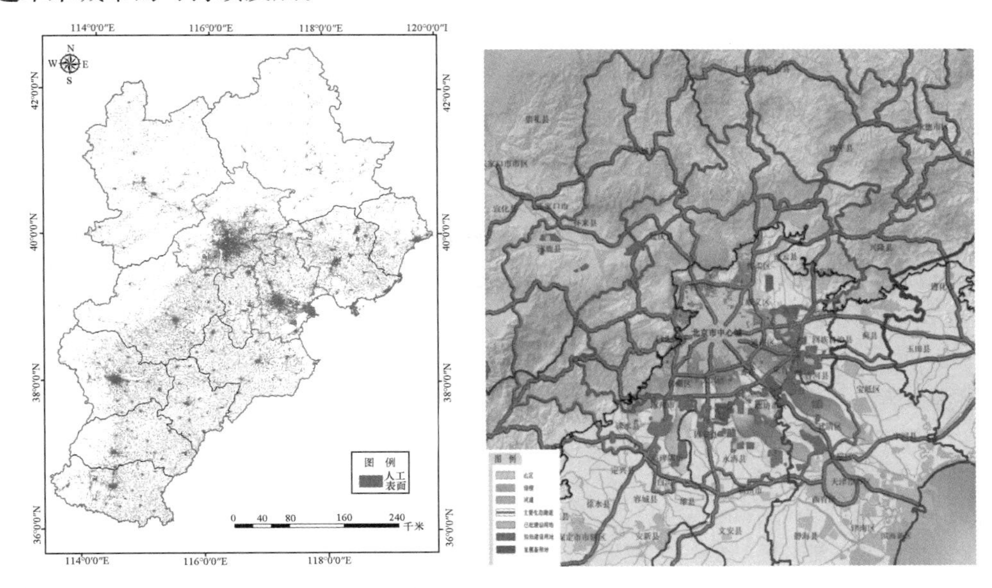

图 4-3-46　京津冀城镇群建设用地分布图（2010 年）

图 4-3-47　北京周边地区建设用地规划图

4 小　　结

4 Summary

城市是人类历史上最大的与自然环境相结合的构筑物，这里面包含着人类许多梦想。我们已经处在生态文明建设时期，新型城镇化要遵循生态文明的发展规律去探索、去实践。加快转变经济发展方式、推进城市发展向低碳、生态、绿色转型已经成为当前中国的重大战略任务。

推进低碳生态城市发展是新型城镇化落实国家生态文明战略的重要抓手。中国正处于快速城镇化与资源危机并存的阶段，未来，要实现生态文明与新型城镇化的有机融合就必须树立“尊重自然、顺应自然、保护自然的生态文明理念”，改变原有粗放无序的生产生活方式，因此，绿色生态城区作为一种经济、社会、环境协调发展的低碳生态城市发展新模式将有助于推进生态文明建设。

参考文献：

[1] 许瑞生．“新常态”思维下的城镇化发展[J]．中国井冈山干部学院学报，2014，7(6)：6-19.

[2] 王凌曦．中国城市更新的现状、特征及问题分析[J]．理论导报，2009，(9)：32-35.

[3] 尹贻梅，刘志高，刘卫东，戴俊骋．城市老工业区创意转型路径研究：以北京石景山为例[J]．地理与地理信息科学，2011，27(6)：55-60.

[4] 江泓，张四维．后工业化时代城市老工业区发展更新策略——以瑞士“苏黎世西区”为例[J]．中国科学(E辑：技术科学)，2009，39(5)：863-868.

[5] 叶宇，魏宗财，王海军．大数据时代的城市规划响应[J]．规划师，2014，30(8)：5-11.

[6] 李苗裔，王鹏．数据驱动的城市规划新技术：从GIS到大数据[J]．国际城市规划，2014，(6)：58-65.

[7] 郭理桥．新型城镇化与基于“一张图”的“多规融合”信息平台[J]．城市发展研究，2014，21(3)：1-3，13.

[8] 叶青．三看三思新型城镇化[J]．建设科技，2014，(6)：17.

[9] 王如松，欧阳志云．社会-经济-自然复合生态系统与可持续发展[J]．中国科学院院刊，2012，27(3)：337-345.

[10] 宋雅杰，李健．城市环境危机管理[M]．北京：科学出版社，2008.

[11] Annie Sugrue. Midrand Eco-cityProject[A] . Proceedings ： Strat egies for a Sustainable Built Environment[C] . Pretoria，2000，23 -25 .

[12] 仇保兴．我国低碳生态城市建设的形势与任务[J]．城市规划．2012，36(12)：9-18.

[13] 宋永昌，戚任海等. 生态城市的指标体系与评价方法[J]. 城市环境与城市生态 . 1999，12(5)：16-19.

[14] 吴琼，王如松等. 生态城市指标体系与评价方法[J]. 生态学报. 2005，25(8)：2090-2095.

[15] 谢鹏飞，周兰兰等. 生态城市指标体系构建与生态城市示范评价[J]. 城市发展研究. 2010，17(7)：12-18.

[16] 李爱民，于立. 中国低碳生态城市指标体系的构建[J]. 低碳生态城市. 2012，12：24-29.

[17] 董紫君. 基于低碳生态城市建设的城市综合节水保障体系[J]. 建筑经济. 2014，2：69-72.

[18] 关于印发《国家级生态县、生态市、生态省建设指标(2008 修订稿)》的通知. 环发[2008]21 号 .

[19] 关于引发《住房和城乡建设部低碳生态试点城(镇)申报管理暂行办法》的通知. 建规[2011]78 号 .

[20] 住房城乡建设部关于印发生态园林城市申报与定级评审办法的分级考核标准的通知. 建城[2012]170 号 .

[21] 张泉，叶兴平. 低碳城市规划——一个新的视野[J]. 城市规划，2010(2)：13-18.

[22] 顾朝林. 低碳城市规划发展模式[J]. 城乡建设 . 2009，11：71-73.

[23] 郭婧，顾朝林. 低碳产业规划在城市总体规划中的应用研究[J]. 南方建筑. 2013，4：18-23.

[24] 李克欣. 低碳城市建设的技术路径及战略意义[J]. 2009，11：73-75.

[25] BADY S. Urban Growth Boundary Found Lacking Professional Builder[J]. Newton Mass，1993，(13)：14-15.

[26] SYBERT R. Urban Growth Boundaries [R]. Governor's Office of Planning and Research (California) and Governor's Interagency Council on Growth Management，1991.

[27] 曹建丰，赵宏伟，吴未，王先鹏. 基于生态安全格局的快速城镇化地区城市空间增长边界研究——以宁波市奉化-鄞南地区为例[A]. 2014(第九届)城市发展与规划大会论文集[C]，2014.

[28] 方淑波，肖笃宁，安树青等. 基于土地利用分析的兰州市城市区域生态安全格局研究[J]. 应用生态学报，2005，16(12)：2284—2290.

[29] 黄明华，田晓晴. 2008. 关于新版《城市规划编制办法》中城市增长边界的思考[J]. 规划师，(6)：13-16.

[30] 黄飞飞，郭颖，申艳宾. 生态安全格局视角下城市边缘区用地增长边界探索——以安阳市洹北区域为例[A]. 2014(第九届)城市发展与规划大会论文集[C]，2014.

[31] 李月辉，胡志斌，高琼等. 沈阳市城市空间扩展的生态安全格局[J]. 生态学杂志，2007，26(6)：875—881.

[32] 李咏华 . 生态视角下的城市增长边界划定方法——以杭州市为例[J]. 城市规划，2011(12)：83-90.

[33] 刘海龙．从无序蔓延到精明增长——美国“城市增长边界”概念述评[J]．城市问题，2005(3)：67-72.

[34] 苏泳娴，张虹鸥，陈修治等．佛山市高明区生态安全格局和建设用地扩展预案[J]．生态学报，2013(5)：1524-1534.

[35] 滕明君．快速城市化地区生态安全格局构建研究 ——以武汉市为例[J]．华中农业大学，博士论文，2011.

[36] 王思易，欧名豪．基于景观安全格局的建设用地管制分区[J]．生态学报，2013，33(14)：4425-4435.

[37] 徐静．基于生态安全格局的丘陵城市空间增长边界研究[D]．湖南：湖南大学，2013.

[38] 俞孔坚，奚雪松，王思思，等．基于生态基础设施的城市风貌规划——以山东省威海市城市景观风貌研究为例[J]．城市规划，2008，32(3)：87～92.

[39] 俞孔坚，张蕾．基于生态基础设施的禁建区及绿地系统——以山东菏泽为例[J]．城市规划，2007，31(12)：89～92.

[40] 俞孔坚，李迪华，刘海龙等．基于生态基础设施的城市空间发展格局——“反规划”之台州案例[J]．城市规划，2005(9)：76—80.

[41] 赵宏伟，吴未，王先鹏，曹建丰．宁波市生态安全格局及发展模式研究[A]．2014(第九届)城市发展与规划大会论文集[C]，2014.

[42] 周锐，王新军，苏海龙，钱欣，孙冰．基于生态安全格局的城市增长边界划定——以平顶山新区为例[J]．城市规划学刊，2014(4)：57-63.

第五篇 中国城市生态宜居指数（优地指数）报告（2015）

城市生态宜居发展指数体系（以下简称“优地指数”）旨在多方位评估、考核、了解全国287个地级以上城市的生态建设力度和建设成效之间的关系，从中梳理和总结中国生态城市发展特色，寻找城市宜居建设的可持续发展路径。

自2011年发布优地指数至今已连续评估五年，2015年度的优地指数研究加入了城市生态宜居发展空间与时间演变趋势分析，从纵向与横向寻找城市的生态宜居发展动向规律。在动态发布城市尺度优地指数评估结果的同时，着重对指标体系与社会经济发展、城镇化领域相关指标进行全面的深入分析评估。对比分析五年的研究成果发现，被评城市展现的趋势已经逐步呈现出城市生态宜居发展的规律：2015年稳定型和提升型城市的空间聚集度较2011年明显提升，呈现出由东南沿海地区向南、向北快速带状蔓延的态势。这说明随着新型城镇化建设的不断推进，生态文明理念已不断深入城市发展脉络之中。

评估结果表明：（1）2015年被评城市总体建设力度和建设成效相比2014年均有所提升，建设力度和进程均超过结果发展的状态，各城市差异化生态建设模式基本稳定，生态宜居建设成果正在加速显现，但城市之间建设成效差异呈扩大趋势；（2）2015年提升型和稳定型城市数量均有不同幅度的增长，起步型城市占比维持在50%之内，表明城市转变发展模式效果初显，城市生态宜居环境的改善力度与意识不断加强，城市总体向好发展。

城市建设是一个动态的过程，既要关注城市建设的投入力度，也要更全面地评估投入与成效产出的比例。在城市建设过程中坚持低碳化、生态化、人性化的技术路径，持续推进城市生态宜居环境建设。基于这一理念与目标，优地指数将继续追踪、评估各城市的发展路径，坚定不移推动我国低碳生态城市建设发展。

Chapter Ⅴ | China Urban Ecological & Livable Development Index (UELDI) Report (2015)

The Urban Ecological and Livable Development Index (hereinafter referred to as "UELDI") aims at comprehensively evaluating, assessing and understanding the relationship between ecological construction intensity and construction results of 287 cities at prefecture level and above in China so as to arrange and summarize China's eco-city development characteristics and seek the sustainable development path of urban livable construction.

UELDI has been evaluated for five consecutive years since its publication in 2011. The 2015 UELDI adds the trend analysis of spatial and time evolution to search the city's dynamic discipline from vertical and horizontal perspectives. UELDI focuses on analyzing and evaluating those indexes related to the social development, economic development and the urbanization. It can be discovered that evaluated cities are in the trend of becoming ecological and livable gradually by comparing and analyzing the result in recent five years: the spatial aggregation of escalating city and stable city in 2015 are obviously better than those in 2011. These two types of city spread from Southeast China to both South China and North China in the shape of a belt. It indicates that the concept of ecological civilization has been integrated into the development arteries of city along with the promotion of the construction of new urbanization.

The evaluation results show that: (1) the overall construction intensity and construction results of the cities evaluated in 2015 have improved compared with those in 2014, and the construction intensity and process have exceeded the status of development results; differentiation of all cities' ecological construction mode start have begun stabling, but there is still a large difference in the construction results between cities; (2) the number of escalating-type and stable-type cities in 2015 has increases in different degrees, and the ratio of starting-type cities maintains within 50%; the results show that more and more cities are transforming their development modes and increasing the improvement intensity of urban living environment so that the cities develop well in general.

Urban construction is a dynamic process, which not only focuses on the input intensity of urban construction but also comprehensively evaluates the ratio between input and output. During urban construction, the low-carbon and ecological technology path shall be insisted to continue to promote the construction of urban ecological and livable environment. Based on the idea and the goal, UELDI will continue to track and evaluate the development paths of all cities to unswervingly promote the development of low-carbon eco-city in China.

1　优地指数研究背景回顾

1　Review of Research Background of UELDI

研究组[1]于2011年提出“城市生态宜居发展指数”（以下简称“优地指数”），试图对中国城市的生态、宜居发展特征进行深入的评价和研究。优地指数评价体系提出一个新的评估方法，即对城市的生态、宜居建设从软（行为过程）、硬（结果成效）两方面进行全过程的考核。优地指数以“结果-过程”的二维结构来构建（如图5-1-1），其中结果类指数用于评价城市生态宜居发展建设结果成效，而过程类指数则用于评估城市在生态宜居、建设过程的行为强度。评估竭力包容已有、较权威的城市生态、宜居等方面的综合评估结果，并在此基础上进行整合，实现与经济、社会、环境等各类评价指数的对接。构建优地指数的指标体系为：

■ 结果类指数：主要反映城市生态建设的成效，从经济（城市经济发展）、社会（宜居生活程度）、环境（生态环境状况）三方面来进行衡量。本研究借力已有的权威发布的指数成果（中国城市综合竞争力、中国城市生活质量指数、中国城市绿色发展指数等），并纳入住建部颁布的获奖范例和试点城市排名（人居环境获奖城市、国家园林城市、中国城乡建设范例城市和国家生态园林试点城市等），以反映城市生态宜居建设的结果。

■ 过程类指数：着重体现“发展”，通过跟踪城市生态宜居建设的指标变化，评价城市生态建设过程中的生态行为和努力程度，将其分解为生态、宜居和发展三个子类别，分别选取指标来反映这三个子类别的状况。其中，生态类指标由能源、水资源、大气、垃圾、绿地五个方面来衡量，宜居类指标通过交通、生态安全两个方面衡量，发展类指标通过政府运营管理、城镇化水平两个方面衡量。

优地指数评估结果简洁直观，易于对比，避免了传统指标体系的复杂庞大，但又不同于单一数值排名。从两个维度考核城市生态、宜居发展特征的优地指数，构成四象限考核结果，根据评估方法位于四个象限的城市分别对应的生态、宜居发展特征为提升型（第一象限）、发展型（第二象限）、起步型（第三象限）

---

[1] 中国城市科学研究会生态城市专业委员会重点研究课题——由深圳建筑科学研究院股份有限公司组织科研小组研发成果。

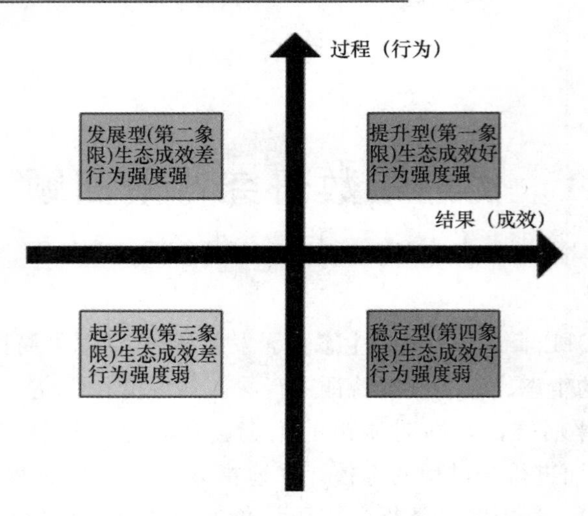

图 5-1-1　优地指数的“结果-过程”二维结构

和稳定型（第四象限）四类城市。

基于优地指数评估方法，可逐年对中国城市生态、宜居建设现状进行整体摸底；基于逐年评估结果，可研究中国城市生态、宜居建设的时空趋势，探索可持续的中国特色生态宜居发展道路；针对城市个体而言，通过与其他城市的横向对比，以及自身发展历程的评估，可准确定位并找出目前生态城市建设的重点、难点、风险点，推动技术革新。

2　整体摸底：优地指数评估报告（2015）

2　Survey：UELDI Assessment Report（2015）

根据优地指数评估结果，中国 287 个地级市及以上城市（拉萨市、三沙市、海东市因缺少数据未纳入，较 2014 年新增毕节市、铜仁市）的结果类指数数值分散在 11.94～81.72 之内，标准差[1]为 15.42，较 2014 年的标准差（13.61）有所增加，说明中国城市生态建设的成效差距有扩大趋势；过程类指数数值分布在 30.65～68.49 之内，标准差为 6.70，与 2014 年的标准差（6.32）接近，说明不同城市在生态建设过程中的生态行为和努力程度的差异基本稳定。城市优地指数的过程类指数与结果类指数的平均值之商为 1.11（大于 1），说明 2015 年的中国生态低碳城市建设力度和进程超过了结果发展的状态，说明城市的生态、宜居建设受到的关注日益增加，建设力度进一步加快；但与 2014 年相比，该数值下降 8.26%，说明城市的生态宜居建设成果也正在加速显现。

2.1　不同类型城市分布（提升型、发展型、起步型、稳定型）

按照 2015 年优地指数评估结果，提升型（第一象限）城市约占被评城市的 14.6%，发展型（第二象限）城市占 22.3%，起步型（第三象限）城市占 46.7%，稳定型（第四象限）城市占 16.4%（图 5-2-1）。其中，起步型城市所占比例最高，说明我国的低碳生态城市建设总体仍处于起步阶段，具有较大的发展空间，仍需在城市定位、政策扶持、技术革新、经济推动等方面不断发展完善。另外，发展型城市的占比也较高，说明中国已经有相当一部分城市开始重视城市的生态宜居建设，在城市生态宜居建设领域的投资与政策投入较为突出；提升型和发展型城市的数量相对较少，说明我国生态城市建设的效果仍然处于总体的发展阶段。

根据各城市评估结果，研究组对各城市按提升型（第一象限）、发展型（第二象限）、起步型（第三象限）、稳定型（第四象限）四个城市类型进行分类，并归纳总结其特征和今后的发展方向（表 5-2-1）。其中，武汉、南昌、重庆、贵阳、杭州、广州、南京、深圳、上海、厦门、济南、北京、长沙、银川、沈阳、成都、天津、西安、石家庄等 42 个城市属于提升型城市，这些城市在发展过程

[1] 标准差：反映组内个体间的离散程度，测量分布程度的结果。

中增加环保新兴技术的应用推广，实现城市发展模式的升级或者再次升级；乌鲁木齐、吉林、秦皇岛、张家口、延安、遵义、温州、兰州等 64 个城市属于发展型城市，这些城市应注重加强政策扶持，转变城市经济增长模式，加快城市生态、宜居改造的成果积累，促进生态建设成效的显现；起步型城市占据被评估城市总数的 46.7%，包括徐州、洛阳、廊坊、唐山、呼和浩特、哈尔滨、开封、攀枝花等 134 个城市，这些城市处于起步和成长的过渡阶段，重点是培养环保、生态、低碳的城市生活理念，提升政府、企业和公众提升对城市生态环境的关注度，从根本上改变粗放型的经济增长模式，同时全方位的利用环境保护技术，实现经济与环境保护协调发展；无锡、青岛、合肥、宁波、烟台、长春、昆明、桂林、威海等 47 个城市属于稳定型城市，生态城市建设成效良好，已具备较好的生态本底，城市重在维持生态宜居现状，进一步提升需从技术创新、降低投入成本、减少环境代价方面入手。

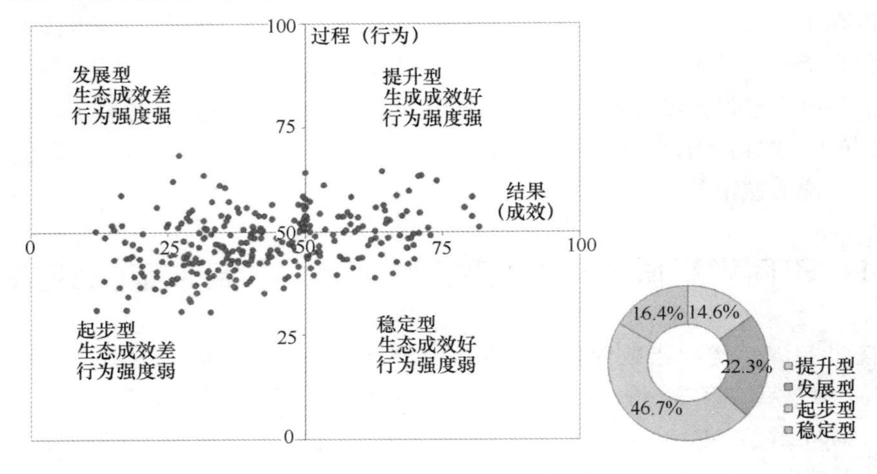

图 5-2-1　2015 年优地指数评估结果象限分布图[1]

各城市 2015 年优地指数评估结果　　表 5-2-1

象限	数量	类型	城　市　名　称	特征与发展方向
一	42 (14.6%)	提升型	安庆　宝鸡　北海　北京　成都　大连　东莞 东营　广州　贵阳　海口　杭州　淮安　济南 龙岩　马鞍山　绵阳　南昌　南京　三明　厦门 上海　深圳　沈阳　十堰　石家庄　苏州　泰州 天津　铜陵　芜湖　武汉　西安　新余　伊春 宜昌　银川　岳阳　长沙　肇庆　重庆　珠海	技术层面应该大力提升环保新兴技术，大力推进城市发展模式转变

[1] 数据来源：基于各省统计年鉴、各城市 2014 国民经济与社会发展统计公报等公开出版或发布的统计数据，由优地指数运算模型计算得到。

续表

象限	数量	类型	城　市　名　称	特征与发展方向
二	64 (22.3%)	发展型	安康　鞍山　巴彦淖尔　巴中　白城　白山　包头　保定　本溪　毕节　滨州　沧州　常德　承德　池州　丹东　鄂尔多斯　赣州　广元　汉中　菏泽　衡阳　鸡西　吉安　吉林　佳木斯　金昌　锦州　晋中　九江　兰州　丽江　梅州　牡丹江　南平　盘锦　平凉　钦州　秦皇岛　上饶　石嘴山　朔州　松原　铜川　渭南　温州　乌海　乌鲁木齐　吴忠　咸宁　湘潭　宿迁　宣城　延安　盐城　阳泉　宜春　鹰潭　榆林　运城　张家口　长治　舟山　遵义	应在政策方面加大扶持力度，进一步转变城市经济增长模式，同时注重技术的革新，形成城市生态、宜居改造的积累，为实现城市的可持续发展奠定基础
三	134 (46.7%)	起步型	安顺　安阳　白银　百色　蚌埠　保山　亳州　朝阳　郴州　赤峰　崇左　滁州　达州　大庆　大同　德阳　定西　鄂州　防城港　抚顺　抚州　阜新　阜阳　固原　广安　贵港　哈尔滨　邯郸　河池　河源　贺州　鹤壁　鹤岗　黑河　衡水　呼和浩特　呼伦贝尔　葫芦岛　怀化　淮北　淮南　黄冈　黄石　济宁　嘉峪关　焦作　揭阳　荆门　荆州　酒泉　开封　来宾　廊坊　乐山　辽阳　辽源　聊城　临沧　临汾　柳州　六安　六盘水　陇南　娄底　泸州　洛阳　漯河　吕梁　茂名　眉山　南充　南阳　内江　宁德　攀枝花　平顶山　萍乡　濮阳　普洱　七台河　齐齐哈尔　清远　庆阳　曲靖　三门峡　汕头　汕尾　商洛　商丘　韶关　邵阳　双鸭山　四平　绥化　随州　遂宁　太原　唐山　天水　铁岭　通化　通辽　铜仁　乌兰察布　梧州　武威　西宁　咸阳　孝感　忻州　新乡　信阳　邢台　宿州　徐州　许昌　雅安　阳江　宜宾　益阳　营口　永州　玉林　玉溪　云浮　枣庄　张家界　张掖　昭通　中卫　周口　驻马店　资阳　自贡	处于起步和成长的交替阶段，在未来需要政府、企业和公众提升对城市生态环境的关注度，改变粗放型的经济增长模式，同时全方位的利用环境保护技术，实现经济与环境保护协调发展
四	47 (16.4%)	稳定型	常州　潮州　德州　佛山　福州　桂林　合肥　湖州　黄山　惠州　嘉兴　江门　金华　晋城　景德镇　克拉玛依　昆明　莱芜　丽水　连云港　临沂　南宁　南通　宁波　莆田　青岛　衢州　泉州　日照　三亚　绍兴　台州　泰安　威海　潍坊　无锡　襄阳　烟台　扬州　湛江　漳州　长春　镇江　郑州　中山　株洲　淄博	生态城市建设成效良好，一般具有较好的生态本底，城市若要进一步提升，还应创新技术，降低投入成本，减少环境代价

2.2　典型城市分析

2015年优地指数评估结果中，结果类指数排名前十位的城市包括深圳、杭州、上海、广州、厦门、扬州、大连、沈阳、青岛、长沙（图5-2-2）。其中，深圳、杭州、上海、广州、厦门、大连、沈阳、长沙属于提升型城市，青岛、扬州属于稳定型城市。总体而言，这些城市生态现状良好，生态文明程度高。

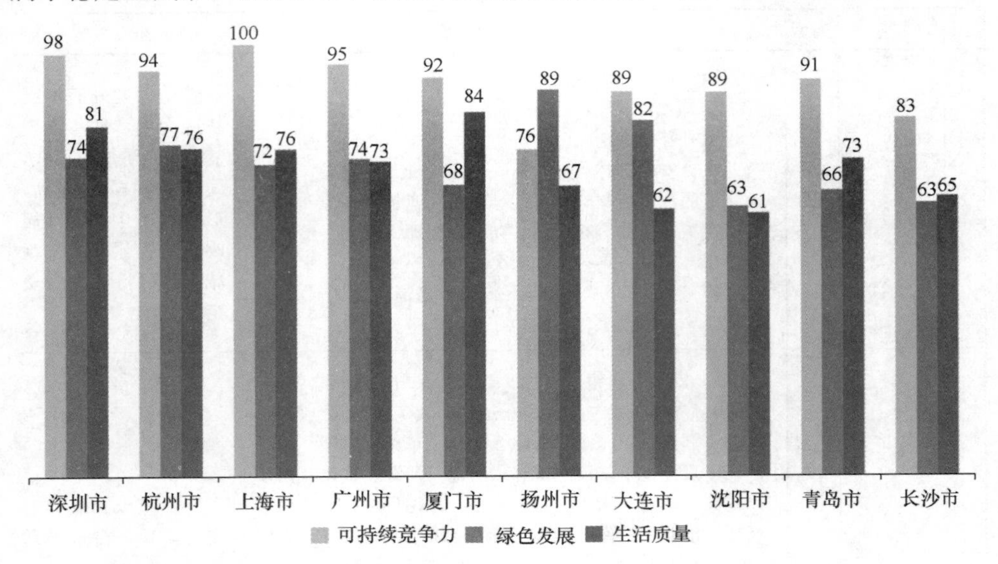

图 5-2-2　2015 年优地指数结果类指数评估结果前 10 名各项得分情况

从优地指数结果类指数排名前 10 位城市的发展亮点看，深圳、上海、广州的可持续竞争力得分超过了 95，是所有城市中可持续竞争力最高的 3 个城市；而扬州和大连的绿色发展指数达到 80 分以上，在绿色发展水平分列所有城市的第 4 位和第 6 位；生活质量方面，厦门和深圳得分超过 80 分，分列所有城市的第 4 位和第 5 位。相对而言，大连、沈阳和长沙的可持续竞争力在排名前 10 位的城市中得分较低，但仍高达 80 分以上；绿色发展方面，地处北方的沈阳和青岛市得分较低；生活质量方面，大连和沈阳相对得分较低，在全国所有城市中处于中等偏上水平（分别列 43 位和 47 位）。

过程类指数排名前 10 位的城市包括兰州、北京、长沙、铜陵、芜湖、岳阳、乌海、石嘴山、厦门、盘锦。其中，厦门、北京、长沙、芜湖、铜陵属于提升型城市；乌海、石嘴山、兰州、岳阳、盘锦属于发展型城市（图 5-2-3）。

从过程类指数各项指标的得分情况看，北京市的城市运营管理水平的提升在所有城市中得分最高；乌海市的城镇化发展提升水平是过程类指数评估结果前 10 名城市中排名最高的，达到 92 分，在全国所有城市中位列第 5 位；而且，乌海市、厦门市、盘锦市、石嘴山市的生态安全水平提升速率在全国所有城市中名列前茅，得分高达 100 分。从得分来看，虽然上述 10 个城市的过程类指数综合排名属于较高，但仍需在能耗效率提升方面继续努力。空气质量和三废综合利用提升方面，绝大多数城市均排名在前 50％。兰州、铜陵、长沙、岳阳等城市在城市绿化方面的提升速度较快，在全国城市排名中均可排到前 20 位内，说明优

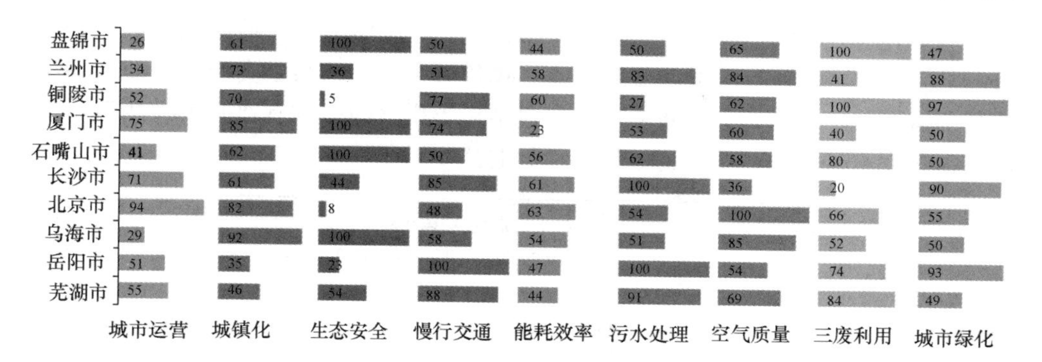

图 5-2-3　2015 年优地指数过程类指数评估结果前 10 名各项得分情况

地指数过程类指数排名较高的城市的共性为比较注重城市景观绿化水平的提升。

2.3 空间分异特征

从不同类型城市的空间分布态势看，目前中国的城市呈现出东南沿海地区，低碳生态城市建设水平相对较高的趋势。稳定型和提升型城市主要集中分布于华东地区和华南地区，而起步型和发展型城市则主要集中在华中地区、华北地区、西北地区、西南地区和东北地区（图 5-2-4）。由于优地指数的评估结果可能与城镇化率、经济发展水平等相关，因此本节将对结果类指数与城镇化率、人均 GDP 指数的比值进行分析，以便剔除上述因素对优地指数结果类指数的影响。

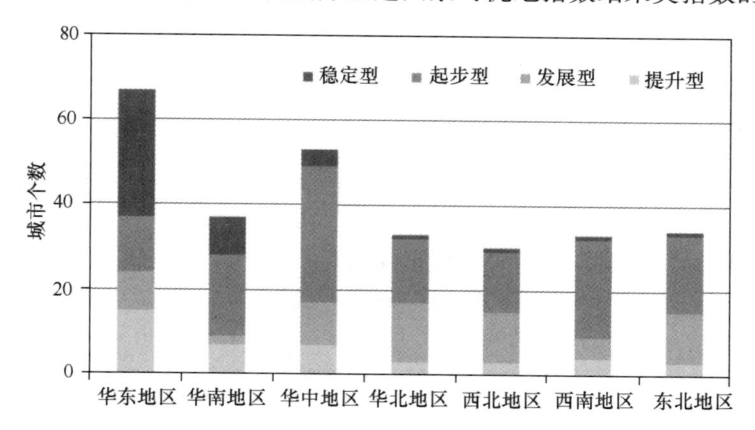

注：港澳台地区城市未纳入本次评估统计范围。

图 5-2-4　2015 年中国不同类型城市空间分布图

（1）剔除城镇化率差异的优地指数评价结果

地区资源的有限性决定了低碳生态城市的建设必将受到其他方面发展的影

响。城镇化率反映了一个地区城市人口的占比，是决定城市与城市以外地区资源分配的重要决定因素。因此，本节计算了单位城镇化率的结果类指数，即结果类指数与城镇化率之商，以期将城镇化率对结果类指数的影响剥离开来，从而对不同城镇化率水平下的城市进行结果类指数的公平对比（图 5-2-5）。

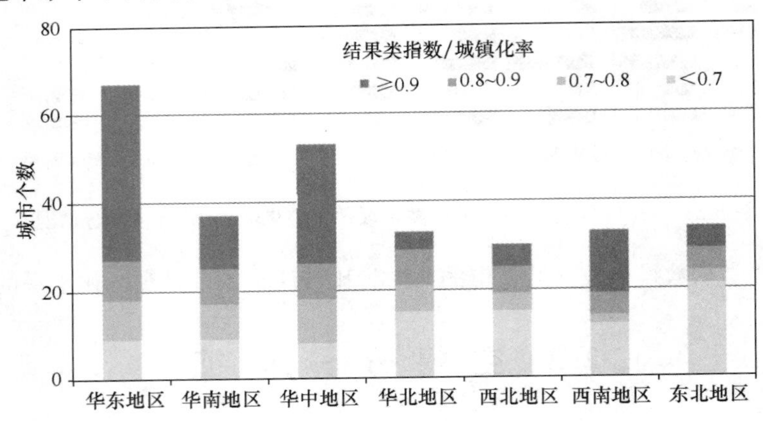

注：港澳台地区城市未纳入本次评估统计范围。

图 5-2-5　2015 年中国不同城市单位城镇化率结果类指数空间分布情况

研究结果发现，单位城镇化率结果类指数较高的城市，约占全国所有地级以上城市的 10%，主要集中在华东地区和华中地区，说明这些地区的城镇化率提升对低碳生态城市建设的结果类指数贡献较大。单位城镇化率结果类指数最低的城市在全国范围内均有分布，除西北地区、西南地区等内陆地区外，华东地区、华北地区和华南地区等沿海地区的很多城市也属于这一行列。这些城市的低碳生态城市建设相对于城镇化进程严重落后，总数约占中国地级以上城市的 60%。从全国范围的大格局看，华东地区、华南地区和华中地区城市的单位城镇化率结果类指数较高，而华北地区、西北地区、西南地区和东北地区的单位城镇化率结果类指数偏低，显现出明显的南高北低、东高西低的态势。

（2）剔除经济发展水平差异的优地指数评价结果

经济发展水平往往与城市居民对环境的要求和城市政府的财政收入相关，因此也会影响低碳生态城市建设的投入和水平。本节采用结果类指数与人均 GDP 之商将经济发展水平对结果类指数的影响剥离开来（图 5-2-6）。

研究结果发现，单位人均 GDP 结果类指数超过 12 的城市共有 124 个，主要分布于华东地区、华南地区、华中地区和西南地区，相对于经济发展速度，这些城市的生态宜居建设速度是相对超前的，说明经济发展水平的提升对城市生态宜居建设的贡献较高。单位人均 GDP 结果类指数介于 10～12 之间的城市有 43 个，约占全国所有地级以上城市的 15%，这些城市经济发展水平的提升对城市生态

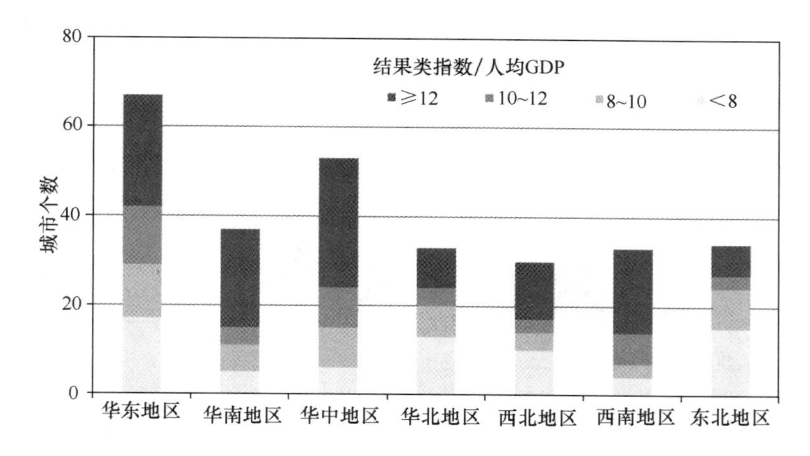

注：港澳台地区城市未纳入本次评估统计范围。

图 5-2-6 2015 年中国不同城市每万元人均 GDP 结果类指数空间分布情况

宜居建设的贡献较为适中。单位人均 GDP 结果类指数在 8 以下的城市共 69 个，占全国所有地级以上城市的 24%，主要分布在华东地区、华北地区和东北地区，这些处于中国北方的城市生态宜居建设水平与经济发展水平相关性相对较弱，经济发展对城市生态宜居建设的贡献率较低。

2.4 单项城市建设指标评估结果特征

优地指数的评估结果根本上还是由各单项指标的得分决定的，单项指标的研究有助于发现导致优地指数评估结果差异的原因，为中国城市生态宜居建设提供依据。本节将分别针对优地指数的结果类指数和过程类指数的各个单项指标进行分析，绘制了中国城市各单项指标的频数直方图和密度曲线图，以期提炼出有助于提升中国城市生态宜居水平的信息。

从 2015 年中国城市结果类指数单项指标频数直方图与概率密度曲线图可以看出，绿色发展排名指数和生活质量排名指数具有较好的正态分布特征（图 5-2-7）。其中，绿色发展得分均值为 45.9，53.3%的城市分布在均值左右的 1 倍标准差范围内；生活质量得分均值为 44.9，53.6%的城市分布在均值左右的 1 倍标准差范围内。这说明在绿色发展和生活质量提升方面，中国城市中既有一定数量（约占所有地级以上城市的 5%）的高水平城市作为牵引和示范，又有 65%左右的城市处于绿色发展和生活质量的中等发展水平，总体发展态势良好。从可持续竞争力排名指数的频数直方图与概率密度曲线图可以看出，中国城市的可持续竞争力排名指数具有较明显的拖尾特征，说明存在约 10%的城市可持续竞争力水平较高，且其他城市与这些城市之间的差距存在继续拉大的可能。

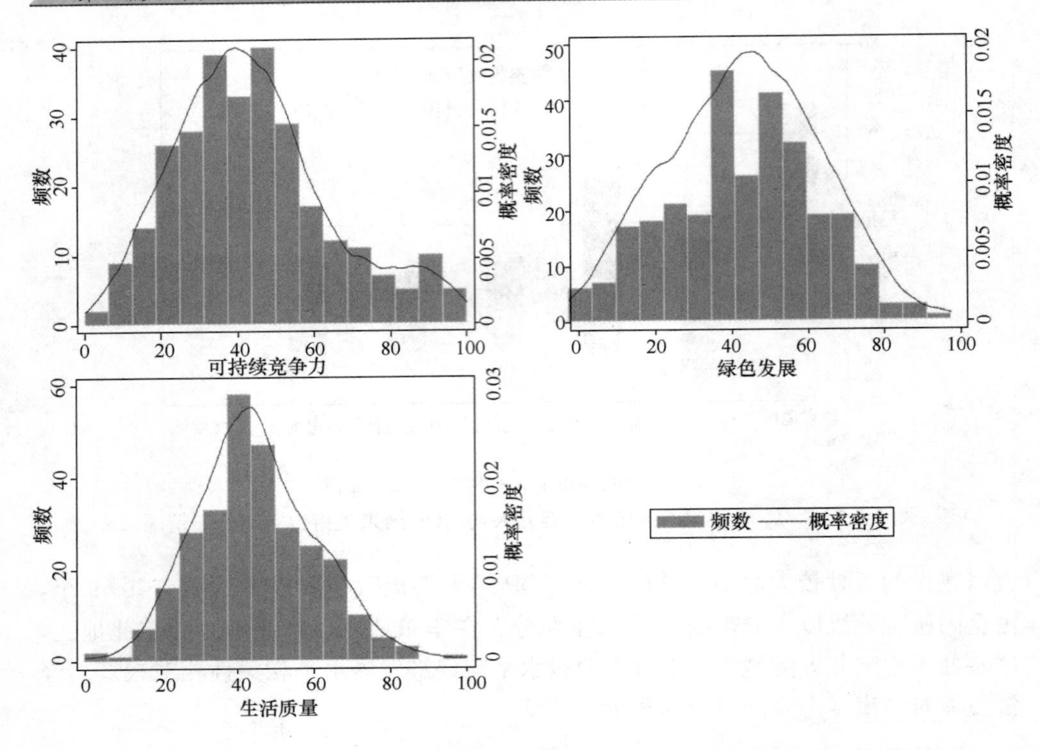

图 5-2-7 2015 年中国城市结果类指数单项指标频数直方图与概率密度曲线图

从得分方面看，2015 年共有 210 个城市至少获得 1 项国家部委颁布的城市建设称号（如国家园林城市、中国人居环境奖、中国人居环境奖或获评国家节水型城市等），获得国家部委认可的城市，说明其在城市建设的某个方面成效较好。其中，获得 1 项奖励和 2 项奖励的城市数量分别为 76 个和 103 个，共占中国地级以上城市的 62.4％；获得 3 项奖励的城市有 23 个，获得 4 项奖励的城市有 9 个，分别占中国地级以上城市的 8.0％和 3.1％。

根据 2015 年过程类指数单项指标频数直方图与概率密度曲线图，中国城市运营管理方面的得分具有一定的左偏分布特征（平均值为 44.2，而峰值出现在 52.0 附近），说明运营管理属于中等偏上水平的城市比较集中，而其中的双峰分布态势又意味着运营管理水平处于中游的城市有一定的两极分化态势。而城镇化水平具有明显的右偏分布态势，说明中国已经涌现出一批城镇化率提升较快的城市，但约 75％的城市城镇化率提升速度仍然较慢，且与城镇化水平快速提升城市之间的差距较大。生态安全方面，中国城市具有明显的偏斜分布特征，分数越低的城市数量越多，同时却又出现了 8％左右的城市生态安全水平提升速率较高。这说明在城市安全水平提升方面的投入具有分布不均的问题，少数城市获得了丰富的资源配置，而大多数的城市却仍然处于生态安全水平提升乏力的状态（图 5-2-8）。

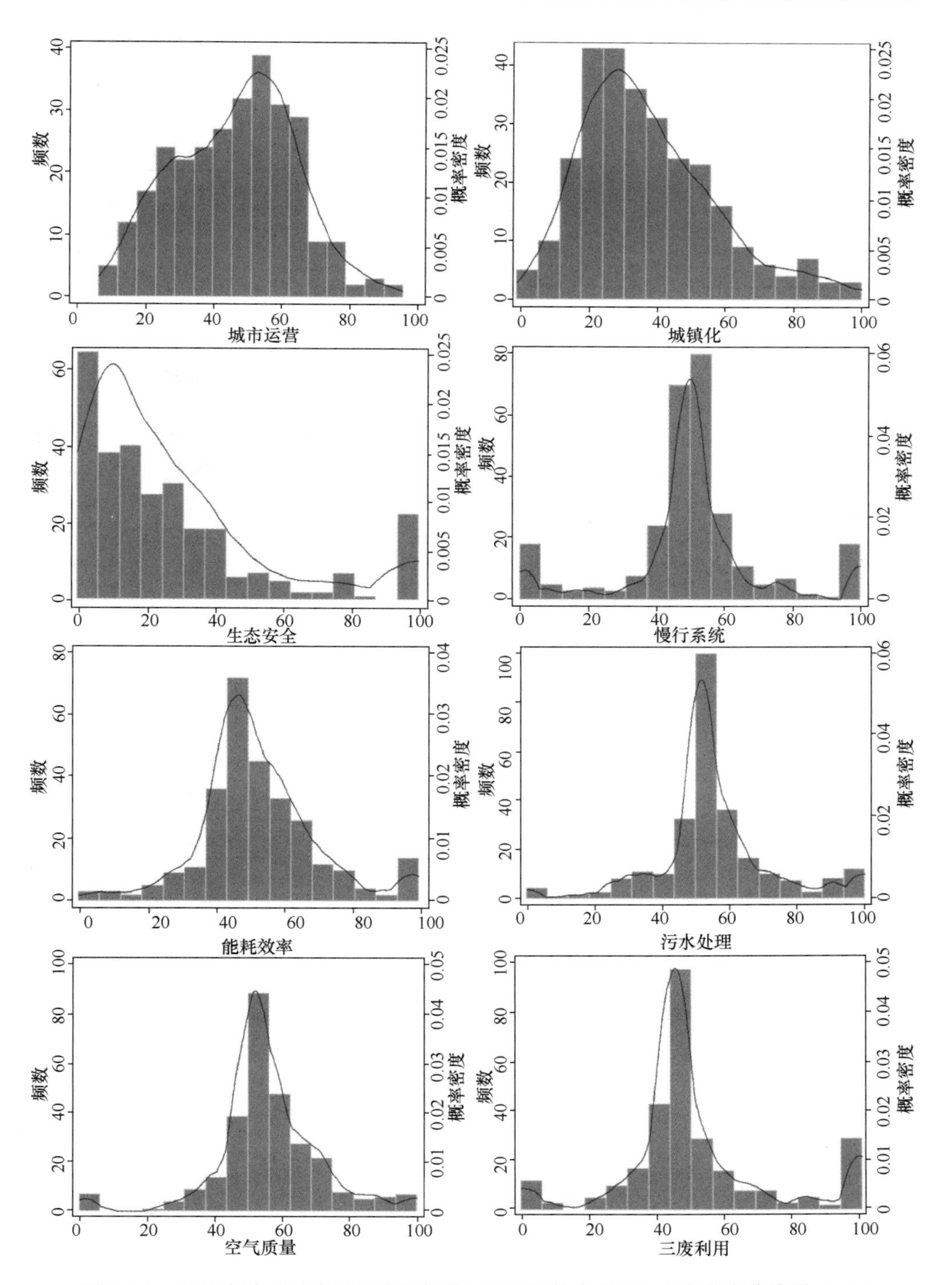

图 5-2-8 2015 年中国城市过程类指数单项指标频数直方图与概率密度曲线图（一）

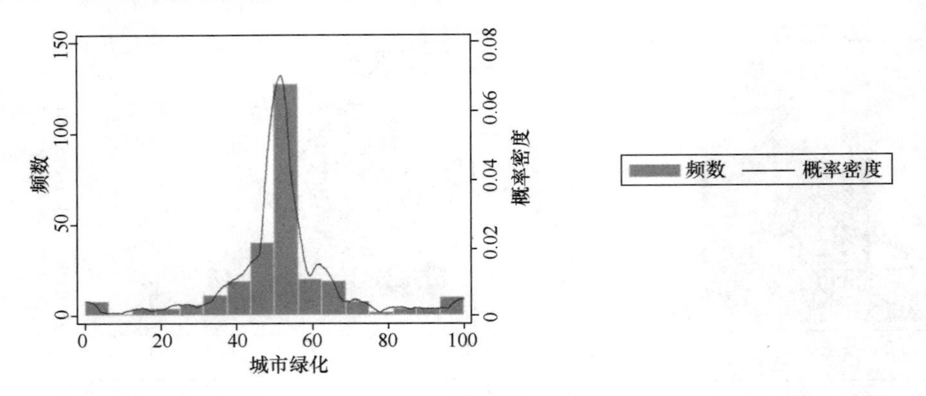

图 5-2-8　2015 年中国城市过程类指数单项指标频数直方图与概率密度曲线图（二）

慢行系统、能耗效率、污水处理、空气质量、三废利用、城市绿化等方面的得分分布均相对集中，且具有翘尾的特点，说明大多数城市在上述几个方面的进展适中，且存在不同程度的两极分化问题。

3 趋势评估：城市生态宜居发展路径初探（2011～2015）

3 Trends Assessment: Preliminary Exploration of Eco-livable city Development Ways

优地指数自 2011 年构建至今，已累积 5 年的评估数据，基于这些数据，可研究中国城市生态宜居建设的时空发展趋势，探索可持续的中国特色生态宜居发展道路：从总体发展趋势探索中国城市生态宜居状况的总体形势，研究空间发展演变寻找提升生态宜居状况的客观条件和需求，研究城市的历史发展趋势逐步探索城市发展的规律和路径。

3.1 总体发展趋势：研究生态宜居发展的总体形势

3.1.1 优地指数值域变化趋势

由 2011～2015 年中国城市优地指数的结果类指数值域变化可以看出，中国城市间的生态宜居水平差异正在震荡扩大（图 5-3-1）。2015 年，结果类指数得分最高的城市与最低城市之间的得分差距已经扩大到 69.8 分，比 2011 年增加 26.9%，比 2014 年增加 13.9%。由结果类指数的平均值变化可以看出，2011～2015 年中国城市生态宜居水平呈逐年提升态势，2015 年中国城市结果类指数的得分平均值由 2011 年的 35.5 提升到 42.6，提升幅度达到 20.2%。由结果类指数最大值与最小值的变化可知，中国城市间的生态宜居水平差异扩大主要是由于

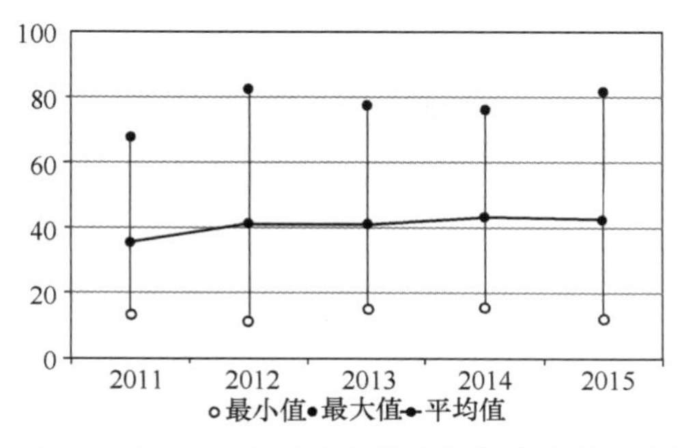

图 5-3-1　2011～2015 年中国城市优地指数结果类指数值域变化

结果类指数最大值的提升导致的，这说明已经有一些城市在生态宜居建设方面成效非常显著，可以作为其他城市的借鉴。

由2011～2015年中国城市优地指数的过程类指数值域变化可以看出，总体而言中国城市的生态宜居建设力度逐年增加，但增幅不大。此外，中国城市生态宜居建设力度的增加主要得益于得分较高的城市建设力度的继续加大。具体地讲，2015年中国城市过程类指数的最大值由2011年的59.0分增加到68.5分，而最小值则基本维持在31.0分左右。说明有一些城市在生态宜居方面的建设力度正在不断突破历史，这也直接造成中国城市生态宜居水平差距不断拉大（图5-3-2）。

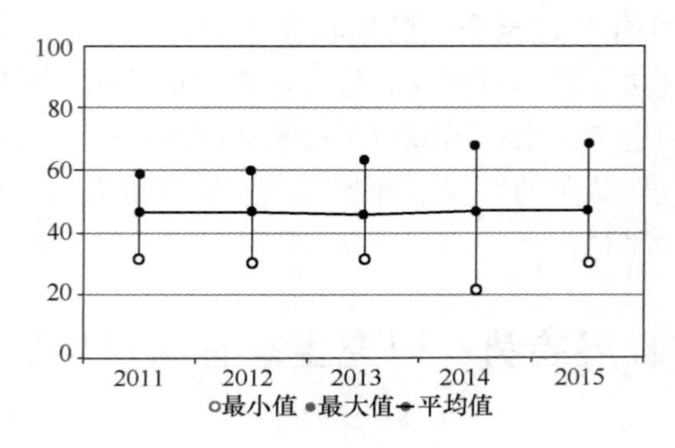

图5-3-2　2011～2015年中国城市优地指数过程类指数值域变化

3.1.2　各类城市数量变化趋势

按照优地指数评估方法，被评估城市按照结果指数与过程指数的得分构成四象限考核结果，按照其在四象限的位置分为提升型城市、发展型城市、起步型城市和稳定型城市。基于2011～2015年评估结果（如图5-3-3），2011年我国72％的城市仍处于粗放发展的起步阶段，仅有8.7％的城市为生态宜居状态较好的提升型城市或稳定型城市，随着五年来不断有城市转变意识，投入生态环境建设，目前各类城市数量相对均衡，2015年起步型城市减少至46.8％，提升与稳定型城市的占比增加至31.1％。

具体而言，起步型城市数量呈现逐年下降的趋势，年均减少8.7％，说明越来越多的城市开始反思粗放型的发展方式，转而在发展的同时关注生态宜居建设；发展型城市数量呈现逐年增长，并于2015年出现显著的减少，下降率达到19.4％，说明部分城市在加大生态宜居建设几年之后，城市建设的量变已累积成质变，实现城市环境的实质提升；提升型城市与稳定型城市总体呈现逐年增长，分别增长1.8倍和3.7倍，说明我国城市生态宜居建设成效呈现显著提升的良好势头，越来越多的城市进入生态与宜居的行列。

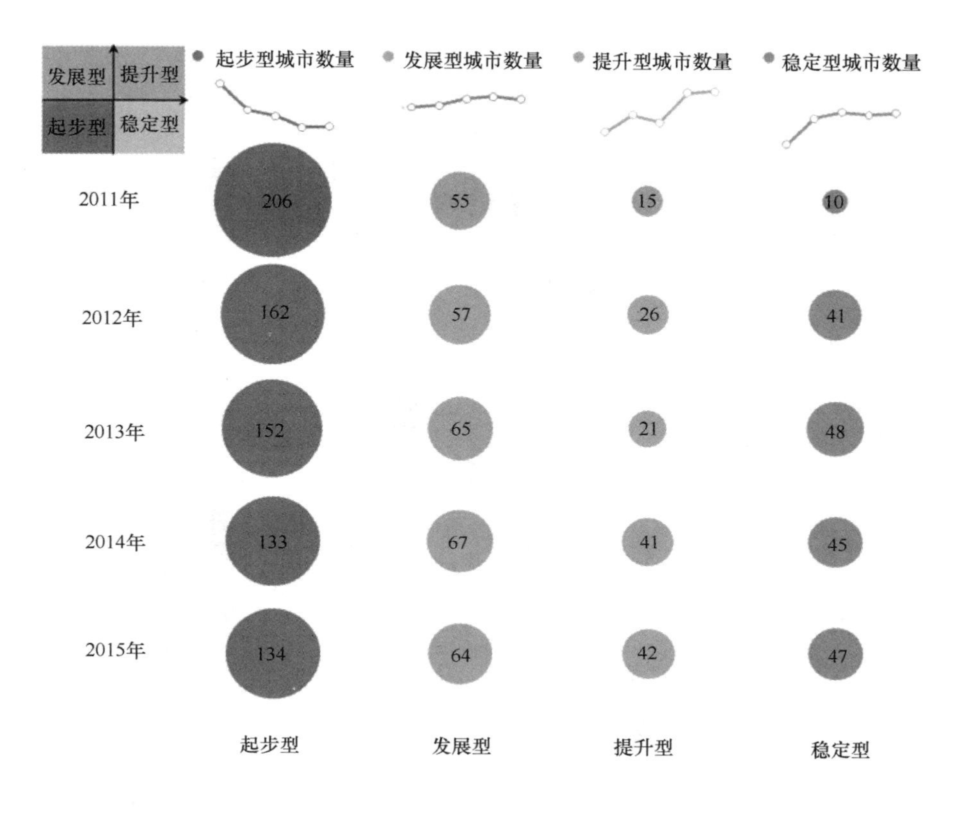

图 5-3-3　2011～2015 年各类城市数量变化趋势

3.2　空间发展演变：寻找生态宜居发展的客观需求

从 2011～2015 年，中国城市生态宜居水平的空间格局有着显著的变化（图 5-3-4）。首先，稳定型和提升型城市的空间聚集度明显提升，主要集中在华东和华南地区，如山东省、江苏省、河北省、浙江省、福建省、广东省等省份，呈现出由长三角地区向南、向北快速带状蔓延的态势。第三，稳定型城市和提升型城市逐渐由东南沿海地区向内陆蔓延，开始出现在华中地区、西北地区、西南地区和东北地区。

综上所述，中国城市生态宜居性正在向着更高水平、空间更加均衡的方向发展，中西部地区和东北地区仍是城市生态宜居建设的滞后区，需要进一步加大投入力度，实现将过程类指标提升的成果转变为结果类指数的提升，将生态宜居城市建设的成效体现出来。

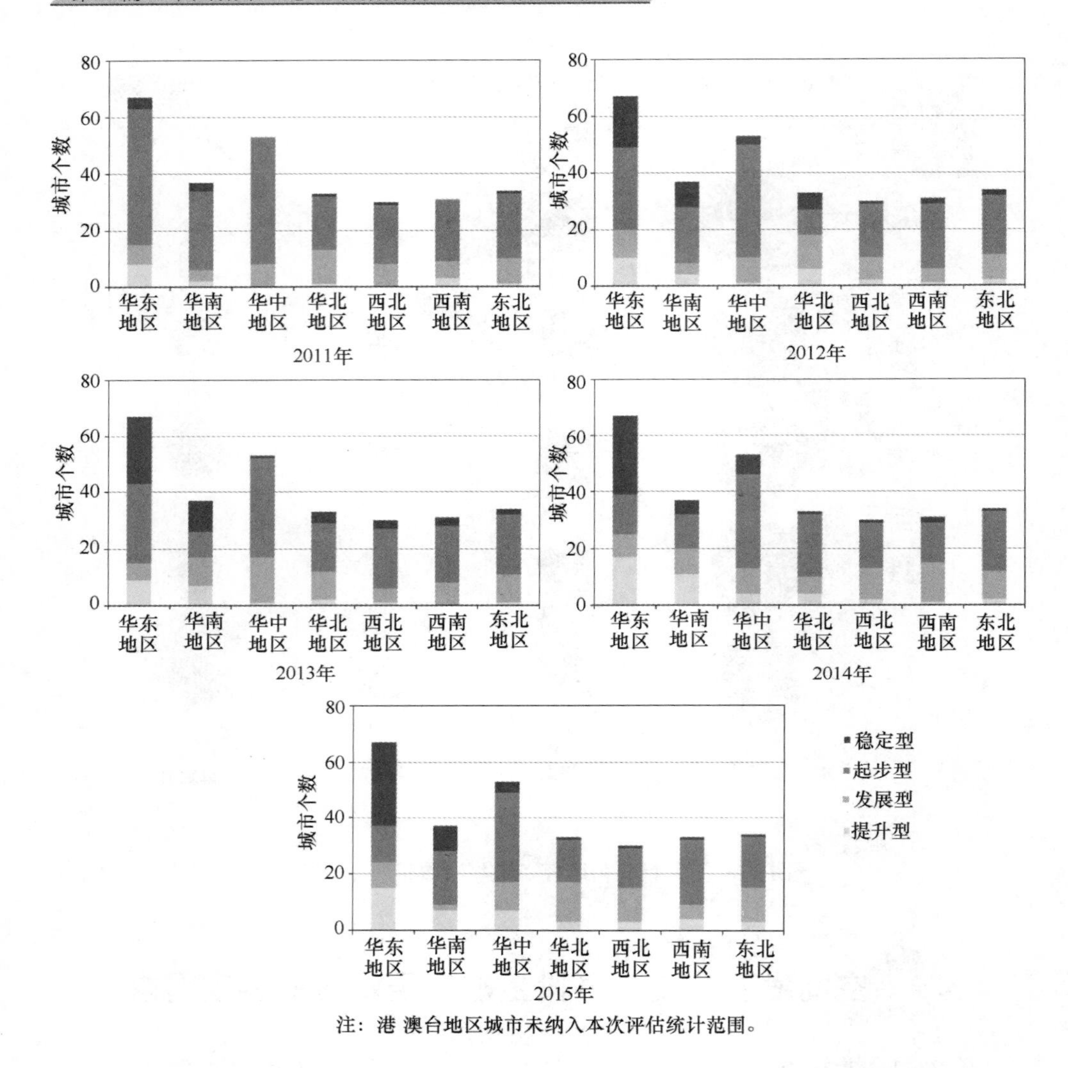

图 5-3-4　2011～2015 年中国不同类型城市空间分布变化

注：港澳台地区城市未纳入本次评估统计范围。

3.3　时间发展演变：初步探索城市发展路径规律

本书试图通过逐年连续动态跟踪，寻求有中国特色的城市生态、宜居建设的可持续发展路径。基于优地指数的构建原理，预测城市生态宜居发展的路径将符合以下规律（如图 5-3-5）：起步型城市（第三象限）可通过转变观念，加大生态宜居建设力度投入，逐步发展至发展型城市（第二象限）；也可通过持续的生态宜居建设力度投入，使得生态宜居状态显著提升，建设成效初显，逐步发展至提升型城市（第一象限）；直到生态宜居建设成效显著提升，建设成效完全显现，此时仅需较低的建设力度成本投入，即可维持良好的生态宜居生态，实现城市稳定型发展（第四象限）。同时，在城市生态宜居状况积极改善的同时，也不可避免地会出现因维护不足、投入不足等情况而出现倒退的消极情况。

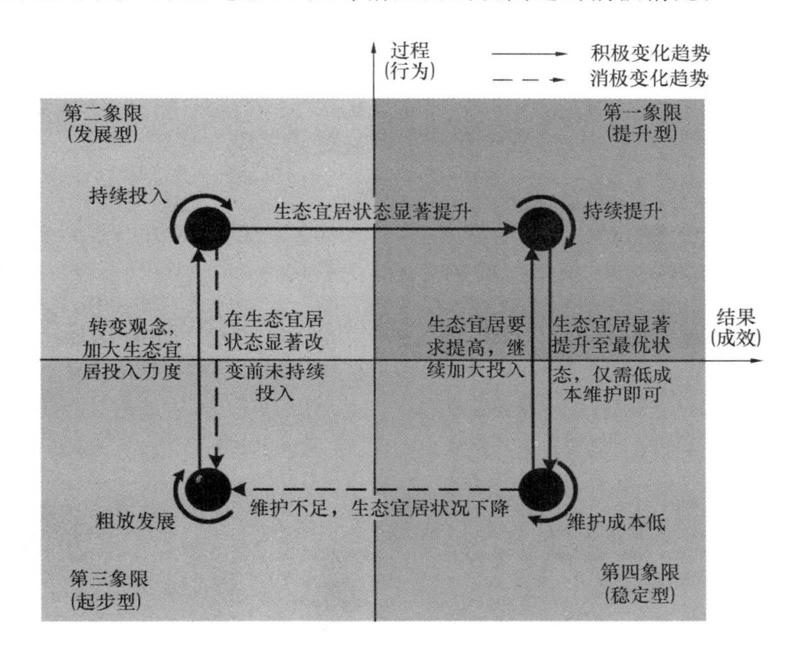

图 5-3-5　各象限间城市变化路径预测图

研究组利用 2011～2015 年优地指数评估数据，分析各类城市五年来的发展轨迹，验证以上假设的准确性，探讨我国城市生态宜居发展的基本路径，以期挖掘能够提升我国城市生态宜居水平的决策参考信息。

3.3.1　各类城市演变趋势

（1）提升型城市

2011～2015 年提升型城市的历史演变趋势如图 5-3-6～图 5-3-9 所示。可以看出，提升型城市中，每年有约 30％～70％的城市保持类型不变，且这一比例逐年增多，这些城市在生态宜居建设水平较高的情况下仍保持着较大的建设力度；另外一大部分城市实现了从提升型城市到稳定型城市的过渡，即在持续加大建设力度若干年后，实现了城市生态宜居水平的实质性转变，最终不再需要巨大投入的支撑也可维持城市生态宜居水平，但这一类型城市的占比逐年下降；也有极少数城市的生态宜居水平和建设力度出现相对退步，转变为发展型城市和起步型城市。

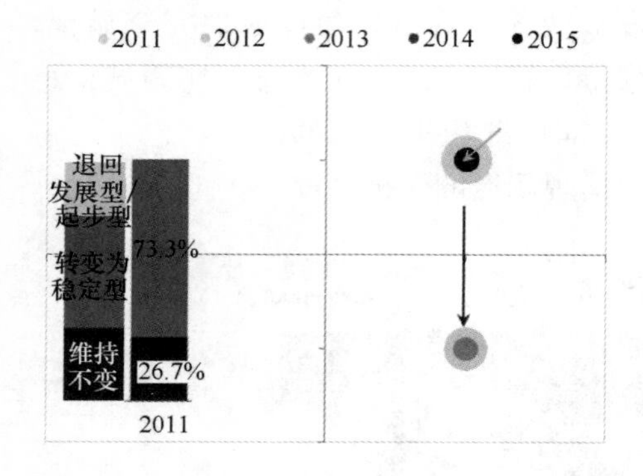

图 5-3-6　2011 年的提升型城市演变图❶

2011 年的 15 个提升型城市中，共有 11 个城市在 2012 年和 2013 年转变为稳定型城市，其余 4 个城市则一直属于提升型城市

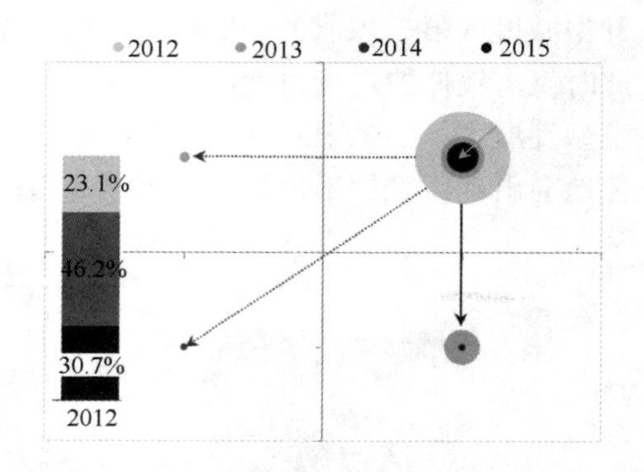

图 5-3-7　2012 年的提升型城市演变图

2012 年的 26 个提升型城市中，有 8 个城市维持城市类型不变，12 个城市先后转变成稳定型城市，分别有 3 个城市转变为起步型和发展型城市

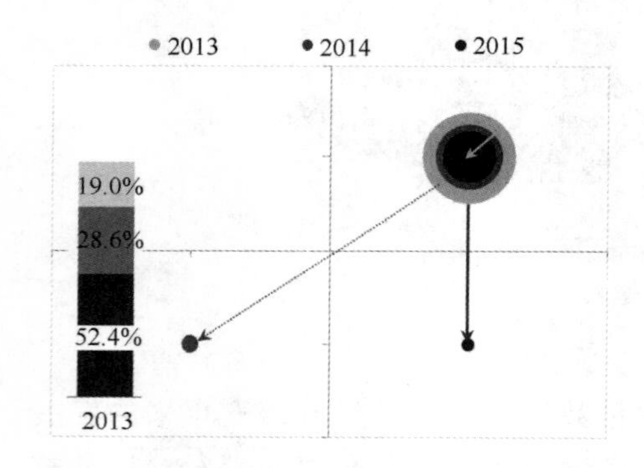

图 5-3-8　2013 年的提升型城市演变图

2013 年的 21 个提升型城市中，有 11 个城市仍隶属于提升型城市，6 个转变为稳定型城市，4 个转变为起步型城市

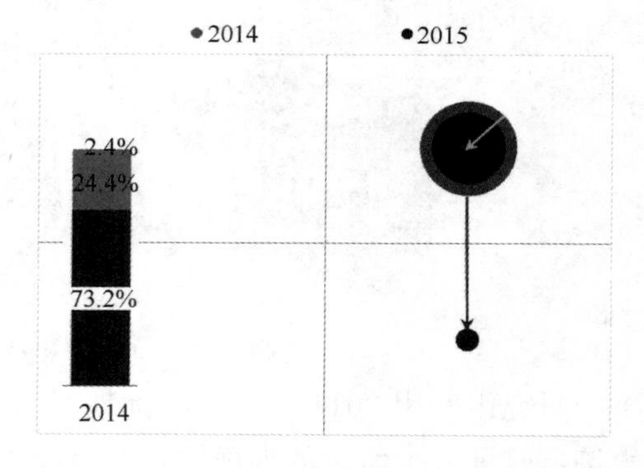

图 5-3-9　2014 年的提升型城市演变图

2014 年的 41 个提升型城市中，有 30 个城市一直维持城市类型不变，10 个城市转变为稳定型城市，1 个城市转变为发展型城市

（2）发展型城市

2011～2015 年发展型城市的历史演变趋势如图 5-3-10～图 5-3-13 所示，可以看出，发展型城市与起步型城市之间的相互转换是城市生态宜居建设初期的常见现象。发展型城市向起步型城市的转变主要是由于城市生态宜居建设投入力度的年际变化引起的。通常情况下，城市在生态宜居建设方面的投入具有周期性波动的特点，这与基本的经济发展规律和城市建设规律是相符合的。随着生态宜居

❶ 图中圆圈大小代表城市数量，下同。

建设的累计投入增加，起步型城市中同样存在有很多城市实现了生态宜居状态的显著改善，跃升为提升型城市甚至稳定型城市。

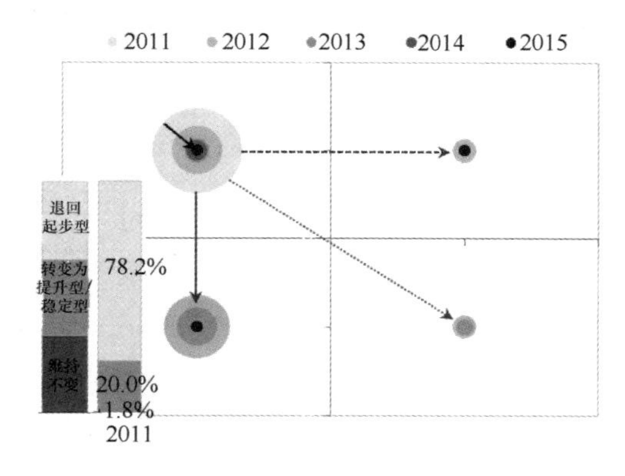

图 5-3-10 2011 年的发展型城市演变图

2011 年的 54 个发展型城市中，29 个城市在 2012 年演变为起步型城市，11 个在 2013 年演变为起步型城市

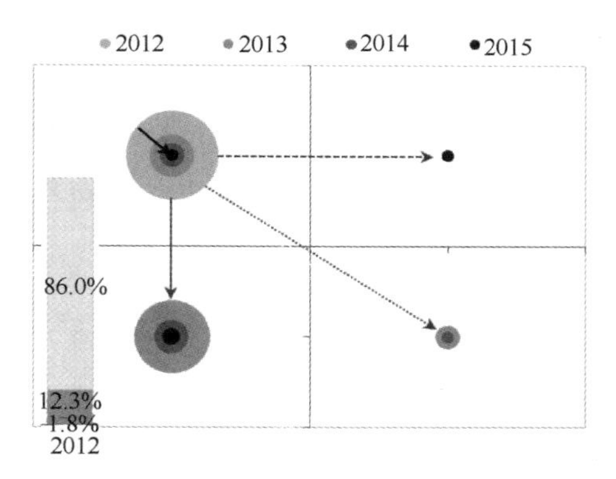

图 5-3-11 2012 年的发展型城市演变图

2012 年的 57 个发展型城市中，在 2013、2014 和 2015 年分别有 39、8 和 2 个城市演变为起步型城市，占比共达 86.0%，分别有 2 个和 5 个转变为提升型城市和稳定型城市

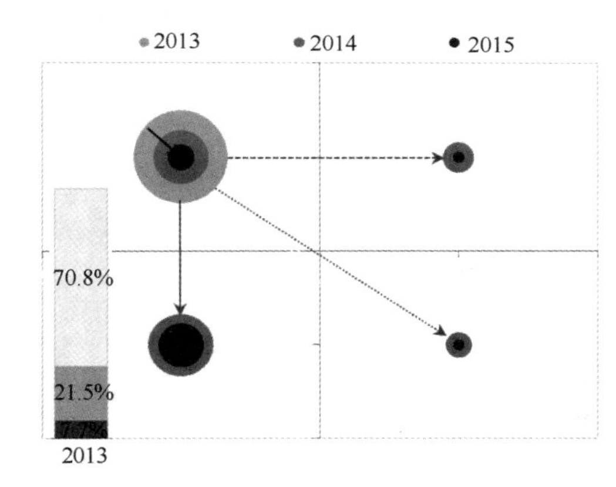

图 5-3-12 2013 年的发展型城市演变图

2013 年的 65 个发展型城市中，除 46 个城市向起步型城市转变外，有 9 个城市在 2014 或 2015 年转变为提升型城市，有 5 个城市实现了向稳定型城市的转变

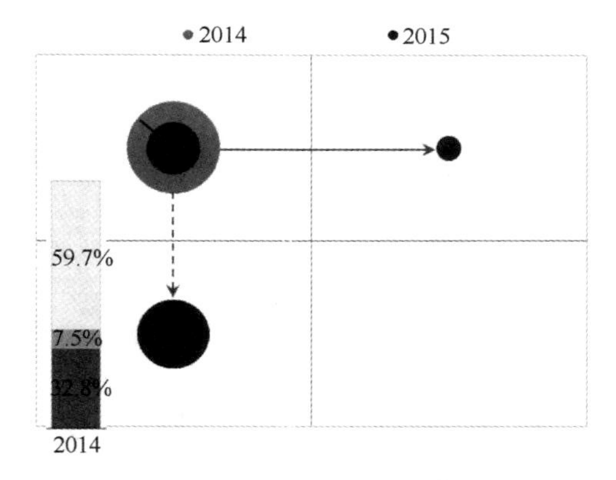

图 5-3-13 2014 年的发展型城市演变图

2014 年的 67 个发展型城市中，40 个在 2015 年转变为起步型城市，21 个维持发展型城市的状态，6 个实现了向提升型城市的转变

（3）起步型城市

2011～2015 年起步型城市的历史演变趋势如图 5-3-14～图 5-3-17 所示，可以看出，随着城市生态宜居建设力度的加大，起步型城市具有向发展型城市甚至提升型和稳定型城市转变的趋势，但也有相当一部分城市始终停留在起步型状态。随着建

设力度的加大，起步型城市会出现向发展型城市的演变；甚至在有些条件特殊的城市，生态宜居性的建设成效显现速率快、效率高，实现了从起步型城市向提升型城市和稳定型城市的跨越式演进。但随着时间的推移，这种现象正变得越来越少。如何挖掘城市特质，以城市关键缺项和重点领域为突破口，实现城市生态宜居性的快速提升，是未来中国低碳生态城市发展需要深入探讨的科学问题。

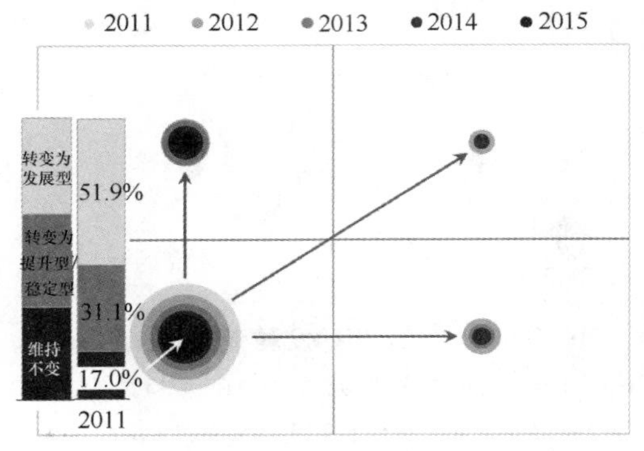

图 5-3-14　2011 年的起步型城市演变图

2011 年的 206 个起步型城市中，累计有 108 个城市在 2012 年到 2015 年间转变为发展型城市，18 个转变为提升型城市的累计有 18 个，41 个转变为稳定型城市

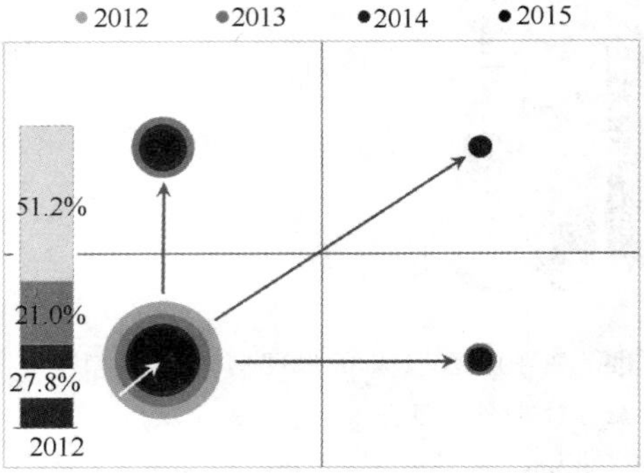

图 5-3-15　2012 年的起步型城市演变图

2012 年的 161 个起步型城市中，84 个分别在不同年份转变为发展型城市，分别有 9 个和 19 个转变为提升型城市和稳定性城市

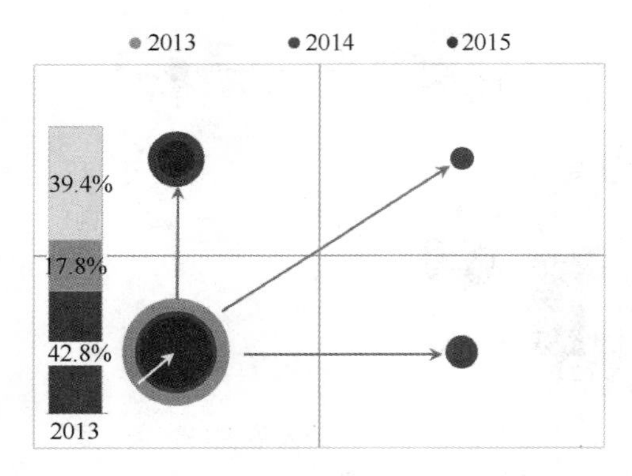

图 5-3-16　2013 年的起步型城市演变图

2013 年的 151 个起步型城市中，69 个在 2015 年仍隶属于起步型城市，61 个城市转变为发展型城市，另有 7 个城市转变为提升型城市，14 个城市转变为稳定型城市

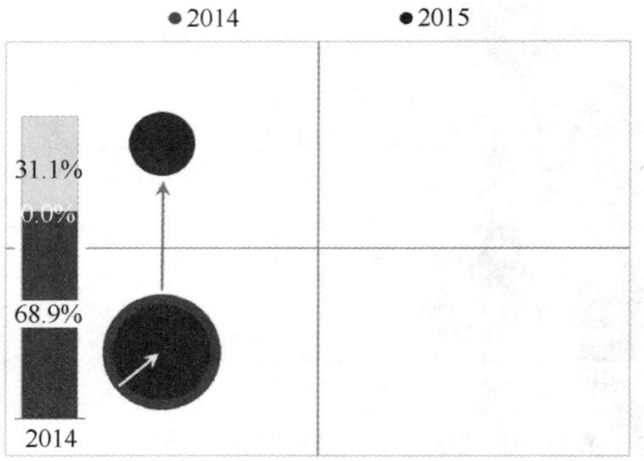

图 5-3-17　2014 年的起步型城市演变图

2014 年的 132 个起步型城市中，41 个在 2015 年转变为发展型城市，其余 91 个起步型城市仍保持着城市类型不变

（4）稳定型城市

2011～2015 年稳定型城市的历史演变趋势如图 5-3-18～图 5-3-21 所示，可以看出，稳定型城市除维持自身状态外，一方面面对新的生态宜居建设需求具有

向提升型城市转变的冲动；另一方面也因自身生态宜居建设的保守特点，面临着向起步型和发展型城市转变的可能。稳定型城市的演变态势表明，城市的生态宜居建设绝非一朝一夕便可完成，需要长期的坚持和投入。因此，加大投入力度，向更高层次提升城市生态宜居水平是稳定型城市真正维持长期稳定的重要手段；同时，稳定型城市也应当警惕生态宜居性相对下降的风险。

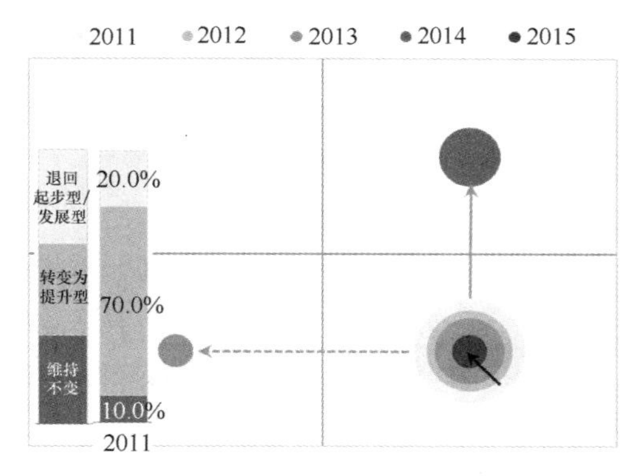

图 5-3-18　2011 年的稳定型城市演变图
2011 年的 10 个稳定型城市中，先后有 7 个转变为提升型城市，2 个转变为起步型城市；仅有 1 个到始终保持为稳定型城市

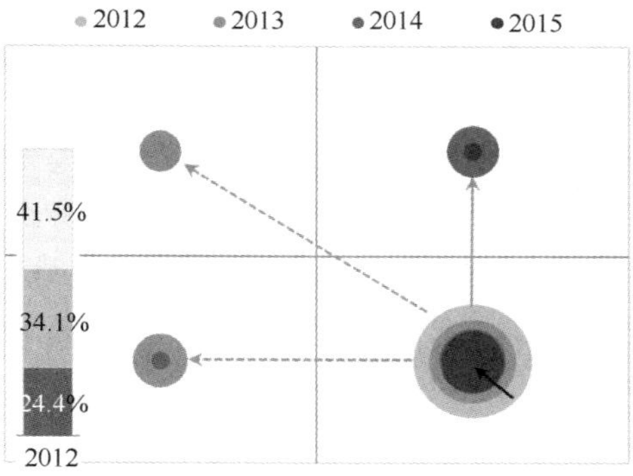

图 5-3-19　2012 年的稳定型城市演变图
2012 年的 41 个稳定型城市中，12 个长期维持着稳定状态，14 个城市先后转变为提升型城市，分别有 5 个和 10 个转变为发展型城市和起步型城市

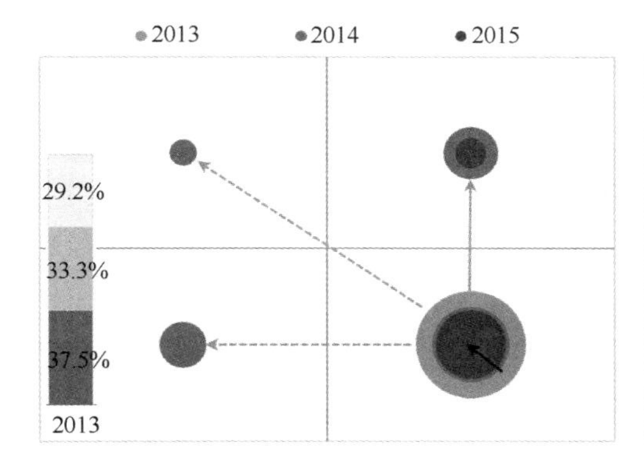

图 5-3-20　2013 年的稳定型城市演变图
2013 年的 48 个起步型城市中，有 20 个城市始终维持为稳定型，16 个转变为提升型城市，3 个转变为发展型城市，有 9 个转变为起步型城市

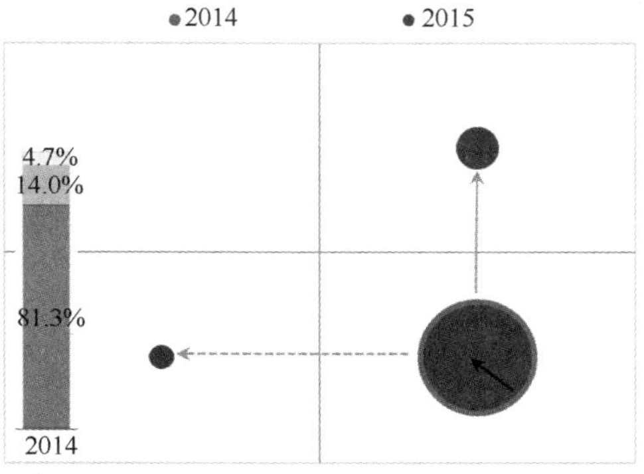

图 5-3-21　2014 年的稳定型城市演变图
2014 年的 45 个稳定型城市中，有 37 个始终维持为稳定型，6 个转变为提升型城市，2 个城市转变为起步型城市

总体而言，2011～2015 年我国各类城市的历史演变趋势基本符合图 5-3-5 的假设，即城市生态宜居发展的基本路径为：起步型→发展型→提升型→稳定型。在最初阶段，城市建设管理者应尽早转变观念，改变粗放的发展方式，持续投入

生态宜居建设，直至城市环境得到显著改善；在最终阶段，城市环境持续改善一段时间后，只需较少的投入即可维持。值得注意的是，在这一过程中，若因未立即获得显著成效，就减少投入，城市将退回最初的起步阶段，最终将被中国城市生态宜居发展的主流趋势所淘汰。

3.3.2　城市发展趋势类型分析

本节选取主要的城市属性变化类型，分析典型城市在能源利用、水资源管理、空气污染防治、废弃物处理、城市交通、城市绿化等领域的典型特征，为未来城市生态宜居性的提升提供决策参考信息。

（1）由起步型到发展型的转变分析

由起步型演变为发展型的典型城市包括锦州、宜春、广元、张家口、包头等，该类城市的主要特征是开始全面制定城市生态宜居建设的相关政策、落实相关措施和项目，主要包括强调污染源控制、污染治理以及加强落后基础设施建设等方面，如表5-3-1。首先，各个城市污染型能源做出了相应的规定措施，并且都积极建设新能源开发及相关政策体系。其次，这些城市在污染源控制、污水处理、大气污染、废弃物管理和交通管理等方面制定了详细的规定，城市环境的治理和管理是起步型城市向发展型城市转变的工作重点。

由起步型到发展型转变典型城市相关政策（2014～2015）　　表5-3-1

典型城市	城市生态宜居建设的相关措施和项目
锦州市	• 落实《“十二五”主要污染物总量减排目标责任书》确定的各项工作任务。 • 启动集中供热热源、老旧管网改造。 • 完成禁燃区内饭店炉灶、油烟治理和“三堆”治理任务；把二氧化硫、氮氧化物、烟粉尘和挥发性有机物排放总量指标作为环评审批的前置条件，控制新增大气污染源。 • 加强危险废物规范化管理，执行转移联单制度，严格废弃电器电子产品拆解的核定以及进口废物的审核
宜春市	• 加快新能源汽车配套服务体系建设，加大新能源汽车技术及产业发展支持。 • 开展机关事业单位能源消耗审计工作。 • 全力治理生活污水及垃圾污染，大力整顿和规范河砂开采，保障饮用水水源地环境安全。 • 设立乡镇（街道）环卫机构，制定长效管理机制。 • 对在建或新投入使用的公共建筑，在建筑节能的基础上，全面推进使用节能灯具、节水器阀、节能空调等
广元市	• 推进新能源电力生产，启动新能源用热试点工程。 • 推进水电站建设、扶持沼气工程建设和生物质发电项目建设

续表

典型城市	城市生态宜居建设的相关措施和项目
张家口市	• 推进淘汰黄标车进程，推进新能源汽车应用和配套设施建设，调整交通领域能源结构，推进燃煤电厂供热改造。 • 增加洁净能源供应，优化产业空间布局，提高环境监管能力，加大环保执法力度。 • 实行最严格的水资源管理制度，继续实施生态水源保护林工程。 • 建立监测预警应急体系，妥善应对重污染天气。 • 强化生产生活污染治理，加强重点领域污染防治。 • 全面发展绿色建筑，推广绿色相关产业。 • 保护生物多样性与持续利用，发展生态产业，创建生态品牌
包头市	• 调整优化工业企业布局，整治饮食服务业、商业网点、商贸市场等生活服务业燃煤设施和油烟污染。 • 推进清洁能源公交、出租车发展。 • 制定包头境内 G6 高速公路、110 国道两侧地质环境治理及生态恢复整治方案，完成砂石料场关停取缔和治理工作。加快推进矿山生态环境治理与修复，需修复和治理的矿山治理率达 90%以上。 • 实施国家林业重点工程和六大区域绿化工程，减少自然扬尘

（2）由发展型到提升型的转变分析

由发展型转变为提升型的典型城市包括绵阳、贵阳、安庆、宝鸡、十堰等，该类城市都已经从改革、淘汰不利发展因素的阶段过渡到注重环境改善的宜居城市建设阶段（表 5-3-2）。从这些典型城市的相关措施和项目看，具体的改善型措施和项目明显增加，如空气清洁行动、水生态文明城市建设、环境治理工程、区域绿化及生态恢复工程等。这些改善性措施和项目是在改变城市生态宜居性的基础上，对其的进一步巩固、提升和扩大，因此相比由起步型向发展型转变的典型城市更注重城市生态宜居建设效果的体现。

由发展型到提升型转变典型城市相关政策（2014～2015）　　表 5-3-2

典型城市	城市生态宜居建设的相关措施和项目
绵阳	• 启动“开展向污染宣战——寻找绵阳最美最脏河流塘库行动”活动。 • 推进重点行业脱硫、脱硝、除尘设施建设及改造，综合整治挥发性有机物污染。 • 整治施工工地和道路扬尘污染，争取在房屋建筑市政工程施工现场达到“六个100%”（施工现场 100%围挡，工地沙土 100%覆盖，工地路面 100%硬化，拆除工程 100%洒水，出工地运输车辆 100%冲净车轮且车身密闭无撒漏，暂不开发的场地 100%绿化）。 • 加强机动车环保管理，加速淘汰黄标车和老旧车

续表

典型城市	城市生态宜居建设的相关措施和项目
贵阳	• 编制《贵阳市地表水污染防治规划大纲》。 • 竹林寨人工湿地污水处理工程投入运营，采用人工湿地系统进行处理生活污水，解决阿哈水库水污染问题。 • 启动《贵阳市土壤环境保护和综合治理方案》编制工作
安庆	• 整合污染源环境监管信息公开平台与重点污染源企业自行监测信息公开平台，实时公开“总量减排、污染源企业、环境应急处理”等八项环境监管信息。 • 集中开展重点工业企业大气污染整治、燃煤小锅炉整治、绿化硬化裸露土地等20个方面专项整治工作。 • 对接机械加工企业，力促装备制造业转型升级，对污泥压滤、危废暂存点反腐防渗等提出了完善要求
宝鸡	• 开展清洁空气行动，以燃煤、工业污染、生物质燃烧、扬尘和机动车尾气为重点治理空气污染。 • 开展清洁河流行动，加快建成市、县区两级水质自动监测站，完善河流水质监测网络，确保出境水质达标。 • 出台了防尘治霾的新政策，要求施工现场长期未开发建设的空地必须进行植绿固化降尘，其他正在施工的工地上的闲置裸露空地也应及时绿化
十堰	• 燃煤锅炉、窑炉的改造和淘汰，推广清洁能源。 • 加强黄龙滩水库饮用水源地环境监管。 • 推进裸露山体治理和生态修复，基本实现全市域铁路、高速公路、城市重点道路沿线、工业园区裸露山体的绿色全覆盖

（3）由提升型到稳定型的转变分析

由提升型发展到稳定型的典型城市包括威海、绍兴、佛山、泉州、中山等，该类城市的相关工作已经上升到政策措施优化、政策体系建设等更高层面，具有巩固成果、持续深化的特征（表5-3-3），污染治理、水资源管理、绿色交通、市场化污染防治等工作正逐步健全和完善。此外，该类城市通过数字城市建设，借助信息化工具创新性的实现城市生态宜居建设管理，并实现城市建设信息的公开与共享。

由提升型到稳定型转变典型城市相关政策（2014～2015）　　表5-3-3

典型城市	城市生态宜居建设的相关措施和项目
威海	• 编制《新环保法及配套文件》宣传手册并向企业下发。 • 加强安全生产科研攻关和信息化建设。 • 建设城市、企业、园区绿色生态屏障

续表

典型城市	城市生态宜居建设的相关措施和项目
绍兴	• 修订《绍兴市重点企业废气超标排放预警查处办法（试行）》，对超标认定标准和混合排气标准进行了修订。 • 开展“五气合治”（控烟气、降废气、减尾气、消浊气、除臭气）活动。 • 建设交通基础信息、应急资源等综合数据库，完善“易行绍兴”、城市交通管理、道路运输管理、公路养护管理、河道通航管理等系统，增加 AIS 基站
佛山	• 大力推进机动车尾气污染治理，年内完成所有黄标车淘汰工作。 • 出台《佛山市大气重污染应急预案（暂行）》，拟定《佛山市环境保护综合治理实施方案（2014～2017）》、《佛山市 2014 年主要污染物总量减排计划》。 • 落实建设满意政府 100 项环保民生实事，涵盖水环境整治、大气污染防治、固体废物管理、环境管理、环境执法五个方面。 • 开展排污权有偿使用和交易试点。 • 开展重点河涌“一河一策”治理
泉州	•《泉州市城市大气重污染应急预案》（试行）和《泉州市突发环境事件应急预案》通过审议。 • 开展机动车“绿标区”划定工作，加快促进“黄标车”等高污染汽车淘汰。 • 启动排污权有偿使用和交易工作，提升环境监管水平
中山	• 建成启用空气质量预报预警系统，实现首要污染物、AQI 和污染等级的预测、发布。 • 制定了《中山环境监察专项稽查工作方案》，对全市环境监察专项稽查工作作出全面部署。 • 编制《中山市生态文明建设规划》，提出 18 项生态文明建设重点项目。 • 发布《关于对未持绿色环保标志汽车实施全面限行的通告》，全天候、全区域地对“黄标车”实行限行

（4）保持稳定型的城市分析

保持稳定型的典型城市包括三亚、青岛、扬州、宁波、昆明等，该类城市在生态宜居建设方面的特征是进一步完善现有防治与管理体系、注重细节优化，以及全过程、系统化的综合管理（表 5-3-4）。具体而言，制定包括节能环保准入、严格水资源管理制度、绿地建设养护、推进综合交通交通运输体系、可再生能源建筑规模化应用等方面的具体细则。

保持稳定型的典型城市相关政策（2014～2015）　　表 5-3-4

典型城市	城市生态宜居建设的相关措施和项目
三亚	• 对城区缺建、缺株、缺损的园林绿化花草树木进行补建、补缺、补损，加强对城区主要公园、绿地的管理，按照居民生活区 300 米见绿、500 米见园的要求，加快街旁、游园等公园绿地建设养护工作

续表

典型城市	城市生态宜居建设的相关措施和项目
青岛	• 强化能评环评约束作用。 • 落实最严格水资源管理制度。 • 加快推进综合交通运输体系建设，加大新能源汽车推广应用力度，积极发展现代物流业。 • 推进可再生能源建筑规模化应用，加快绿色建筑相关技术研发推广，大力发展绿色建材。
扬州	• 严格项目准入，重污染企业关闭搬迁。 • 生活垃圾发电行业提标治理。 • 市区新增城市绿地面积100万平方米以上，各县（市、区）分别新增30万平方米
宁波	• 淘汰落后产能，加强节能技术改造。 • 重点实施公交提速工程、换乘衔接工程、线网优化工程、诚信服务工程、智能绿色工程、补充公交工程、城乡均等工程和运营体制改革工程
昆明	• 严格节能环保准入，推进煤炭清洁利用。 • 深化城市扬尘污染治理。 • 加强综合交通体系基础设施建设，完善综合运输枢纽体系，搭建交通信息共享平台，改善城市交通面貌

4　指数应用：城市定位及着力点分析

4　UELDI Applications: Analysis of City Location and Points

优地指数有助于明确城市生态宜居发展水平，提出指导城市未来生态宜居性提升的决策参考信息。基于优地指数开展城市定位及着力点分析的基本思路分为四个步骤（图 5-4-1）：首先，开展城市背景分析，厘清城市的自然环境条件、社会经济发展水平、历史文化特点、生态宜居发展诉求等方面的基本信息，并为开展优地指数的评估搜集基础数据。其次，开展基于优地指数的城市生态宜居综合评估，从生态宜居建设力度与成效两个方面对城市进行评估，通过城市间的横向对比信息定位城市发展的水平、挖掘城市发展的不足，通过时序上的纵向对比揭示城市发展的历史规律和潜在路径。进而，通过专项分析遴选出城市生态宜居建设的关键领域，对各专项的现状水平、发展差距、未来潜力进行研究。最终，提出促进未来城市生态宜居水平提升的具体措施和政策建议。

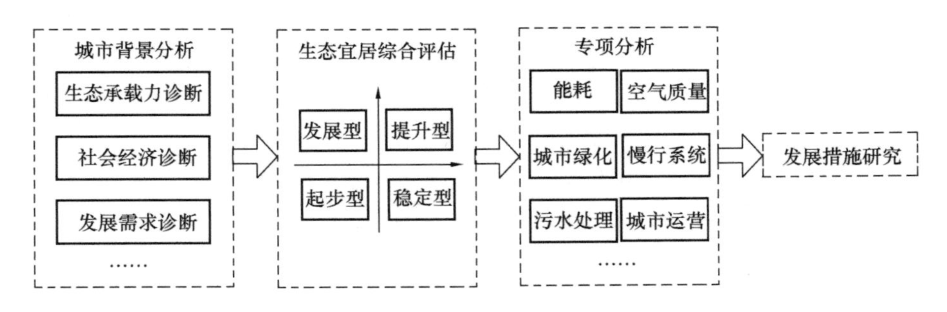

图 5-4-1　基于优地指数的城市定位及着力点分析框架

从 2011 年至 2015 年间中国城市类型的变化趋势可以看出，发展型城市与起步型城市之间的相互转换是一种普遍现象。如何实现从起步型城市与发展型城市向提升型城市和稳定型城市转变，是中国城市生态宜居建设应该关注的重点问题。因此，本节选取 5 年来一直处于发展型与起步型阶段的某城市（在此称为“A 城市”）为例，分析城市 2011～2015 年的生态宜居建设情况，为优地指数在指导单个城市发展方面的应用提供实践经验。

4.1　案例城市的年度变化趋势特点

从A城市不同年份的优地指数评估结果变化轨迹可以看出，2011～2015年间，A城市一直在发展型城市和起步型城市之间转换，过程类指数排名在14至280之间非常大的范围内震荡，说明城市生态宜居建设投入具有很大的波动性。这种波动性必然会导致城市生态宜居建设成效难以显现，甚至出现生态宜居建设水平下降的现象。从结果类指数的排名变化看，A城市由2011年的73名下降至2015年的137名，生态宜居水平相对其他城市有所下降。可以预见，如果A城市的生态宜居建设投入继续保持这样的大幅波动态势，其结果类指数排名有可能出现进一步的降低。综上所述，A城市目前面临着生态宜居建设水平被其他城市陆续超越的风险，如果不能提出有针对性的策略，A城市将仍旧在起步型与发展型之间震荡转换，难以实现向提升型和稳定型城市的过渡（图5-4-2）。

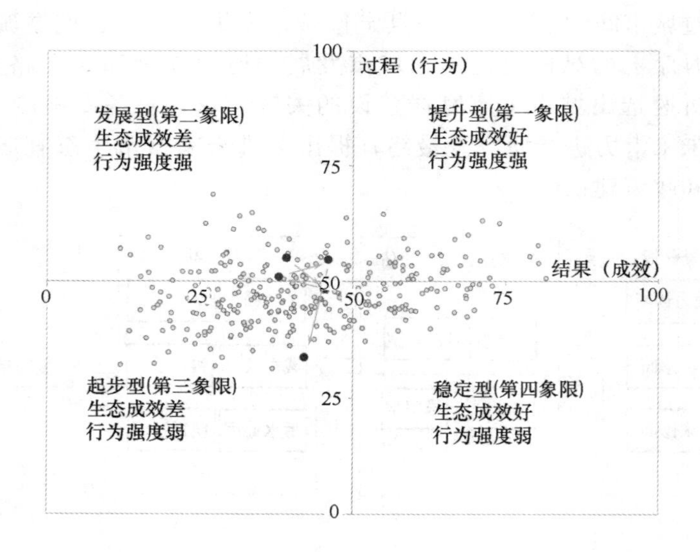

图5-4-2　中国A城市优地指数时序变化图

要促使A城市走出目前低生态宜居建设水平循环往复怪圈，实现向提升型和稳定型城市的过渡，就必须对优地指数的各个专项指标进行系统分析，发现A城市生态宜居建设过程中存在的问题，寻找突破点，并提出针对性的应对方案与策略。

4.2 优地指数专项评估结果应用分析

从优地指数结果类各专项的评估结果可以看出，A 城市在生活质量和可持续竞争力方面的得分高于全国平均水平，但绿色发展指数方面远低于全国平均水平（图 5-4-3）。本节将针对绿色发展方面的短板，对 A 城市生态宜居建设的各个专项进行分析，以期提炼出有助于提升 A 城市生态宜居建设水平的决策参考信息。

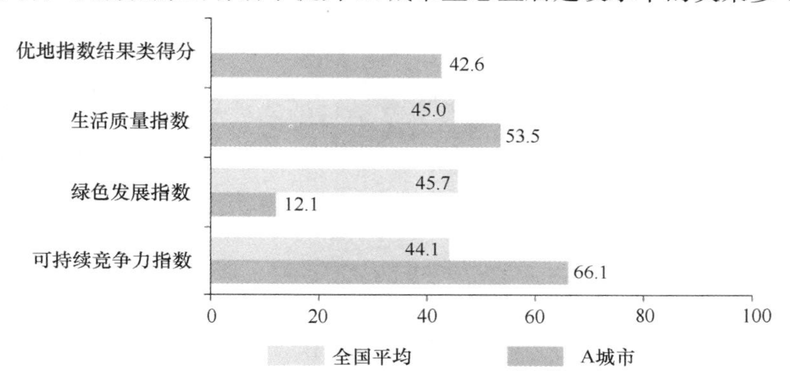

图 5-4-3　A 城市优地指数结果类各专项评估结果

（1）能耗效率专项分析

从 2005 年以来，A 城市的万元 GDP 能耗水平持续下降，年均降幅大于所在省份和全国的平均水平。但与国内其他城市相比，A 城市的能耗水平仍较高，约为全国平均水平的 1.8 倍（图 5-4-4）。

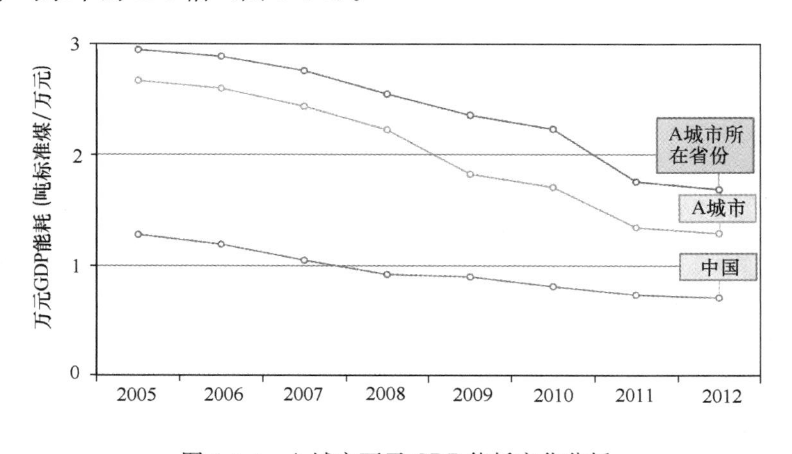

图 5-4-4　A 城市万元 GDP 能耗变化分析

（2）空气质量专项分析

雾霾现象频发，空气质量（特别是 PM2.5）越来越受到关注。A 城市的空气质量改善幅度较大，优良率由 2001 年 32.9%提高到 2014 年 89.0%（图 5-4-5 和图 5-4-6）。新空气质量标准实施后，2013 年 3、4、6 月 A 城市被列入空气污染较重城市名单。

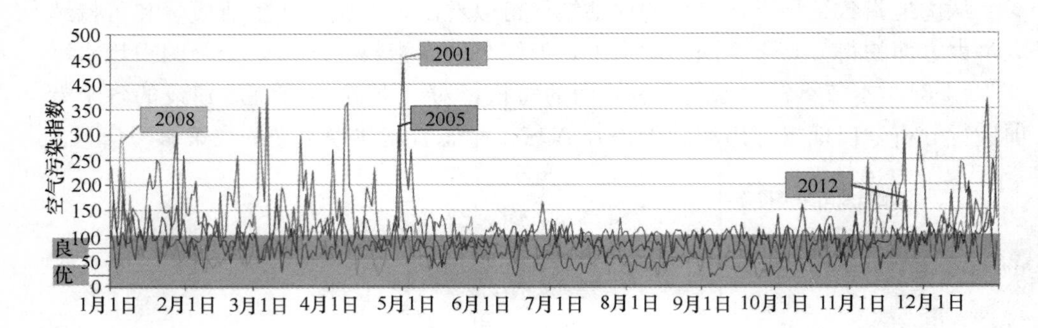

图 5-4-5　A 城市空气质量时序变化分析

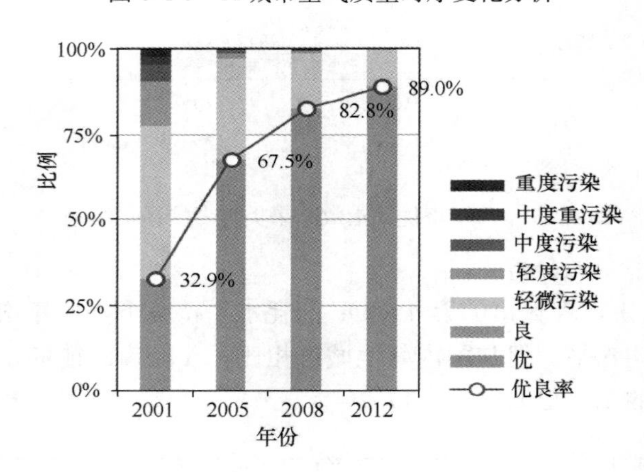

图 5-4-6　A 城市空气优良天数变化分析

（3）城市绿化专项分析

A 城市的人均绿地面积持续增长，位于所在省份的第 6 位。2013 年人均公园绿地面积为 10.66 平方米，建成区绿化覆盖率达 39.7%，仍处于全省较低水平（图 5-4-7）。

（4）发展空间和潜力分析

2013 年，A 城市的人均 GDP 达到 54440 万元/人，均为同期全国平均水平的 2 倍，排名全国第 78 位，全省第 2 位（图 5-4-8）。作为国家园林城市、历史文化名城及智慧城市试点，旅游业收入占 GDP 的比重持续增加（图 5-4-9），有必要也有能力提升生态宜居水平。而实现其生态宜居水平提升，产业转型、建筑节能、绿色交通等措施缺一不可。

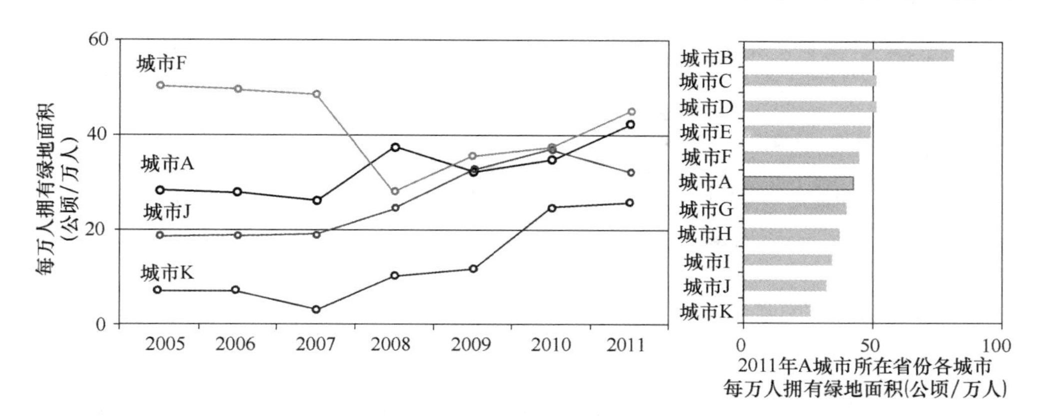

图 5-4-7　城市绿化水平及其变化对比分析

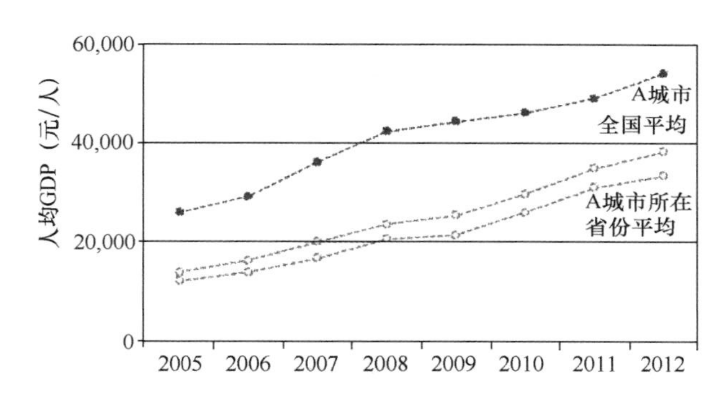

图 5-4-8　2005～2012 年 A 城市人均 GDP 与全国全省平均水平对比分析

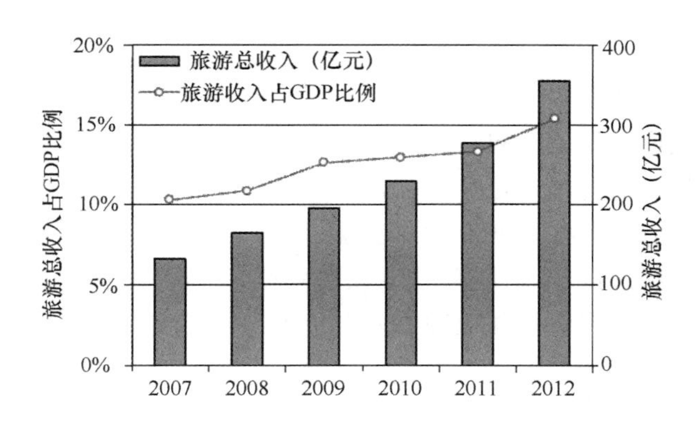

图 5-4-9　2005～2012 年 A 城市旅游业收入分析

（5）绿色建筑与建筑节能专项分析

经统计，A 城市在 2012 年开始有绿色建筑标识项目，但是数量较少且主要为一星级和二星级项目，尚无三星级绿色建筑项目。截至 2012 年底，A 城市所在的省份有 17 个建筑项目，排全国第 12 位（图 5-4-10）。

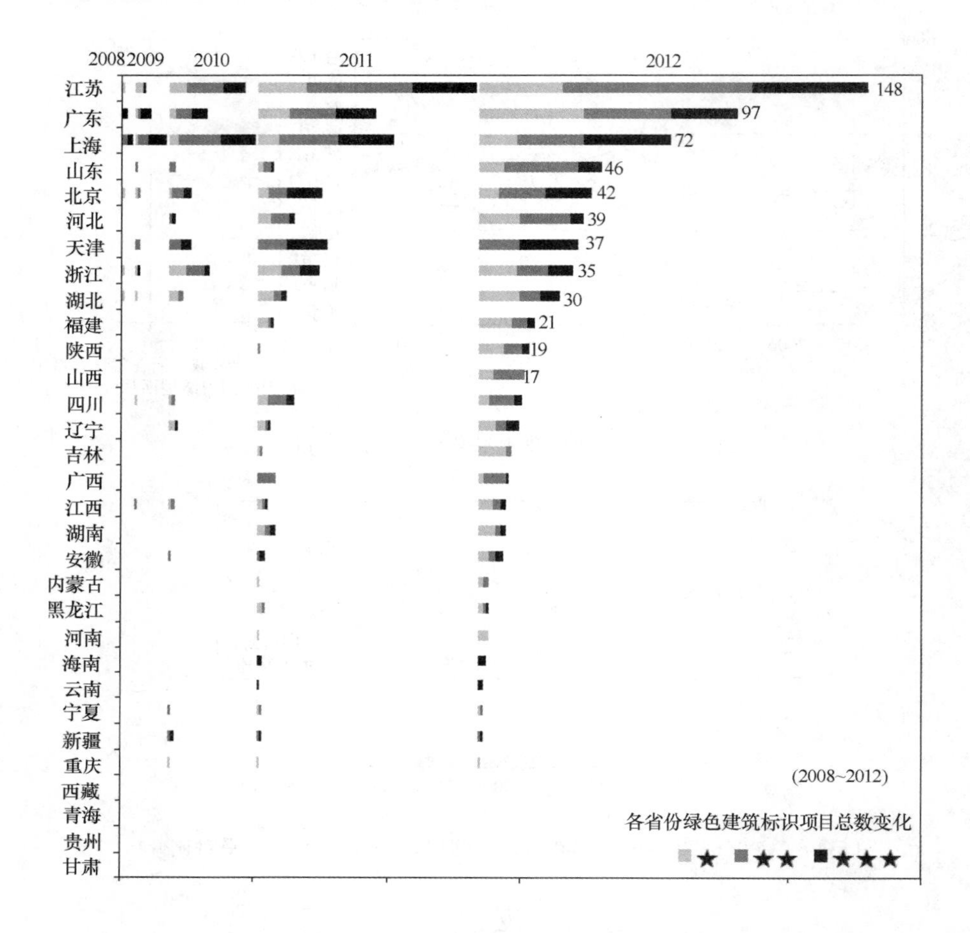

图 5-4-10　2008～2012 年各省绿色建筑表示项目数量变化

通过对建筑面积、建筑电耗的数据分析，找出其建筑节能的潜力和差距。A 城市房屋建筑施工面积增速逐年增长，2011 年比 2010 年施工面积增加 34%，达到 4468.76 万平方米。其万元 GDP 电耗逐年下降，但建筑业占全社会用电比例呈现逐年增长趋势，高于万元 GDP 电耗的降速（图 5-4-11 和图 5-4-12）。由于居住环境的舒适度要求提升，建筑总量增加，技术的改进和使用行为方式的转变，具有巨大的建筑节能潜力。

（6）绿色交通专项分析

A 城市“公交都市”示范城市，在提升公交交通的便捷性和可达性方面做了大量的工作，也存在进一步提升的空间。2011 年，公交运营路网长度猛增，达到 2010 年的 4.7 倍，公交客运量随之增长 54.9%；2010～2012 年，城市公交运营车辆数量增长，平均每年增加 392 辆，增长率约为 20%（图 5-4-13）。2012 年，城市轨道交通建设规划获国务院批准，新建自行车租赁点 564 个、新购置公

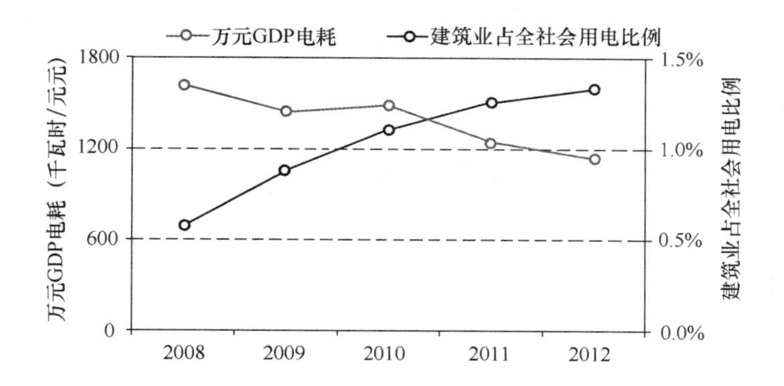

图 5-4-11　2008～2012 年 A 城市万元 GDP 电耗和建筑业占全社会用电比例变化

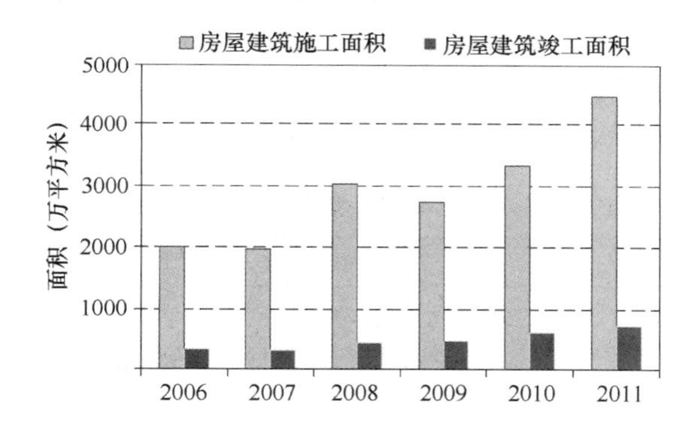

图 5-4-12　2006～2011 年 A 城市房屋建筑施工面积和竣工面积变化

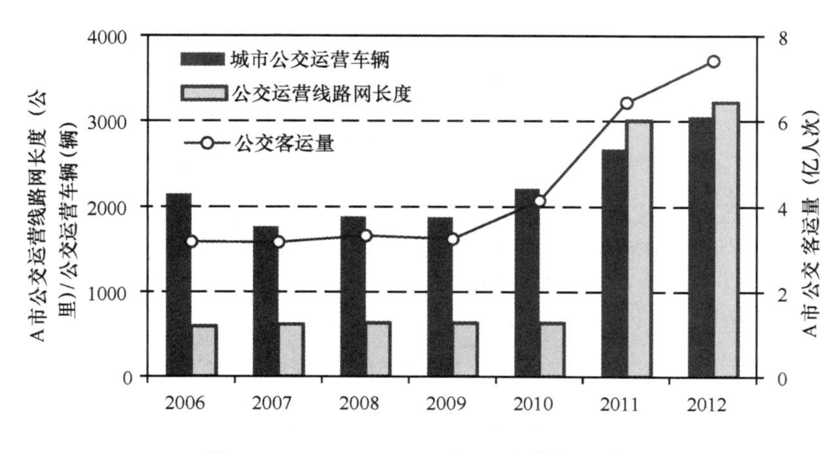

图 5-4-13　2006～2012 年 A 公共交通建设

共自行车 2 万辆、投放 1.5 万辆，建成了覆盖主城区的公共自行车服务系统。但目前，A 城市的每万人拥有公共汽车数仍低于省内部分城市，位列全省第 5。A

市慢行交通系统建设潜力大，人行道面积占比与深圳、厦门、海口、中山等慢行体验典型城市相近，既有的园林、历史街区/城区等景观、人文因素等为慢行交通发展提供基础。

4.3　基于评估结果的措施分析

基于发展型城市到提升型城市转变的政策措施特征分析结果，研究组对A城市未来的发展着力点提出几点建议：首先，A城市的未来生态宜居建设应注重持续投入巩固和提升已有成果，如多污染物协同控制、水资源红线、优化绿地系统布局和城市公共交通网络等。其次，要实现城市生态宜居水平的凸显和提升，如建立企业和机动车准入制度、清洁能源的使用、污染控制长效机制、能源与污染物分区管理、绿地植物群落科学配置、交通信息共享平台建设、建立城市生态安全保障机制等（表5-4-1）。通过补充、完善、细化相关政策措施，将生态宜居建设的持续投入快速转化为城市生态宜居建设成效。

案例城市未来生态宜居城市建设着力点预判　　表5-4-1

关键领域	相关措施和项目
能源	燃煤锅炉、窑炉的改造和淘汰，推广清洁能源；划定高污染燃料禁燃区，强化能评环评约束作用，加强节能技术改造，严格节能环保准入，推进煤炭清洁利用，加大绿色建筑项目建设力度
水资源	落实最严格水资源管理制度，设定水资源红线。 实施海绵城市建设，构建城市低影响开发雨水系统
污染物	实施多污染物协同控制，污染物提标治理，建立完善的污染防治长效管理机制
废弃物	完善工业废弃物回收利用的监督、监管机制，推行生活垃圾分类收集、处理机制，推广应用生活垃圾处理技术
生态安全	完善城市生态安全保障机制，提出与城市气候、生态与社会特点相符合的生态安全保障办法
交通	加大城市慢行系统和公共交通建设力度，提升交通运行效率、舒适性、智能化、绿色化，完善综合运输枢纽体系，加大新能源汽车推广应用力度，推进非道路源污染控制，积极发展现代物流业
城市绿化	优化城市绿地系统布局，完善绿地类型，科学配置绿地植物群落，提高绿地养护水平，挖掘城市绿地提升潜力

作为低碳生态城市的践行者，研究组连续五年的持续完善、跟踪、评估记录中国低碳生态城市建设，从综合的评估结果、专项结果、实践应用的角度进行深入研究，在城市建设过程中坚持低碳生态的技术路径，持续推进城市生态宜居环

境建设。基于这一理念和目标，优地指数将继续跟踪表征城市的发展路径，揭示更多的城市生态宜居发展规律，提炼决策支撑信息，竭力服务于我国的低碳生态城市建设。

参考文献：

[1] 叶青，鄢涛，李芬等．城市生态宜居发展二维向量结构指标体系构建与测评[J]．城市发展研究，2011,12:16-20.

[2] 国家统计局城市社会经济调查司．中国城市统计年鉴 2014[M]．北京：中国统计出版社，2015.

[3] 国家统计局．中国统计年鉴 2015[M]．北京：中国统计出版社，2014.

[4] 国家统计局环境保护部．中国环境统计年鉴 2014[M]．北京：中国统计出版社，2015.

[5] 中华人民共和国民政部．中华人民共和国乡镇行政区划简册 2014[M]．北京：中国统计出版社，2014.

[6] 中国经济实验研究院．城市生活质量蓝皮书：中国城市生活质量报告(2014)[M]．北京：社会科学文献出版社，2015.

附　录

Appendix

附录1　2014～2015年低碳生态城建设发展大事记

Appendix 1　2014～2015 Events of Low-carbon Eco-city Development

《国家新型城镇化综合试点通知》发布。2014年6月9日，发改委、中编办、公安部、民政部、财政部、人社部、国土资源部、住建部、农业部、中国人民银行、中国银监会联合下发《国家新型城镇化综合试点通知》，试点的主要任务是以建立农业转移人口市民化成本分担机制、多元化可持续的城镇化投融资机制、创新行政管理和降低行政成本的设市模式、改革完善农村宅基地制度为重点，结合创业创新、公共服务、社会治理、绿色低碳等方面发展的要求，开展综合与分类相结合的试点探索，为全国提供可复制、可推广的经验和模式。

《河南省新型城镇化规划（2014年～2020年）》发布。2014年7月3日，《河南省新型城镇化规划（2014年～2020年）》发布，提出要加快转变城镇化发展方式，深入推进"三大体系、五大基础"（现代产业体系、自主创新体系、现代城镇体系，交通、信息、水利、能源、生态环境五大基础设施）建设；坚持以人的城镇化为核心，推进农业转移人口进得来、落得住、转得出；以中原城市群为主体形态，促进大中小城市和小城镇协调发展，提高城市综合承载能力。

《中国低碳建筑情景和政策路线图研究》发布。2014年7月6日，能源基金会发布《中国低碳建筑情景和政策路线图研究》报告，该项目是基于中国IPAC模型，结合目前建筑领域近年积累的数据，建立中国IPAC-LEAP建筑能耗模型。运用中国建筑能耗模型结果，结合我国建筑节能和低碳发展的要求，确定建筑节能和低碳发展的重要政策措施选择，着重分析这些政策框架下符合我国当前国情的建筑能耗标准。

生态文明贵阳国际论坛2014年年会在贵阳召开。2014年7月10～12日，生态文明贵阳国际论坛2014年年会在贵阳市举行。年会主题为"改革驱动，全球携手，走向生态文明新时代——政府、企业、公众：绿色发展的制度架构和路径选择"。会议通过的"2014贵阳共识"呼吁全球携手，走向生态文明新时代。《贵州省生态文明建设促进条例》于2014年7月1日起正式实施。

碳排放管理标准化技术委员会成立。2014年7月15日，全国碳排放管理标准化技术委员会成立大会在国家发改委召开。该委员会主要负责碳排放管理术语、统计、监测，区域碳排放清单编制方法，企业、项目层面的碳排放核算与报告，低碳产品、碳捕获与碳储存等低碳技术与设备，碳中和与碳汇等领域国家标准制修订工作。第一届全国碳排放管理标准化技术委员会由 27 名委员组成，国家气候战略中心副主任邹骥担任主任委员。

《大气污染防治行动计划实施情况考核办法（试行）实施细则》发布。2014 年 7 月 18 日，环保部、发改委、工信部、财政部、住建部和能源局六部委公布《大气污染防治行动计划实施情况考核办法（试行）实施细则》，提出空气质量改善目标考核 PM2.5、PM10 两项指标考核年均浓度与上年相比不降反升的，均计 0 分，并对 2014、2015、2016 年度 PM2.5 以及 PM10 的年均浓度下降比例做出了相应的要求。

生态文明先行示范区建设（第一批）开展。2014 年 7 月 22 日，发改委、财政部、国土部、水利部、农业部、国家林业局六部门联合印发了《关于开展生态文明先行示范区建设（第一批）的通知》，明确江西省等 57 个地区纳入第一批生态文明先行示范区，并指出江西、云南、贵州、青海四省的《实施方案》由发改委等六部委联合印发实施。

中国绿色发展和生态补偿知识中心成立。2014 年 7 月 30 日，亚洲开发银行、国家发改委西部开发司和中国农业大学共同签署关于成立绿色发展和生态补偿知识中心的谅解备忘录。该知识中心将有助于政策决策者、研究人员及绿色发展、生态系统服务付费和生态补偿领域的工作人员分享其最佳实践经验，并将这些经验介绍给发展中经济伙伴和其他亚洲发展中国家。

《单位国内生产总值二氧化碳排放降低目标责任考核评估办法》发布。2014 年 8 月 6 日，国家发改委印发《单位国内生产总值二氧化碳排放降低目标责任考核评估办法》的通知，首次将二氧化碳排放量的降低纳入地方人民政府及工作人员的政绩考核。此次《办法》列出了详细的考核评估指标及评分细则，除年度二氧化碳排放指标外，还考核“十二五”单位地区生产总值二氧化碳排放量。同时，明确要求地方给出年度不同能源品种的碳排放至及来源单位，产品涉及煤、油、气及电力等多个品种。

《2014～2015 年四川省节能减排低碳发展行动方案》发布。2014 年 8 月 6 日，四川省政府发布《2014～2015 年四川省节能减排低碳发展行动方案》，提出，2014～2015 年，单位 GDP 能耗、二氧化碳排放量年均分别下降 2%、2%以上。2014 年，化学需氧量、二氧化硫、氨氮、氮氧化物排放量分别下降 1%、1%、1.4%、4.5%以上；2015 年，化学需氧量、二氧化硫控制在 2014 年排放水平，氨氮、氮氧化物排放量在 2014 年基础上分别下降 1.5%、3.5%。

北京《关于在本市保障性住房中实施绿色建筑行动的若干指导意见》出台。2014 年 8 月 15 日，北京市出台《关于在本市保障性住房中实施绿色建筑行动的若干指导意见》，并将于10月1日起正式实施。2014年起，凡纳入北京发展规划和年度保障性住房建设计划的公租房、棚户区改造项目应率先实施绿色建筑行动，至少达到绿色建筑一星级标准。经济适用房、限价商品房通过分类实施产业化方式循序推进实施绿色建筑行动。这也意味着北京新建保障性住房将实现“实施绿色建筑行动和产业化建设”100%全覆盖。

《福建省应对气候变化规划（2014～2020）》出台。2014年8月21日，福建省发改委出台《福建省应对气候变化规划（2014～2020）》，要求全省建设的大型公共建筑、10万平方米以上的住宅小区，以及福州、厦门、泉州等市财政性投资的保障性住房全面执行绿色建筑标准，充分利用太阳能、浅层地热能等可再生能源。支持武夷新区开展绿色建筑示范，推进厦门灌口镇等国家绿色低碳重点小城镇和省级村镇住宅小区试点建设，合理引导建设绿色农房。“十二五”期间完成新建绿色建筑1000万平方米，争取到2015年全省20%的城镇新建建筑基本达到绿色建筑标准要求。同时，推进三明、南平、宁德等夏热冬冷地区居住建筑节能改造试点，重点改造不符合节能要求的屋顶和外窗。

《关于促进智慧城市健康发展的指导意见》发布。2014年8月27日，发改委、工信部、科技部、公安部、财政部、国土部、住建部、交通部八部委印发《关于促进智慧城市健康发展的指导意见》。明确提出加强智慧城市建设顶层设计。城市人民政府要从城市发展的战略全局出发研究制定智慧城市建设方案。

中加共建低碳生态区。2014年9月3日，加拿大自然资源部部长格雷·雷克福德在北京宣布签署谅解备忘录（MOU），该谅解备忘录由加拿大自然资源部（NRCan）和中国的天津滨海新区共同签署，开发和实施中加低碳生态区示范项目。

北京绿色建筑标识项目奖励工作启动。2014年9月3日，北京市住建委发布《关于组织申报绿色建筑标识项目财政奖励资金的通知》，2012年以后取得二星级和三星级绿色建筑运行标识的公共建筑项目和住宅建筑项目均可申报。每年3月和8月全市集中组织两次申报，符合条件的单位需按《通知》规定进行申报。市级财政奖励标准为二星级标识项目22.5元/平方米，三星级标识项目40元/平方米，在中央奖励资金下达前，先行拨付50%。奖励资金主要用于补贴绿色建筑咨询、建设增量成本及能效测评等方面。

2014中国城市规划年会在海南召开。2014年9月13日～15日，由中国城市规划学会主办，海口市人民政府、海南省住建厅协办的“2014中国城市规划年会”在海南国际会展中心召开，本届年会的主题为“城乡治理与规划改革”，与会专家将围绕这一主题共同讨论，探索与社会主义市场经济发展需求相适应，与新型工业化、新型城镇化、信息化、农业现代化“四化同步”相协调的城乡规划制度和机制。

《青岛市低碳发展规划》发布。2014年9月15日，青岛市发改委印发《青岛市低碳发展规划》（2014年～2020年）。规划提出，青岛市将把握低碳产业革命的重大机遇，努力实现绿色低碳发展转型，建设低碳型宜居幸福城市。该规划提出的发展目标是，到2015年力争达到二氧化碳排放峰值。到2020年，形成低碳产业聚集区，构筑低碳产业体系，提升低碳技术创新能力；低碳发展体制机制和政策体系进一步完善，还要形成低碳发展的良好社会氛围。最终形成富有特色的低碳城市发展模式，率先建成我国低碳发展的先行区、绿色发展的示范区。

2014城市发展与生态平衡高层论坛在京召开。2014年9月28日，由中国互联网新闻中心主办的2014城市发展与生态平衡高层论坛在北京举办。论坛以“共建生态文明新家园”为主题，深入探讨现代化城市发展、新型城市规划与建设等与城市建设之间的关系问题。本次论坛还发布了首批创建生态文明典范城市，包括成都市、福州市、合肥市、乌鲁木齐市、宝鸡国家高新技术产业开发区、赣州市、日照市、无锡市、承德市、张掖市、洛阳市等共66个。

天津生态城实施方案获批。2014年10月3日，国务院办公厅公布了《国务院办公厅关于同意中国—新加坡天津生态城建设国家绿色发展示范区实施方案的复函》。复函指出，国务院原则同意《中国—新加坡天津生态城建设国家绿色发展示范区实施方案》。复函指出，《方案》的实施要把生态文明建设放到更加突出的位置，坚持生态优先、改革创新、市场驱动、协同发展的原则，着力优化城市空间布局，促进绿色低碳发展，推动资源节约高效循环利用，积极培育绿色文化，努力把中国—新加坡天津生态城建设成为生产发展、生活富裕、生态良好的宜居城区，为探索中国特色新型城镇化道路提供示范。

北京首批“绿色生态示范区”诞生。2014年10月11日，北京市规划委公布，北京未来科技城、北京雁栖湖生态发展示范区、北京中关村软件园获本市首批“绿色生态示范区”称号，将分别获得政府500万元的资金奖励。此次获得称号的3个区域，都具备完善的绿色生态规划指标体系，倡导绿色建筑和绿色交通，充分利用可再生能源，循环利用固体废弃物。

2014上海绿色建筑和建筑节能科技周在沪举行。2014年10月14日～16日，“2014上海绿色建筑和建筑节能科技周”活动正式举办。本届“科技周”活动以“绿色建筑区域发展和建筑工业化发展”为主题，探讨绿色建筑区域发展和建筑工业化发展过程中的难点、热点问题，通过交流国内外绿色建筑理念、先进技术成果和发展经验，探求绿色建筑未来趋势和发展方向。

城市公用事业改革与监管高层论坛在京召开。2014年10月17日，中国城市科学研究会城市公用事业改革与监管专业委员会在北京成立。该专委会为中国城市科学研究会的二级全国性学术组织，旨在开展城市公用事业改革和政府监管理论研究，开展政府监管人才培养，从事政策咨询服务和国内外学术交流，提高城市公用事业监管水平，完善城市公用事业监管模式，促进城市公用事业健康、稳定发展。

世界生态城市与屋顶绿化大会在青岛召开。2014年10月19日至22日，由青岛西海岸新区管委会、中国建设节能协会、世界生态城镇协会等主办的2014世界生态城市与屋顶绿化大会于青岛召开，大会主题为“生态文明·蓝天白云中国梦”。大会根据世界和中国的形势，将会议内容扩大到新一轮新城镇建设最急需的生态规划、绿色建筑、立体绿化、生态修复等重要领域。

中法低碳城市发展研讨会在京召开。2014年10月28日，中法低碳城市发展研讨会在北京法国文化中心成功举办。研讨会由中国住房和城乡建设部中国城市科学研究会生态城市专业委员会和法国驻华大使馆共同主办。本次研讨会旨在对中法两国现行的低碳城市发展实践进行总结，探索低碳城市发展以及城市间合作的新模式。研讨会由城市代表会议、专家会议和城市合作会议组成，深入探讨了提升城市能源结构与发展低碳经济、气候变化下的低碳城市能源规划与绿色建筑、促进低碳生活与新型城镇化三方面的议题。

中国城市未来发展国际论坛在京召开。2014年10月31日，由联合国开发计划署和新华社《瞭望东方周刊》共同主办的中国城市未来发展国际论坛在北京人民大会堂成功举办。论坛主题是“可持续决定城市未来”。论坛宣读了《中国城市未来发展宣言》：“城市的未来，取决于我们今天的行动。让我们齐心协力，共谋发展，创造更和谐美好的城市未来!”

中美发表《气候变化联合声明》。2014年11月2日，中美双方于北京共同发表了应对气候变化的《中美气候变化联合声明》。声明中，美国首次提出到2025年温室气体排放较2005年整体下降26%～28%，刷新美国之前承诺的2020年碳排放比2005年减少17%。中方首次正式提出2030年中国碳排放有望达到峰值，并将于2030年将非化石能源在一次能源中的比重提升到20%。声明的发布标志着中美在应对气候变化的合作方面进入了新的阶段。

《海绵城市建设技术指南——低影响开发雨水系统构建（试行）》发布。2014年11月3日，住建部发布了《海绵城市建设技术指南——低影响开发雨水系统构建（试行）》，明确了海绵城市的概念和建设路径，提出了低影响开发的理念、低影响开发雨水系统构建的规划控制目标分解、落实及其构建技术框架。旨在指导各地推广和应用低影响开发建设模式，充分发挥城市绿地、道路、水系等对雨水的吸纳、蓄渗和缓释作用，使城市开发建设后的水文特征接近开发前，有效缓解城市内涝、削减城市径流污染负荷、节约水资源、保护和改善城市生态环境。

《国家应对气候变化规划（2014～2020年）》公布。2014年11月4日，发改委公布了《国家应对气候变化规划（2014～2020年）》。强调了积极应对气候变化对中国经济社会发展的长远利益的重要意义，要求各地方各部门充分认识加强应对气候变化工作的重要性和紧迫性。要在2020年时，进一步优化产业和能源结构，实现风电、太阳能、生物质能发电等可再生能源的快速增长，降低煤炭等化石能源的产量和消费量。《规划》的制定基本促成了我国“十三五”期间的能源规划方案。

第四届夏热冬冷地区绿色建筑联盟大会在武汉召开。2014年11月6日至7日，由中国绿色建筑与节能委员会和湖北省建筑科学研究院设计院主办的第四届夏热冬冷地区绿色建筑联盟大会在武汉顺利召开。本次大会以“以人为本，建设低碳城镇，全面发展绿色建筑”为主题，由“综合论坛”和“绿色生态城镇建设”、“绿色建材发展应用”、“长江流域采暖探讨、绿色建筑设计研究”、“既有建筑绿色改造绿色施工技术实践”四个分论坛组成。

第四届未来城市研讨会在京召开。2014年11月11日，由中国国际经济交流中心与美国保尔森基金会联合主办的第四届“未来城市：现代中国的城市可持续性”研讨会在京举办。研讨会以“21世纪建筑：优化建筑绩效，构建可持续未来”为主题，以期共同探讨推广节能建筑的最佳实践和有效方法。研讨会深入探讨符合中国国情需要的有效解决方案，对促进中国未来城市的可持续发展具有积极作用。

中外绿色人居论坛在昆明召开。2014年11月15日，由联合国环境规划署和招商局集团主办的第十一届中外绿色人居论坛在昆明成功举行。本届论坛以“绿色智慧，转型升级”为主题，从城市与产业可持续发展的角度，结合国内外生态城镇的理念与实践，展示近年生态城市和产业园区建设成果，促进绿色产业技术研发和实践的国际交流合作，加速推动我国地产行业转型升级。

2014中国智慧城市发展年会在京召开。2014年11月27日，第六届（2014）中国智慧城市发展年会在京召开，大会以“发掘智慧城市创新价值，把握智慧城市主流趋势”为主题。本次会议由中国社会科学院信息化研究中心、国脉互联智慧城市研究中心主办，中国信息化百人会为指导单位。年会正式公布了《2014中国智慧城市发展水平评估报告》。无锡、上海、北京、宁波、深圳、浦东新区、广州、南京、杭州、青岛位列智慧城市发展水平评估前十名。

《能源发展战略行动计划（2014～2020年）》发布。2014年11月19日，国务院办公厅印发《能源发展战略行动计划（2014～2020年）》。明确了2020年我国能源发展的总体目标、战略方针和重点任务，部署推动能源创新发展、安全发展、科学发展。明确了我国能源发展的五大战略任务：增强能源自主保障能力，推进能源消费革命，优化能源结构，拓展能源国际合作，推进能源科技创新。

《关于调整城市规模划分标准的通知》出台。2014年11月20日，国务院印发《关于调整城市规模划分标准的通知》。新标准对原有城市规模划分标准进行了调整，明确了新的城市规模划分标准。与原有城市规模划分标准相比，新标准有四点重要调整：城市类型由四类变为五类，增设超大城市；将小城市和大城市分别划为两档；人口规模的上下限普遍提高；将统计口径界定为城区常住人口。

第三届世界低碳生态经济高峰论坛召开。2014年11月21日，第三届世界低碳生态经济高峰论坛在南昌隆重举行。本次论坛以“生态、开放、合作、共赢”为主题，邀请中外嘉宾以全球化视野、宽广思维和战略高度，共同探讨世界低碳生态经济合作发展问题，积极为推动生态文明建设建言献策，为走向生态文明新时代凝聚了世界共识、加强国际合作，不断推进绿色发展、循环发展、低碳发展。

《IRENA可再生能源路线图2030中国国别报告》发布。2014年11月24日，国家可再生能源中心与国际可再生能源署（IRENA）在北京联合发布《IRENA可再生能源路线图2030中国国别报告》。指出中国可再生能源已占据世界领先地位，未来发展潜力仍为可观。到2030年，现代可再生能源在中国能源结构中的比重将上升至16%。若加速发展风电和太阳能光伏发电，全面推动水电建设，预计到2030年，电力行业可再生能源比重将增加到40%。

《中国应对气候变化的政策与行动2014年度报告》发布。2014年11月25日，发改委发布了《中国应对气候变化的政策与行动2014年度报告》。报告全面介绍了中国在应对气候变化方面采取的一系列政策措施和取得的成效。共分七个部分，包括减缓气候变化、适应气候变化、低碳发展试点与示范、能力建设、全社会广泛参与、国际交流与合作、积极推进应对气候变化多边进程等。

2014年国合会年会在京召开。2014年12月1日，中国环境与发展国际合作委员会（简称“国合会”）年会在北京召开。本次年会主题是“绿色发展的管理制度创新”，并分为“生态文明的制度创新”和“中国绿色转型与展望”两个主题论坛展开。会议期间，讨论了一系列报告与政策建议，包括“中国绿色转型进程评估与展望”、“基于生态文明理念的城镇化发展模式与制度”、“生态保护红线制度创新”、“大气污染防治行动计划绩效评估与区域协调机制”等，并最终形成给中国政府的政策建议。

中德低碳生态城市试点示范工作启动。2014年12月18日，中德全方位战略伙伴关系中的重要组成部分——中德低碳生态城市试点示范工作在京启动。2014年10月，中德双方正式确定江苏省宜兴市和海门市、山东省烟台市、新疆乌鲁木齐市、河北省张家口市（含怀来）为首批“中德低碳生态城市合作项目”试点示范城市。“中德低碳生态城市合作项目”为期3年，示范内容涉及城市发展的各个方面。

财政部开展中央财政支持地下综合管廊试点工作。2014年12月26日，财政部发布《关于开展中央财政支持地下综合管廊试点工作的通知》（财建［2014］839号），财政部、住建部决定开展中央财政支持地下综合管廊试点工作。中央财政对地下综合管廊试点城市给予专项资金补助，一定三年，具体补助数额按城市规模分档确定，直辖市每年5亿元，省会城市每年4亿元，其他城市每年3亿元。

《国家新型城镇化综合试点方案》发布。2014年12月29日，发改委、中央编办、公安部、民政部、财政部、人力资源社会保障部、住建部、农业部、人民银行、银监会、国家标准委十一个机构联合发文《关于印发国家新型城镇化综合试点方案的通知》（发改规划［2014］2960号），同意将江苏、安徽两省和宁波等62个城市（镇）列为国家新型城镇化综合试点地区。到2017年各试点任务取得阶段性成果，形成可复制、可推广的经验。2018到2020年，逐步在全国范围内推广试点地区的成功经验。

《中华人民共和国环境保护法》发布。2014年12月30日，环保部在京召开新闻通气会，通报我国空气质量新标准监测实施工作提前完成，所有监测点位与中国环境监测总站空气质量信息发布平台联网。2015年1月1日起，全国338个地级及以上城市共1436个监测点位，将全部开展空气质量新标准监测。相关空气监测数据将正式发布，公众可通过环保部网站、中国环境监测总站网站及移动客户端查询空气质量新标准第三阶段所有点位的实时监测数据。修订后的《中华人民共和国环境保护法》将自2015年1月1日起施行。

《能效“领跑者”制度实施方案》发布。2014年12月31日，发改委、财政部、工信部、国管局、能源局、质检总局、标准委联合研究制定的《能效“领跑者”制度实施方案》发布。方案指出，建立能效“领跑者”制度，通过树立标杆、政策激励、提高标准，形成推动终端用能产品、高耗能行业、公共机构能效水平不断提升的长效机制，促进节能减排。

中央财政给予海绵城市试点专项资金补助。2014年12月31日，财政部、住建部、水利部下发通知，决定开展中央财政支持海绵城市建设试点工作。中央财政对海绵城市建设试点给予专项资金补助，一定3年，具体补助数额按城市规模分档确定，直辖市每年6亿元，省会城市每年5亿元，其他城市每年4亿元。

第八届恩必特（新智库）经济论坛在京召开。2015年1月18日，第八届恩必特（新智库）经济论坛在国家行政学院召开，本届论坛主题为“新常态 新机遇 新动力”。大会包含十二个平行主题分论坛会议，包括知识产权、产业、金融、宏观经济与投资、教育文化与健康、农业、智慧城市、生态环境、能源、互联网金融、资源投资和恩必特协同投资专场分论坛。

第二批建设宜居小镇、宜居村庄示范名单公布。2015年1月20日，住建部确定江苏省常熟市梅李镇等45个镇为宜居小镇示范，四川省眉山市梅湾村等61个村为宜居村庄示范。住建部将编制宜居小镇、宜居村庄示范案例集，并通过网络等形式予以宣传。

中国建筑节能协会南方中心在沪成立。2015年1月31日，“中国建筑节能协会南方中心成立大会”在沪成立。旨在探索我国建筑和规划节能在南方气候和环境条件下的特别应对，将在中国建筑节能协会领导下，以国家建设领域节能减排工作为中心，在南方地区开展调查、研究、咨询、宣传、培训，组织建筑节能技术开发及推广应用，在政府、行业和企业之间发挥桥梁作用，通过网站互动、会议展览、考察组织、案例收集与展示等形式，促进南方地区建筑节能减排技术的发展。

《低碳社区试点建设指南》发布。2015年2月12日，发改委发布了《低碳社区试点建设指南》，明确将在城市新建社区、城市既有社区、农村社区开展试点，探索形成符合实际、各具特色的低碳社区建设模式。

《绿色工业建筑评价技术细则》发布。2015年2月12日，住建部发布了《绿色工业建筑评价技术细则》，该标准适用于新建、扩建、改建、迁建、恢复的建设工业建筑和既有工业建筑的各行业工厂或工业建筑群中的主要生产厂房、各类辅助生产建筑。

第一批建设小城镇宜居小区示范名单公布。2015年2月13日，住建部发布了《住房和城乡建设部关于公布第一批小城镇宜居小区示范名单的通知》，决定将江苏省苏州市吴中区甪直镇龙潭苑、龙潭嘉苑小区、江苏省昆山市陆家镇蒋巷南苑小区、湖北省十堰市丹江口市均县镇玄月小区、湖南省郴州市桂东县清泉镇下丹小区、湖南省郴州市汝城县热水镇汤河老街小区、四川省德阳市孝泉镇德孝苑小区、贵州省安顺市黄果树风景名胜区黄果树镇半边街小区、云南省普洱市镇沅县恩乐镇哀牢小镇等8个小区列入第一批小城镇宜居小区示范名单。

全国两会在京召开。2015年3月3～15日，第十二届全国人民代表大会第三次会议和全国政协第十二届全国委员会第三次会议在京举行。2015年3月5日，李克强总理在第十二届全国人民代表大会第三次会议开幕式上做了《2015年国务院政府工作报告》。

博鳌亚洲论坛在海南召开。2015年3月26日，由28个国家发起的博鳌亚洲论坛在海南顺利召开。本届论坛主题为“亚洲新未来：迈向命运共同体”。16位国家元首、政府首脑出席。来自49个国家和地区的2786名政、商、学、媒界人士参加会议并开展深入讨论，达成广泛共识。77场正式讨论，议题涉及宏观经济、区域合作、产业转型、技术创新、政治安全、社会民生六大领域。

《中国绿色小城镇评价标准》发布。2015年3月12日，中国城市科学研究会绿色建筑与节能专业委员会发布《绿色小城镇评价标准》，自2015年4月1日起实施。主要内容包括总则、术语、基本规定、生态规划与建设、产业规划、小城镇规划与建设、遗产保护、建筑设计与场地设计、能源规划与利用、节水与水资源利用、固体废物处理与资源化利用、管理与宣传和附录。

第十一届国际绿色建筑与建筑节能大会在京召开。2015 年 3 月 24～25 日，第十一届国际绿色建筑与建筑节能大会暨新技术与产品博览会在北京国家会议中心举行，大会由中国城市科学研究会、中国绿色建筑与节能专业委员会和中国生态城市研究专业委员会联合主办。主题是："提升绿色建筑性能，助推新型城镇化"。国务院参事、住建部原副部长仇保兴作了题为《新常态 新绿建》的主题报告。

中欧低碳生态城市合作项目试点城市名单发布。2015 年 3 月 30 日，住建部发布了中欧低碳生态城市合作项目试点城市名单。珠海和洛阳 2 个城市列为中欧低碳生态城市合作项目综合试点城市，常州、合肥、青岛、威海、株洲、柳州、桂林和西咸新区沣西新城等 8 个城市列为中欧低碳生态城市合作项目专项试点城市。

2015 年海绵城市建设试点城市名单公示。2015 年 4 月 2 日，财政部、住建部、水利部公示了 2015 年海绵城市建设试点城市，名单如下（按行政区划序列排列）：迁安、白城、镇江、嘉兴、池州、厦门、萍乡、济南、鹤壁、武汉、常德、南宁、重庆、遂宁、贵安新区和西咸新区。

附录 2　2014～2015 年度热词索引
Appendix 2　2014～2015 Annual Hot Word Index

2014～2015 年度，政府报告和学术报告中用到许多与生态城市相关的年度热词，这词折射出中国在经济发展的同时，在生态、环境、资源保护等方面具有前所未有的认识高度。以下摘录 2014～2015 年度与生态城市发展相关的热词，以供从事相关领域的学者和政府工作人员参考❶。

A

APEC 蓝

APEC 蓝是指 2014 年北京 APEC 会议期间，京津冀实施道路限行和污染企业停工等措施，来保证空气质量达到良好水平。促成“APEC 蓝”的三大要素：保障措施带来的本地污染排放大幅减少，周边联防联控协同减排，没有发生极端不利的气象条件。

C

创客

“创客”是指出于兴趣与爱好，努力把各种创意转变为现实的人。创客以用户创新为核心理念，是创新 2.0 模式在设计制造领域的典型表现。Fab Lab 及其触发的以创客为代表的创新 2.0 模式，基于从个人通讯到个人计算，再到个人制造的社会技术发展脉络，试图构建以用户为中心的，面向应用的融合从创意、设计到制造的用户创新环境。

存量与减量规划

存量与减量规划是指严格控制城乡建设用地规模，逐步减少新增建设用地规模，着力盘活存量建设用地，有序增加建设用地流量，提高建设用地效率。

---

❶ 错漏在所难免，也无法涵盖全部，请读者批评指正。

D

大气污染防治行动计划

《大气污染防治行动计划》（简称“大气十条”）由国务院出台，主要包括大气污染防治的十条措施：一是加大综合治理力度，减少多污染物排放；二是调整优化产业结构，推动经济转型升级；三是加快企业技术改造，提高科技创新能力；四是加快调整能源结构，增加清洁能源供应；五是严格投资项目节能环保准入，提高准入门槛，优化产业空间布局；六是发挥市场机制作用，完善环境经济政策；七是健全法律法规体系，严格依法监督管理；八是建立区域协作机制，统筹区域环境治理；九是建立监测预警应急体系，制定完善并及时启动应急预案，妥善应对重污染天气；十是明确各方责任，动员全民参与，共同改善空气质量。

大数据

大数据，或称巨量资料，指的是需要新处理模式才能具有更强的决策力、洞察力和流程优化能力的海量、高增长率和多样化的信息资产。大数据技术的普及与应用能及时地获取基层信息以提高治理效率、通过更科学细致的数据分析及时准确发现问题、通过优良的数据可视化与公众进行互动等。

低碳社区

低碳社区是在低碳经济模式下的城市社区生产方式、生活方式和价值观念的变革。在社区内将所有活动所产生的碳排放降到最低，并且以低碳或可持续的概念来改变民众的行为模式，来降低能源消耗和减少 CO_2 的排放。社区的结构是城市结构的细胞，社区结构与密度对城市能源及 CO_2 排放起了关键的作用。

地下综合管廊

地下综合管廊亦称“共同沟”，即把市政、电力、通讯、燃气、上水、中水、排水、热力等各种管线集于一体，在城市道路的地下空间建造一个集约化的隧道。同时设有专门的检修口、吊装口和监测、控制系统，是一种城镇综合管线工程。

G

工业 4.0

“工业 4.0”概念包含了由集中式控制向分散式增强型控制的基本模式转变，

目标是建立一个高度灵活的个性化和数字化的产品与服务的生产模式，旨在提升制造业的智能化水平，建立具有适应性、资源效率及人因工程学的智慧工厂，在商业流程及价值流程中整合客户及商业伙伴。其技术基础是网络实体系统及物联网。

股票发行注册制改革

股票发行注册制是指发行人申请发行股票时，必须依法将公开的各种资料完全准确地向证券监管机构申报。证券监管机构的职责是对申报文件的全面性、准确性、真实性和及时性作形式审查，不对发行人的资质进行实质性审核和价值判断而将发行公司股票的良莠留给市场来决定。注册制的核心是证券发行人提供的材料不存在虚假、误导或者遗漏。

规划审批简政放权

规划审批简政放权是指取消和下放部分行政审批项目，取消部分职业资格许可和认定事项，取消部分评比达标表彰项目，将部分工商登记前置审批事项调整或明确为后置审批。

国家节水型城市

国家节水型城市是指城市节水工作已达到了《节水型城市考核标准》的要求，验收合格的城市。

H

海绵城市

海绵城市是指城市能够像海绵一样，在适应环境变化和应对自然灾害等方面具有良好的“弹性”，下雨时吸水、蓄水、渗水、净水，需要时将蓄存的水“释放”并加以利用。海绵城市建设应遵循生态优先等原则，将自然途径与人工措施相结合，在确保城市排水防涝安全的前提下，最大限度地实现雨水在城市区域的积存、渗透和净化，促进雨水资源的利用和生态环境保护。

“互联网＋”行动计划

“互联网＋”模式，其中的“＋”指的是传统的各行各业。“互联网＋”代表一种新的经济形态，即充分发挥互联网在生产要素配置中的优化和集成作用，将互联网的创新成果深度融合于经济社会各领域之中，提升实体经济的创新力和生产力，旨在促进互联网与各产业融合创新，在技术、标准、政策等多个方面实现互联网与传统行业的充分对接。

J

基础设施和基本公共服务“同城化”

基础设施和基本公共服务“同城化”是指一个城市与另一个或几个相邻的城市，在经济、社会和自然生态环境等方面具有能够融为一体的发展条件，以相互融合、互动互利，促进共同发展；以存量资源，带动增量发展，增强整体竞争力；以优势互补，相互依托，完善城市功能，建设和谐宜居城市。

建筑信息模型

建筑信息模型是以建筑工程项目的各项相关信息数据作为模型的基础，进行建筑模型的建立，通过数字信息仿真模拟建筑物所具有的真实信息。这种方法支持建筑工程的集成管理环境，可以使建筑工程在其整个进程中显著提高效率、大量减少风险。

交通排放因子模型

交通排放因子模型是根据 24 小时的动态数据，可以测算出不同地区的交通在一小时的温室气体排放量的模型。主要排放因子包括一氧化碳（CO）、氮氧化物（NOx）和碳氢化合物（HC）等。

结构性减税和普遍性降费

结构性减税是“有增有减，结构性调整”的一种税制改革方案，是为了达到特定目标而针对特定群体、特定税种来削减税负水平。有增有减的税负调整，意味着税收的基数和总量基本不变；而结构性减税则着眼于减税，税负总体水平是减少的。普遍性降费是指企业负担的大部分不需要或不必要费用都要减少甚至取消。国务院常务会议决定实施普遍性降费，自 2015 年 1 月 1 日起减免小微企业、养老、医疗等收费，进一步为企业特别是小微企业减负添力。

L

临时求助制度

临时求助制度是指国家对遭遇突发事件、意外伤害、重大疾病或其他特殊原因导致基本生活陷入困境，其他社会救助制度暂时无法覆盖或救助之后基本生活暂时仍有严重困难的家庭或个人给予的应急性、过渡性的救助。

绿色保障性住房

绿色保障性住房是指实施绿色建筑行动，至少达到绿色建筑一星级标准，本着经济、适用、环保、安全、节约资源的原则，统一规划，精心组织，分步实施的直辖市、计划单列市及省会城市市辖区范围内的保障性住房。

绿色化

绿色化是指科技含量高、资源消耗低、环境污染少的产业结构和生产方式，向勤俭节约、绿色低碳、文明健康的方向转变，力戒奢侈浪费和不合理消费的生活方式，把生态文明纳入社会主义核心价值体系，形成人人、事事、时时崇尚生态文明的社会新风。

绿色工业建筑

绿色工业建筑是一种全新的消费理念，生动而全面地诠释了“节能、环保、低碳、安全、健康、舒适”是未来建筑发展方向的新概念。以实现工业建筑在全生命周期内节地、节能、节水、节材、保护环境、保障员工健康和加强运行管理的“四节二保一加强”为目标。

绿色小城镇

绿色小城镇是指因地制宜的科学规划，产业模式合理，资源能源集约节约、保护环境、功能完善、宜居宜业、特色鲜明，突出物质文明、精神文明、生态文明建设，实现可持续发展的小城镇。

绿色住区

绿色住区是指可持续发展下的人类聚集地，是自然生态系统与人类生活的良性循环，从高效利用自然环境和保护环境的角度出发，在住区建设之始，以绿色技术为支撑，在使用过程中能够最大限度地节约自然资源（节能、节地、节水、节材）、完成住区内资源自我循环维持，以达到保护环境和节约住区维护成本的目的，从而为人们提供经济适中、环境优雅和生态平衡效益三效合一的人居环境。

N

能效“领跑者”行动计划

能效“领跑者”是指同类可比范围内能源利用效率最高的产品、企业或单位。实施能效“领跑者”制度对增强全社会节能减排动力、推动节能环保产业发展、节约能源资源、保护环境具有重要意义。

P

棚户区改造

棚户区改造是中国政府为改造城镇危旧住房、改善困难家庭住房条件而推出的一项民心工程。棚改安置住房实行原地和异地建设相结合，以原地安置为主，优先考虑就近安置；异地安置的，要充分考虑居民就业、就医、就学、出行等需要，安排在交通便利、配套设施齐全地段。

Q

奇奇怪怪建筑

奇奇怪怪建筑是指结构偏离常理、与功能相悖、外形上哗众取宠、造型浮夸、体态怪异建筑的建筑。

全要素生产率

全要素生产率是指“生产活动在一定时间内的效率”。是衡量单位总投入的总产量的生产率指标。即总产量与全部要素投入量之比。全要素生产率的来源包括技术进步、组织创新、专业化和生产创新等。

S

三证合一

“三证合一”登记制度是指企业登记时依次申请，分别由工商行政管理部门核发工商营业执照、组织机构代码管理部门核发组织机构代码证、税务部门核发税务登记证，改为一次申请、合并核发一个营业执照的登记制度。

深港通

深港通是深港股票市场交易互联互通机制的简称，指深圳证券交易所和香港联合交易所有限公司建立技术连接，使内地和香港投资者可以通过当地证券公司或经纪商买卖规定范围内的对方交易所上市的股票。

生态文明建设

生态文明建设是以人与自然、人与人、人与社会和谐共生、良性循环、全面发展、持续繁荣为宗旨，以建立可持续的经济发展模式、健康合理的消费模式以及和谐的人际关系为主要内容，倡导人类在遵循人、自然、社会和谐发展的基础上，追求物质和精神财富的创造和积累，它所遵循的是可持续发展原则。

生态文明制度改革

生态文明制度改革是指加快建立生态文明制度，健全国土空间开发、资源节约利用、生态环境保护的体制机制，推动形成人与自然和谐发展现代化建设新格局。

生态补偿制度

生态补偿制度是以防止生态环境破坏、增强和促进生态系统良性发展为目的，以从事对生态环境产生或可能产生影响的生产、经营、开发、利用者为对象，以生态环境整治及恢复为主要内容，以经济调节为手段，以法律为保障的新型环境管理制度。

双引擎

双引擎是指：一方面，充分发挥市场在资源配置中的决定性作用，培育打造新引擎，推动大众创业、万众创新；另一方面，更好发挥政府作用，改造升级传统引擎，增加公共产品、公共服务供给。

水污染防治行动计划

《水污染防治行动计划》（简称“水十条”），由国务院发布，是当前和今后一个时期全国水污染防治工作的行动指南，共10条35款。一是全面控制污染物排放；二是推动经济结构转型升级；三是着力节约保护水资源；四是强化科技支撑；五是充分发挥市场机制作用；六是严格环境执法监管；七是切实加强水环境管理；八是全力保障水生态环境安全；九是明确和落实各方责任；十是强化公众参与和社会监督。

“四大板块”和“三个支撑带”战略组合

“四大板块”是指西部地区、东北地区、中部地区、东部地区。“三个支撑带”是指“一带一路”、京津冀、长江经济带。在西部地区开工建设一批综合交通、能源、水利、生态、民生等重大项目，落实好全面振兴东北地区等老工业基地政策措施，加快中部地区综合交通枢纽和网络等建设，支持东部地区率先发展，加大对老少边穷地区支持力度，完善差别化的区域发展政策。把“一带一路”建设与区域开发开放结合起来，加强新亚欧大陆桥、陆海口岸支点建设。

四梁八柱

“四梁八柱”是一体化的生态文明建设战略，第一梁是“进一步丰富环境保护的理论体系”，第二梁是“形成有力保护生态环境的法律法规体系”，第三梁是“建立严格监管所有污染物的环境保护组织制度体系”，第四梁是“以打好大气、水、土壤污染防治三大战役为抓手，构建改善环境质量的工作体系”。“八柱”则是指扎实做好以下八项工作：一要突出抓好大气、水和土壤污染防治；二要继续强化主要污染物减排；三要加快推进生态环境保护领域改革；四要采取综合措施推动经济转型升级；五要深化生态保护；六要严格执法监督和应急管理；七要全面推进环境信息公开；八要切实抓好教育实践活动整改落实。

T

碳排放峰值

碳排放峰值就是通过预测得到的将来二氧化碳年排放量的最大值，本质上反映了将来能源的最大消耗量。

碳排放交易

碳排放交易是以市场为基础的污染控制手段，通过经济激励实现污染物的减排的新型交易机制。该交易机制需要一个中央权威机构（通常由政府担任）设定排污配额，并将配额分配或销售给企业，企业因此可以排放某一个规定数量的某特定污染物。企业如果要增加污染排放，必须从排污少的企业购买多余配额。

统一的社会信用代码制度

统一的社会信用代码制度是以公民身份号码和组织机构代码为基础的主体标识代码制度，包括公民统一社会信用代码、法人和其他组织统一社会信用代码。实施统一社会信用代码制度，是为每个公民、法人和其他组织发放一个唯一的、终身不变的主题标识代码，并以其为载体采集、查询、共享、比对各类主体信用信息。

土壤污染治理

土壤污染治理是防止土壤遭受污染和对已污染土壤进行改良、治理的活动。通过编制土壤污染防治行动计划，加快推进土壤环境保护立法进程，进一步开展土壤污染状况详查工作，实施土壤修复工程，加强土壤环境监管等措施加强土壤污染治理。

W

五位一体

五位一体是指经济建设、政治建设、文化建设、社会建设、生态文明建设为一体——着眼于全面建成小康社会、实现社会主义现代化和中华民族伟大复兴，党的十八大报告对推进中国特色社会主义事业作出“五位一体”总体布局。

X

项目核准网上并联办理

项目核准网上并联办理是指同一部门实施的多个审批，实行一次受理、一并办理。实现“精简审批事项、网上并联办理、强化协同监管”的目标，精简与项目核准相关的行政审批事项，实行项目核准与其他行政审批网上并联办理，规范中介服务行为，建设投资项目在线审批监管平台，构建纵横联动协管体系。

新常态

新常态是不同以往的、相对稳定的状态。这是一种趋势性、不可逆的发展状态，指当今社会发展条件下的经济的发展模式和方向，意味着中国经济已进入一个与过去30多年高速增长期不同的新阶段。

新环保法

2014年4月24日，十二届全国人大常委会第八次会议表决通过了《环保法修订案》。新修订的《环境保护法》规定了生态环境保护的基本原则、基本制度，并在完善监管制度、健全政府责任、提高违法成本、推动公众参与等方面实现了诸多突破，为进一步保护和改善环境、推进生态文明建设提供了有力的法制保障。

新型城镇化

新型城镇化是以城乡统筹、城乡一体、产城互动、节约集约、生态宜居、和谐发展为基本特征，是大中小城市、小城镇、新型农村社区协调发展、互促共进的城镇化。其核心在于不以牺牲农业和粮食、生态和环境为代价，着眼农民，涵盖农村，实现城乡基础设施一体化和公共服务均等化，促进经济社会发展，实现共同富裕。

幸福感指数

幸福感指数是衡量人们对生活的客观条件、所处状态、生活的主观意义和满足程度等心理感受具体程度的主观指标数值。

Y

一带一路

“一带一路”是“丝绸之路经济带”和“21世纪海上丝绸之路”的简称，是依靠中国与有关国家既有的双多边机制，借助既有的、行之有效的区域合作平台，旨在借用古代“丝绸之路”的历史符号，高举和平发展的旗帜，主动地发展与沿线国家的经济合作伙伴关系，共同打造政治互信、经济融合、文化包容的利益共同体、命运共同体和责任共同体。

Z

政府和社会资本合作模式

政府和社会资本合作模式是指政府通过特许经营权、合理定价、财政补贴等事先公开的收益约定规则，引入社会资本参与城市基础设施等公益性事业投资和运营，以利益共享和风险共担为特征，发挥双方优势，提高公共产品或服务的质量和供给效率。这在基础设施及公共服务领域建立的一种长期合作关系。通常模式是由社会资本承担设计、建设、运营、维护基础设施的大部分工作，并通过“使用者付费”及必要的“政府付费”获得合理投资回报；政府部门负责基础设施及公共服务价格和质量监管，以保证公共利益最大化。

中等收入陷阱

“中等收入陷阱”是指当一个国家的人均收入达到中等水平后，由于不能顺利实现经济发展方式的转变，导致经济增长动力不足，最终出现经济停滞的一种状态。

准入前国民待遇加负面清单管理模式

准入前国民待遇是给予外国投资者及投资的待遇不低于在相似情形下给予本国投资者及投资的待遇。它的实质是外商投资的管理模式问题，要求在外资进入阶段给予国民待遇，即引资国应就外资进入给予外资不低于内资的待遇。这一待遇不是绝对的，允许有例外。世界各国较为普遍采用负面清单的方式，将其核心关注的行业和领域列入其中，保留特定形式的进入限制。未列入负面清单之中的行业和领域，则不能对外资维持限制。

智慧城市

智慧城市就是运用信息和通信技术手段感测、分析、整合城市运行核心系统的各项关键信息，从而对包括民生、环保、公共安全、城市服务、工商业活动在内的各种需求做出智能响应。其实质是利用先进的信息技术，实现城市智慧式管理和运行，进而为城市中的人创造更美好的生活，促进城市的和谐、可持续成长。

中国制造2025

“中国制造2025”提出了我国制造强国建设三个十年的“三步走”战略，是第一个十年的行动纲领。“中国制造2025”应对新一轮科技革命和产业变革，立足我国转变经济发展方式实际需要，围绕创新驱动、智能转型、强化基础、绿色发展、人才为本等关键环节，以及先进制造、高端装备等重点领域，提出了加快制造业转型升级、提升增效的重大战略任务和重大政策举措，力争到2025年从制造大国迈入制造强国行列。

众创空间

众创空间是顺应网络时代创新创业特点和需求，通过市场化机制、专业化服务和资本化途径构建的低成本、便利化、全要素、开放式的新型创业服务平台的统称。

附录 3　生态城市研究专业委员会学术活动

Appendix 3　Academic Activities of China Eco-city Research Committee

2014～2015 年中国城市科学研究会（以下简称中国城科会）生态城市研究专业委员会（以下简称“生态委”）共组织一次全委会会议和 11 次例会，举办了 10 多场次具有提升力和影响力的国际论坛，覆盖人员近万人次，参加 20 余次学术交流和研讨，同时为中关村软件园、北京雁栖湖、密云生态商务区等近 10 个国内高精尖专业园区提供生态诊断技术支持。

1　2014 年度生态城市研究专业委员会全委会

2014 年 9 月 22 日，生态委全委会在天津召开，进行年度工作总结，讨论工作计划与要点，交流学组工作，介绍委员增补方案。中国城市规划设计研究院副院长李迅、中国城科会副秘书长徐文珍、委员会秘书长叶青、副主任委员沈清基以及部分委员、拟增补委员等 40 余人出席了本次会议。

1.1　2013～2014 年生态委工作概述摘要

生态委秘书处对 2013～2014 年的工作进行了综述，从组织建设、学术科研、国际交流、品牌建设、管理制度等方面对年度工作做出总结，并提出下一步工作思路。

（1）组织建设

增补委员 24 名，涵盖产、学、研、管多个部门。至此，生态委委员数量增至约250名，进一步扩大、充实生态委队伍。同时，首次开通了生态委微信公众号并完善生态委信息平台，借助信息化手段共享资源，促进委员间活力互动，营造良好的学术氛围。

（2）学术活动

重视多学科、跨领域、互动式的交流，以此了解行业领域最新进展与发展趋势，丰富理论与经验，集结优质资源与信息渠道，实现思维的碰撞。在有限资源目标下开展一系列学术交流活动：与北京交通大学城市规划设计研究院有合作研究意向，研究内容包括生态城市地区化研究、基于观察基地的空间数据攻关研究等。参加中国住宅产业化联盟成立大会，参与第四届“未来城市：现代中国的城市可持续性”研讨会及“可持续发展规划项目奖”颁发仪式，参与设计的深圳国际低碳城项目获保尔森基金会“2014可持续发展规划项目奖”。

（3）国际合作

以开放、包容的心态，积极开展国际合作研讨，紧跟国际前沿动态，搭建国内外生态城市、绿色建筑、低碳减排等相关领域研究成果交流、分享的平台。①协办第十一届建筑环境模拟及绿色建筑技术国际研讨会（CHAMPS 2014）与会专家学者共同探讨建筑设计与运行过程中面临的主要科学技术难题，创建了绿色建筑与生态城市领域的国际合作平台；②举办中欧低碳生态指标体系研讨会。与EC2（中欧清洁能源中心）的欧方专家共同探讨低碳生态城市建设的经验与路径；③召开中法低碳生态城市发展论坛；④参加EC2－APEC低碳城镇项目终期成果发布会暨中欧友好城市推进会；⑤与荷兰代尔夫特大学计划开展合作。双方进一步推进联合博士生的培养、互访和培训交流，搭建中外低碳生态城市合作交流平台，拓宽生态城市研究专业委员会相关研究领域。

（4）课题研究

生态委强调并重视独立研究，通过系统、独立的思考和深入的调研，初步形成独具特色的研究体系，打造委员会的核心竞争力与口碑。①梳理生态示范项目。初步搭建国外生态城市数据库，为更好地进行国内生态城市现状定位提供了可能的案例参考；②开展国外低碳生态城镇指标体系研究。整理50余个能源类指标、30余个产业类指标的指标属性与目标发展路线，为研究我国生态城市低碳转型发展模式提供参考；③深圳国际低碳城项目进入APEC示范城镇示范项目评估。由生态委参与规划建设的中欧可持续城镇化合作旗舰项目——深圳国际低碳城获评2014年亚太经合组织（APEC）的26个低碳示范城镇示范项目之一，并通过示范项目评审；④完成《中国低碳生态城市发展年度报告2014》。报告以新型城镇化从行动到深化为主线，以调查问卷为基础，了解现阶段新型城镇化发展的热点问题，具有很强指导借鉴意义。

（5）下一步工作思路

在对2014年生态城市研究专业委员会工作进行详细总结的基础上，根据城科会未来发展的三个目标定位：研究型智库、规划设计、示范推广，生态委特制定以下工作计划，从制度建设、政府合作、课题研究、学术活动、品牌建设等五大板块加大工作力度，积极完善以往工作中的薄弱点，以期对2015年具体工作起到指引作用。①建立健全长效机制，提升服务水平，逐渐从狭义的专业机构向广义的专业委员会拓展、转型；②借力政府职能转移契机，夯实自身能力，争取从一般性的横向项目向与地方整体合作过渡、转变；③权威性与前瞻性并重，强化学术研究实力，争取从单项研究的优势，转向集成研究和落实的优势；④创新性和影响力兼顾，提高学术活动质量，从国内合作为主走向国外合作并举；⑤坚持落实“六个一工程”，巩固学会品牌建设，从配合建设部和城科会的单一工作，逐步转向，在做好现有工作的基础上，全力攻关国家级的重点咨询项目。

1.2　《中国低碳生态城市发展报告2014》导读介绍

叶青秘书长对《中国低碳生态城市发展报告2014》进行了纲要性的导读介绍。该报告结构框架延续《中国低碳生态城市发展报告2013》，以新型城镇化为主题，突出新型城镇化背景下的新模式。具有以下三个方面的创新：(1) 回顾、探索中国新型城镇化从概念到行动、从行动到逐步深化的发展历程，剖析中国在实践新型城镇化“以人为本”核心中所作的不懈努力，梳理低碳生态城市建设的困境与创新点；(2) 通过低碳生态城市实践经验与反思，深入剖析低碳生态城市发展过程中存在的城市建设、产业发展、智慧发展等问题，把握低碳生态城市建设下一阶段的重点任务，为低碳生态城市规划建设提供经验与思路借鉴；(3) 首次将城市PM2.5年均浓度指标纳入优地指数评估体系，着重对空气质量、碳排放、城镇化等领域指标进行深入分析，坚持动态跟踪和评估我国城市的生态、宜居建设进展，以期为不断推进新型城镇化进程贡献力量。

1.3　年度工作小结

城科会对生态委一年的工作给予充分肯定，指出委员会为学术交流与国际合作营造了良好的氛围，提升了生态委的社会影响力。同时，也对当前工作形势作出总结并提出未来一段时期内的期望，希望生态委能够在绿色城市、生态城市、人文城市等相关专业领域发挥更大的作用，共同促进我国新型城镇化发展。

2　2014城市发展与规划大会——新型城镇化与生态城市建设分论坛及生态城市建设与案例分论坛

2014年9月23日，第九届城市发展与规划大会在天津滨海新区召开。十届全国人大常委会副委员长何鲁丽、十届全国政协副主席徐匡迪、住建部副部长陈大卫、天津市委常委袁桐利、天津市副市长宗国英、新加坡国家发展部政务部长李智陞分别致辞，全国政协人口资源环境委员会副主任、中国城科会理事长仇保兴作主题演讲。

生态委承办新型城镇化与中国生态城市建设、生态城市建设与案例两个分论坛，以新型城镇化下生态城市实践为主题，由中国城市科学研究会秘书长、中国城市规划设计研究院副院长李迅与深圳市建筑科学研究院股份有限公司董事长叶青主持。中关村发展集团许强（演讲主题“科技创新的生态理念”）、同济大学建筑与城市规划学院博导沈清基（演讲主题“生态城市的有机性、科学性和艺术性”）、深圳规划和国土资源委员会陈晓光（演讲主题“深圳市生态规划的探索与实践”）、北京科技商务区林澎（演讲主题“北京科技商务区生态低碳示范区探索”）、深圳市城市规划设计研究院荆万里（演讲主题“创新务实导向的低碳生态城市规划设计实践研究——以深圳国际低碳城系列规划为例”）、清华大学建筑学院孙凤岐（演讲主题“建筑未来绿色一生态大学校园景观的思考与实践”）、荷兰阿纳姆一内梅亨大学规划与房地产开发系 Erwin van der Krabben（演讲主题“生态城市发展的金融价值获取：荷兰及其他国家的经验”）等出席论坛并做了精彩报告。

3　中法低碳城市发展研讨会

2014年10月28日，中法低碳城市发展研讨会在北京法国文化中心成功举办。研讨会由中国住房和城乡建设部中国城市科学研究会生态城市专业委员会和法国驻华大使馆共同主办。本次研讨会旨在对中法两国现行的低碳城市发展实践进行总结，探索低碳城市发展以及城市间合作的新模式。研讨会由城市代表会议、专家会议和城市合作会议组成，深入探讨了提升城市能源结构与发展低碳经济、气候变化下的低碳城市能源规划与绿色建筑、促进低碳生活与新型城镇化三方面的议题。研讨会为筹备2015年巴黎联合国气候变化大会做了准备，同时作为中法建交50周年系列活动之一，有望成为两国交流可持续发展政策和低碳问题的新起点。

中国城市规划设计研究院副院长李迅、法国驻华公使 Jacques PELLET 致辞，全国政协人口资源环境委员会副主任仇保兴（演讲主题“低碳生态城的 ABC 模式”）、法国开发署 Emmanuel DEBROISE（演讲主题“法国开发署在中国试点项目中的角色和作用”）、深圳市副市长唐杰（演讲主题“绿色驱动低碳发展”）、法国格勒诺布尔市副市长 Jacques WIARD（演讲主题“致力于城区清洁空气计划的城市：规划是成功的重要因素”）、法国维埃纳省议会环农委主任 Bénédicte NORMAND（演讲主题“温室气候的区域评估和减排战略——以维埃纳省为例”）、中国城科会生态委副主任委员兼秘书长叶青（演讲主题“信息化、国际化背景下的低碳生态城市发展之路”）、中国科学院地理科学与资源研究所区域与城市规划研究中心主任方创琳（演讲主题“中国新型城镇化发展的低碳之路”）、法国能源和环境管理署 Olivier PAPIN（演讲主题“法国气候能源计划”）、北京市城市规划设计研究院规划研究室主任何永（演讲主题“清单核算体系下的北京城市低碳发展规划研究”）、法国大巴黎区高级咨询顾问 Thomas HEMMERDINGER（演讲主题“大巴黎区可持续发展和能源气候的区域控制措施——与达喀尔地区区域气候变化的比较”）等出席论坛并做了精彩报告。

4 第十一届国际绿色建筑与建筑节能大会——绿色生态城区分论坛

2015 年 3 月 24—25 日，第十一届国际绿色建筑与建筑节能大会暨新技术与产品博览会在北京国家会议中心隆重召开。本届大会由住房和城乡建设部倡导发起，由中国城市科学研究会、中国绿色建筑与节能专业委员会和中国生态城市研究专业委员会共同主办，并联合国内外多家政府机构、非营利

性组织、行业内相关协会和组织等支持协办。大会主题为“提升绿色建筑性能，助推新型城镇化”。

生态委承办的分论坛主题为“绿色生态城区”，由中国城科会秘书长、中国城市规划设计研究院副院长李迅和生态委副主任委员兼秘书长叶青主持。北京市规划委员会叶大华（演讲主题“关于北京世园会绿色生态规划的思考”）、奥雅纳（中国）规划发展总监叶祖达（演讲主题“绿色生态城区碳排放评估方法”）、国际可持续建筑环境组织执行总裁 Nils Larsson（演讲主题“从可持续发展建筑到生态城”）、同济大学教授龙惟定（演讲主题“绿色生态城区的能源管理”）、新加坡国立大学教授刘少瑜（演讲主题“绿色生态城区人文方面评价中公众参与的重要性——以香港九龙东发展规划的公众参与为案例”）、赫曼（上海）建筑设计咨询有限公司董事长 Jeffrey Heller（演讲主题“围绕高铁及其他主要交通枢纽，创建城市公共交通导向型发展政策，着力应对气候变化”）、美国绿色建筑委员会高级委员 Mark Ginsberg（演讲主题“新一代绿色建筑和生态城市”）、长沙先导投资控股有限公司总裁助理汪洁（演讲主题“绿色建筑打造两型城市”）、江苏城乡建设职业学院党委书记黄志良（演讲主题“打造绿色校园，培养绿色人才”）等出席论坛并做精彩报告。

后　　记

Postscripts

低碳生态城市作为当前人类应对人口膨胀、资源枯竭、环境恶化、气候变化等问题的最佳城市化模式，其发展过程中出现的挫折和反复都是城市化具体阶段下的特定情境现象，不会阻碍低碳生态城市发展的大趋势。

《中国低碳生态城市发展报告 2015》是中国城市科学研究会生态城市研究专业委员会（以下简称“专业委员会”）联合相关领域专家学者，以约稿及学术资料查询的方式组织编写完成的。专业委员会设立了报告编委会与编写组，定期沟通相关动态信息。为使报告更好地反映低碳生态城市建设的最新进展，全面透析低碳生态城市发展的热点问题，专业委员会于 2014 年 9 月 22 日召开了编前咨询会，听取专家对于初步编写方案的意见。期间，通过专家约稿、访谈、问卷调查、学术交流等形式进行报告内容的充实和完善，并最终于 2015 年 5 月成稿。

本报告是中国城市科学研究会组织编写的第六本低碳生态城市发展年度报告，编写借鉴了前五本报告编写的经验。因目前低碳生态城市建设发展路径正处于探索阶段，故报告也无法涵盖所有内容，疏漏在所难免。

本报告作为探索性、阶段性的成果，欢迎广大读者朋友尤其是低碳生态城市规划建设方面的专家学者提出宝贵意见，并欢迎到中国城市科学研究会生态城市研究专业委员会网站——中国生态城市网（http：//www. chinaecoc. org. cn）、新浪微博（@中国生态城市）与微信公众平台（@中国生态城市研究专业委员会）交流，逐步构建该领域的研究和实践信息共享平台。

让我们携起手来，共建低碳生态城市！

Postscripts

Low-carbon eco-city is the best urbanization mode response to population expansion, resource depletion, environment degradation, climate change and other issues of the cities. During its developing process, setbacks and repeats are the specific phenomenon of the specific situation of urbanization, which cannot obstruct the trend of low-carbon eco-city development.

China Low Carbon Eco-cities Development Report 2015 is completed jointly by the Eco-city Council of Chinese Society for Urban Studies (hereafter referred as Council) and the experts and scholars in the related field through the methods of manuscript solicitation and academic information inquiry. The Council has set up the editorial committee and writing group to carry out the regular communication of relevant dynamic information. In order to make the report better reflect the latest development of low-carbon eco-city construction and comprehensively analyze the hotspot issues of low-carbon eco-city development, the Council has organized a pre-compilation consultation in Sep 22th 2014, to listen to the opinions of the experts on the preliminary compilation scheme. During this process, the supplementary and perfection of the report were carried out through the manuscript solicited from experts, interview, questionnaire survey, academic exchanges and other forms and the report was finally completed in May 2015.

The report is the sixth annual report of low-carbon eco-city organized and written by Chinese Society for Urban Studies on the basis of reference to the first four years of experience in writing. Nowadays, the construction development of low-carbon eco-city is still at the exploratory stage, this report cannot cover all the contents and mistakes and omissions are inevitable.

The report is taken as the exploratory and staged achievements, so we hope readers, especially the experts and scholars who participate in the low-carbon eco-city planning and construction, provide your valuable opinions through either the website of the China Eco-city Council (http://www.chinaecoc.org.cn/) or SINA Micro blog (@中国生态城市), and gradually built up the research and information sharing platform in this field.

Let us join hands to build the low-carbon eco-city!

China Low-Carbon Eco-Cities Development Report 2015

As the development of new urbanization of China is entering a critical period, low-carbon eco-city has become the mode of transformation and development for all cities. We have recognized the urgency of low-carbon development and the dilemma of eco-city development. The era of "Internet Plus" has provided a practical comprehensive solution to the development of low-carbon eco-city. The integration of green building, eco-city, smart city and internet is becoming a new trend and new normal.

The series of *China Low-Carbon Eco-city Development Report* aim at summarizing the function, vividness and experience of low-carbon eco-cities development in China. It is a platform that integrates the annual progress, policy, theory and technology of low-carbon eco-city, to discuss the construction, urban planning and practice. The *China Low-Carbon Eco-city Development Report* 2015 takes the development of green eco-city in the new normal as the subject to highlight the new urbanization mode by comparing with *China Low-Carbon Eco-city Development Report* 2014. Innovations and features are reflected in following aspects: (1) It analyzes the transformation route of urban development, integration method of urban and rural areas, and sorts the development mode of low-carbon eco-city in the context of ecological civilization by combining with the history of urbanization and the opportunities and challenges in the 'One Belt and One Road', to illustrate the deepening of new urbanization with Chinese characteristics and the practice of sponge city in an objective manner; (2) The first five-year evaluation of Urban Ecological & Livable Development Index (UELDI) has been completed. It describes the laws of ecological and livable development of cities in China in the latest five years, and provides scientific reference for the construction of ecological and livable cities in China; (3) It adds the annual hot words index of 2014, which summarizes and demonstrates the construction of low-carbon eco-cities in China through the *Report on the Work of the Government* and other important policies and hot

events.

This part is abrief introduction to the *China Low-Carbon Eco-city Development Report* 2015, primarily including three parts: the first part is the annual progress, which illustrates the progress of low-carbon eco-cities in China from 2014 to 2015 in the aspects of policy guidance, academic support and technical development; the second part is practice and exploration, which includes the tracking of the first batch of eight green and ecological demonstration cities (regions), the construction practice of pilot low-carbon provinces and cities, and the analysis on Urban Ecological & Livable Development Index (UELDI) evaluation results in 2015; the third part is main events of the construction of low-carbon eco-cities from 2014 to 2015.

1　Annual Progress of Low-Carbon Eco-Cities in China from 2014 to 2015

As the development of new urbanization of China is entering a critical period, low-carbon eco-city has become the mode of transformation and development of cities. Nowadays, the Chinese government has issued many new concepts, including the New Urbanization, One Belt and One Road, and new regulations on environmental pollution such as 10 Water Regulations, 10 Soil Regulations, Sponge City and comprehensive pipeline system pilot city, expecting to realize the construction of low-carbon eco-city and promote the implementation of the concepts and ideas.

1.1　Policy Guidance: New Urbanization in the New Normal

The strategy and top-level design of Chinese urbanization, especially the new urbanization in the "New Normal", need the joint efforts of Chinese central government, relevant ministries and committees as well as local governments. Only by this way, the new urbanization of China can comply with the global urbanization while maintaining its own characteristics and insist on a low-carbon, green and ecological route.

1.1.1　National level: green and ecological development in the New Normal

(1) The NPC and CPPCC ("Two Congresses") have proposed the compulsory task of ecological civilization construction. Report on the Work of the Government at the Two Congresses 2015 points out that the ecological civilization construction is related to the people's life and the nationality's future. It shall be promoted from three perspectives: firstly, implementing the action plan for atmosphere pollution prevention; secondly, promoting the reform of energy production and consumption mode; thirdly, promoting ecological protection and construction.

(2) The State Council determines the new standard of city scale. The State

Council published the *Notice on the Adjustment of City Scale Division Standard* on November 20, 2014. The new city scale division standard takes permanent urban residents as statistical basis, and divides the cities into five types and seven ranks:

Division Standard of City Scale

Type	Permanent residents (10,000 persons)	
Small city	<500,000	200,000<Type I small city<500,000
		Type II small city<200,000
Medium city	500,000 to 1,000,000	
Metropolis	1,000,000 to 5,000,000	3,000,000<Type I metropolis<5,000,000
		1,000,000<Type II metropolis<3,000,000
Megalopolis	5,000,000 to 10,000,000	
Super large city	>10,000,000	

(3) Energy Development Strategy Action Plan. Office of the State Council published the *Energy Development Strategy Action Plan* (2014—2020) on November 19, 2014. It makes clear five major strategic tasks of the energy development of China: enhancing the independent guarantee capability of energy, promoting the revolution of energy consumption, optimizing the energy structure, exploring the international cooperation in energy, and promoting the scientific and technical innovation of energy. By 2020, it would form basically a unified, open, orderly and modern energy market system.

1. 1. 2 Relevant ministries and committees: pilot demonstration of green ecology

(1) Release of the policy on National New-type Urbanization Plan. 11 ministries and committees, including NDRC, MOF, MLR and MOHURD jointly published the *Notice on Comprehensive Pilot Scheme for National New-type Urbanization* in July 2014. In combination with requirements on innovative entrepreneurship, public service, social administration, green and low-carbon, it begins to explore both comprehensive and specific pilot projects. NDRC issued the *Guidelines on Low-Carbon Community Pilot Construction* on February 12, 2015, which points out that it will explore to form the practical and featured construction mode of low-carbon communities by taking new urban communities, existing urban communities and rural communities as pilot ones.

(2) Cultivation and support of the system of low-carbon emission reduction and

carbon exchange market. NDRC published the *Measures for the Assessment Method of Carbon Dioxide Emissions Reduction Targets per Unit GDP* on August 6, 2014 to include the emission reduction of CO_2 into the performance evaluation of local governments and staff for the first time. NDRC published the *National Climate Change Plan* (2014-2020) on November 4, 2014 to propose the goal by 2020: to further optimize the industrial and energy structure to accelerate the growth of renewable energy, such as wind power, solar power and biomass power, and reduce the production and consumption of fossil power like coal. MOF and NDRC convened the comprehensive demonstration work meeting of national energy conservation and emission reduction on January 27-28, 2015 to establish specific and clear evaluation indexes about the demonstration workload, effect of energy conservation and emission reduction, and long-term mechanism construction.

(3) Construction of sponge city -the city is adapted to the environmental change and becomes flexible. The General Secretary Xi Jinping pointed out in the important talk about the guarantee of water safe in 2014 that the solution of water shortage in the city must comply with the nature and construct the "sponge city" which may be accumulated, penetrated and purified naturally. The sponge city depicts the concept of eco-city and the compliance to the nature. From the State Council to each major ministry and committee, from laws and regulations, technical guidance and central finance to the pilot projects, all those are actively promoting the planning and construction of sponge city.

Policy Documents Related to the Construction of Sponge City

Publisher	Name and Writ No.	Date	Main Content
MOHURD	*Notice on Publishing the Preparation Outlines of Overall Planning of Urban Drainage (Rainwater)* (JC [2013] No. 98)	June 18, 2013	*Outlines of Urban Drainage (Rainwater) Overall Planning*, each city shall prepare the overall planning of urban drainage (rainwater) by combining with local situations and referring to the *Outlines*
State Council	*The Regulation on Urban Drainage and Sewage Treatment*, (No. 641)	October 16, 2013	According to the requirements on special planning of flood control in urban area, authorities in charge of urban drainage shall determine the construction standard of rainwater collecting and utilizing facilities, clarify the drainage area and drainage route of rainwater to control the flow of rainwater reasonably

Continued

Publisher	Name and Writ No.	Date	Main Content
MOHURD	*Guidelines of Sponge City Construction Technologies - Construction of Low-impact Development Rainwater System (Trial)* (CH [2014] No. 275)	November 3, 2014	It clarifies the concept and construction route of sponge city, puts forward the concept of low-impact development, and the decomposition, implementation and technical framework of low-impact development rainwater system
MOF MOHURD MWR	*Notice on Pilot Construction of Sponge City Supporting from the Central Finance* (CJ [2014] 838)	December 31, 2014	The central finance grants special fund subsidy to the pilot construction of sponge city for 3 years. Municipalities may receive RMB600 million each year, provincial capitals may receive RMB500 million each year, while other cities may receive RMB400 million each year. Pilot cities shall be constructed as a sponge which may absorb, store, purify and release the water, to improve the urban flood prevention, drainage and disaster relief capability
MOF MOHURD MWR	*Notice on Applying for Pilot Sponge Cities* 2015 (CBJ [2015] No. 4)	January 20, 2015	The issuance of *Application Guidelines of Pilot Sponge Cities* 2015 indicates the process selection, evaluation content and preparation of the implementation scheme
State Council	*The Action Plan for Prevention and Treatment of Water Pollution* (10 Water Regulations) (GF [2015] No. 17)	April 2, 2015	It aims at enhancing the water consumption efficiency and the water conservation in urban areas to promote the low-impact development and construction, constructs the rainwater collecting and utilizing facilities which may retain, penetrate, store, utilize and drain the rainwater. It proposes the hard surface should keep the penetrable area above 40%

Stimulated by the policies mentioned above, many cities have put forward the planning target of the sponge city construction. MOF, MOHURD and MWE published 16 pilot sponge cities for the year 2015 in April 2015, including Qian'an, Baicheng, Zhenjiang, Jiaxing, Chizhou, Xiamen, Pingxiang, Jinan, Hebi, Wuhan, Changde, Nanning, Chongqing, Suining, Gui'an New Area and Xixian

New Area.

(4) Ecological civilization construction and environmental pollution control. NDRC, MOF, MOHURD, MWR, MOA and SFA jointly published the *Notice on Carrying out the Construction of Ecological Demonstration Area (the First Batch)* on July 22, 2014 to include 57 areas, including Jiangxi Province, in the first batch of demonstration areas of ecological civilization. MEP announced on December 30, 2014 that the monitoring and implementation of the new standard of air quality of China had been completed in advance and all monitoring points had been linked with the air quality information release platform of China National Environmental Monitoring Center (CNEMC). 367 cities of China implement the *Ambient Air Quality Standard* (GB 3095—2012) in 2015 in total, including monitor 6 indicators, for instance PM2. 5. The rank of PM2. 5 density of 31 provinces in the first quarter of 2015 is listed in Fig. XX. The severer pollution brought by PM2. 5 still exists.

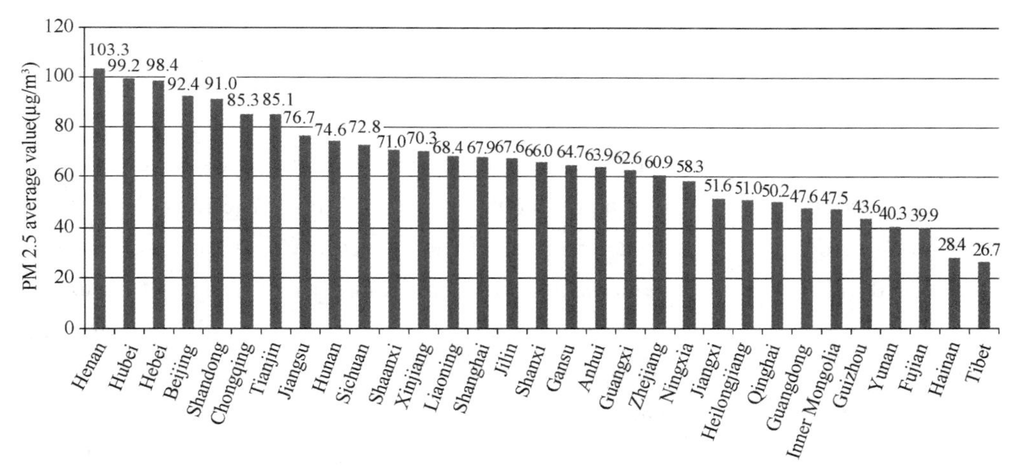

PM2. 5 Density and Rank of 31 Provinces in Q1 of 2015

(5) Accelerated Constructionof Green Building Policy Development. Since March 2014, the State Council, MOHURD and other ministries and committees have paid more attention to the Chinese green buildings development and have issued a series of policies to accelerate the green buildings development.

(6) Healthy development of smart city, enhancing the information sharing and socialized utilization. NDRC, MIIT, MOST, MPS, MOF, MLR, MOHURD and MOT published the *Guiding Opinions on Promoting the Healthy Development of Smart City* on August 27, 2014 , proposing enhancing the top-level design of smart city.

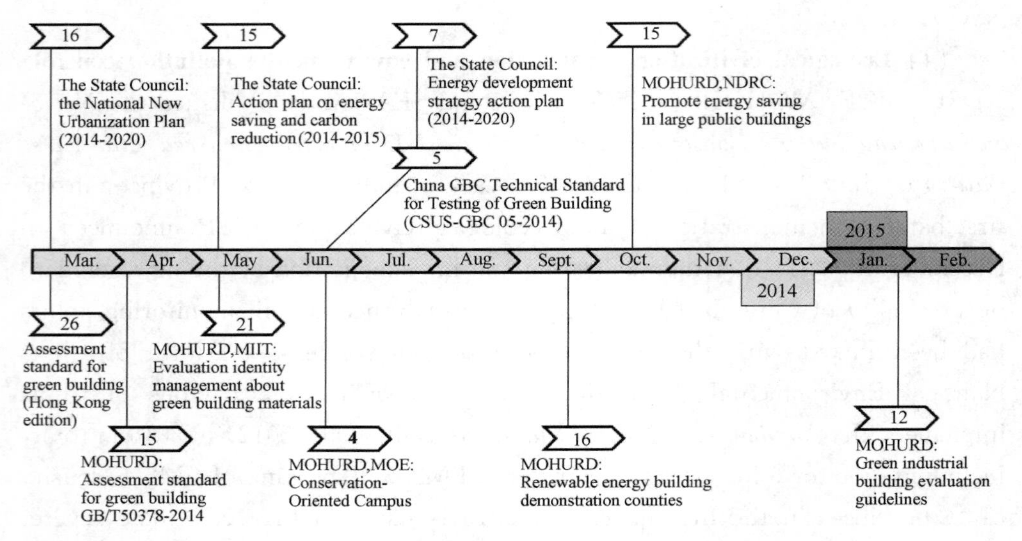

China's green building policies and actions in Mar. 2014 to Feb. 2015

(Source: Shenzhen Institute of Building Research Co., Ltd.)

1.1.3 Local level: planning target directing the low-carbon and ecological development

With the background of new urbanization, local governments have published various systems and action plans, including overall construction plan of the ecological civilization system, action plan of the energy conservation and emission reduction development, and regulations on demonstration city of ecological civilization construction, so as to make clear the development direction and key areas and tasks of urban construction in the future.

(1) Ecological civilizationenhances new urbanization to a new level. Many local governments have responded to the strategic requirements on ecological civilization construction and new urbanization of China, and publish the planning and action plans suitable for local areas, such as Qinghai Province, Sichuan Province, Henan Province, Guangdong Province, Xiamen and Qingdao, etc.

Publisher	Name and Number	Date	Main Content
Qinghai Provincial Party Committee, Qinghai Provincial Government	*General Plan of Ecological Civilization System Construction of Qinghai Province*	June, 2014	It shall implement the main function area system, improve the ownership system of national resource assets, consolidate the ecological compensation system, improve the paid usage system of resources, and establish the evaluation system of ecological civilization

Continued

Publisher	Name and Number	Date	Main Content
Sichuan Provincial Government	*Action Plan of Energy Conservation and Emission Reduction of Sichuan Province* 2014-2015	August, 2014	It requires that the energy consumption per unit GDP and CO_2 emission shall decrease by 2% and >2% respectively in 2014-2015. It puts forward five major pollution prevention projects, five major energy-saving and emission reduction areas, and promotes the contract energy management and comprehensive environmental service
Henan Provincial Government	*New-type Urbanization Plan of Henan Province* (2014-2020)	August, 2014	It accelerates the transformation of urbanization development and deepens the construction of "three major systems and five major foundations"; it insists on the people-based urbanization and regards the Central City Cluster as main body to promote harmonious development of large, medium, small cities and small towns
Guangdong Provincial Housing and Urban-Rural Development	*Guidance of Green and Ecological Urban Plan of Guangdong Province* (*Trial*)	November, 2014	It confirms the technical system focusing on 5 major systems, including land utilization planning, urban form and environment design, traffic system planning, municipal infrastructure planning and environmental protection planning. It also makes clear requirements on the guarantee, evaluation and verification of the implementation of the planning, depth of the preparation of the planning, constitution of the achievement, and standard of the achievement
MEP	*Demonstration City Plan for the Ecological Civilization Construction of Beautiful Xiamen* (2014-2020)	December, 2014	It arranges forty-seven important projects of three types including ecological space and ecological economic project, ecological environment and ecological living project and ecological system and ecological culture project, to constitute five major innovative systems of the construction of ecological civilization of Xiamen, and plans three major practice systems, including the ecological environment system, ecological industry system and ecological culture system

Continued

Publisher	Name and Number	Date	Main Content
Qingdao Municipal Development and Reform Committee	*Low-Carbon Development Plan of Qingdao*[1] (2014-2020)	September, 2014	It points out to reach the peak of CO_2 emission in 2015, and it aims at forming the low-carbon industrial cluster area, constituting the low-carbon industrial system and strengthening the low-carbon technical innovation capability by 2020

(2) Large-scale development of green buildings promotes the low-carbon city construction. To promote the large-scale development of green buildings, many local governments have published the action plans to promote and guarantee the comprehensive undertaking of green buildings.

Publisher	Name and Number	Date	Main Content
Shanghai	*Three-Year Action Plan of Green Buildings of Shanghai* (2014-2016)	June, 2014	It regulates that since the second half of 2014, newly-built civil buildings shall reach the one-star green building standard or above; secondly, it promotes the newly-built assembling buildings; finally, it further stimulates the energy-saving retrofit of existing buildings, trying to complete the energy-saving retrofit of 7, 000, 000m^2 of public buildings within three years
Shandong Province	*Opinions on Further Improving the Building Quality*	July, 2014	It pays attention to energy conservation and environmental protection, reduces the floor-stand external window and limits the glass curtain wall. From 2015, it will implement the design standard that the residential buildings shall save 75% of energy while the public buildings shall save 65%. It implements the green building standard, encourages real estate developers to build the three-star green buildings, and the use of green building materials

[1] http://qd.people.com.cn/n/2014/1013/c184066-22587160.html

Continued

Publisher	Name and Number	Date	Main Content
Fujian Provincial Development and Reform Committee	*Planning of Response to Climate Change of Fujian Province* (2014-2020)	August, 2014	It requires that all large-scale public buildings, all residential areas over 100,000m^2 of the whole province and the indemnificatory housing under the financial investment by Fuzhou, Xiamen and Quanzhou shall implement the green building standard generally to utilize the solar energy and shallow geothermal energy
Beijing	*Guiding Opinions on the Implementation of Green Building for Indemnificatory Housing*	August, 2014	It requires that since 2014, any public rental housing included in the development plan and annual Indemnificatory housing construction plan of Beijing shall implement the green building action to reach at least one-star green building standard. The green building action shall be promoted gradually in the Indemnificatory housing and price-fixed commercial housing
Beijing	*Notice on Applying for Financial Bonusfor Green Building Evaluation Label Project*	September, 2014	It regulates that any public building project or residential building project obtaining the two-star or three-star green building label after 2012 may apply for the bonus, which will be mainly used to subsidize the consultation of green buildings, increase the cost of construction and energy efficiency evaluation
Zhengzhou	*Notice on Implementing Green Building Standard*	December, 2014	It requires that large-scale public buildings, public-beneficial buildings and indemnificatory housing invested by the government shall implement the green building standard. The public-beneficial building invested by the government must at least reach the two-star standard or above

1.2 Academic Support: Extensively Multiparty Cooperation

1.2.1 International forums—relevant international conferences are prosperous

Topics about low-carbonand ecology have greatly increased from June 2014 to February 2015 on a global scale, and more international conferences have chosen China as the host place. There have been more than 20 international conferences with topics about ecological civilization, green partner, vertical green and ecological restoration, green building, transformation and upgrade of smart city and ecological infrastructure construction during new urbanization. Governments and organizations of U.S., Canada, France, UK and EU have signed the MOU (memorandum of understanding) with China institutions of low-carbon eco-city to carry out the cooperation in the fields of carbon emission, energy, resource, ecological environment and green building. It indicates that in the next five years, there will be larger international drive from the world in the fields of low-carbon eco-city. Under the background of new urbanization, low-carbon eco-city will be an unavoidable trend of urban transformation in China.

1.2.2 Conferences about urbanization—added 'greenization' to new 'four modernizations'

As the State Council has positioned the new urbanization and published the *Report on the Work of the Government*, *the t*heme of conferences about urbanization has gradually explored to be adapted to the socialist market economy. Therefore, the government work report proposes to add 'greenization' to the new 'four modernizations' which is abbreviated from new industrialization, urbanization, informatization and agricultural modernization. The connotation of greenization is to realize the green development during economic and social development. Its periodical target is to promote the optimization of land spatial pattern, to accelerate technical innovation and structural adjustment, to stimulate resource saving and recycling, and to strengthen the protection of natural ecosystem and environment. Meanwhile, the publication of 'One Belt and One Road' will promote free flow of economic elements, efficient deployment of resources and deep integration of market. Also it will stimulate all countries along the 'One Belt and One Road' to undertake harmonious economic policies, carry out regional cooperation of larger area, higher capability and deeper level, so as to expect an open, tolerant, balanced and beneficial regional economic cooperation. It will consolidate the connection and coupling of development strategies of all countries along the 'One Belt and One Road'; excavate the regional market potential to stimulate the investment and consumption, create the demand and job opportunity; and improve the cultural exchange. It will also promote the large-scale and overall development of green buildings to realize the modern breakthrough of the architectural industry. It will focus on the energy-efficient buildings and publish the roadmap of energy efficiency of buildings.

1.2.3 Conferences about low-carbon eco-city - pay more attention to the practice of green buildings

Conferences about the low-carbon eco-city have been hold in many cities above the prefecture level in this year. Such cities are urgent to communicate with industrial experts to discuss about the advanced concept, technology and method of low-carbon eco-city. Take Beijing, Shanghai, Chongqing, Tianjin, Chengdu and Wuhan for an example, they have organized nearly thirty large-scale and high-end seminars mainly about specific problems, such as urban planning, green building, energy, water resource and air pollution, so as to explore the solutions and paths. Besides, many ministries and committees have also organized conferences about specific problems in the functional fields, such as the setting up of Carbon Emission Management Standardization Technology Commission, the establishment of demonstration projects of low-carbon ecological area, urban development and ecological construction, promotion of green building and building efficiency, ecological civilization and system innovation, construction and operation of smart city, etc.

1.3 Technical development: integrated development and focusing on application

Under the background of the ecological civilization and new urbanization, low-carbon eco-cities of China master the core low-carbon technologies from the aspects of ecological planning, green traffic, energy management, resource management, green building, ecosystem, carbon emission, social humanities, smart management and public participation, to promote the sustainable development of the low-carbon eco-city.

1.3.1 Ecological planning

The reform of ecology-oriented urban and rural planning needs to take four steps: firstly, updating the planning idea and combining the ecological concept with all aspects of urban and rural planning; secondly, developing planning horizon to make the systematic consideration and comprehensive arrangement from the aspects of resource conservation, environmental friendly, ecological harmonious, etc.; thirdly, reforming planning method as the scientific and reasonable urban and rural planning method is critical for the ecology-oriented urban and rural reform. At first, investigating and analyzing the existing geological resource, water resource and biological resource, depicting the map of these resources, determining the ecological space which needs protection and restoration, to provide reference for the arrangement of construction land of eco-city, and then including all relative indicators such as resource, ecology and environment into the statutory core indicator system of planning, to implement the low-carbon, green and ecological idea in the planning and design phase; fourthly, improving the planning content by adding restriction and guidance of environmental elements into the core contents of traditional urban and rural planning.

1.3.2 Green traffic

Green traffic is an important part of the livable and eco-city. A "livable" mega city is a city that possesses "green and friendly traffic". There are many standards to evaluate the green traffic for a city, including the reasonable threshold value of travel distance and transportation modes sharing rate, intensity of railway passenger flow and vehicle speed in rush hour. The sustainable green traffic system has been established and maintained based on these evaluation standards. The low-carbon traffic transformation is the main methods to realize the low-carbon traffic mode, that is, it shall insist on developing public transportation and encourage the mass public transportation mode, control the utilization of private car and replace the fuel-oil automobile by the low-emission new energy automobile, cultivate the public low-carbon travel awareness and reduce the demand for vehicle, and set up the "low-emission area". The qualified city may install the monitoring system of traffic carbon emission, by which the citizen could inquire the traffic emission information via Internet or the mobile terminal to determine the appropriate transportation route.

1.3.3 Energy management

Energy management for the green eco district is the demand-based management. It needs to control the total energy volume to realize the energy conservation. The critical part of total volume control of energy is planning that the well planning from supply to demand may generate the favorable benefit of energy conservation. Therefore, it is quite important for energy utilization and management to master the energy efficiency management process and the key technology of energy system of the green eco district. The energy efficient management process is a circulating management process, which flows from the PLAN (compiling the base line of energy consumption and preliminary energy planning) to DO (compiling practical energy planning and putting forward energy system plan) to CHECK (establishing energy monitoring system) to ADJUST (carrying out energy consumption benchmarking and improving operation and maintenance). The urban energy system is based on the Smart Micro Energy Net, whose key technologies includes the renewable energy power generation, integration of bus line of renewable energy, and energy management system based on the control network protocol.

1.3.4 Resource management

Water is an important natural resource and strategic economic resource for the urban development and construction. We may utilize the construction technology of sponge city and the planning and design of "low-carbon" water landscape to manage the water resource for a city. The construction route of sponge city mainly includes three aspects: the first is protecting the existing urban ecosystem; the second is ecological restoration and recovery; and the third is low impact development. Based on the ecological safety, the planning and design method of "low-carbon" water landscape mainly evaluates the ecological safety of one or several "water" elements of current situation and planning scenario, integrates with the technologies of hydrology, hydraulics and other relative disciplines, to construct the connection bridge between the water ecology and water landscape, reasonably put forward the water system structure and corresponding landscape regulation measures to improve the self-maintenance capability and recycling utilization efficient of the water landscape and to realize the low-carbon and sustainable target.

1.3.5 Green building

Green building is an important part in the planning and construction of low-carbon eco-city, while the development of green building has reached a bottleneck. Other than the newly-built green buildings, there are more large-scale existing buildings need to be undertaken with the green retrofit, so the technical integration of green retrofit is especially significant. The technical system for green building retrofit mainly includes six aspects, they are energy utilization (solar energy utilization), high-efficiency enclosure structure (green roof and vertical green wall), high-efficiency equipment (utilization of energy-saving equipment), indoor environment (indoor environment monitoring), water-saving apparatus, and the operation and maintenance management (BIM, building information system). As for the green building retrofit, it shall not only retrofit the single building but also take the sustainable technology of the community scale into consideration, to conduct technical integration of community retrofit in the aspects of green traffic, green landscape, physical environment, public facility, water resource and so on.

1.3.6 Ecosystem

The protection and restoration of ecosystem is one of the solutions to deal with the severe damage of ecosystem under the rapid development of urbanization. To enhance the management and planning of urban ecosystem, there are three methods: firstly, determining the urban enlargement boundary according to the ecological safety pattern, through constructing single ecological safety pattern, constructing comprehensive ecological safety pattern, simulating the urban enlargement and dividing the area of spatial regulation, to determine the boundary of urban enlargement; secondly, evaluating the non-construction land based on the ecological network. The main technical route includes determining the scope of research space, collecting animals and plants information and data of study area, dividing settlement place, arranging ecological corridor, evaluating the ecological network and then providing suggestion for the boundary of non-construction land; thirdly, controlling the total volume of environmental pollution.

1.3.7 Carbon emission

According to the international trend to deal with climate change, it is necessary to establish the national unified carbon exchange market. As a result, the carbon emission trading market has become the main platform of China to reduce the carbon emission and relieve the climate change. There are seven pilot carbon exchange provinces and cities in China. By April 2015, 19,430,000 tons of CO_2 have been traded and nearly 590 million yuan have been dealt, carbon exchange in China has been promoted steadily. Based on the existing pilot achievements, the carbon emission trading system has been improved from the aspects of coverage, total quota quantity, quota allocation, MRV, registration, exchange system, performance mechanism and market regulation. The methodology and theory of carbon emission inventory compilation are foundations for the establishment of carbon emission trading system that China may refer to experience from the compilation of national and state greenhouse gas inventory of US, the estimation, report method and data management of greenhouse gas in the enterprise-level.

1.3.8 Social humanities

Directed by the new thought and method, the urban construction of China will focus on the fairness of the deployment of urban space, resource and service to improve the living quality and provide fair development opportunity for urban citizens. Different citizens pursue different residential buildings and have different preference on green residential spaces. To conduct the research of social and human needs of green building construction in the community scale, it takes community as the research unit, and establishes the indicator system of social and human needs which includes population, age, education and work factors and which may directly evaluates the construction demand for green eco-city, so as to provide basis for the planning and construction of green eco-city.

1.3.9 Smart management

The establishment of smart city has become an important means to solve the urban "diseases" brought by rapid urbanization, such as traffic jam, flood safety and air pollution. Along with the appearance and development of modern technologies such as big data, more and more emerging technologies have been applied to solve the urban problem. Firstly, the use of big data for urban emergency may quickly be sensed and broadcasted the appearance of natural disaster, to improve the urban management, enhance the government's ability response to the emergencies and guarantee the urban safety; secondly, applying big data to conduct the environmental survey that air quality information may control the pollution and ensure indoor health; thirdly, the use of big data in the traffic control may solve the traffic jam; fourthly, using the big data for smart parking may eliminate random parking in the city.

1.3.10 Public participation

Thelow-carbon city cannot be constructed without the participation of various stakeholders. The structural progressive updating mode needs the promotion and leading by the government, while the public participation and practice are critical elements for the construction of low-carbon city, are the countermeasures to guarantee the urban planning and construction and the coordination of public demand, are also the new normal of urban planning and construction in the new era. By cultivating the intention and capability of public participation, collecting opinions from urban citizens, enterprises and social organizations, it may establish the timely feedback and common decision-making mechanism, as well as multi-party interest coordination and balance mechanism, to integrate the public participation into each part of low-carbon city construction.

1.4 Summary

As the most important national strategy in 2014, the "One Belt and One Road" is the core economic work of the government, and is positive for five major industries. The supporting industry of urban construction will firstly benefit as the important executor of the "interconnection and intercommunication" project and 'One Belt and One Road'.

The second highest level of "National Urban Work Conference" since the Reform and Opening will be held in 2015. It will determine the basic policy direction and value orientation from the aspects of urban planning, housing policy, population size, urban infrastructure construction and the management of public affairs, which will greatly influence the development of Chinese cities in the future. The future construction of low-carbon eco-cities of China shows the progressive, systematic and diversified characteristics, the era of "Internet +" has provided practical solution for the development of low-carbon eco-cities. The combination of green building, eco-city and smart city with Internet is becoming the new trend and new normal.

2 Practices of Low-carbon Eco-city Development

2.1 Construction of *Eight Major Demonstration Green Eco-cities* (districts)

This section introduces 8 green ecology demonstration areas preferentially released by MOF and MOHURD in the last two years reports, analyzes the construction of these 8 green ecology demonstration areas in 2014, concludes the planning and current situation of smart technologies and low-carbon technologies, and describes the progress of industrial adequate and systematic service and humanistic construction.

2.1.1 Sino-Singapore Tianjin Eco-city

After six years of development and construction, Sino-SingaporeTianjin Eco-city has developed from 8km^2 to a mature community with certain scale of green industry, systematic public facility and a population of more than 20,000. The salt marsh in the past has become a vivid and livable eco-city. Its progress in 2014 mainly includes: **The proportion of green traffic has been raised:** Line 3 Bus of Sino-Singapore Tianjin Eco-city has been put into operation that it is 30km long, involving 11 stations for the traffic convenience of residents in the area. **Transformation of Clean Lake has obviously improved the landscape:** it has transformed the sewage tank accumulating the industrial pollution for over 40 years and completed the greening of more than 3,300,000m^2 of landscape. **Construction and management of public infrastructure are well-equipped:** the community service center has provided diversified community activities for residents of the community; the first public medical institution will be put into operation in 2015 and two primary schools within the area have been put into operation. **Classification and collection ratio of living garbage has been raised:** the south part of the Eco-city has realized 100% of coverage of garbage classification and it has launched the smart classification and recycling platform of the Eco-city in September. **Pilot project of smart community has been launched:** the integration technology of "power, water, gas and heat" meters will be applied to 400 households of citizens in the Eco-city and it will complete the test of "self-recovery function of power distribution automation".

FormerSewage Tank Becomes Clean Lake

(Source: http://money.163.com/14/0126/12/9JH1HVRL00254TI52.html)

Inlet of Garbage Transmission System Smart Classification and Recycle Platform of Garbage

(Source: http://www.eco-city.gov.cn/eco/html/xwzx/tuxw/20110912/1256.html
http://www.ecocoo.cn/article-35-1.html)

2.1.2 Tangshan Bay Eco-city

Tangshan Bay Eco-city is divided into three zones, the south, north and middle part, to plan the industrial deployment focusing on orienting industries, such aseducation and scientific research, tourism and leisure, culture and innovation, high technology and headquarters economy. The south part is the area for headquarters economy, tourism and leisure, the north part is the area for education and scientific research industry, and the middle part is the area for culture and innovation, and high technology industry. Investment and constructions of project are planned and arranged by zones.

Tangshan Industrial Vocational Technical College was completed in August of 2014. New campus of North China University of Science and Technology met the educational requirements in the end of 2014 and supporting facilities of education and scientific research have been further improved; Bohai Avenue Project connecting with the University City has completed the concrete pavement of the motor vehicle lane, the pipeline construction, 600m of tiles of the pavement, and 1,200m of concrete pavement of the non-motor vehicle lane.

Caofeidian Campus of Tangshan Industrial Vocational Technical College
(Source: http://tangshan. house. sina. com. cn/news/2014-04-15/08082687742. shtml)

2.1.3 Shenzhen Guangming New District

The national demonstration area of green ecology of Shenzhen Guangming New District is progressing in a steady manner. A batch of projects like the public service platform and removal of West High-tech Area have achieved the star-level certification of green building design. The new area is promoting the low-carbon development and accelerating the construction of the modern international green new city in the comprehensive pilot construction of the national new city.

(1) Construction of green traffic system. It has 61 lines of bus, whose total mileageis about 472km and the density of line network is 2.27km/km^2. It has constructed 100 latest generation of bus stations, transformed 20 simple bus stations and updated 30 facility-free stations to simple stations.

Latest Generation of Bus Station of Guangming New Area

(Source: http://iguangming. sznews. com/content/2014-08/21/content_10041318_2. htm)

(2) Constant comprehensive renovation of watercourse and environment. Guangming New District completed and delivered 23. 7km of the main stream of Maozhou River (accounting for 83. 9% of the total engineering quantity) in March of 2015 and has commenced the comprehensive renovation of Ejing River, the first-class branch since September of 2014; it has accelerated the construction process of sewage branch pipe networks and enhance the monitoring in pollution source of Maozhou River. The authority has punished all enterprises using the high-polluting fuel boiler and surveyed 410 enterprises with volatile organic compounds emissions within the area.

(3) Advanced implementation and trial have made achievements. It has undertaken the research and pilot construction of sponge city. The asphalt in the concrete pavement is quite special because the space between particles is large so the water permeation performance is better than that of ordinary materials. Besides, there are sinking green belts on both sides of the road.

Rainwater Facilities of Road

Grass-filled Ditch

(Source: http://www. fuzhou. gov. cn/zfb/xxgk/cxjs/cxjsxx/201503/t20150302_878342. htm)

(4) Happy community serves citizens. It has released the first batch of 27 happy community projects with the investment of 42,830,000 yuan in total. The construction has been commenced since the end of 2014 and until March of 2015, all together more than 20 projects have been put into operation.

2.1.4 Wuxi Taihu New City

Wuxi Taihu New Cityhas made great efforts in the construction of the business city, smooth city, eco-city and livable city in 2014.

(1) Construction of business city to facilitate the business

It constructs the first financial business street from the north of Wuyue Road and to the east of Lixin Road. Fourteen skyscrapers, including Guolian Finance Building, Newspaper Building, Agricultural Bank Building and Wuxi Rural Commercial Bank, have been put into operation.

(2) Construction of smooth city to facilitate the traffic

It constructs main roads like Wuhu Avenue, Wuyue Road, Lixin Road, Guanshan Road and Juqu Road, whose total mileage is about 122.7km. The railway transportation construction is basically completed and Metro Line 1 has been put into the trial operation. Main roads are set with the bicycle lane and pavement, and motor vehicles are separated from non-motor vehicles.

Mark of Metro and Metro Line 1

(Source: Photo by Shenzhen Institute of Building Research Co., Ltd.)

(3) Construction of eco-city to facilitate the living

The general planning land for green of Taihu New Town covers 1,764.78 hectares, which means a green rate of 42%. Among these hectares, public green land covers 1,504.37 hectares and public green land per capita is 15.04 square

Green Traffic System of Eco-City
(Source: Photo by Shenzhen Institute of Building Research Co. , Ltd.)

meters. Meanwhile, it combines water system to make a planning of the 'three vertical and three horizontal' large green field system.

Green Field System
(Source: Photo by Shenzhen Institute of Building Research Co. , Ltd.)

(4) Construction of livable city to facilitate the enjoyment

It promotescommercial residential building in order. As one of the green buildings in Wuxi Zhongrui Eco-city, Xianheyuan security housing has been bulit and being used. It covers about 700,000 square meters and has a high occuancy rate as it is a community with well-equipped facilities.

Surrounding Supporting Facilities

Public Green Space

Community Parking Lot (Above and Under the Ground)

Barrier-free Facilities

(Source: Photo by Shenzhen Institute of Building Research Co., Ltd.)

2.1.5 Changsha Meixi Lake New International City

During 2014, Meixi Lake New International City has improved regional traffic system, advanced ecological construction and arranged the overall superior educational resource, accelerated development of cultural industry carrier and brought in modern service sector. In the whole year, it has made a gross investment of RMB4, 677 billion, among which the project development investment covers RMB2, 711-billion. In 2014, it has made great achievements in infrastructure construction, industrial development and smart city construction. Infrastructure construction improvement: Changsha Meixihu indemnificatory housing community (Phase Ⅱ) has been finished; the High School Attached to Hunan Normal University-Meixihu High School and Zhounan Meixihu Middle School have been open to students; high-tech zone section of Meixihu Road west extension line has been open to traffic; main part construction of Metro Line 2 west extension line has been finished, about 2300 meters of Loop Wire 3's main part construction has been finished; Mexihu International Cultural and Art

Center has been completed about RMB360 million project construction investment. Two hospitals have entered into the International City. Through the establishment of 350 meters of ultra-high-rise project, the whole CBD, lead high-end services like financial service, headquarters economy and cultural creativity, etc. to create high quality platforms and develop e-commerce industry. When constructing the smart city, Huanhu, Taohualing scenic spots and Ginko Park all cover with Free WiFi. In the future, Meixi Lake International City will have services like tri-networks integration, 100 MB optical fiber and garbage collection management system.

Metro Line 2 west extension line

Mexihu International Cultural and Art Center

(Source: http://www.csmxh.com/photo/2015251/; http://popoffices.com/decorate/tech/tech-0023.html)

2.1.6 Chongqing Yuelai Eco-city

In 2014, the state made Yuelai New City in Chongqing the pilot project of Sponge City. The infrastructure construction has been started in full swing: all buildings should be built according to the 'green building' standard, and facilities like Shallow Grass-filled Ditch, Rain Water Park and Rain Collection Reservoir have been built according to road and district planning; at the same time, this region tries to connect municipal engineering, drainage system, city park, urban wetland, etc.. The key infrastructure construction has been started, and the external transportation system of the eco-city has been finished while the internal one has no clear feature. No large construction project has been started except the Chongqing International Expo Center.

Current Situation of external and internal transportation

(Source: Photo by Shenzhen Institute of Building Research Co. , Ltd.)

Original village

(Source: Photo by Shenzhen Institute of Building Research Co. , Ltd.)

Chongqing InternationalExpo Center

(Source: http://www. haoshuaw. com/news/bencandy. php? fid=102&id=88)

2. 1. 7 Guiyang Zhongtian Weilai Fangzhou City

While laying emphasis on green building, the Zhongtian Weilai Fangzhou implements community construction to provide residents with harmonious and livable environment and spares no efforts to achieve the target of being sub-center of Guiyang City integrated with world-level travel engine, comprehensive livable new town and ecological corridor. As for Happy Community construction, it sets up the social organization association of Zhongtian Happy Community, and uses its hub functions in standard management and development to provide all communities with relevant services. Meanwhile, green building construction has started, Guiyang International Ecological Conference Center project was implemented according to National Green Building Assessing Standard (GB 50378—2006), International Green Building Standard Norms and Requirements and Theory of Circle Economy.

Guiyang International Eco-conference Center

(Source: http://www.ztcn.cn/index.php?option=com_content&view=article&id=913:2014-09-22-06-28-46&catid=25:2010-05-28-10-07-42&Itemid=58)

2.1.8 Kunming Chenggong New Town

In 2014, Chenggong New -Town, according to 'low-carbon green city' development idea, has explored to develop green eco-city, comprehensively advanced overall urban planning, construction and management, carried out energy conservation and emission reduction, rigidly controlled total pollution emission and promoted garden greening and ecological restoration. In this way, it has reached the five basic requirements and 22 assessment requirements of construction index, and became one of the Ecological Civilized County (city and district) of Yunnan Province. Since 2014, Chenggong District has got RMB1.4 million investment and finished improvements of 8 key parks and 6 important road intersections (road green space). Now, the whole district covers 47.95% green land, urban greening rate reached to 42.96% and per capita green land is 22.5 square meters; it also improved 6 important intersections like northwest corner of Shilong Road sidewalk. The environment protection supervision is strengthened; the renovation project of sewage interception engineering drainage networks of river channels into Yunnan has been implemented in two phases and a series of environment protection specific actions are carried out; special programs involving heavy metal industry and pharmaceutical manufacturing industry has been carried out; it has also been concentrated more on key industries of pollution discharge reduction and strengthened daily supervision.

Luolong Park　　　　　　　　　　　　Chunrong Park

(Source: http://baike.sogou.com/h52626091.htm? sp=l52626092; http://www.yngreen.com/news/1367550752562.html)

Caiyunbei Road after Transformation

(Source: http://roll.sohu.com/20120904/n352259542.shtml)

2.2 The planning practice of *Green Ecological Demonstration City* (*zone*)

In 2014, MOHURD has approved two groups of green ecological demonstration city and zone (27 in total): the first group includes 15 green ecological cities (zones), they are Zhejiang NanxunNew District, Zhejiang Leqing

Economic Development Zone, Zhejiang Taizhou Xianju Eco-city, Guangdong Zhuhai Hengqin New Area, Guangdong Yunfu Xijiang River New Town, Hubei Xiaogan Airport Economic Zone, Hubei Zhongxiang Mochou Lake New District, Hubei Jingmen Zhanghe New Area, Jiangxi Xinyu Yuanhe New Ecological Town, Jiangsu Kunshan Huaqiao Economic Development Zone, Hebei Langfang Wanzhuang New Eco-city, Hunan Changsha Dahexi Pilot Zone Yanghu New City, Hubei Wuhai Sixin New City, Henan Jiyuan Jidong New District and Zhejiang Ningbo Hangzhou Bay New Zone Central Lake. The second group includes Beijing Future Science and Technology Park, Beijing Yanxi Lake Ecological Demonstration Zone, Beijing Zhongguancun Software Park, Jilin Baicheng City New Ecological District, Heilongjiang Qiqihaer Nanyuan New city, Shanghai International Tourism and Resorts Zone, Jiangsu Changzhou Wujin District, Zhejiang Hangzhou Qianjiang Economic Development Area, Zhejiang Huzhou Anji Scientific, Educational and Cultural New District, Anhui Tongling Westlake New District, Sichuan Ya'an Daxing Green Ecological Zone and Hubei Yichang Dianjun Eco-city . These 27 ecological cities have all applied for green ecological demonstration city and got some achievements in planning construction practice. This section presents a brief introduction of the planning and characteristics of 15 green ecological cities and zones mentioned above.

Feature list of some green ecological demonstration towns /zones

No.	Province	Demonstration towns /zones	Planning area (km^2)	Features
1	Zhejiang	Nanxun New District	6	A township by the river with industrial upgrading, culture, elegant city
2		Leqing Economic Development Zone	39	'Low carbon in industry, energy using and living'
3		Taizhou Xianju Ecological Town	16.3	'Ecology makes the county'
4	Guangdong	Zhuhai Hengqin New -Area	106.46	An 'open, dynamic, smart and ecological island'
5		Yunfu Xijiang River New Town	80	Scientific use of mountains, reasonable development of rivers and bring green gardens into city

Continued

No.	Province	Demonstration towns /zones	Planning area (km²)	Features
6	Hubei	Xiaogan Airport Economic Zone	85. 2	Cluster of 'two-type' industries
7		Zhongxiang Mochou Lake New District	20	An organic town based on cultural heritages
8		Jingmen Zhanghe New - Area	17. 24	A district made by ecology, developed by culture and strengthened by industry
9	Jiangxi	Xinyu Yuanhe New Ecological Town	11. 87	'Integration' 'ecology' 'vitality' and 'convenience'
10	Jiangsu	Kunshan Huaqiao Economic Development Zone	50	A Low-carbon modern business city
11	Hebei	Langfang Wanzhuang New Ecological Town	80	Geo-advantage, next to Beijing, smart industry
12	Hunan	Changsha Dahexi Pilot Zone Yanghu New City	11. 98	A 'two-oriented society', ecological and livable city
13	Beijing	Yanxi Lake Ecological Demonstration Zone	21	A ecological development demonstration zone with Chinese cultural characteristics
14		Zhongguancun Software Park	2. 6	Improvement and renovation demonstration of existing garden ecological planning
15	Sichuan	Ya'an Daxing Green Ecological Zone	11	Green ecological demonstration town of economic less developed areas in west China

See details in the*China Low-Carbon Eco-city Development Report* 2015-'Chapter IV- Practice and Exploration—Construction Practice of Green Ecological Demonstration City (Zone)'.

2. 3 Construction Practice of *National Low-carbon Pilot Province and City*

By now, our nation has made 6 provinces and 36 cities the low-carbon pilot projects; except Hunan, Ningxia, Tibet and Qinghai, each of 31 provinces, cities and autonomous regions in mainland has at least onepilot city. On June 19th, 2014, the open of Chongqing carbon emission exchange market symbolized all pilot projects of 'two provinces and five cities' beginning online trade. The total quotas involved in carbon exchange system reached to 1.2 billion tons, more than 2,000 enterprises were controlled in emission, and market scale was estimated to 300-400 billion yuan, all these made it the second carbon exchange system after EU.

On December 12th, 2014, *Interim Measures for Administration of Carbon Emission Permits Trading* was published as an interim file; detailed regulations of total volume design, compliance mechanism and third-party administration have been made since then. Besides, the carbon exchange pilot provinces and cities have made innovations respectively. In May 2014, the first carbon bond was successfully issued in Shenzhen, and it was the first domestic carbon finance. In September, Beijing issued *Measures for the Administration of Offsetting of Carbon Emission Permits*, and made further details on offsetting mechanism regulations. It became the first pilot spot issuing specific regulation. The Hubei Carbon Emission Exchange, Industrial Bank and Hubei Yihua Group signed the 'The Pledge Loan Agreement of Carbon Emission Rights' and issued the first domestic carbon asset pledge loan project. In November, Hubei carbon market issued the first domestic 'Specific Asset Administration Plan of Carbon Emission Rights' fund recorded by supervision department. In December, the Beijing-Hebei trans-regional carbon emission exchange was officially started. Meanwhile,

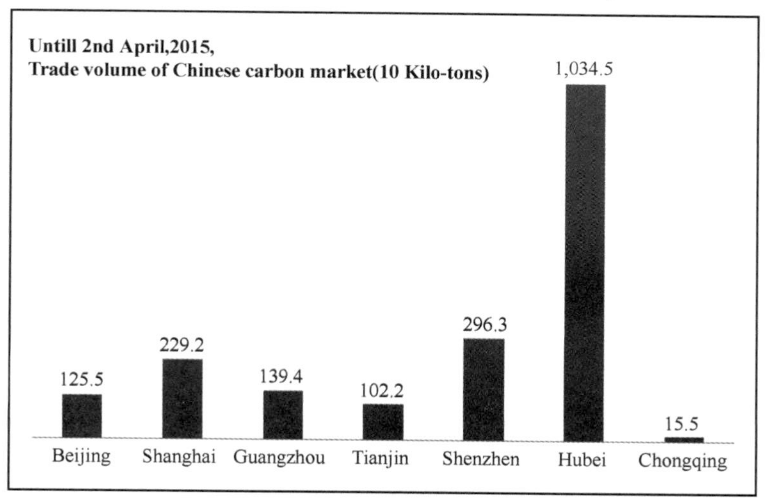

Chart for Trade volume of Chinese carbon market

the first domestic CCER pledge loan project was signed in Shanghai. What's more, Shenzhen and Hubei released in order the carbon quota mechanism with administrative rules and provided enterprises with more administrative methods of carbon asset.

2.4 Demonstration examples of *Livable Towns, Villages and Communities*

On January 20th, 2015, MOHURD listed Meili Town Changshu Jangsu and other 44 towns as the livable town demonstrations (see the table), and listed Meiwan Village Meishan Sichuan and other 60 villages as the livable village demonstrations.

Livable town demonstration list (45)

Province (municipality)	Name of livable town	Province (municipality)	Name of livable town
Beijing	Changguo Town, Fangshan District. Panggezhuang Town, Daxing District. Xiwenzhuang Town, Miyun.	Hebei	Tiantaishan Town, Feixiang Country, Handan.
Shanxi	Yong'an Town, Huiyang Country, Datong.	Inner Mongolia	Chaihe Town, Zhalantun, unlunbeier. Wulan Town, Etuokeqi, Erdos.
Liaoning	Xiliu Town, Haicheng, Anshan. Gushan Town, Donggang, Dandong.	Jilin	Dapuchaihe Town, Yanbian, Korean Autonomous Prefecture.
Heilongjiang	Mingshan Town, Luobei Country, Hegang.	Shanghai	Xinbang Town, Songjian District. Zhujiajiao Town, Qingpu District.
Jiangsu	Xinqiao Town, Jiangyin, Wuxi. Luzhi Town, Wuzhong District, Suzhou. Meili Town, Changshu, Suzhou.	Zhejaing	Fenshui Town, Tonglu Country, Hangzhou. Youbu Town, Lanxi, Jinhua.
Fujian	Jinjing Town, Jinjiang, Quanzhou. Shuikou Town,, Dehua Country, Quanzhou. Huotong Town, Jiaocheng District, Ningde.	Jiangxi	Tangwan Town, Guixi, Yingtan. Hujiang Town, Gan Country, Ganzhou. Futian Town, Jiyuan District, Ji'an.

Continued

Province (municipality)	Name of livable town	Province (municipality)	Name of livable town
Shandong	Huiqu Town, Anqiu, Weifang. Shuiguo Town, Shizhong District, Zaozhuang.	Henan	Zhulin Town, Gongyi, Zhengzhou. Shuanglong Town, Xixia Country, Nanyang.
Hubei	Longshan Town, Danjiangkou, Shiyan. Chen ' gui Town, Dazhi, Huangshi. Zhicheng Town, Yidu, Yichang.	Hunan	Xiangxi Tujiaand Miao Autonomous Prefecture.
Guangdong		Hainan	Fushan Town, Chengmai Country.
Chongqing		Sichuan	Sandaoyan Town, Pi Country, Chengdu. Jiulong Town, Mianju, Deyang. Fubao Town, Hejiang Country, Luzhou
Guizhou	Qian southeastern Miao and Dong Autonomous Prefecture.	Yunnan	Jietou Town, Tengchong Country, Baoshan.
Xinjiang	Banjiegou Town, Qitai Country, Changji Hui Autonomous Prefecture.		

OnFebruary 13th, 2015, MOHURD issued the first list of livable community demonstrations in small towns. 8 communities like Jiangsu Suzhou Wuzhong District Luzhi Town Longtanyuan and Longtanjiayuan were involved, which were located in 6 provinces such as Jiangsu, Hubei, Hunan, Sichuan, Guizhou and Yunnan.

The first list of livable community demonstrations in small towns

No	Name	Features
1	Longtanyuan and Longtanjiayuan, Luzhi Town, Wuzhong District, Suzhou, Jiangsu Province.	**Merit:** The functional interaction between the community and surroundings is good. The community is environment friendly. The spatial composition and structure is rational and diversified. The traffic system is well arranged. The architectural style is based on Suzhou Garden, which represents the local context. **Demerit:** Supporting facility needs to be improved

Continued

No	Name	Features
2	Jiangxiangnanyuan Community, Lujia Town, Kunshan, Jiangsu Province.	**Merit:** The functional interaction between the community and surroundings is good. The community fits into the local historic context; the overall arrangement is perfect and the structure is clear, traffic organization is rational, supporting facility is improved and the square is big enough for daily activities; the apartment layout is rational and the solar energy facility is fully equipped. The combination of property and community administration ensures the service quality and encourages the neighborhood activities. **Demerit:** There is a high house building density
3	Xuanyue Community, Juxian Town, Danjiangkou, Shiyan, Hubei Province.	**Merit:** The community architectural style is similar with the rest of the town and represents the local context. The spatial composition is rational and the facilities are fully equipped. The highest building has 4 floors and all the buildings meet the local residents' daily demand. **Demerit:** The greening landscape needs to be improved
4	Xiadan Community, Qingquan Town, Guidong Country, Chenzhou, Hunan Province.	**Merit:** The community is the main part of the town. The overall layout fits into surrounding mountains and rivers and the street arrangement is rational. The building has the feature of She ethnic group architecture and the apartment layout is well designed. **Demerit:** The property service needs to be improved
5	Tanghelaojie Community, Reshui Town, Rucheng Country, Chenzhou, Hunan Province.	**Merit:** The community is the main part of the town. The functional interaction between the community and surroundings is good. The produce and living of residents are based on ' Hot Water' theme tourism; The facilities are part of the overall surrounding system. The street spatial structure is rational and diversified. The buildings are designed in low density and floor plot ratio. Mostly, the first floor of buildings are used as commercial stores and the rest floor are for the residents. The streets are kept in good conditions. **Demerit:** The drainage facilities quality is low and need to be improved

Continued

No	Name	Features
6	Dexiaoyuan Community, Xiaoquan Town, Rucheng Country, Chenzhou, Hunan Province.	**Merit:** The functional interaction between the community and surroundings is good. The community fits into the local historic context. The compact neighbor layout is pleasant, the environment is clean, public facility is in readiness. The first floor of the building is for commercial activities and the apartment layout are diversified. Most of the buildings are 3-4 floors. **Demerit:** The public cultural and entertainment facility need to be improved
7	Banbianjie Community, Huangguoshu Town, Huangguoshu Scenic Spot, Anshun, Guizhou Province.	**Merit:** The community is located near mountains and rivers, which makes it fitting into the surroundings. The community fits into the local historic context. The apartment design fits the local housing demand, and it applies the local materials. **Demerit:** The facility and greening landscape need to be improved
8	Ailao, Enle Town, Zhenyuan Country, Puer, Yunan Province.	**Merit:** The community is located near mountains and rivers, which make it fitting into the surroundings. The spatial composition is well designed and the scale is perfect for human beings. The facilities are fully equipped. The architectural style is inspired by local context. And the property service is great. **Demerit:** There are rooms without window due to apartment layouts

See details in the *China Low-Carbon Eco-city Development Report* 2015- 'Chapter IV- practice and exploration—low-carbon ecological city special practice case'

2.5 *China Urban Ecological & Livable Development Index* (UELDI) (2015)

Urban development is a dynamic changing process, which entails not only the investment of urban construction, but a more comprehensive evaluation of theratio of the investment and output. Urban Ecological & Livable Development Index (UELDI) is intended to evaluate and examine the ecological construction intensity and effectiveness of 287 prefecture level and above cities in China, from which the development characteristics of China's eco-cities can be summarized in order to seek the sustainable development route for urban livability construction. From the first issuance in 2011, UELDI has been issued for 5 successive years, with the results starting to sort out the rules for ecological livable development of cities. Components that form the urban ecological livable development index include:

■ Construction effectiveness - result index: mainly reflecting the effectiveness of urban ecological construction, assessed from economic (urban economic development), social (livability) and environmental (ecological environment status).

■ Construction intensity - process index: focusing on displaying the 'development', through changes of urban ecological livability construction indexes, they evaluate the ecological efforts made during the eco-construction process.

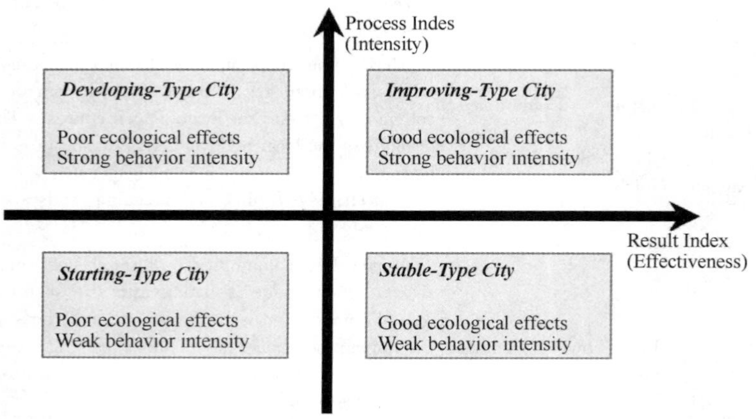

Urban ecological livability development index 'result-process' two-dimension structure

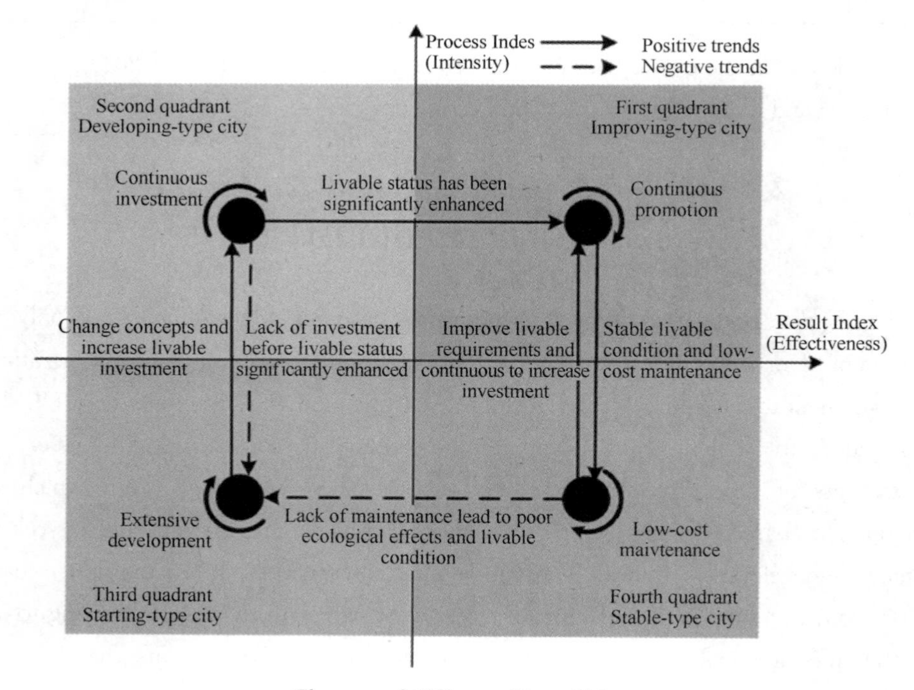

Changes of Different Type Cities

2.5.1 UELDI Results of Chinese Cities (2015)[1]

(1) Overall Situation

In the UELDI results of 2015, improving-type cities (Quadrant Ⅰ) nearly account for 14.6% of all the evaluated cities, while developing-type cities (Quadrant Ⅱ) for 22.3%, starting-type cities (Quadrant Ⅲ) for 46.7%, and stable-type cities (Quadrant Ⅳ) for 16.4%. For result indexes, the cities listed in top ten are Shenzhen, Hangzhou, Shanghai, Xiamen, Yangzhou, Qingdao, etc.

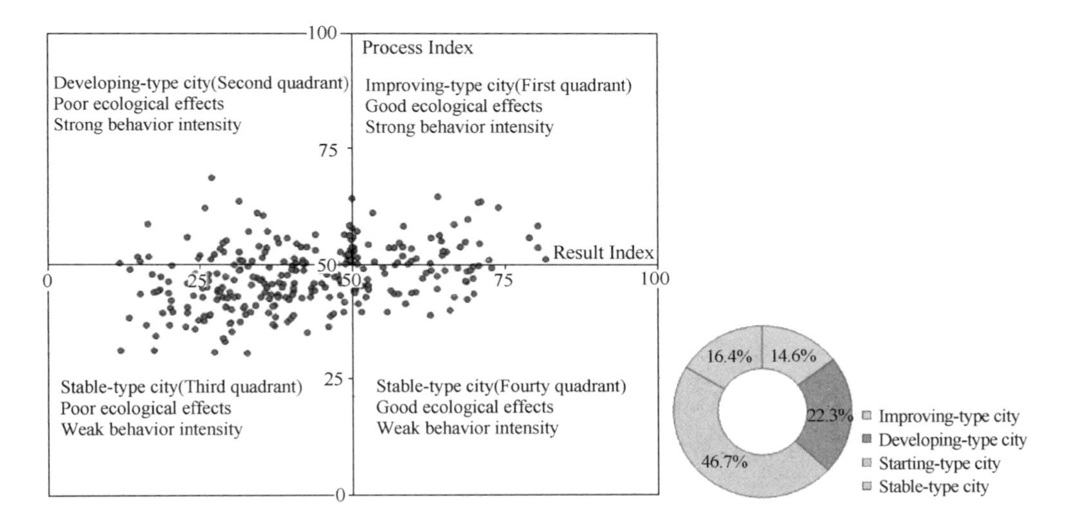

Quadrant Distribution of UELDI Results in 2015

(2) Single Index Characteristic

From the frequency charts and probability density plots of result index, the results of green development indicator of Chinese cities are in normal distribution, as well as living quality indicator. The average value of green development indicator is 45.9, and 53.3% of the cities are located within the range of one standard deviation of the average. Meanwhile, the average value of living quality indicator is 44.9, and 53.6% of the cities are located within the range of one standard deviation of the average. These indicate that in the aspects of ecological development and livable living quality improving, there are not only high-quality

[1] Data source: statistical data publicized by statistical yearbook of all provinces and National Economic and Social Development Statistical Report of all cities in 2013.

cities playing leading roles but also numerous cities in middle-development level, forming a favorable overall development pattern. As for sustainable competitive ability indicator, there is an obvious tailing on the probability density plot, indicating that there are some cities have high-level sustainable competitive ability, which may leads to wider gap from other cities.

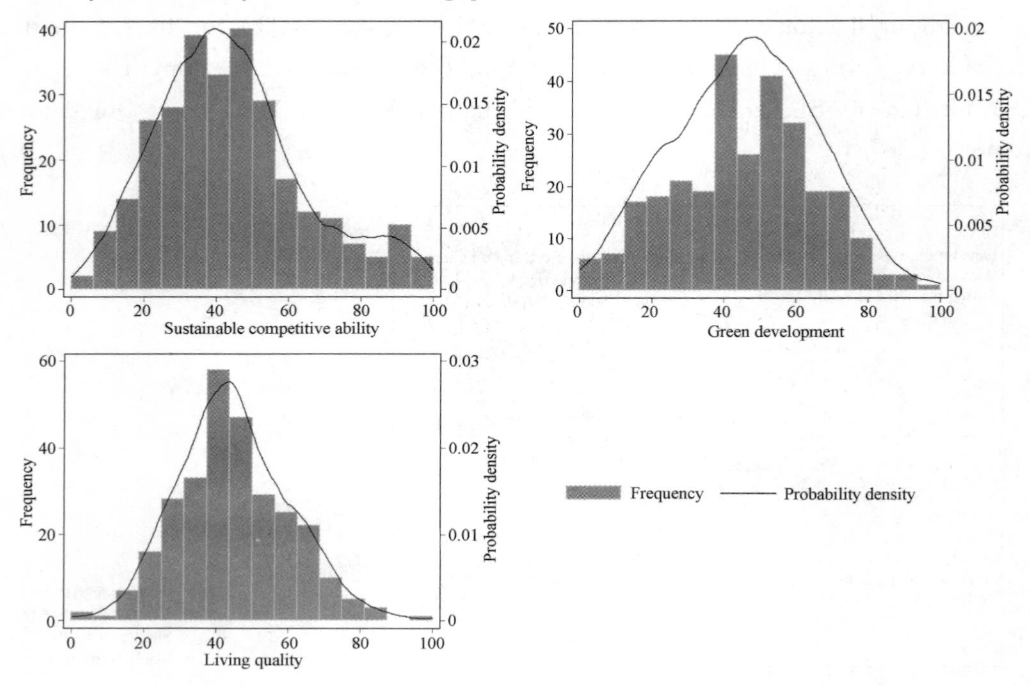

Frequency charts and probability density plots for indicators of result index of Chinese cities in 2015

According to the frequency charts and probability density plots of process index, the city operation indicator conform to left-skewed distribution (average value is 44.2, while the peak value is about 52.0). It shows that there are more cities have middle and higher level operation and management, while the double peaks distribution implies the cities with middle-level operation management have the trend of polarization. The obvious right-skewed distribution characters of urbanization level show that there is a group of Chinese cities with fast urbanization, while most cities have low urbanization level. As for ecological security, Chinese cities have obvious skewed distribution characters that most cities have poorer ecological security while a small part of cities have high increasing rate of it in security. These imply that the attention degree of cities' ecological security improvement is uneven and most emphasis is focusing on a few cities.

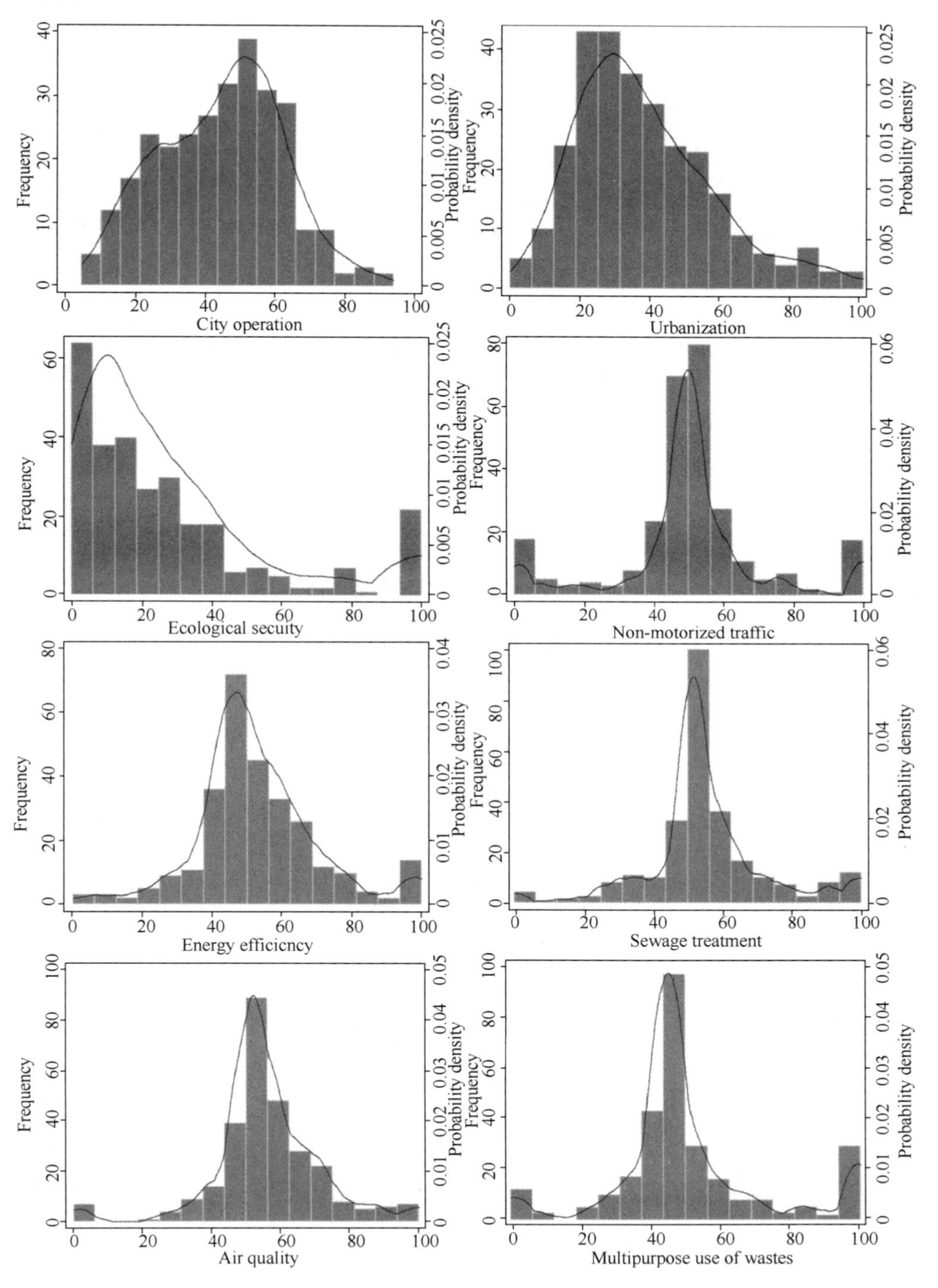

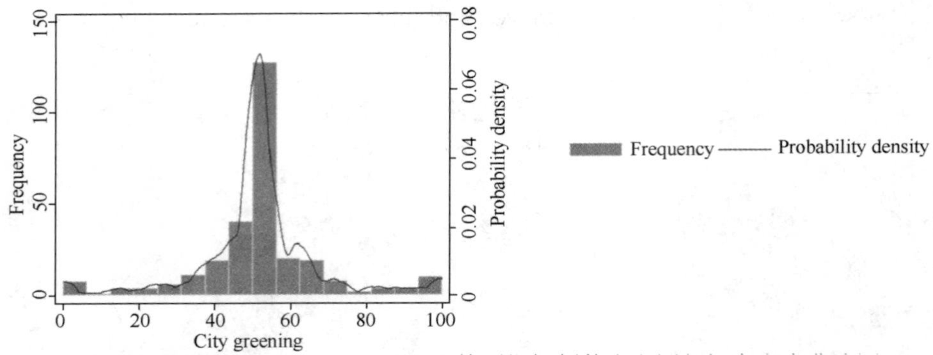

Frequency charts and probability density plots for indicators of processing index of Chinese cities in 2015

2. 5. 2 Trends of Spatial Evolution: Seeking Objective Needs of Eco-livable Development

From 2011 to 2015, the spatial pattern of ecological and livable level of Chinese cities has changed a lot. Thespatial aggregation of stable-type cities and developing-type cities is intensified. More and more stable-type cities and improving-type cities have appeared in East China and South China. Many starting-type cities and developing-type cities in Central China, Northwest China, Southwest China and Northeast China transform to improving-type cities and stable-type cities.

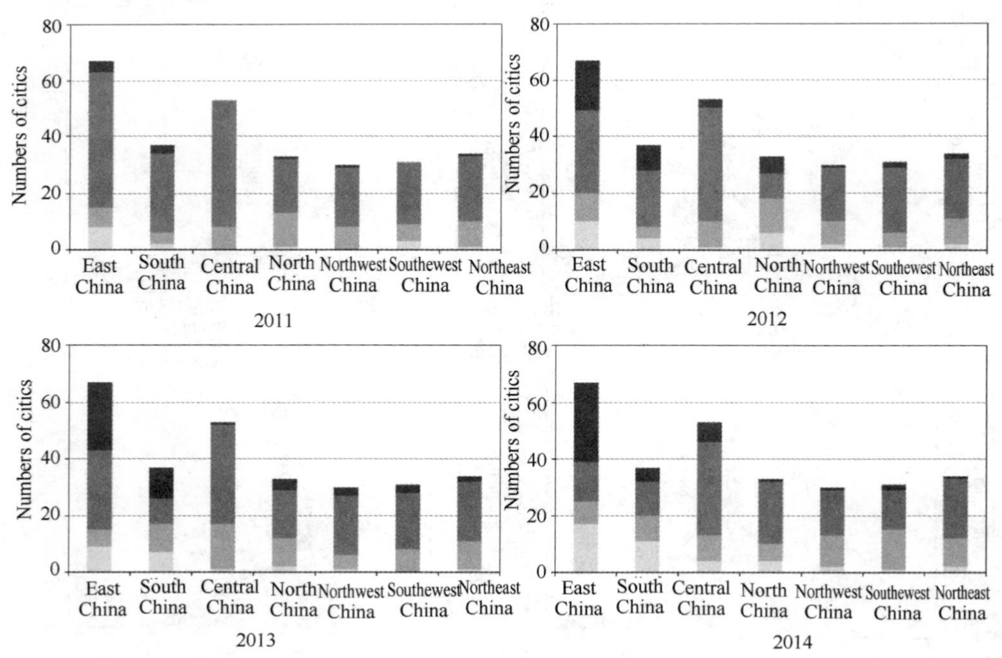

The spatial pattern of ecological and livable development of Chinese cities, 2011-2015(—)

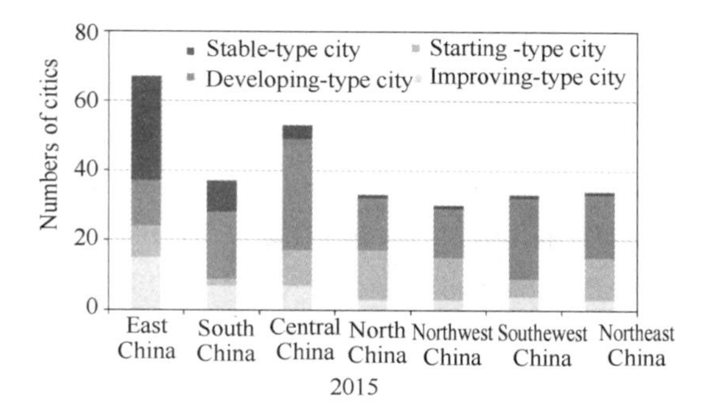

The spatial pattern of ecological and livable development of Chinese cities, 2011-2015(二)

2. 5. 3 Trends of Time Evolution: Exploring China-featured Sustainable Development Ways

From 2011 to 2015, more and more cities attach importance to ecological environment construction, and the structure of ecological and livable development of Chinese cities becomes more balanced. The numbers of stable-type cities and

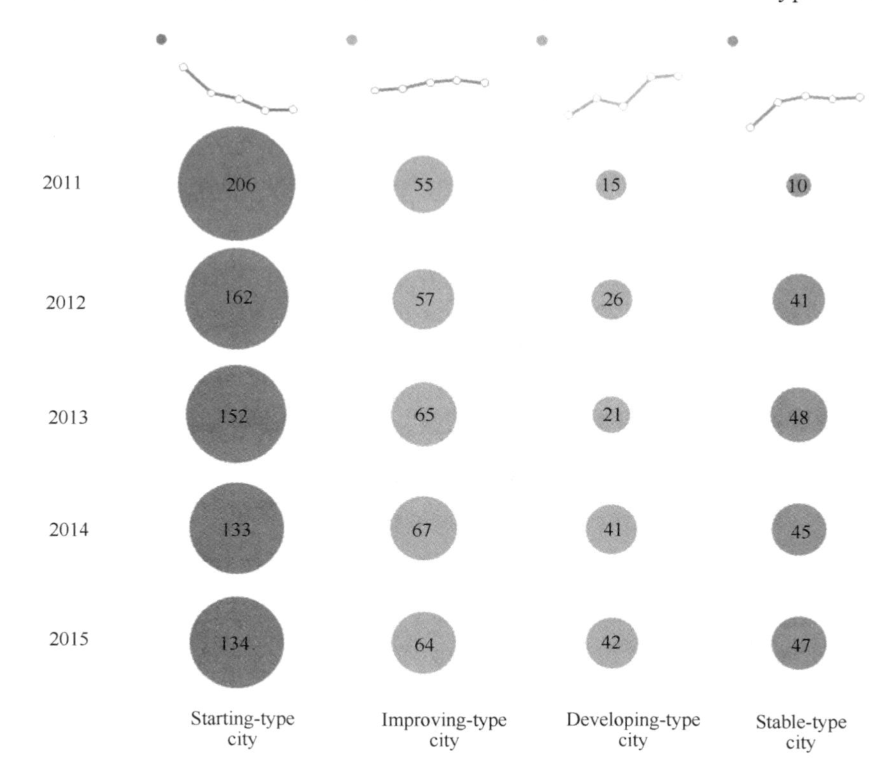

The number changes of different types' cities, 2011-2015

developing-type cities have increased to 47 and 42 by 2015, rising by 3. 7 times and 1. 8 times compared with those in 2011, respectively.

According to the range change of the result index of UELDI from 2011 to 2015, the ecological and livable level gap among Chinese cities is expanding. In 2015, the result index of the most ecological and livable city is 69. 8 more than that of theworst city, expanding by 26. 9% and 13. 9% compared with that in 2011 and 2014, respectively. The average value of the result index of UELDI which increases from 35. 5 in 2011 to 42. 6 in 2015, shows that the ecological and livable levels of Chinese cities have totally been raised. By comparing the changes of maximum and minimum values, we can found that the rising difference between ecological and livable levels of Chinese cities mainly comes from the increase of maximum of result index. It implies that some cities have made great achievements in ecological and livable development.

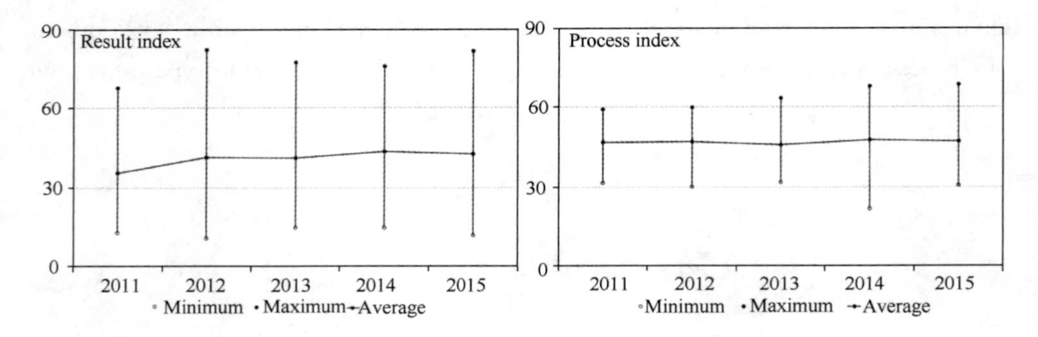

The range change of UELDI of Chinese city, 2011-2015

From the range change of the process index of UELDI from 2011 to 2015, we can see that the construction intensity of ecological and livable cities have slightly increased. This increaseis mainly contributed by the ecological and livable construction intensity increase of high-mark cities. The maximum of Chinese cities' process index increases from 59. 0 in 2011 to 68. 5 in 2015, while its minimum value is still only about 31. 0. It implies that some cities are breaking records of ecological and livable construction intensity in China, leading to the gap between cities wider.

From 2011 to 2015, improving-type cities are mainlytransformed into stable-type cities besides maintaining their ecological and livable levels and construction intensities.

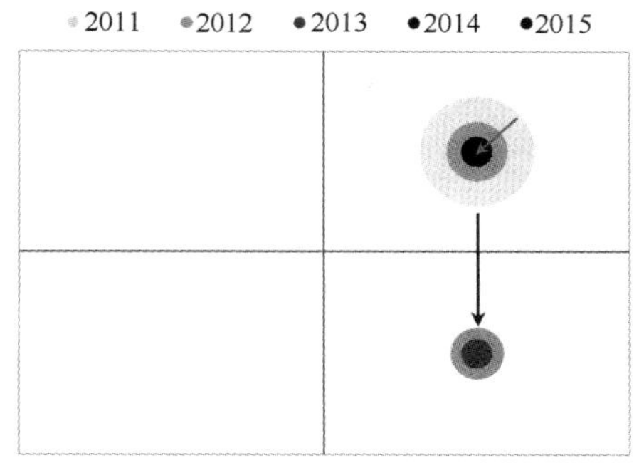

Evolution of improving-type cities in 2011

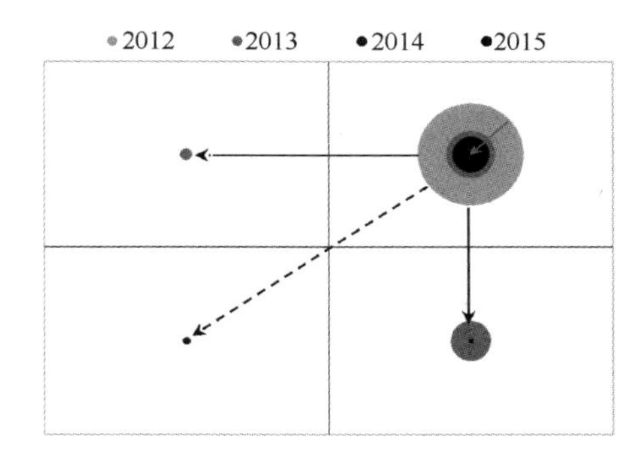

Evolution of improving-type cities in 2012

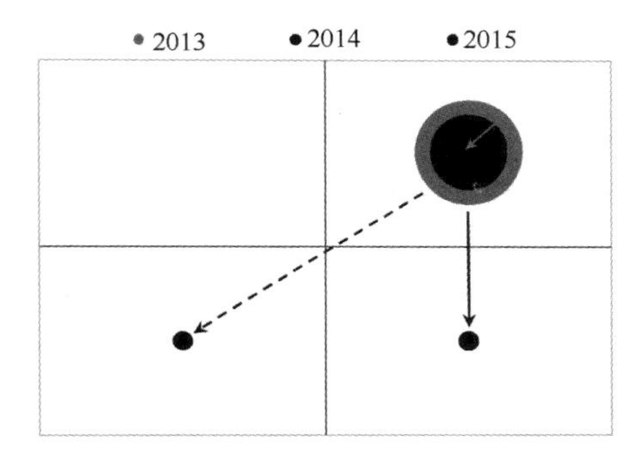

Evolution of improving-type cities in 2013

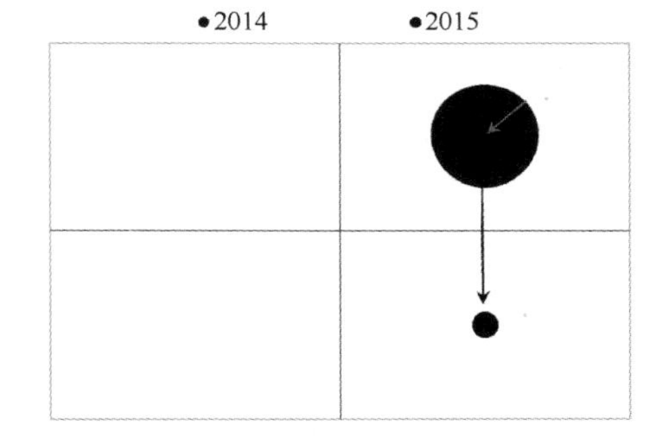

Evolution of improving-type cities in 2014

The mutual transformation of developing-type cities and starting-type cities is the common phenomenon at the early stage of ecological and livable construction.

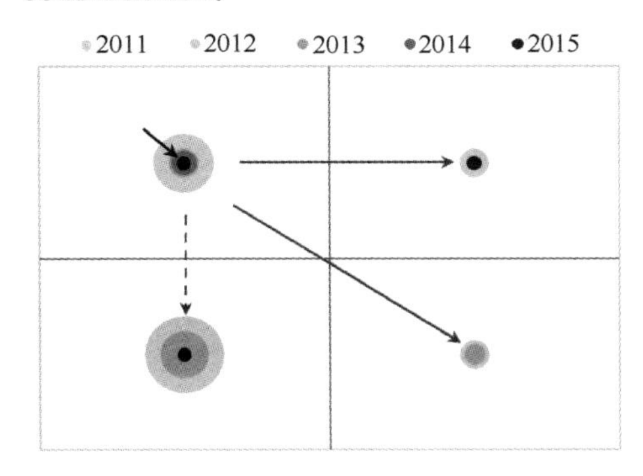

Evolution of developing-type cities in 2011

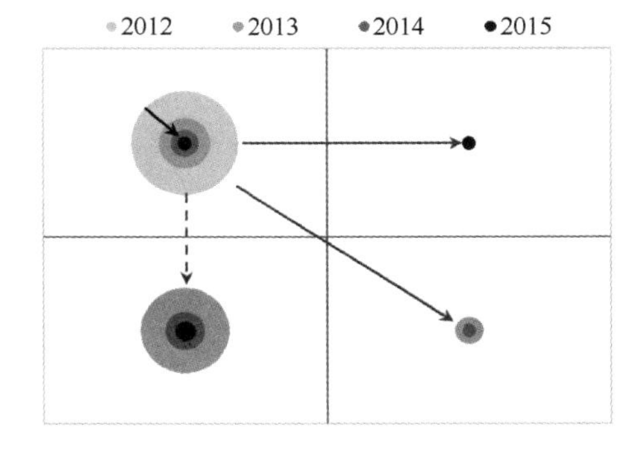

Evolution of developing-type cities in 2012

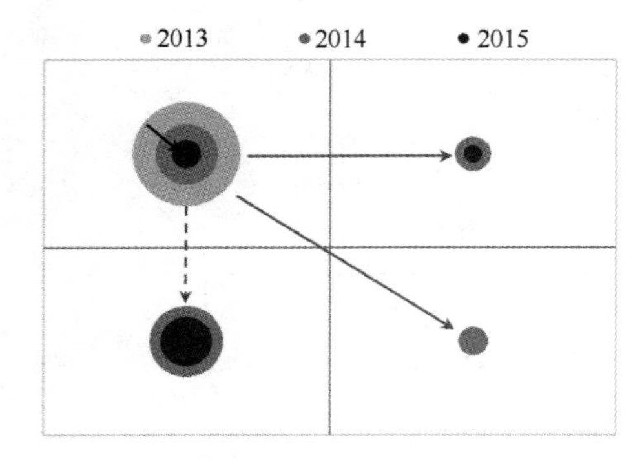

Evolution of developing-type cities in 2013

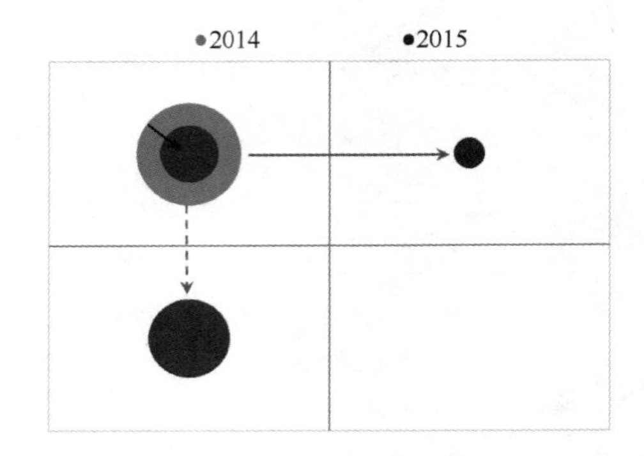

Evolution of developing-type cities in 2014

With ecological and livable construction intensities increase, starting-type cities are transformed into developing-type cities or even improving-type cities and stable-type cities, while there is a fair amount of them are still starting-type cities.

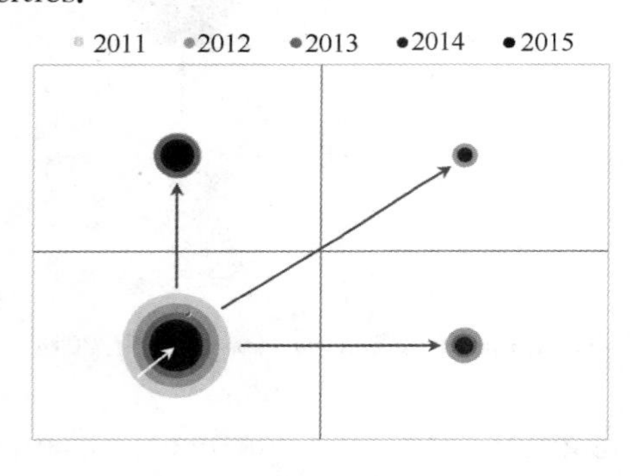

Evolution of starting-type cities in 2011

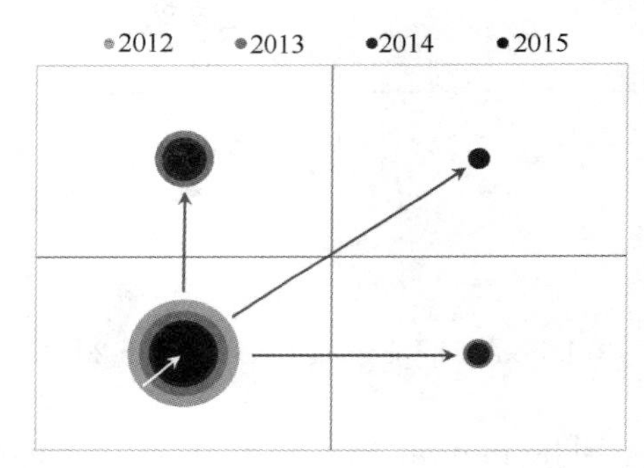

Evolution of starting-type cities in 2012

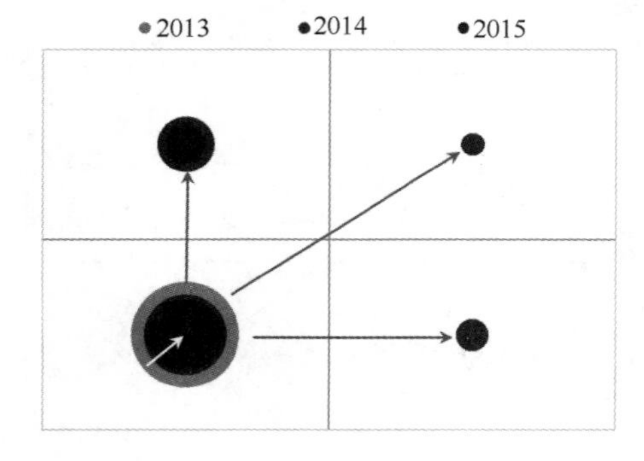

Evolution of starting-type cities in 2013

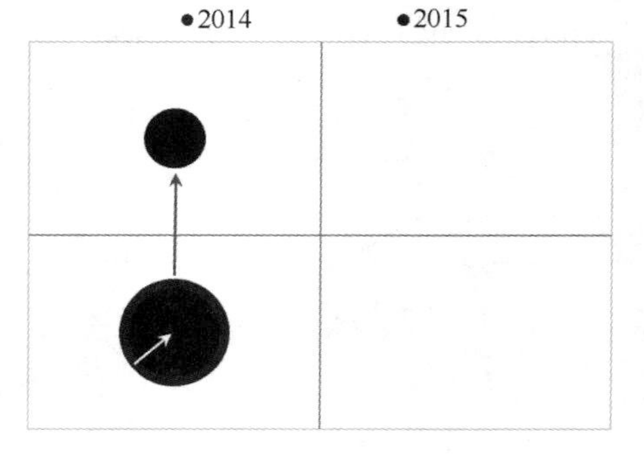

Evolution of starting-type cities in 2014

Stable-type cities have the demand of transforming into improving-type cities when facing new ecological and livable demands. They also tend to transform into starting-type cities and developing-type cities because of their conservative strategies in ecological and livable construction.

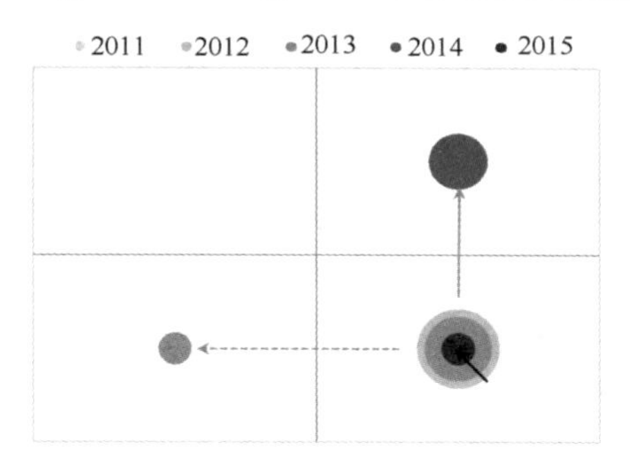

Evolution of stable-type cities in 2011

Evolution of stable-type cities in 2012

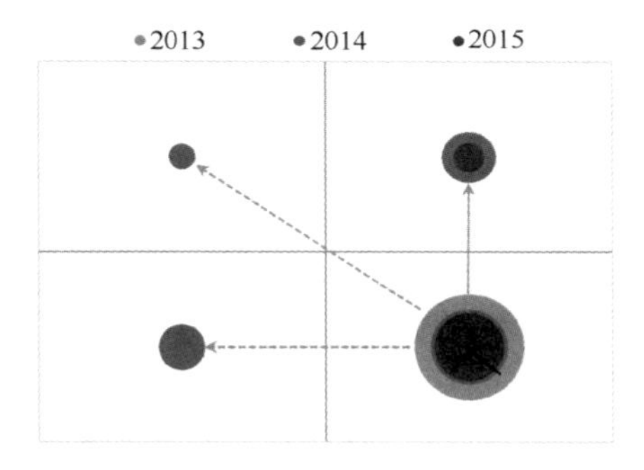

Evolution of stable-type cities in 2013

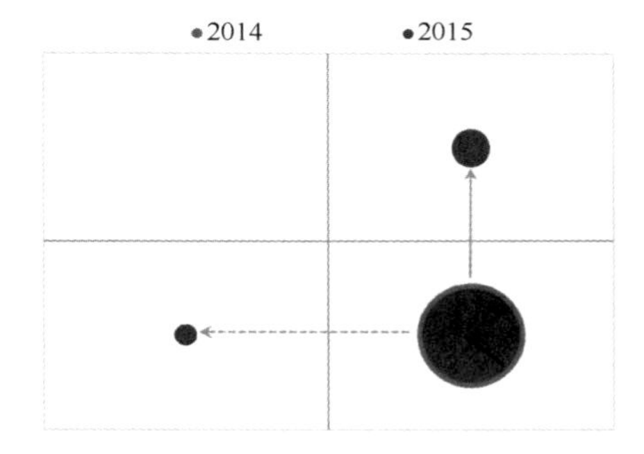

Evolution of stable-type cities in 2014

2.5.4 Conclusion

As apractitioner of low-carbon eco-city, the UELDI research group has continuously improved, tracked and recorded the Chinese low-carbon eco-city construction for five years. Our researches focus on comprehensive evaluation, empirical analysis and practical application of low-carbon eco-city construction strategies and practices. In the future, the UELDI will continue to be used to track and evaluate the development of Chinese cities and unswervingly promote the low carbon eco-city construction in China.

See "Chapter V- Urban Ecological & Livable Development Index (UELDI) of China (2015)" of the *China Low Carbon Eco-city Development Report 2015* for details of this part.

3 The Events of Low-carbon Eco-city Development from 2014 to 2015

On June 9, 2014, NDRC, SCOPSR, MPS, MCA, MOF, MOHRSS, MLR, MOHURD, MOA, PBC and CBRC jointly issued *National New-type Urbanization Integrated Pilot Project Notice*.

OnJuly 3, 2014, *New-type Urbanization Plan of Henan Province* (*2014 - 2020*) was published.

On July 6, 2014, Energy Foundation issued the report *Study on Chinese Low Carbon Architecture Scenario and Policy Roadmap*.

During 2014 July 10-12, 'Eco-Forum Global Annual Conference Guiyang 2014' was held in Guiyang. The annual theme was 'Joining Hands, Leveraging Reforms to Bring Forth a New Era of Eco-Civilization -- Government, Enterprise and Publics: Institutional Framework and Paths Towards Green Development.'

On July 15, 2014, the founding conference of 'National Technical Committee 548 on Carbon Management of Standardization Administration of China' was held in the NDRC.

On July 18, 2014, MEP, NDRC, MIIT, MOF, MOHURD and NEA jointly announced *Implementation Rules of Air Pollution Prevention and Control Action Plan Implementation of the Assessment Methods* (*for Trial Implementation*).

On July 22, 2014, NDRC, MOF, MLR, MWR, MOA and SFA jointly issued *Notice on Carrying out the Construction of Ecological Demonstration Area* (*the First Batch*).

On July 30, 2014, Asian Development Bank, Department of Western Region Development of NDRC and China Agricultural University jointly signed a Memorandum of Understanding on the Establishment of Green Development and Eco-compensation Knowledge Center.

On August 6, 2014, NDRC announced *Notice of Measures for the Assessment Method of Carbon Dioxide Emissions Reduction Targets per Unit of GDP*.

On August 6, 2014, the Sichuan Provincial Government announced *2014 -*

2015 *Action Plan of Low-Carbon Energy Conservation of Sichuan Province*.

On August 15, 2014, Beijing Administration announced *Guiding Opinions on the Implementation of Green Building for Indemnificatory Housing*.

On August 21, 2014, DRC of Fujian Province announced *Fujian Climate Change Plan* (2014 -2020).

On August 27, 2014, NDRC, MIIT, MOST, MPS, MOF, MLR, MOHURD and MOT jointly announced *Guiding Opinions on Promoting the Healthy Development of Smart City*.

OnSeptember 3, 2014, the Canadian Natural Resources Minister Greg Rickford announced the signing of a Memorandum of Understanding (MOU) establishing the development and implementation of the Sino-Canadian Low-Carbon Eco-District Demonstration Project in Beijing.

DuringSeptember 13-15, 2014, Annual National Planning Conference 2014, which was hosted by UPSC, Haikou Municipal People's Government and Hainan Provincial Department of Housing and Urban-Rural Development, was held in Hainan International Exhibition Center.

On September 15, 2014, the Qingdao Municipal DRC announced *Low Carbon Development Planning of Qingdao* (2014 -2020).

On October 3, 2014, the State Council announced *Office of the State Council on the approval of Sino -Singapore Tianjin Eco-city Construction of National Green Development Demonstration Zone Implementation Plan*.

On October 11, 2014, the Beijing Municipal Planning Commission announced that, Beijing Future Science and Technology Park, Beijing Yanqi Lake Ecological Development Demonstration Zone and Beijing Zhongguancun Software Company Park were the first group of 'Green Ecological Demonstration Zone'.

DuringOctober 14 - 16, 2014, '2014 Shanghai Green Building and Energy Efficiency Technology Week' was officially held.

DuringOctober 19 to 22, 2014, 2014 'International Eco-city and Green Roof Conference' was held in Qingdao. It was hosted by the west coast of Qingdao New Area Administrative Committee, China Association of Building Energy Efficiency and the International Ecological City and Town Association.

On October 28, 2014, 'Sino-French Low Carbon City Development Seminar' was held in Beijing France cultural center.

On October 31, 2014, Chinese City Future Development International Forum, which was co-hosted by the United Nations Development Programme and the Xinhua News Agency *Oriental Outlook Weekly*, was held in Beijing Great Hall of the People.

On November 2, 2014, China and US jointly announced *U. S. -China Joint Announcement on Climate Change*.

On November 3, 2014, MOHURD announced *Sponge City Construction Technical Guide-the Construction of Low Impact Development of Rainwater System (Trial)*.

On November 4, 2014, NDRC announced *National Climate Change Plan* (2014-2020).

During November 6 to 7, 2014, China GBC and the Hubei Provincial Academy of Building Research and Design Institute hosted 'The 4th Hot Summer and Cold Winter Climate Zone Green Building Alliance Conference' in Wuhan.

OnNovember 11, 2014, China Center for International Economic Exchanges and Paulson Institute jointly hosted the Fourth 'City of the Future: Urban Sustainability in Modern China' in Beijing.

On November 15, 2014, The 11th International Green Habitat Forum, which was hosted by the United Nations Environment Programme and China Merchants Group, was held successfully in Kunming.

On November 27, 2014, 'The 6th (2014) Chinese Smart City Development Forum' was held in Beijing.

On November 19, 2014, the State Council announced *Energy Development Strategy Action Plan* (2014-2020).

On November 20, 2014, the State Council announced *Notice on the Adjustment of City Scale Standard*.

On November 21, 2014, 'The 3rd World Low-carbon and Eco-economy Summit Forum' was held in Nanchang.

On November 24, 2014, NREC and IRENA jointly announced *REmap* 2030 - *A Renewable Energy Roadmap*, *Renewable Energy Prospects*: *China* in Beijing.

On November 25, 2014, NDRC announced *China's Policies and Actions on Climate Change* (2014).

In December 1, 2014, China Committee for International Cooperation on Environment and Development (CCICED)was held in Beijing.

In December 18, 2014, Sino-German Low-Carbon Eco City Pilot Demonstration Workwas initiated in Beijing.

On December 22, 2014, the Beijing Municipal Environmental Protection Bureau released its 'Top Ten Key Words of 2014 Clean Air', 'APEC blue', 'People's effort and luck', 'Fight pollution with an iron hand', 'Analysis of PM2.5 sources', 'Say goodbye to yellow label cars'(heavy-polluting vehicles), 'No coal', 'Elimination and industrial upgrading', 'Authoritative weather information release', 'Coordinated and joint efforts' (Beijing, Tianjin and Hebei province have cooperated closely in the anti-pollution campaign), and 'Fresh" Spring Festival'.

On December 22, 2014, the Municipal General Office of the Zhengzhou announced *Notice on the Implementation of Green Building Standards*.

On December 26, 2014, MOF announced *Notice on Central Financial Support for the Pilot Work of the Underground Integrated Pipe System*.

On December 29, 2014, NDRC, SCOPSR, MPS, MCA, MOF, MOHRSS, MOHURD MOA, PBC, CBRC, and SAC eleven agencies jointly announced *Notice on the Issuance of the National New-type Urbanization Integrated Pilot Scheme*.

On January 1, 2015, the revised Environmental Protection Law of The People's Republic of China entered into force.

On December 31, 2014, NDRC, MOF, MIIT, NGOA, NEA, AQSIQ, and SAC issued the joint research program 'The Implementation Scheme of Energy-Efficiency Leader System'.

On December 31, 2014, MOF, MOHURD, and MWR announced a notice, decided to provide the central government financial support for the pilot sponge cities.

On January 18, 2015, 'The 8th of Nbt-New Braintrust Economic Forum' was held in National School of Administration.

On January 20, 2015, MOHURD announced the second batch of the demonstration list of Livable Towns and Villages, which are 45 livable demonstration towns and 61 livable demonstration villages.

On January 31, 2015, 'The Establishment Conference of the South Center of China Association of Building Energy Efficiency' was held in Shanghai.

On February 12, 2015, NDRC issued *Low-Carbon Pilot Community Construction Guide*.

On February 12, 2015, MOHURD issued *Green Industrial Building Evaluation Technical Rules*.

In February 13, 2015, MOHURD announced*Notice on the first batch of Small Town Livable Community Demonstration by MOHURD*.

During2015 March 3 to 15, the 3rd Session of the 12th NPC and the 3rd Session of the 12th CPPCC National Committee was held in Beijing.

On March 26, 2015, 'The Boao Forum for Asia' sponsored by 28 countries was successfully held in Hainan.

On March 12, 2015, China GBC published *Evaluation Standard for Green Small Town*.

During2015 March 24-25, 'The 11th International Conference on Green and Energy - Efficient Building and New Technologies and Products Expo' was held in Beijing National Convention Center.

OnMarch 30, 2015, MOHURD issued Europe-China Eco Cities Link (EC-Link) pilot cities: Zhuhai, Luoyang, Changzhou, Hefei, Qingdao, Weihai, Zhuzhou, Liuzhou, Guilin and Fengxi New City of Shaanxi Xixian New Area.

On April 2, 2015, MOF, MOHURD, and MWR posted 2015 pilot cities of sponge city construction: Qianan, Baicheng, Zhenjiang, Jiaxing, Chizhou, Xiamen,Jinan, Hebi, Wuhan, Changde, Nanning, Chongqing, Suining, Guian District and Xixian District.

Appendix: The abbreviation of the institution of China

China Banking Regulatory Commission	CBRC
China Green Building Council	China GBC
China National Renewable Energy Center	NREC
General Administration of Quality Supervision, Inspection and Quarantine	AQSIQ
International Renewable Energy Agency	IRENA
Ministry of Agriculture	MOA
Ministry of Civil Affairs	MCA
Ministry of Environment Protection	MEP
Ministry of Environmental Protection	MEP
Ministry of Finance	MOF
Ministry of Housing and Urban-Rural Development	MOHURD
Ministry of Human Resources and Social Security	MOHRSS
Ministry of Human Resources and Social Security of the People's Republic of China	MOHRSS
Ministry of Industry and Information Technology	MIIT
Ministry of Land and Resources	MLR
Ministry of Public Security	MPS
Ministry of Science and Technology	MOST
Ministry of Transport	MOT
Ministry of Water Resources	MWR
National Development and Reform Commission	NDRC
National Energy Administration	NEA

National Government Offices Administration	NGOA
National People's Congress	NPC
People's Bank of China	PBC
Standardization Administration	SAC
Standardization Administration of the People's	SAC
State Commission Office of Public Sectors Reform	SCOPSR
State Commission Office of Public Sectors Reform	SCOPSR
State Forestry Administration	SFA
The Chinese People's Political Consultative Conference	CPPCC
Urban Planning Society of China	UPSC

Postscripts

The report is thesixth annual report of low-carbon eco-city organized and written by Chinese Society for Urban Studies which carries out the systematic summary and centralized display for the development and research achievements of China's low-carbon eco-cities on the basis of reference to the first five years of experience in writing. The report is taken as the exploratory and staged achievements, and may have mistakes and omissions inevitably because of limited time; we hope readers who participate in the low-carbon eco-city planning and construction provide your valuable opinions through either the website of the China Eco-city Council (http://www. chinaecoc. org. cn/) or SINA Micro blog (@中国生态城市).